健康土壤培育
与实践指南
健康土壤的生态管理　　原著第四版

BUILDING SOILS FOR BETTER CROPS:
ECOLOGICAL MANAGEMENT FOR HEALTHY SOILS　（4TH EDITION）

〔美〕　弗雷德·马格多夫　　哈罗德·范·埃斯　著　　陈能场　张俊伶　等译
　　　　Fred Magdoff　　　Harold van Es

化学工业出版社
·北京·

内容简介

《健康土壤培育与实践指南——健康土壤的生态管理》不仅对土壤健康的各种构建方法进行了详细的阐述，而且列举了许多具体案例，为土壤健康的构建给出了大量的实践方法。本书旨在让读者全面了解土壤健康的重要性，并提出有益于生态环境保育的措施，以帮助维护和培育健康的土壤。值得一提的是，本书并不是简单地针对某种问题给出具体化的普适性建议，而是教导人们如何通过分析土壤状态、全面掌握和了解土壤的有关信息，然后根据土壤特性和相关管理措施的优缺点，结合当地的实际情况，让读者通过自己的思考与探索来得出一个最佳答案。

本书从理论到实践都用通俗的语言给予了最深刻、最全面的描述，是长期工作在农业生产第一线的广大农业科技研究和推广人员，农场（畜禽养殖场）的工人和技术人员，大学和其他研究机构有关专业的学生、教师和研究人员都可学习与参考的一本实用性工具书。

Translated with permission from Building Soils for Better Crops, 4th edition, published by Sustainable Agriculture Research and Education (SARE) Outreach, USDA - National Institute of Food and Agriculture (NIFA). Citation of SARE materials does not constitute SARE's or USDA's endorsement of any product, organization, view or opinion. For more information about SARE and sustainable agriculture, see www.sare.org.

Original English language edition published in 2021 by the Sustainable Agriculture Research and Education (SARE) program under cooperative agreements with the National Institute of Food and Agriculture, USDA, the University of Maryland.

Chinese language edition published 2024 by=**Chemical Industry Press Co., Ltd.**.

北京市版权局著作权合同登记号：01-2023-6127

图书在版编目（CIP）数据

健康土壤培育与实践指南：健康土壤的生态管理/（美）弗雷德·马格多夫（Fred Magdoff），（美）哈罗德·范·埃斯（Harold van Es）著；陈能场等译. —北京：化学工业出版社，2024.3（2025.2重印）
书名原文：Building Soils for Better Crops: Ecological Management for Healthy Soils（Fourth Edition）
ISBN 978-7-122-44762-3

Ⅰ.①健… Ⅱ.①弗…②哈…③陈… Ⅲ.①土壤生态学-指南 Ⅳ.①S154.1-62

中国国家版本馆CIP数据核字（2023）第240715号

责任编辑：李建丽 　　　　　　　　　　　　　装帧设计：张　辉
责任校对：李雨晴

出版发行：化学工业出版社（北京市东城区青年湖南街13号　邮政编码100011）
印　　装：北京瑞禾彩色印刷有限公司
787mm×1092mm　1/16　印张28³/₄　字数525千字　2025年2月北京第1版第2次印刷

购书咨询：010-64518888　　　　　　售后服务：010-64518899
网　　址：http://www.cip.com.cn
凡购买本书，如有缺损质量问题，本社销售中心负责调换。

定　　价：199.00元　　　　　　　　　　　　　　　　版权所有　违者必究

原著作者简介

弗雷德·马格多夫（Fred Magdoff），佛蒙特大学（University of Vermont）植物和土壤科学的名誉教授，也是康奈尔大学（Cornell University）的兼职教授。他担任佛蒙特大学植物和土壤科学系主任达八年之久，而后二十年担任美国农业部可持续农业研究与教育（SARE）计划的东北12个州的协调员。他还是美国农艺学会的会员。他从事的研究领域覆盖土壤中氮和磷的测试，肥料对土壤特性和农作物产量的影响，土壤pH值缓冲，以及许多其他与土壤健康有关的问题。他和他的妻子住在佛蒙特州的伯灵顿和弗莱彻，有一个大花园，养了一条狗、两只猫，偶尔还养一群鸡和一小群肉牛。

哈罗德·范·埃斯（Harold van Es），康奈尔大学土壤科学教授，曾担任作物与土壤科学系主任。他出生于荷兰阿姆斯特丹，后移居美国攻读研究生，一直从事科学研究。他目前的研究重点是土壤健康、数字农业和环境统计。他是广泛使用的土壤健康综合评价（CASH）土壤健康测试技术共同开发者之一，也是Adapt-N技术的主要发明者，该技术已成功商业化，并在杜兰减氮挑战赛中获得了100万美元的奖金。他是美国土壤科学学会2016年的主席，也是该学会的会员，还是美国农学学会的会员。他和他的妻子住在纽约州兰辛市，有三个孩子。

关于SARE

SARE是可持续农业研究和教育（Sustainable Agriculture Research and Education）的英文缩写，是一项赠款和外展计划。它的使命是通过投资突破性的研究和教育，推动整个美国农业的创新，从而提高盈利能力、管理能力和生活质量。自1988年成立以来，SARE已在全（美）国范围内资助了7500多个探索创新的项目，从轮牧到直接营销再到覆盖作物，以及许多其他最佳实践。管理SARE赠款的是四个由农民、牧场主、研究人员、教育工作者和其他当地专家组成的区域委员会。每个州和岛屿保护地的SARE资助的推广专业人员担任可持续农业协调员，为农业专业人员开展教育计划。SARE由美国农业部国家粮食和农业研究所资助。

SARE基金（详见SARE-grants网站）

SARE提供多种类型的竞争性赠款，以支持美国农业主要利益相关者的创新应用研究和外展工作。农民和牧场主、科学家、合作推广人员和其他教育工作者、研究生和其他人有获得基金的机会。基金由SARE的四个区域办事处管理。

资源和教育（详见SARE-Resources and Learning网站）

SARE Outreach为农民和牧场主出版实用书籍、公告、在线资源和其他信息。涵盖了广泛的可持续实践，例如覆盖作物、轮作、多样化、放牧、生物综合防治、直销等。

SARE的四个区域办事处和外联办事处致力于推动整个美国农业的可持续创新。

译者简历

陈能场，1966年8月生，广东省科学院生态环境与土壤研究所研究员。1991年中国科学院南京土壤研究所理学硕士，2000年日本鹿儿岛大学农学博士。1995年、2002年先后在香港科技大学研究中心、日本名城大学先端技术研究中心、香港城市大学生物及化学系工作。2002年5月至2004年4月于日本鹿儿岛大学任日本学术振兴会外国人特别研究员，2004年作为高级人才被引进到广东省科学院生态环境与土壤研究所工作。

九三学社第十四届中央委员会科普工作委员会委员，中国土壤学会土壤科普工作委员会主任，广东省土壤学会科普工作委员会主任，广东省老科协科普工作委员会主任，中国科协环境生态领域首席科学传播专家，农业农村部耕地质量建设专家指导组成员，广东省第十二届、十三届人大常委会环保咨询专家，阿拉善SEE第一、二届科学顾问委员会委员。2018年被授予"广东省十大科学传播达人"称号，作为负责人运行微信公众号"土壤观察""土壤家""环境与健康观察"，环保公益歌曲《我们的土壤》歌词作者之一。

主要研究方向包括重金属的根-土界面行为，植物叶片的氮素损失，土壤重金属污染控制与修复，土壤污染-粮食安全-人体关系链条解析。

张俊伶，1970年11月生，中国农业大学资源与环境学院教授，博士生导师。1996年中国农业大学农学硕士，德国霍恩海姆大学植物营养所博士，曾访问美国哈佛大学、印第安纳大学以及荷兰瓦格宁根大学等。中国土壤学会土壤健康工作组组长、中国菌物学会内生菌和菌根真菌专业

委员会主任等。

主要从事土壤健康和根际微生物相关的研究工作。在土壤健康和资源可持续利用、微生物多样性和生态功能、土壤生物肥力、菌根真菌生理生态以及生物肥料等方面开展了大量的研究工作。主编《植物营养学》本科生教材。

吴家强，男，汉族，1968年4月出生，广东江门人，华南农业大学本科，清华大学EMBA。1996年5月加入九三学社，现任九三学社科技创新小组副组长、高级农艺师、江门市十大农业名家、江门市高层次人才和政府乡村振兴智库中心专家库咨询类专家；江门市新型职业农民协会副会长、广东省肥料协会水溶肥料专业委员会主任，广东省土壤学会科普工作委员会副主任委员。2003年创办广东杰士农业科技有限公司以来，一直致力于推广健康种植的创新技术和产品，2012年在中国农业科技出版社率先出版《作物健康理疗技术在中国探索》，推动生物刺激物在中国的发展，并与国内外多家生物刺激物知名企业（如意大利VALAGRO和西班牙LALLMAND公司等）和研究机构（中国科学院、华南农大等）建立紧密合作，构建极具市场竞争力的作物健康种植整体解决方案产品系列，其中"乌金绿"有机水溶肥品牌在2021年还成功入选中国农业推广中心"减肥减药"项目推荐产品名录，新开发的"土贝康"根区微生态激活剂参加2022年中国创新创业大赛江门生物医药组预赛一等奖。企业每年服务华南区域的经作推广面积约1000万亩，并为社会培养了100多名农业专业人才，并与全国多位优秀的同行合作探索推广数字化互联网创新高效的种植技术服务模式，企业20年来专注健康种植技术服务成绩突出，在2022年入选成为首批中国农业服务联盟会员。

李颖，博士，副研究员，大自然保护协会（TNC）中国农业总监，巴黎气候峰会"千分之四"减排倡议工作组成员，NatureNet科学奖学金合作研究导师。荷兰瓦格宁根大学植物生物技术硕士和病害流行学博士。现在TNC主持研究并推动应对气候变化的可持续农业发展，搭建多利益相关方合作平台，通过推广再生农业（Regenerative Agriculture）措施等良好农田管理实践提高农田土壤健康和生物多样性保护，推动农田固碳减排措施的应用，加强粮食和营养安全、建设应对气候的弹

性农业体系和保护水质，为全球可持续发展目标（SDGs）提供基于自然的解决方案（Nature-based Solution NbS），为农户持续增收和农业生产力可持续发展服务。李颖曾在中国农业科学院和跨国食品企业主持科学研究工作，在生物技术、农田病虫害流行防治、农产品质量安全、食品安全管理和可持续采购供应链方面拥有丰富的科学知识和应用推广经验。主持及参与了国家自然科学基金、农业农村部国家专项、科技部国际合作重大项目等研究，牵头并参与多个企业研发和初创企业核心技术定位项目，发表学术论文30余篇，已出版多部著作并获得多项研发专利。

译序1

　　由中国科协环境生态领域首席科学传播专家、中国土壤学会科普工作委员会主任陈能场博士，中国农业大学张俊伶教授等译校团队所翻译并由化学工业出版社出版的《健康土壤培育与实践指南——健康土壤的生态管理》，是生态土壤管理的实用指南，它提供了土壤的背景信息以及土壤改良实践的细节。该书旨在让读者全面了解土壤健康的重要性，并提出了一些有益于生态环境的管理措施，有助于维持和培育健康土壤。

　　该书涵盖四个主要内容：有机质——健康土壤的关键、物理性质和营养循环、生态土壤管理和综合考量。该书内容丰富，涉及土壤基本性质（物理、化学和生物学）、土壤退化（侵蚀、压实、污染和有机质贫化）、健康土壤的构建和防治退化的有效措施（增施有机肥料、轮作、保护性耕作与免耕、作物覆盖、水分和养分管理、病虫害防治、土壤检测等），城市农场、花园以及绿地土壤，并列举了示范性的案例分析。我较为仔细、几乎是逐段逐句地阅读了原文和译稿全文，深感译者团队认真负责、脚踏实地的精神，前后经过了多次反复修改才形成了现在的版本，实属不易。然而，由于涉及的专业范围较为广泛，对于一些专业词汇特别是原著中对于微生物、昆虫等均未注明学名，有鉴于一词多义的缘故，译名可能不尽一致，在必要时读者可参考原著。

　　值得一提的是，该书并不是简单地针对某种问题给出具体化的普适性建议，而是指导读者通过分析土壤状态，全面掌握和了解土壤的有关信息，然后根据土壤特性和相关管理措施的优缺点，结合当地的实际情况，通过读者的独立思考与探索，找到最佳的解决方案。

　　该书将土壤健康定义为土壤在维持高产、优质和健康作物生长方面的能力。通常认为，健康土壤应具有良好的组成、结构、性质和功能，如同熊毅院士指出的那样，让作物能够"吃饱、喝足、住得舒服，"并具有可持续性。土壤健康是指土壤的一种状态、程度或适宜性。万物土中生，一个健康的土壤才能持续生产出既丰富又优质的产品，所以人们往往将健康的土壤-健康的生物-健康的人紧密地联系在一起。2015年"世界土壤年"的活动，使得"健康土壤带来健康生活"的理念成为公众生活的重要组成部分。"粮食生产根本在耕地""中国人的饭碗任何时候都要牢牢端在自己手中"而健康的土壤无疑是实现这一目标的基本物质保证，故"健康土壤的构建、评估与认证不单纯是一个技术问题，而且具有重要的战略意义"（引自朱永官院士）。

　　该书面向的读者十分广泛，包括农业生产第一线的广大农业科技研究和推广人员，农场（畜禽养殖场）的工人和技术人员，大学和研究机构有关专业的学生、教师和研究人员。希望该书的读者，能够培养对土壤的敬畏之心，激发对土壤保护的责任之感，为我所学，为我所用，从而有益于财富的增加和生活水平与质量的提高，并为推进生态文明建设和粮食安全做出更大的贡献。

　　"读书可以让人保持思想活力，让人得到智慧启发，让人滋养浩然之气。"愿以习近平总书记的教导与大家分享，共勉之！

中国科学院南京土壤研究所　研究员

译序2

　　仓廪实，天下安。万物土中生，土壤是粮食安全的重要保证，是人类赖以生存的基础。人类文明的发展史与土壤息息相关，人类的衣食住行依赖于土壤，而健康土壤是确保粮食安全、持续为人类生产健康营养的食物的重要保障。随着全球人口的增加和生活水平的不断提高，人们对食物需求的数量和质量都发生了重大变化，同时气候变化和频发的极端天气对农业生产和环境造成负面的影响，导致人口、粮食、资源和环境之间的矛盾日趋尖锐。土壤作为脆弱性的非再生资源，其健康状况和可持续管理正成为全球关注的焦点和热点。以绿色发展为导向，协同实现提质增产、资源高效、环境安全、经济发展、农民增收等目标，走出一条资源节约、环境友好、食品安全、人类健康的高质量农业发展道路成了必然选择。绿色发展理念和绿色生产方式开启了农业发展的新时代，而健康土壤是保障现代化农业高质量发展的根基。

　　弗雷德·马格多夫（Fred Magdoff）和哈罗德·范·埃斯（Harold van Es）精心编写了《健康土壤培育与实践指南——健康土壤的生态管理》（原著第四版）。该书是深受读者喜欢的土壤管理方面的书籍之一。在前三版的基础上，第四版详细介绍了土壤健康的内涵，健康土壤的培育原理，以及基于生态理念的作物和土壤管理，并补充了土壤健康方面的新进展。该书是一本理论和实践紧密结合的土壤健康在教学和科普方面难得的书籍。作者采用大量的实例与图表，深入浅出地介绍了土壤健康的原理和方法，具有很强的实操性。不仅可帮助读者全面了解土壤健康的重要性，而且根据各种土壤健康的场景问题，提出了培育健康土壤的管理措施。值得一提的是，Harold van Es教授是康奈尔土壤健康监测和评价体系的发起人和倡导者，其带领的团队发展了全球知名的土壤健康评价体系（Comprehensive Assessment of Soil Health，CASH），该体系在优化农田管理、提升土壤健康方面发挥着重要的作用。粮食安全、优质高效、环境保护的协同是健康土壤培育的目标，也是各国农业可持续发展面临的挑战。我相信本书不仅适合于土壤学、植物营养学、农学等学科方向的学生和教师作为教科书，也适用于广大农业科技工作者、企业技术人员、农场主、种植户。健康土壤培育是一个系统工程，需要形成"政产学研用"共同参与多元化互助推动的模式。相信本书的使用者都能广泛传播健康土壤的知识，形成培育保护土壤的意识。

　　本书由中国科协环境生态领域首席科学传播专家、农业农村部耕地质量建设专家指导组成员陈能场博士，中国农业大学资源与环境学院张俊伶教授等人翻译，全体译校者历时两年完成本书的翻译工作。随着"藏粮于地、藏粮于技"国家战略的实施，我相信本书的出版将在我国"十四五"中低产田产能提升和健康土壤培育中起到积极作用，也希望广大农业科研工作者在借鉴国外先进成熟经验的基础上，发展出适合我国不同生态区、不同种植体系的健康土壤培育的理论和实践，为推动我国农业绿色发展做出贡献。

中国工程院院士

中国农业大学教授

译序3

　　土壤是文明的基础，更是人类健康的基础。中华民族历来高度重视土壤资源，并于 2016 年出台了"土十条"。习近平总书记在吉林省考察时指出，一定要采取有效措施，保护好黑土地这一"耕地中的大熊猫"，这充分体现了国家对土壤保护的高度重视。我们也必须清醒地认识到，现代农业的发展，特别是高强度集约化农业可以带来不同程度的土壤退化。严重的土壤退化可以导致文明的崩溃，如两河流域的美索不达米亚和复活岛。如果在农业生产过程中加强土壤质量的有效管理和土壤生物多样性的保护，不仅能使土壤肥力再生，甚至越来越好。其他大大小小古文明因为土壤侵蚀、土壤盐渍化等而消失，而中华文明的土壤却经久不衰，在当时条件下养活众多的人口和家禽家畜。这个现象引起了美国土壤物理学家富兰克林·海勒姆·金（Franklin H. King）的注意，他苦恼于美国的土壤经过 1～2 代人耕作后土壤生产力便变得低下，而惊讶于亚洲特别是中国，怎么能做到地力经久不衰。他在日韩短暂停留后，考察了中国整个东部，从南到北，历经 8 个月，写出《四千年农夫》一书，现在被翻译成数十种语言，成为有机农业的经典书目。

　　在《耕作革命》一书中，作者戴维·蒙哥马利（David R. Montgomery）教授通过半年的世界游学考察，发现好的耕作方式——免耕、覆盖作物和多样化轮作——是维持地力和保障土壤健康的基础。他通过对比世界各国的实践，指出成功的关键是让土壤重新焕发生机。戴维·蒙哥马利教授也因此一扫此前的"重度的环境悲观主义者"的阴影，大声疾呼"第五次农业革命"——耕作革命！我们脚下的土壤如何持续养活这个星球上的人类，唯一的答案在于土壤健康，也就是需要让土壤重新焕发生机。

　　以上的几个例子，不管是中国的还是其他国家，都肯定了有机肥、免耕、覆盖作物等土壤管理方法是土壤健康的核心。但至今为止，很少有专著谈及如何构建健康土壤。

《健康土壤培育与实践指南——健康土壤的生态管理》不仅对健康土壤的各种构建方法进行了详细的阐述，而且列举了许多具体案例，为健康土壤的构建给出了大量的实践方法。它旨在让读者全面了解土壤健康的重要性，并提出有益于生态环境保育的措施，以帮助开发和维持健康的土壤。

原著者弗雷德·马格多夫（Fred Magdoff）是佛蒙特大学植物和土壤科学名誉教授、康奈尔大学兼职教授，哈罗德·范·埃斯（Harold van Es）是康奈尔大学的土壤科学教授，现任作物和土壤科学系主任。SARE是美国农业部的可持续农业研究与教育中心，它的使命是通过投资开创性的研究和教育，促进整个美国的农业创新，提高农民的盈利能力、管理能力和生活质量。由于健康土壤是健康农业的基础，SARE已经把土壤健康研究和教育作为其项目组合的基石。本书《健康土壤培育与实践指南——健康土壤的生态管理》原著是SARE最畅销图书之一。这本全新的全彩版是一本关于土壤健康的权威性图书，详细介绍了土壤科学家的最新研究和经验。

本书是一本全面的土壤管理实践手册，由四部分组成。第一部分提供了有关土壤健康和有机质的背景信息：什么是土壤，为什么它如此重要，土壤生物的重要性，以及为什么有些土壤比其他土壤质量更高。第二部分包括土壤物理性质、土壤储水量、养分循环和流动的讨论。第三部分论述了促进建设健康土壤的生态原则和实践。本章首先强调促进有机物质的积累和维护。建立和保持土壤有机质的实践可能是保持土壤肥力的关键，并有助于解决许多问题。提高土壤质量的措施包括使用动物粪肥和覆盖作物；良好的作物残茬管理；适当选择轮作作物；使用堆肥；保护性耕作；尽量减少土壤压实和增强通风；更好的养分和改良管理；良好的灌溉和排水；以及采用特定的保护措施，用于控制侵蚀。第四部分讨论了如何评估土壤健康，结合实际运用的土壤建设管理策略，以及如何判断土壤健康是否得到改善；为农业生产者提供了可操作的实际评估方法。

本书由中国科协环境生态领域首席科学传播专家、农业农村部耕地质量建设专家指导组成员陈能场博士，中国农业大学资源与环境学院张俊伶教授等人翻译，具有服务于农业生产者实际应用价值。未来我们应加强：培育健康土壤，发展健康农业，支撑健康中国。相信本书将在我国土壤可持续方面发挥积极的作用，特为此写序。

中国科学院院士

中国科学院城市环境研究所 研究员

译序4

    日本土壤学家阳捷行教授出版的《18厘米奇迹"地球"的一个可怕事实！》一书中写道，"我们人类生存在这个地球上，依靠18cm的土壤、11cm的水、15km的大气层、3mm的臭氧层以及大约500万种的生物。"相对于地球的半径6371km而言，地球土壤"肌肤"可以说是甚至比人类的肌肤还要薄！但恰是这层薄薄的土壤让地球成为人类文明的摇篮！

    一旦想到地球的肌肤比我们身体的肌肤还要薄，你的第一反应肯定是如何保护它！如何让它健康并且能够确保我们的健康。

    自从有了农业，如何对待土壤就成为人类必须面对的任务。我们在土壤上年复一年地收获，如果没有归还，土壤养分就会近于枯竭；为了让土壤更加疏松，人类发明了犁，犁耕松动土壤的同时也扰动了土壤生物的生活空间，同时加快了土壤中有机质的分解；为了提高产量，人类学会了灌溉，但不良的灌溉方式常常带来土壤的盐渍化……农业活动本身就是一个让土壤偏离其自然演化轨迹的过程，如果善待土壤，"治之得宜，地力常新，"反之则使其贫瘠和退化。人类历史上既有因良好管理而维系数千年耕作而不衰的经验，也有因土壤的退化而导致文明消亡的教训。

    土壤是一个活的生态系统，是地球上最为多样化的生物栖息地之一。然而，由于这个生态系统存在于地下，多数人都不知道我们脚下的土壤中蕴含着丰富的生物多样性。土壤不仅仅是泥土或生产基质，它支撑着农业发展和粮食安全，调节温室气体排放并促进植物、动物和人类健康。没有土壤，一切都将不同。在工业革命、农业绿色革命后，全球面临人口激增、资源枯竭、环境污染和生态恶化等资源环境问题，人们已经认识到土壤安全深刻影响着粮食安全、能源安全、水安全、气候变化、生物多样性和生态系统服务。

由中国科协环境生态领域首席科学传播专家、农业农村部耕地质量建设专家指导组成员陈能场博士，中国农业大学张俊伶教授等人翻译的《健康土壤培育与实践指南》是一本面向全球读者的生态土壤管理的实用指南，它提供了土壤的背景信息以及土壤改良实践的细节。本书旨在让读者全面了解土壤健康的重要性，并提出有益于生态环境和维持土壤健康的措施。该书从什么是土壤，为什么它如此重要，土壤生物的重要性，以及为什么有些土壤的质量比其他土壤更好等基本问题入手，阐述土壤的各种性质，进而论述了促进建设健康土壤的生态原则和实践，讨论了如何评估土壤健康并结合农场实际提出土壤建设管理策略，以及如何判断土壤健康是否得到改善，是一本通俗易懂、富含案例、应用性强的健康土壤培育和实践指南。

《健康土壤培育与实践指南——健康土壤的生态管理》在美国是一部工具书，对我国而言是一部难得的参考书，对我国现代农业发展背景下的新型农民和农技推广工作者尤其有帮助，是一部可以服务于实际生产的工具书。希望我国更多农业生产者和管理者充分借鉴国外的经验和做法，以期为农业可持续发展做出新的贡献。

张甘霖

中国科学院南京地理与湖泊研究所所长　研究员

译者前言

    一切植物所赖以生存的正是我们脚下的这片土壤，植物的生长状况与土壤的健康状况是密不可分的。虽然人们早就意识到肥沃的土壤可以带来高产的作物，也明白耕作、灌溉、施肥对作物生长发育的重要性。但是仅此而已是远远不够的，为了可持续发展的农业、为了更好地保护环境并减少能源的消耗，人们应该加深对土壤本身，以及土壤状态和作物生长发育之间关系的了解。这也是译者们翻译本书的出发点——为了让更多的人对土壤有更深刻的认识。

    在世界范围内，尤其是在我国，人们对健康土壤管理措施重视度还远远不够。人们想当然地将土壤视为没有生命的物质，因此只重视了对作物的田间管理而忽略了如何让土壤更具有活力，变得更健康。然而，从某种意义上来说，土壤是一种缓慢燃烧其生命力来滋养人类的不可再生资源。从第一次刀耕火种开始，人类就走上了不断开发土壤生命力的道路。几千年过去，许多土壤的生命力被耗尽或正在耗尽，可怕的是，人类根本没意识到这件事的发生与粮食安全息息相关。一旦土壤的生命力被耗尽，其对人类造成的损失将不可估量，好在，土壤生命力是可以被重新激活的。所以，在研究各种耐干旱作物、耐盐碱作物等各种适应极端土壤条件作物的同时，也不能忘了对土壤的健康管理。

    "工欲善其事必先利其器"。本书的作用就是为所有想改善土壤健康状态的人们提供一个强有力的工具，当然，也是思想与知识的利器。只有先了解土壤、了解"健康"土壤的特性，才能更好地开展工作，生产出更健康的食物。本书的前两个部分细致介绍了土壤的重要性和健康土壤的标准，并从多个角度介绍了土壤的健康状况是如何影响作物的生长发育过程的。

    世界各地的土壤状况纷繁多样，由于气候、环境、地势和人文因素的影响，针对土壤的健康状态无法给出一个绝对统一的标准。同样，针对同一个土壤问题也无法给出一个绝对有效的统一措施。因此，想要改善土壤健康条件，就需要在充分了解土壤各种性质的情况下因地制宜，选择出最适合土壤改良的综合管理措施。正所谓"授之以鱼不如授之以渔，"本书的后两个部分正是那柄鱼竿，主要描述了一些有效的土壤改良措施并给出了案例分析教导人们如何针对土壤的状态来进行改良措施的实施。尤其是在第四部分中强调了对土壤健康状态评估的重要性和如何综合利用多种土壤管理措施，给所有读者以实际的操作建议。

本书由两位美国著名的土壤科学家和实践家完成，并和农民的切身经历相联系。深入浅出地介绍了如何通过对土壤的健康管理来提高作物的健康状态，无论是从学术性角度还是从实用性角度而言，都是一本土壤健康方面的佳作。

本书是原著《*Building Soils for Better Crops：Ecological Management for Healthy Soils*》第四版，是在第三版的基础上全面改版的一本新作。为了方便读者进一步了解，在必要之处进行了脚注注释，并在附录增加了单位换算，同时保留了第三版的词汇注释；随后，陈能场博士的恩师——中国科学院南京土壤研究所陈怀满研究员又逐字逐句地进行校对，并为本书撰写了译序；中国科学院城市环境研究所朱永官院士一直倡导"培育健康土壤，发展健康农业，支撑健康中国"，非常热心地为本书写序；本书阐述土壤健康的各种培育方法，堪称《耕作革命》一书的延伸，该书的主译者中国科学院南京地理与湖泊研究所所长张甘霖研究员也欣然为本书写了热情洋溢的序言，在第四版翻译完成后，张福锁院士也欣然作序，这些序言更加凸显本书的价值。在此译者们衷心感谢陈怀满研究员、张福锁院士、朱永官院士和张甘霖研究员对本书所做的肯定和贡献。此外，广东省科学院生态环境与土壤研究所何小霞高级工程师协助校对了部分章节，在此致谢。

由于团队成员知识有限，翻译能力有待提高，时间仓促，如发现书中内容有不妥之处，请各位读者提出宝贵意见，共同学习，共同为土壤健康努力！

陈能场　广东省科学院生态环境与土壤研究所
张俊伶　中国农业大学资源与环境学院
吴家强　广东杰士农业科技有限公司
李　颖　大自然保护协会（TNC）中国农业
2023年10月

英文版自序

以前只要有个强壮的身体，无论是谁都可以种地，但现在你需要有良好的教育背景来帮助你理解所有的种植建议，这样你就可以甄选出可以将潜在损失降到最小的建议。

——佛蒙特州谚语，20世纪中期

尽管我们在许多同事的书架上可找到早期版本，但我们在编写本书时也考虑到了农民、农场顾问、学生和园丁的需求。《健康土壤培育与实践指南——健康土壤的生态管理》是生态土壤管理的实用指南，本书提供了土壤改良实践的背景信息以及细节。本书旨在让读者全面了解土壤健康的重要性，并提出基于生态的措施，以帮助开发和维护健康的土壤。

《健康土壤培育与实践指南——健康土壤的生态管理》一书的内容随着时间的更替不断更新。第一版时重点关注土壤有机质的管理，它是健康土壤的核心组成部分。如果您遵循建立和保持良好水平的土壤有机质的规范，您会发现种植健康且高产的作物更容易，植物能更好地抵御干旱，也不易被昆虫和病害侵扰。通过保持足够的土壤有机物含量，您不必像许多农民那样购买施用那么多的商业肥料、石灰和农药。土壤有机质就是这么重要。第二版内容拓展到土壤管理的其他方面，并被公认为是一本极具影响力的书，它启发了许多人进行全面的土壤健康管理。

第三版进行了改写，增加了新的章节，涵盖的地域范围更广，其已经成为面向全球读者的更全面的可持续土壤管理专著。自2009年出版以来，对土壤健康的认知和倡导，以及对作物和土壤管理的更全面方法快速兴起。如今美国和世界各地的政府和非政府组织发起了很多土壤健康重大倡议。

第四版提供了重要更新，以反映土壤健康研究领域的新科学和许多令人兴奋的新进展。本书内容仍然主要基于美国农业和土壤的视角，但我们进一步扩展到了全球范围，并新增了关于在城市环境中种植植物的新章节。

本书无法对特定农场的问题给出确切的答案。事实上，我们有意避免提供规范指南，不同田块，不同农场，不同区域，存在着太多的差异，难以给出普适性的建议。要提出具体建议，必须了解土壤、作物、气候、机械、人为因素和其他变化因素的详细信息。良好的土壤管理是知识密集型的、自适应的通过教育和学习比简单的建议能更好地实现这一目标。

几千年来，人们一直在为保持土壤生产力不断努力，就像我们今天一样。我们在每章开头引用了名言，以致敬先辈。1908年出版的佛蒙特州农业实验站第135号公告特别引人入胜，其中包含三位科学家的一篇文章，该文论述了土壤有机质的重要性，在许多方面都具有惊人的前瞻性。爱德华·福克纳（Edward Faulkner）的《犁夫的愚蠢》（*Plowman's Folly*）所传达的信息——保护性耕作和增加有机残留物的利用对于改善土壤至关重要——如同1943年首次出版时那样，这一点在今天依然有用。我们不要忘记土壤管理教科书开山之作——杰特罗·图尔的《马力中耕农法》（*The Horse-hoing Husbandry*），或其首次出版于1731年的《试论农业与植物发育的原理》（*an Essay on the Principles of Tillage and Vegetation*）❶，虽然其讨论了现在被否定的概念，如集约化耕作的必要性，但包含了现代播种机和作物轮作的蓝图。俗话说得好，种瓜得瓜，种豆得豆，付出就有收获。在每一章的结尾和全书的结尾都给出了引用资料的来源，尽管提供的资料并不是关于这一主题的全面参考文献。

许多人在不同阶段审阅了个别章节或整个手稿，并提出了非常有用的建议。我们感谢 Anthony Bly、Tom Bruulsema、Dennis Chessman、Doug Collins、Willie Durham、Alan Franzluebbers、Julia Gaskin、VernGrubinger、Joel Gruver、Ganga Hettiarachchi、Jim Hoorman、Tom Jensen、Zahangir Kabir、Doug Karlen、Carl Koch、Peter Kyveryga、DougLandblom、Matt Leibman、Kate MacFarland、Teresa Matteson、Tai McClellan Maaz、Justin Morris、Rob Myers、Doug Peterson、Heidi Peterson、Sarah Pethybridge、Steve Phillips、Matt Ryan、Paul Salon、Brandon Smith、John Spargo、Diane Stott、Candy Thomas、Sharon Weyers、Charlie White 和 Marlon Winger。

我们非常感谢图题中提供照片的同事，感谢他们的贡献。所有其他照片都是我们自己的或属于公共领域。我们非常感谢我们的同事 Bob Schindelbeck、Joseph Amsili、Jean Bonhotal、George Abawi、David Wolfe、Omololu（John）Idowu、Bianca 和 Dan

---

❶ 《试论农业与植物生育的原理》是《马力中耕农法》一书的副书名。——译者注

Moebius-Clune、Ray Weil、Nina Bassuk 和 Rich Bartlett（已故）以及我们许多以前的学生和博士后，他们要么对本书有贡献，要么想法、见解和研究有助于我们对这个主题的理解。我们还要感谢各自的妻子 Amy Demarest 和 Cindy van Es，感谢她们在我们写这本书的过程中表现的耐心和给予的鼓励。当然，书中任何错误都由我们自己承担。

最后说明一下计量单位的问题。世界各地的农业从业者在使用不同的单位，例如蒲式耳、公担、公顷、英亩、曼札纳［（中南美的）面积单位］、英吨或公吨。这本书的读者群在全球不断扩大，北美以外的许多读者以及像我们这样的科学家可能更喜欢使用公制单位。但是为了方便我们最初的目标读者群体，我们决定在书中保留英制单位。我们相信它不会过度影响您的阅读体验，如果数字确实重要时，读者可以自行进行单位换算。

Fred Magdoff，佛蒙特大学
Harold van Es，康奈尔大学
2021年1月

目　录

第二篇　物理性质和营养循环

第三篇　从生态角度管理土壤

第四篇　综合考量

导　言

　　正是人类对有生命力的土壤的研究，为解决气候、能源和粮食的三重危机提供了可持续的替代方案。无论你的智能手机上有多少首歌，车库里有多少辆车，书架上有多少本书，一切的根本仍然是植物捕捉太阳能的能力（光合作用），而没有肥沃的土壤，生命又将依附在哪里？

　　　　　　　　　　　　　　　　　——Vandana Shiva❶，2008 年

　　纵观历史，从人类开始在田地里劳作，土地退化就已经发生。许多文明的崩塌都是源于不可持续的土地利用，其中就包括中东新月沃土文化的溃败，大约10000年前，在那里首次发生了农业革命。由联合国粮农组织政府间土壤技术小组（ITPS）编制的2015年《世界土壤资源状况报告》，推动了全球对土壤作为地球生命基石的认识，同时在报告中估计全球33%的土地处于中度至高度退化，而且情况正在恶化。该报告确定了土壤行使正常功能面临的10种主要威胁：水土流失、土壤有机质流失、养分失衡、土壤酸化、土壤污染、渍水、土壤板结、土壤封闭、盐碱化和土壤生物多样性丧失。当前的发展轨迹可能带来灾难性后果，数百万人处于危险之中，尤其是在一些最脆弱的地区。此外，土壤作为关键的环境缓冲区，在当前气候迅速变化的时期，其作用变得越来越重要。

　　过去，人类依靠开发的新土地种植粮食得以生存。但从几十年前开始，农业用地

---

❶ Vandana Shiva（范达娜·席娃）是印度一名环境哲学家，1952年11月5日出生于印度。她提出了珍爱自然、捍卫生命尊严的全新思想，引领大众。尤其是从穷人和女性的视角，她尖锐地指出开发与全球化所引发的各种矛盾。——译者注

总量实际上开始下降，因为新增加的土地不再能够弥补因土地退化、城市化、变成郊区和商业开发而退出农业用途的旧土地的损失。伴随着农业用地的丧失，当前还存在三个趋势：① 人口增加；② 大型设施生产的动物产品消费量不断增加，作物养分利用效率降低；③ 生物燃料作物种植面积的扩增，这些都限制了我们为全球人口生产足够食物的能力。

目前我们已经开发到处于边缘地带的可利用土地，如耕层浅薄的山坡地和干旱地区，这些地区土壤非常脆弱，并且容易迅速退化（图I.1）。农业扩张的另一个区域是原始稀树草原和热带雨林，这是人类仅剩下的未受破坏，并且生物多样性丰富的土地。目前的森林砍伐速率非常令人不安，如果继续保持这一砍伐速率，到21世纪中叶原始森林将消失殆尽。我们的土地即将用尽，需要更有效地利用我们拥有的农业用地。人类已经经历了因饥饿和有限土地资源和生产力而发生的内乱，全球粮食危机时有发生。一些水资源或耕地有限的国家在其他国家购买或租赁土地，为"国内"市场生产粮食，而投资者则在非洲、东南亚和拉丁美洲获得土地。

图I.1 达到极限：在非洲，边际的岩性土地用于作物生产

然而，人类的聪明才智帮助我们克服了许多来自农业方面的挑战，真正的现代奇迹之一是我们可生产大量粮食的农业系统。高产往往来自作物品种改良、化肥、病虫害防治产品和农业灌溉的使用，这些措施保障了大多数发达国家的粮食安全。与此同时，农业机械化和田间设施地不断改良使农民能够种植更多的土地面积。但是，在农产品跨大陆和海洋运输的时代，我们也极大地改变了有机物质和营养物质的流动。尽管每公顷粮食产量和人均生产率很高，但许多农民、农业科学家和推广专家都看到

了集约化农业生产体系带来的严重问题。这些例子比比皆是：

- 传统农业高度依赖化石燃料，不可预测的价格影响农民的净收益。
- 农民收到的价格和零售商店的食品价格随着供需以及期货市场的投机而波动。
- 农业专业化程度的提高以及粮食和畜牧生产区的地理分离，甚至将粮食和动物饲料作物转移到乙醇和生物柴油生产，减少了碳和养分的自然循环，对土壤健康以及水和空气质量造成严重后果。
- 过多的氮肥或动物粪肥通常会导致地下水中硝酸盐浓度增加，并有可能会对人体健康造成危害。许多生物丰富的河口和河流流入世界各地的海洋——例如墨西哥湾、波罗的海和越来越多的其他地区，由于农业来源的氮富集，在夏季后期会产生水体缺氧（氧气含量低）。
- 径流和排水中的磷酸盐和硝酸盐进入水体，会通过刺激藻类生长破坏水质。
- 用于在封闭、集中的农场动物中对抗疾病或仅用于促进生长的抗生素可以进入食物链，并可能进入我们吃的肉类中。也许更重要的是，在大量动物聚集的农场中，过度使用抗生素会导致耐药性的致病细菌菌株的产生，引起人类疾病的暴发，原因是致病细菌菌株对许多抗生素产生了抗药性。
- 常规耕作和缺乏良好轮作带来的土壤侵蚀，让我们宝贵的土壤发生退化，同时导致水库、池塘和湖泊的淤塞。
- 大型设备的土壤压实减少了水分的渗透并增加了径流，从而增加了洪水，同时使土壤更容易干旱。
- 随着农业逐步扩展到沙漠地区，农业已经成为迄今为止最大的淡水消耗者。在世界许多地方，地下水被用于农业的速度超过了大自然的补充速度。这是一个全球性问题，世界上超过一半的最大含水层和河流的开采速度超过补给速度。

整个现代农业和食品体系都是建立在大量使用化石燃料的基础上的：制造大型田间设备并为其提供动力，生产化肥和杀虫剂，干燥谷物，加工食品，并进行长途运输。随着易于开采的石油和天然气产量的下降，人们越来越依赖于更难开采的资源，例如海洋中的深井石油、加拿大的焦油砂和一些页岩油（通过水力压裂开采）。所有这些来源都对土壤、水、空气和气候产生重大负面影响。随着原油价格的波动且价格往往高于 20 世纪，以及目前依赖于价格相对较低但高污染排放的天然气（水污染和水力压裂产生的甲烷排放），"现代"农业体系需要重新评估。

我们所食用的食物、所使用的地表水和地下水有时会被致病生物和农业生产中使用的化学物质所污染。在食物、动物饲料、地下水和从农田径流的地表水中发现了用于预防有害昆虫和植物病害的农药，农民和农场工人面临特殊风险。研究表明，使用或接近某些杀虫剂的人患癌症的概率更高。在大量使用农药的地区，还存在污染影响儿童发育的风险问题。综上可以看出，这些无意中形成的农业副产品产生巨大的代价。

十多年前，美国估计了每年由农业造成的对野生动物、自然资源、人类健康和生物多样性的负面影响，损失达60亿至170亿美元。公众对安全、优质食品的要求越来越高，而且期望这些食品的生产不会对环境造成过度破坏——许多人愿意支付额外费用来获得这些食品。

更糟糕的是，农民们一直在为维持体面的生活水平而奋斗。随着农业投入（种子、化肥、杀虫剂、设备等）、食品加工和营销部门发生企业合并和其他变化，农民在降低生产成本方面的空间有限。多年来，购买投入品造成的高成本投入，和小麦、玉米、棉花和牛奶等许多农产品的低收入的反差，使农民陷入高成本与低收入的双重压力，从而难以经营盈利的农场。随着一些农场倒闭，种植业的这种动态变化有利于留下来从事农业生产的农民进一步扩大生产，在农场规模上寻求物理空间和经济优势。

鉴于这些问题，您可能会想我们是不是应该继续保持以往的耕种方式？实际上，农民、推广专家和研究人员正在努力开发和实施比常规农业生产活动更环保的做法，同时给农民带来更多的经济回报。随着农民管理技能提升和知识储备的不断丰富，与自然界和消费者的合作更加紧密，他们经常会找到一些方法，可以通过减少使用从农场外购买的农业投入品，并将农产品直销给最终用户来提高农业生产的盈利能力。

政府在促进农业可持续性方面的作用模棱两可。许多政府鼓励农民使用的耕作和生产方式，例如化肥补贴、作物保险计划和价格保证，反而加剧了问题。但政府也将资金投入到保护性计划中（尤其是在美国），要求良好的耕作方法来获得补贴（尤其是欧洲），并制定耕作标准（例如有机生产以及化肥和杀虫剂的使用）。

一个新的希望点是私营部门在农业可持续性方面的举措正在取得进展。公众越来越意识到上述问题，并寻求改变。因此，几家面向消费者的大型零售和食品公司（许多是国际公司）看到了树立企业可持续性形象的益处。他们正在使用供应链管理方法与农业企业和农民合作，以促进环境兼容的农业。事实上，当整个农业和食品部门变得更加可持续时，整个农业和食品部门都会受益，并且有许多双赢的机会可以减少食物浪费和效率低下，同时帮助农民在长期内获得更多利润。

土壤健康与可持续农业不可分割

您可能想知道土壤健康如何融入这些内容。土壤健康与可持续农业息息相关，因为土壤是粮食生产系统的基础，同时还提供与水、空气和气候相关的其他关键服务。

随着最近对可持续农业的重视，人们重新对土壤健康产生了兴趣。早期的科学家、农民和园丁都很清楚土壤质量和有机质对土壤生产力的重要性。早在17世纪，科学家们就深刻认识到土壤有机质的作用，包括土壤中有活的生物体。在17世纪70年代，英国人约翰·伊夫林（John Evelyn）就描述了表土的重要性，并解释说，土壤的生产力往往会随着时间的推移而丧失。他指出，可以通过添加有机残留物来维持土壤肥力。19世纪伟大的自然科学家查尔斯·达尔文（Charles Darwin）发展了现代进化理论，研究并撰写了蚯蚓对养分循环和土壤一般肥力的重要性文章。

在20世纪之初，人们再次认识到土壤健康的重要性。科学家们认识到，"枯竭"土壤的生产力急剧下降，主要是由于土壤有机质的耗竭。但是人们也看到了对有机质认识的转变：尽管有机质"曾经被誉为土壤的必需成分，是种植者苍穹中一颗璀璨的特别的星星，"但在"现代"农业理念的重压下，它却像路西法❶一样倒下了（Hills，Jones和Cutler，1908）。二战后，随着廉价化学肥料和大型农业机械的使用，以及干旱地区灌溉用水的廉价供应，许多人忘记或忽视了有机质在培育优质土壤上的重要性。事实上，全球化农产品贸易经济造成了土壤有机质的严重失衡，一些产区的有机质损失严重，而另一些产区的有机质含量过高。例如，在专业化的（粮食）生产中，大部分有机物质和养分——土壤健康的基本成分——被收获并定期运出农场，用于饲养牲畜或在数英里❷之外进行工业加工，有时甚至跨越大陆或海洋。它们永远不会回到之前生产农产品的田块，而与此同时，在目的地则造成了土壤中碳和养分过载的问题。

20世纪后半叶，由于农民和科学家对土壤有机质的重视程度降低，农业机械化规模越来越大，拖拉机的马力越大，可以让更少的人耕种更多的土地。

> "（有机质）曾经被誉为土壤的必需成分，是种植者苍穹中一颗璀璨的特别的星星……"

大型四轮驱动拖拉机允许农民在土壤潮湿时进行田间工作，造成严重的压实，有时当土壤处于泥泞状态时，需要更用力地去耕耙。在19世纪和20世纪初的农业生产中铧式犁被认为是一种有益的工具，它有助于破坏新开垦的草皮并控制多年生杂草，但随着反复使用，它会破坏土壤结构并且不会在土壤表面留下任何残留物，从而成为土壤退化的根源。

土壤裸露，非常容易受到风和水的侵蚀。随着农场规模的不断扩大，农民需要更多的肥料和使用肥料撒播机，以及能更频繁地穿过田地来准备苗床、种植、喷洒杀虫剂和收获，这些都造成了更多的土壤压实。

有一种新的逻辑认为，大多数与土壤相关的问题可以通过增加外部输入来解决，这种处理土壤问题的反应方式是——在田间看到"问题"后才做出反应。如果土壤缺

❶ 路西法：Lucifer（路西法）是基督教中的堕落天使。——译者注
❷ 1英里=1609.344米。

5

乏某种营养，您就买一种肥料，把它施入土壤里；如果土壤不能储存足够的雨水，您所需要做的就是不断灌溉；如果土壤变得过于紧实，水或根系很难渗透，您可以使用工具，如深松机，将其犁松；如果发生植物病害或虫害，您可以施用农药。但这些问题真的是独立且相互之间不相关的问题吗？可能需要发现更深层次的问题所在。能够辨别出深层问题和问题症状是形成最佳行动方案的关键。例如，如果您的头撞到墙上，您会头痛，那么阿司匹林是最好的治疗方法吗？很明显，真正的问题是您的行为，而不是头痛，最好的解决办法就是不要把您的头撞到墙上！

> 许多被当作是独立的土壤问题可能在本质上恰恰是土壤退化和质量低的表现性状

许多人认为的土壤单个问题可能恰恰是土壤退化和质量低的表现，这些症状又与种植方式有关，通常与土壤有机质的耗竭、土壤生物种群不够丰富、生物多样化低以及使用重型农业机械作业造成的土壤压实直接相关。农民一度被鼓励去对单个问题做出回应，而不是将注意力集中在综合性的土壤健康管理上。一种不同的方法——农业生态学——正在获得更广泛的认可，这是一种利用自然系统固有优势的农业实践，旨在创造健康的土壤。通过这种方式，可以防止许多不健康土壤的症状出现，而不是在出现问题后做出反应并试图通过昂贵的投入来克服它们。我们应该顺应自然，而不是试图压倒和支配它，在土壤中积累和维持良好的有机质水平，管理有机质就像管理土壤物理性状、酸碱度和营养水平一样重要。

有趣的是，公众对气候变化的关注重新激发了人们对通过所谓的碳农业进行土壤有机质管理的兴趣。事实上，将更多的碳固持到土壤中也有助于减少全球变暖。

农业发展和养活迅速增长的全球人口需要使用化肥、杀虫剂和燃料等投入品，而且这些化学品的成本相对较低，我们不可忽视它的积极作用，然而化学品的投放却忽略了土壤健康的重要作用，并推动粮食生产系统朝着未将环境问题和长期影响纳入经济运算的管理模式发展。至此一个具有争议的点就是，除非认识到这些结构性问题并改变经济激励措施，否则情况不会好转。现状是许多农业地区在经济上依赖于与长期土壤健康管理不相容的全球商品进出口系统。此外，销售农业机械和投入品的部门已经变得高度整合和强大，这些公司通常乐于维持现状。在过去的几十年里，投入品的价格显著上涨，而农产品的价格除了短期飙升外，常常处于低位。有理由相信，目前的模式推动农业朝着更高效率的方向发展，但不代表一定是可持续的方式。在这种情况下，我们认为可持续的土壤管理是有利可图的，并且这种管理将导致盈利能力随着资源更加稀缺和作物投入品价格的上涨而增加，甚至农业和食品行业的公司利益也可以从这种范式中获益。

　　这本书由四部分组成。第一部分提供了有关土壤健康和有机质的背景信息：什么是土壤，为什么它如此重要，我们为什么会遇到问题，土壤生物的重要性，以及为什么有些土壤的质量比其他土壤更好。第二部分包括土壤物理性质、土壤储水、养分循环和流动的讨论。第三部分涉及土壤管理的生态原则，以及提升健康土壤的管理实践。前边的章节首先强调促进有机质的积累和维护。建立和保持有机质的管理措施是提高土壤肥力的关键，并有助于解决许多问题。提高土壤质量的措施包括使用动物粪肥和覆盖作物；良好的残留物管理；适当选择轮作作物；使用堆肥；少耕；尽量减少土壤压实和增强通气性；更好的营养和改良管理；良好的灌溉和排水；以及采用特定的保护措施，用于控制侵蚀。第四部分讨论了土壤健康的评价，结合了农场实际的土壤管理策略，以及如何判断土壤健康是否得到改善。

参考文献

Hills，J. L.，C. H. Jones and C. Cutler. 1908. Soil deterioration and soil humus. In *Vermont Agricultural Experiment Station Bulletin* 135.pp. 142-177. University of Vermont，College of Agriculture：Burlington，VT.

Magdoff，F. 2013. Twenty-First-Century Land Grabs：Accumulation by Agricultural Dispossession. Monthly Review 65（6）：1-18.

Montgomery，D. 2007. *Dirt：The Erosion of Civilizations*. University of California Press：Berkeley，CA.

Montanarella，L.，et al. 2016. World's soils are under threat. *Soil*（2）：79-82.

Tegtmeier，E. M. and M. D. Duffy. 2004. External costs of agricultural production in the United States. *International Journal of Agricultural Sustainability* 2：1-20.

FAO and ITPS. 2015. Status of the World's Soil Resources（SWSR）—Main Report. Food and Agriculture Organization of the United Nations and Intergovernmental Technical Panel on Soils，Rome，Italy.

PART

1

第一篇

有机质：健康土壤的核心

Dennis Nolan 摄

第一章 健康的土壤

——Dan Anderson 供图

> 美国全国各地（有些土壤）处在贫瘠、枯竭、耗尽，甚至接近
> 死寂的状态，但令人欣慰的是：通过做一些简单的事情，这些土壤
> 就有可能恢复到高生产力水平。
>
> ——C. W. Burkett[1]，1907 年

　　您一点也不会觉得奇怪，土壤被许多文化认为是人们生活的中心。毕竟，人们知
道自己食用的食物是从土壤中生长出来的。我们最初从事农业的祖先一定为每年周而
复始的生命而感到惊讶：种子在田地里发芽、成熟。在希伯来圣经中，给第一个男人

---

[1] C. W. Burkett：美国土壤学家，著有 *Farm Arithmetic* 一书（Burkett C W and Swartzel K D. 1913. Farm Arithmetic. New York，Orange Judd Co.，pp280）。——译者注

的名字取名亚当，取意于"地球"或"土壤"（阿达玛，adama）；第一个女人的名字取名夏娃（或希伯来语的哈瓦），则取意于"生命"这个词。土壤和人类的生命是交织在一起的，对土地的敬畏是许多人类文明和文化的重要组成部分，包括美洲土著部落。实际上，土壤是所有陆地生命的基础。我们人类起源于土壤。我们体内的必需元素，如骨骼和牙齿中的钙和磷、蛋白质中的氮、红细胞中的铁等，除了来自食用鱼和其他水生生物外，都是通过直接或间接地食用从土壤中获取这些元素的植物而获得的。

尽管我们聚焦于土壤在作物种植方面的关键作用，但必须记住，土壤还有其他重要用途。土壤决定着雨水是从农田流出还是进入地下并补给地下蓄水层，当土壤植被遭到毁坏并开始退化时，地表径流和洪水会变得更为常见。土壤可以吸收、释放和转化许多不同的化合物，例如，土壤可以净化从你家后院的化粪池系统中流出的废液。土壤也可为多种生物群落提供栖息地，其中许多生物群落有着非常重要的意义，例如土壤中可以产生抗生素的细菌，以及帮助植物获取养分和水分并改善土壤结构的真菌。土壤有机质中储存了大量大气中的碳，二氧化碳（CO_2）是与全球变暖有关的温室气体。因此，通过提高土壤有机质含量的方式，让更多的碳储存在土壤中，以减缓可能的全球变暖。土壤也用作道路、工业和社区建设的基础材料。

1.1 土壤是由什么组成的？

在了解什么使土壤肥沃或贫瘠之前，我们应该了解土壤是如何形成的。土壤由四个部分组成：固体矿质颗粒、水分、空气和有机质。矿质颗粒分为砂粒、粉粒和黏粒（有时还有较大的碎片），它们来自岩石风化或沉积物的沉积，主要包括硅、氧、铝、钾、钙、镁、磷以及其他微量元素，但这些元素通常被锁定在结晶颗粒中，不能直接被植物利用。然而，与固体岩石不同，土壤颗粒之间有孔隙，允许土壤通过毛细管作用保持水分，这样土壤就可以像海绵一样发挥作用。这是一个重要的过程，因为它允许土壤水在空气中二氧化碳的帮助下非常缓慢地溶解矿物质颗粒并释放养分——称之为化学风化。土壤水和溶解的养分统称为土壤溶液，可为植物所吸收。土壤中的气体与地面上的空气接触，为根系提供氧气，并帮助从呼吸根细胞移除多余的二氧化碳。

植物和土壤生物起什么作用？其促进有机物质和养分的循环，使土壤能够继续维持生命。植物的叶片通过光合作用从二氧化碳（CO_2）中捕获太阳能和大气中的碳。植物利用空气中的二氧化碳来制造糖类、淀粉以及其生存和繁殖所需的所有其他有机化学物质。同时，植物根部吸收土壤水分和溶解的养分（氮添加到土壤或通过生物过程直接添加到植物中）。这样从土壤中吸收的矿质养分与来自大气的碳结合，以有机形式储存在植物生物量中。种子的营养含量往往特别高，但茎和叶也含有重要元素。最终，植物死亡，叶片和茎秆回到土壤表面。有时植物不直接返回土壤表面，而是被动物吃掉，这些动物获得营养和能量，然后排出粪肥。土壤生物有助于将粪肥和植物残留物固持到土壤中，当然死亡的植物根已经在土壤中。这种死亡的植物材料和粪肥成为各种生物（甲虫、蜘蛛、蠕虫、真菌、细菌等）的"盛宴"，它们从植物储存在生物质中的能量和营养中受益，与此同时，有机物质的分解使植物再次获得养分，完成了整个循环。

然而自然生态系统这样的循环完美吗？不完全是，因为这样的循环在集约化农业生产中无法发挥作用。通过化学风化向自然循环中添加新养分的速度非常缓慢。在自然循环的另一端，土壤捕获一些有机质并将其"储存起来"。这是因为土壤矿物颗粒，尤其是黏土，与有机分子键合，从而保护它们免受土壤生物的进一步分解，此外可防止土壤团聚体中的有机质颗粒分解。在很长一段时间内，土壤经过矿物缓慢分解积累了大量的养分和碳，以及以有机质形式存在的植物残留物的能量——类似于每个月将少量资金存入退休账户。这种有机质储存系统在温带地区（美国中部、阿根廷和乌克兰等地）的北美草原和西伯利亚的大草原土壤中尤其令人印象深刻，因为天然草原根深蒂固，有机物质周转率高（图1.1）。

在自然系统中，这个过程非常高效，并且几乎没有营养损失。它最大限度地利用矿质养分和太阳能，直到土壤达到其最大的储存有机物质的能力（更多信息请参见第三章）。最初当土地被开发用于农业生产，对土壤进行耕作以抑制杂草来种植粮食作物时，耕作起了有益的作用，因为它加速了有机物的分解，比未耕作的土壤释放了更多的养分，但耕作却大大地破坏了有机物质循环，导致每年损失的有机物质多于返回土壤的有机物质。此外，在养分循环中也发生了解偶联，一些养分作为作物的一部分被收获，从田间移走，再也没有回到土壤中，另外一部分养分从土壤中流失，随着时间的推移，在

图1.1 土壤在有机质中构建了碳和养分的储存库，还可以容纳水和空气

有机质由腐烂的植物材料堆积而成，主要积聚在地表下的深色根区。美国农业部-自然资源保护局供图

自然植被下慢慢建立起来的有机质"银行账户"不断被"提款"，存储功能被削弱。

耕作加快了有机质的分解，有助于为作物提供释放的养分，但在有机质严重枯竭之前，耕作引发的问题并未引起人们广泛关注。在坡地土壤，这些有机质损失的速度要快得多，因为土壤暴露在风雨中后，表层的有机质发生侵蚀。直至20世纪，人们才找到有效的方法，通过施用源自地质沉积物的肥料或用哈伯-博施（Haber-Bosch）工艺生产的氮肥来补充丢失的养分。然而时至今日人们还在忽视土壤有机物（碳）的补充需求。

土壤中的有机质更为复杂，在土壤中扮演着许多重要的角色，我们将在第二章中讨论。它不仅为生物体储存和提供养分和能量，当矿物质和有机颗粒聚集在一起时还有助于形成团聚体。当土壤含有大量不同大小的团聚体时，它形成更多的空间来储存水分并进行气体交换，氧气进入团聚体供植物根部和土壤生物使用，而生物产生的二氧化碳离开土壤进入大气中。总而言之，矿物质颗粒和孔隙空间构成了土壤的基本结构，但有机质是土壤肥沃的主要原因。

1.2　您想要什么样的土壤？

农民有时用"**土壤健康**"这个词来描述土壤状况，科学家通常使用"**土壤质量**"一词，但这两个词都指的是同一个内涵：无论土壤作何种用途，土壤的功能状况如何？土壤健康的概念侧重于人为因素——人为影响，即多年的集约化管理后土壤健康变得越来越重要。这区别于由形成土壤的自然因素（如母质、气候等）导致的土壤固有性状的差异。因此，土壤健康堪比人类健康：我们的样子可能与我们的遗传背景存在一些自然差异（个子更高或更矮、肤色更白或更黑等），健康强烈影响我们机能，并且在很大程度上受我们管理身体的影响。

在农业中，土壤健康支撑高产、优质和健康作物生长。基于此，您将如何区分优质土壤和劣质土壤呢？大多数农民和园丁会说，看一眼就能分辨出来。农民当然可以告诉你，他们农场的土壤是劣质的、一般的还是优质的，而且他们经常提到土壤有多黑，有多松散。他们了解优质土壤，因为它可以付出较少的劳作获取更高的产量。在质量较好的土壤上，雨水流失较少，侵蚀也较少。在健康的土壤上操作机器所需的功率低于在贫瘠、压实的土壤上操作。但是我们还希望土壤具有其他特征，这可以总结为健康土壤的七个理想属性：

（1）土壤肥力。土壤应该在整个生长季节都有足够的养分供应。

（2）结构。我们想要一个耕性好的土壤，这样植物根系最容易充分发育。耕性好的土壤比耕性差的土壤更松软，压实度更低。具有良好和稳定结构的土壤还可以促进降雨渗入和蓄水，供植物以后使用。

（3）**深度**。为促进根系生长，保持良好排水，需要在达到犁底层或基岩之前有足够深度的土壤。

（4）**排水和通气**。我们希望土壤排水性良好，使其在春季和接下来的降雨期间足够排干，以便及时进行田间作业。此外，氧气进入根区和二氧化碳溢出根区也都很重要，当 CO_2 从土壤中扩散出来后还会在叶片附近的空气中富集，提高植物光合作用速率。不过请记住，以上提到的这些常见的特征不一定适用于所有作物。例如，潮湿的土壤适合蔓越莓和水稻生产。

（5）**病虫害最少**。土壤中植物病害和寄生生物的数量应该较少，当然杂草也要少，特别是那些具有侵略性和生长难以控制的杂草。大多数土壤生物都是有益的，我们需要大量促生生物，例如蚯蚓、许多的细菌和真菌。

（6）**不含有毒物质**。我们想要不含可能危害植物生长的化学物质的土壤。但在自然土壤中也可能产生这些有害物质，例如酸性土壤中的可溶性铝或干旱土壤中过量的盐和钠。

（7）**恢复力**。最后，优质土壤应能抵抗退化，具有恢复力，在诸如压实之类的胁迫后能迅速恢复。

像根一样思考!

如果您是植物根系，您想从理想型土壤中得到什么？当然，您希望土壤能够提供足够的营养、多孔，且耕性好，这样您就可以较容易地在土壤中生长并扎根；同时，可以储存大量的水分以供不时之需。您也想要生物活性非常高的土壤，附近有许多有益的生物，为您提供促进生长的养分和化学物质；另一方面，潜在致病生物种群的数量要尽可能保持低水平。您不希望土壤中含有任何可能伤害到您的化学物质，如可溶性铝或重金属；为了您的健康生长，您希望酸碱度保持在您可接受的适当范围。您也不会想要任何阻碍您往土壤深处生长的地下土层。

1.3　土壤的性质和培育

有些土壤非常适合种植农作物，而也有些土壤本身就不适合，但大多数土壤介于两者之间。绝大多数土壤存在障碍因子，例如有机质含量低、质地极端（粗砂或重黏土）、排水不良或存在限制根系生长的土层。中西部黄土衍生的草原土壤具有粉砂壤土质地和高有机质含量的天然优势。不管根据土壤健康的哪一项指标，这些原始状态的土壤生产力等级都非常高，但即使是这些草原土壤，许多也需要排水，才能保证高产。

我们养护或培育土壤的方式会改变土壤的固有性质。如果对土壤多年管理不善而被滥用，优质土壤会变成健康状态不佳的土壤，尽管您可能使用了大量的不当措施才使土壤恶化到这一步。另一方面，先天障碍因素大的土壤可能因管理不善变得更加棘手且很快变得更糟。例如，重黏壤土很容易被压实变成一个致密的块体。即使采用良好的耕作方式，先天自然条件好的和先天自然条件差的土壤可能永远不会达到同等水平，因为有些土壤障碍根本无法完全克服，但如果管理得当，两者都可以提高生产力。

1.4　土壤是如何退化的？

尽管我们高度重视能使作物增收的健康、优质土壤，但现实中我们还得意识到美国和世界各地的许多土壤已经发生退化：土壤变得贫瘠。退化最常见的是从耕作和犁地开始，导致土壤团聚体破裂，然后由于土壤生物更容易获得残留物，使土壤有机质更快流失。这会加速侵蚀，因为有机质含量较低且聚集较少的土壤更容易被侵蚀，侵蚀带走富含有机质的表土，引发螺旋式下降，导致作物减产。土壤变得紧实，使水分难以渗透，根系不能正常发育，侵蚀加剧，养分下降到过低的水平，作物无法保持良好生长。在干旱地区灌溉下盐碱地（太咸）的形成是使土壤健康状况下降的另一个原因。（从灌溉水中带入的盐分需要从根区淋洗出，才能避免盐分积累的问题。）

土壤退化给许多早期文明予以重创，包括中东许多地区（如现在的以色列、约旦、伊拉克和黎巴嫩）和南欧。土壤退化导致人们要么为了生存开展殖民冒险，如罗马人入侵埃及的粮食生产基地；要么导致文明的衰落。唯一的例外是地貌景观、山谷和三角洲的汇合带，在那里养分和沉积物汇集在一起，肥力可以保持几个世纪（第七章将详细介绍这一点）。

热带雨林（温度高、降雨量充足、土壤表面有大量有机质）在转化为农田后的两三年内可能发生严重的土壤退化现象，人们每隔几年就得迁移到一片新的森林，这是"刀耕火种"系统在热带地区存在的原因。当农民耗尽一块土地的地力（容易分解的有机物质）后，他们会在新的土地上砍伐和燃烧树木，同时促使之前耕地上的森林和土壤得以再生。

......昔日富饶的土地，如今所剩下的，却似一具病夫一般的骨架，肥沃松软的土地都被荒废了，只剩下贫瘠的骨架。从前，许多山体都可以耕种，那些土壤肥沃的平原现在成了沼泽；曾经被植被覆盖的山丘和丰饶的牧场现在只能为蜜蜂生产食物。从前，雨水使这片土地富足，这些雨水并没有像现在一样，因土地荒芜不能储水而只能流入大海。土层深厚、肥沃的土壤可以吸收并保持水分，渗透到山里的水形成泉水和到处流淌的小溪。在泉水形成的地方，残存的废弃神殿证实我们对这片土地的描述是真实的。

——柏拉图，公元前4世纪

图1.2 美国大平原相邻地点的农田土壤（左图）和天然土壤（草地；右图）
农业土壤的土壤有机质含量较低，土质较为密实。
图片来源：Kirsten Kurtz

美国东部地区（原本是温带森林地区）土壤的快速退化，导致美国农业的西进受到影响。在大平原湿润地区（降雨量和温度适中、土壤中有机质分布较深），土壤退化的影响需要几十年才能显现出来（图1.2）。

在世界范围内，土壤侵蚀程度令人震惊：土壤退化已经导致全球约20%的农田和19%～27%的草原和牧场的产量下降。大多数农业土壤仅处于一般、较差或极差的状态。侵蚀仍然是一个主要的全球问题，它夺走了人们的食物，且每年都在持续降低土地的生产力。世界范围内每年约有300亿～400亿吨表土从农田中流失。

1.5 如何建立一个健康优质的土壤？

健康土壤的某些指标相对容易实现。例如，可以通过施用石灰改良酸性土壤，并提高作物生长所需养分的生物有效性。但是如果土壤只有几英寸深呢？在这种情况下，考虑到经济原因，几乎什么都做不了，除非地块非常小——只有花园大小的面积。如果由于下层黏土层的障碍，土壤排水不良，虽然可以安装暗沟排水系统，但成本很高。

评估您的土壤

目前，可通过计分卡和实验室测试来帮助农民评估他们的土壤质量，使用评级制度来评估土壤的健康状况。在田间，您可以评估土壤中蚯蚓的数量、侵蚀的严重程度、耕作的难易程度、土壤结构和颜色、压实程度、渗水率和排水状况，然后，根据作物的总体外观、生长速度、根系健康状况、抗旱性和产量等特征对土壤中生长的作物进行评级。对农民来说，最好是每隔几年为他们农场的主要农田区或土壤状况填写一张这样的评分卡，或者把土壤送到提供土壤健康分析的实验室。但即使不这样做，您可能已经知道真正优质且健康的土壤是什么样的，它在对环境负面影响最小的情况下持续培育高产高质作物。您可以在第二十二章中阅读更多关于评估土壤健康的内容。

我们使用"**构建土壤**"一词来强调将退化土壤或劣质土壤转化为真正优质土壤的培育过程，这个过程需要理解、思考和有效行动，它折射出了土壤自然形成的过程，其中植物和有机物质是关键元素。这同样适用于目前健康土壤的保持和改善。土壤有机质几乎对我们刚才讨论到的所有土壤特性都有积极的影响。正如我们将在本书第二章和第八章中讨论的，有机质甚至对病虫害的防治也至关重要。因此，合理的有机质管理是构建高质量土壤和更可持续的、繁荣的农业的基础。基于此，在本书中有较多的篇幅用来介绍有机质。然而，我们不能忽略对其他关键方面的管理，如减缓大型农业机械对土壤的压实和良好的土壤养分管理。

尽管在不同农场，甚至不同的田地间，如何构建最优质土壤的具体细节有所不同，但还是有通用的方法。例如：

● **最小化耕作**和其他土壤扰动，以保持土壤结构并减少原生土壤有机质的损失。

● **实施多种措施**，将不同来源的有机材料添加到土壤中。

● **最大限度地利用土壤中的活根**，并使用**轮作和覆盖作物**，包括具有不同类型根系的多种作物组合。

● 即使没有经济作物，也可以通过覆盖作物和/或地表残留物**提供充足的土壤覆盖**，以保护土壤免受雨滴和极端温度的影响。

● 每当使用农机设备在土壤上行驶时，使用有助于**开发和保持良好土壤结构**的措施。

● 管理**土壤肥力**状态，以保持作物的最佳pH值水平，并为植物提供充足的养分供应，而不会造成水污染。

● 在干旱地区，减少土壤中**钠或盐**的含量。

1.6　土壤健康、植物健康和人类健康

在成千上万的土壤生物物种中，会引起植物病害的相对较少，人类疾病也是如此，如破伤风（一种由细菌产生的毒素）、钩虫（一种线虫）和癣（一种真菌）。但土壤的物理状况也会影响人体健康。例如，处于沙尘暴地区的人们从裸露的土壤中吸入细小颗粒，可能会出现严重的呼吸系统问题和使肺组织受损。通常，生物多样性高、土壤结构良好和不断被活体植物覆盖的土壤对人和在土壤中生长的植物都更健康。事实上，人们在小时候经常接触土壤和农场动物，会减少过敏并刺激免疫系统，且在年老后对感染的抵抗力增强。

在本章我们讨论土壤退化，是因为保护土壤生产力和降低环境影响本身就是重要的目标。然而，关于改善土壤健康后能否生产出更优质的食物并提升人类健康，世界各地一直存在争论。土壤是人类和动物矿物质的主要来源，但土壤退化最终会导致营养和健康问题吗？此外，有机食品是否比传统食品更健康？

要回答这些问题，我们需要了解食物链的两个主要组成部分：土壤健康如何影响植物健康以及植物健康如何影响人类健康。总之，这就是土壤-植物-人类健康之间的联系。在我们的讨论中，我们将忽略食品加工、饮食和食品采购中间步骤的影响，尽管这些也会产生重大影响。

土壤为植物提供养分和水，但并不一定是以最佳方式起作用。健康的植物首先需要必需的养分，如氮、磷、钾以及第十八章中讨论的其他主要和次要元素。第二类是其他元素，其不是必需的，但被认为是有益的，因为它们对植物生长有积极影响或有助于其他元素的吸收。这些元素通常被植物以痕量吸收。第三类是在一定浓度下对植物有害的有毒元素。有时，在低浓度下这些元素是必不可少的或有益的，而在高浓度下可能会变得有毒，例如铜和铁。

1.6.1　营养元素缺乏

当农作物经过多年生长后，土壤中的养分会被植物不断地吸收。在自然生态系统中，植物吸收的养分大多数会循环回到土壤中，但在农业系统中通常会在出售收获的作物时从农场中移走这些养分，而在农场土壤中留下来的残体的养分取决于作物种类（我们将在第七章讨论养分循环和流动）。随着化学肥料的施用，一些养分特别是氮、磷、钾和钙得到补充，但所需的少量或微量矿物质通常得不到补充，这在发展中国家更为普遍，那里的农民通常不分析土壤养分，而是使用标准的混合肥料。有时，压实

问题会加剧这种情况，因为矿物质可能存在于较深的土壤层中，但无法进入根部。在某些情况下，土壤中先天缺乏可能影响植物、动物或人类健康的基本元素。例如，硒元素在美国东北部和西北部的土壤自然本底值较低，尽管它不会对植物健康产生太大影响，但会影响动物和人类健康。

1.6.2　元素毒害

土壤中的许多元素会对植物、动物或人类产生毒害。最惊人的案例往往与人类活动造成的某种类型的污染有关。例如，重金属可能在由工业烟囱排放物引起的大气沉降，或在燃煤电厂的酸沉积中积累。在其他情况下，农业活动本身会引起元素毒害问题，例如长期使用含有高浓度镉的肥料。一个罕见的案例是在孟加拉国引入管井来灌溉水稻，地下水源中天然含有大量砷，砷会积聚在米粒中，给当地居民带来严重的健康问题。（粮食作物生产地区普遍存在的一种现象是氮肥过量施用，会导致饮用水中硝酸盐浓度过高，对农村居民的身体健康造成不利影响。虽然这个问题不是直接食用作物的后果，但它直接关系到我们该如何种植庄稼。）

另一个问题是，在生物多样性低的土壤上生长的作物，植物病原生物会大量繁殖，通常采用农药（杀菌剂、杀虫剂、杀线虫剂）进行处理，在这些土壤中这些化学物质以及除草剂可能会进入食物中，有时也会进入饮用的地下水中。已经证明，环境中的许多杀虫剂与人类疾病直接相关。

1.6.3　人类健康

很难从科学上证明土壤健康对人类健康的影响，一是因为这牵涉到我们饮食的复杂性，且涉及人类临床试验的伦理问题。土壤退化显著降低了土壤生产出足够的能满足人们基本热量和蛋白质需求的营养食品的能力。特别是在发展中国家的偏远农村地区，人们依赖自己农场饲养的农作物和动物，几乎没有机会购买额外的食物。土壤退化和极端天气会导致作物歉收并严重影响粮食供应，尤其是对儿童成长造成长期的负面影响。

与土壤退化相关的第二个问题是必需矿物质元素的缺乏，特别是在自然肥力低的土壤中。同样，这在矿产开采地区，以及很大程度上依赖当地谷物为主的饮食地区可能是一个问题。在发达国家，人们营养缺乏现象非常罕见，因为人们从不同的渠道获取食物。例如，当人们也吃其他地区的坚果时，即便该区域土壤缺乏硒，也不会影响人们的健康。（在发达国家，人们越来越关注不健康饮食的选择和健康食品的可承受性。）

人类还受益于可能与土壤健康间接相关的植物类有机化合物，例如谷物中的蛋白质含量（与土壤中的氮有关），或对健康有益的次级代谢物，如抗氧化活性物质（例如酚类物质和花青素）。人们关心的一个问题是更好的土壤管理带来的益处能否切实促进人类健康。例如，有机管理需要某些增强土壤健康的措施，因为它牵涉到更好的轮作和有机改良剂来综合管理养分和有机物质。然而它也会改善食品质量和人类健康吗？许多人选择有机食品是出于对杀虫剂的担忧（这是我们应该意识到的真正潜在的健康问题），或者是因为有机食品的味道更好，或者他们愿意强烈支持开展有机农业的农民生计和减少环境的负面影响。至今还没有证据表明有机来源的营养元素对人类健康的影响区别于合成或加工来源的营养，因为无论哪种种植方式，植物几乎完全吸收无机态养分。一些研究表明，有机生产的食物某些指标例如抗氧化剂水平提升。但由于许多其他复杂因素，例如食用有机食品的人通常有更好的饮食、更健康的生活方式并且更富有，还没有研究能够明确地表明这些指标变化与人类健康结果呈正相关。

1.7　更广阔的视野

在这本书中，我们讨论了土壤的生态管理。尽管这里讨论的基本通用原则适用于世界各地各种类型的土壤，但由于具体问题和问题强度有所不同，因此特定农场或生态区可能需要不同组合的解决方案。据估计，全世界有接近一半的人缺乏充足的营养元素和维生素，全球范围内半数幼儿的早夭与营养不良有关。这些人类健康的问题在某种程度上与饮食结构中含营养丰富的食物（如蔬菜和水果）数量太少有关。在饮食结构中谷物的占比过高时，即使人们可以获得足够的能量和蛋白质，营养元素的缺乏也会引发人体健康问题。在美国罕有报道发现人体缺乏铁、硒、钴和碘等元素，但这种情况在土壤贫瘠、营养匮乏的发展中国家仍然存在。向土壤中添加这些必需元素（或通过灌溉含碘的水）来增加植物中元素的含量，而不是试图向每个人提供补充剂，通常是一种更容易、更健康的解决方案。从各个方面加强土壤健康，而不仅仅是提高营养元素水平，可能是向全球人类提供营养食品、结束饥饿和营养不良的最基本战略之一。

参考文献

Acton, D. F. and L. J. Gregorich, eds. *Our Soils: Toward Sustainable Agriculture in Canada.* Centre for Land and Biological Resources Research. Research Branch, Agriculture and Agri-Food Canada. https://ia801608. us.archive.org/34/items/healthofoursoils00greg/healthofoursoils00greg.pdf.

den Biggelaar, C., R. Lal, R. K. Wiebe, H. Eswaran, V. Breneman and P. Reich. 2004. The global impact of soil erosion on productivity. Ⅱ: Effects on crop yields and production over time. *Advances in Agronomy* 81: 49-95.

Doran, J. W., M. Sarrantonio and M. A. Liebig. 1996. Soil health and sustainability. *Advances in Agronomy* 56: 1-54.

Food and Agriculture Organization of the UN and the Intergovernmental Panel on Soils. 2015. Status of the World's Soil Resources(SWSR)— Main Report, Food and Agriculture Organization of the United Nations and Intergovernmental Technical Panel on Soils, Rome, Italy.

Graham, R. D., R.M. Welch, D. A. Saunders, I. Ortiz-Monasterio, Bouis, M. Bonierbale, S. de Haan, G. Burgos, G. Thiele, Liria, C. A. Meisner, S. E. Beebe, M. J. Potts, M. Kadian, P. R. Hobbs, R. K. Gupta and S. Twomlow. 2007. Nutritious subsistence food systems. *Advances in Agronomy* 92: 1-74.

Hillel, D. 1991. *Out of the Earth: Civilization and the Life of the Soil*. University of California Press: Berkeley, CA.

Spillman, W. J. 1906. *Renovation of Worn-out Soils*. Farmers' Bulletin No. 245. USDA; Government Printing Office: Washington, DC.

The United Nations World Water Development Report 2018: Nature-Based Solutions for Water. 2018. WWAP(United Nations World Water Assessment Programme)/UN-Water. UNESCO: Paris, France.

Topp, G. C., K. C. Wires, D. A. Angers, M. R. Carter, J. L. B. Culley, D. A. Holmstrom, B. D. Kay, G. P. Lafond, D. R. Langille, R. A. McBride, G. T. Patterson, E. Perfect, V. Rasiah, A. V. Rodd and K. T. Webb. 1995. Changes in soil structure. In *The Health of United Nations Convention to Combat Desertification*. 2017. The Global Land Outlook, first edition. Bonn, Germany. https://knowledge.unccd. int/sites/default/ files/2018-06/GLO%20English_Full_Report_ rev1.pdf.

Wall, D. H., N. N. Uffe and J. Six. 2015. Soil biodiversity and human health. *Nature* 528: 69-76.

第二章　有机质：它是什么，为什么如此重要

——Christine Markoe 供图

顺天时，量地利，则用力少而成功多，任情返道，劳而无获。

——贾思勰[1]，6 世纪，中国

正如我们将在本章末尾讨论的那样，尽管有机质在土壤中的含量通常比较低，但其几乎决定所有土壤性质。典型农田土壤有机质含量为 1%～6%（质量分数）。它由三

---

[1] 贾思勰，青州益都（今山东寿光市）人。北魏、东魏时期大臣，中国古代杰出的农学家。著有综合性农书《齐民要术》。系统地总结了秦汉以来我国黄河流域的农业科学技术知识，其取材布局，为后世的农学著作提供了可以遵循的依据。该书不仅是我国现存最早和最完善的农学名著，也是世界农学史上最早的名著之一，对后世的农业生产有着深远的影响。该著作由耕田、谷物、蔬菜、果树、树木、畜产、酿造、调味、调理、外国物产等各章构成，是中国现存的最早的、最完整的大型农业百科全书。——译者注

个截然不同的部分组成：活的有机体、新鲜的残留物和源于完全降解的残留物分子。这三部分土壤有机质分别被描述为"活的"、"死的"（有活性的）和"死透了的"（惰性的）。这种三维分类的方法，可能看起来简单而不科学，但它在理解土壤有机质方面非常有用。

"活的"部分

土壤有机质的活性部分包括多种生物，如细菌、病毒、真菌、原生动物和藻类。它甚至包括植物的根、昆虫、蚯蚓以及更大的动物，如鼹鼠、旱獭和兔子，这些动物也会把部分时间留在土壤中度过。生物部分约占土壤有机质总量的15%。土壤生物多样性高，据估计，土壤生物约占世界生物多样性总量的25%。微生物、蚯蚓和昆虫以植物残体和粪肥为食物来获取能量和营养，在这个过程中，它们将有机质混合到矿物土壤中。此外，它们还参与植物营养元素的循环。蚯蚓皮肤上的黏性物质和真菌产生的其他物质可以将土壤颗粒结合在一起，有助于稳定土壤团聚体，即维持良好土壤结构的颗粒团块。植物根部的黏性物质、细根及其相关菌根的生长有助于培育稳定性土壤团聚体。蚯蚓和一些真菌等有机体也有助于稳定土壤结构（例如，创造了利于水分渗透的通道），从而改善土壤水分状况和通气状况。植物根系也以各种方式与土壤中的各种微生物和动物发生相互作用，另一个重要方面是土壤生物彼此间不断竞争（图2.1）。第四章进一步讨论了土壤生物与根系以及各种土壤生物之间的相互作用。

许多微生物、蚯蚓和昆虫通过分解土壤中的有机残体获得能量和营养。同时，储存在残体中的大部分能量被生物体用来制造新的化学物质和新的细胞。最初如何将能量储存在有机残体中？绿色植物利用光能把碳原子连接在一起形成更大的分子，这个过程就是光合作用。植物利用光合作用储存能量用于呼吸和生长，并且大部分能量最终会在植物死亡后成为土壤中的残体。

图2.1 线虫以真菌为食，这是生态系统制衡机制的一部分

Harold Jensen 供图

"死的"（有活性的）部分

新鲜的残体，或"死的"有机质，由新近死亡的微生物、昆虫、蚯蚓、植物老根、作物残体和最近添加的粪肥组成。在某些情况下，看一眼就能识别这些新鲜残体的来源（图2.2）。这部分土壤有机质是活性的或容易分解的组分。土壤有机质的活性部分是土壤中各种生物、微生物、昆虫和蚯蚓的主要食物来源。由于有机质被"活的"生物分解，它们释放出许多植物需要的营养元素。在新鲜残体分解过程中产生的有机化合物也有助于将土壤颗粒黏合在一起，使土壤具有良好的结构。

新鲜植物残体的细胞可直接释放有机分子，如蛋白质、氨基酸、糖和淀粉，这些物

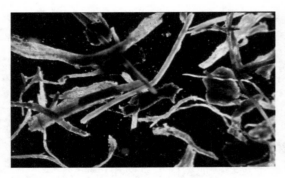

图2.2 从土壤中分离出的部分降解的新鲜残体
茎、根和真菌菌丝的碎片都很容易被土壤生物利用

质也被认为是新鲜有机物的一部分。一般情况下，这些分子结构简单，易于被微生物分解，不会在土壤中停留很长时间。但一些细胞大分子如木质素需要较长的时间才能被分解。在排水不良的土壤（如泥炭和淤泥），以及用于农业生产的湿地中，土壤中存在大量因涝渍而未分解的有机物，这些物质占土壤有机质的比例比较大，但其提供的益处区别于新鲜残体。

生物质炭作为土壤改良剂

通常认为，巴西亚马孙河地区异常肥沃的"黑土"土壤是通过人类多年的定居和使用过程中带入大量的木炭所形成并稳定下来的。通过野火和人类活动产生的黑炭，存在于世界各地的许多土壤中，其是在低氧条件下通过371～482摄氏度（700～900华氏度）的温度燃烧的生物质。这种不完全燃烧导致原材料中约一半或更多的碳保留为生物质炭。含有灰烬的焦炭往往具有大量的负电荷（阳离子交换量），施入土壤后能产生和施用石灰类似的效果。生物质炭还能保留木材或其他残留物中的一些营养元素，刺激微生物种群，并且其在土壤中性质非常稳定。尽管许多研究报道施用生物质炭增加了作物产量，部分可能归因于营养元素有效性或pH值增加，但也有一些报道称生物质炭施用后产量反而降低了。添加生物质炭对豆科植物效果良好，而禾本科植物常常缺氮，施用后一段时间内可能导致土壤中氮的缺乏。

生物质炭可以用多种有机材料和燃烧方法生产，因此性质不稳定，也因此可导致其对土壤和植物的影响不一致。生物质炭的生产和使用是否经济、是否对环境友好取决于原材料类型、过程中产生的热量和气体是否被利用或直接散失、生物质炭生产过程中可用氧气的量以及从生产地到施用田块的远近。另外，当生物质炭用作种子包衣时，需要量要小得多，但依然可以刺激幼苗的生长和发育。

注：施用生物质炭能提高土壤pH和快速增加钙、钾、镁等元素的含量，但这可能是生物质炭中的灰分而不是黑炭本身带来的。这些效益也可以通过添加更加完全燃烧的材料获得，这种材料中含有更多的灰分和少量的黑炭。

"死透了的"（惰性的）部分

"死透了的"（惰性的）部分死透了的部分包括土壤中难以被生物降解的其他有机物

质。有些人使用腐殖质来描述所有土壤有机质。本书中腐殖质仅指能抵抗分解的相对稳定的有机质部分。腐殖质能免于生物分解的主要原因是腐殖质的化学结构复杂，使得土壤生物难以对其加以利用。

土壤中可识别的未被降解或部分降解的残体碎片，包括微生物的残体，常被置于团聚体内部，由于空间太小，生物体无法进入。在某种意义上，由于生物无法接近这些残体，使得其就好像"非常稳定"一样。只要有机残体在物理上受到保护，免受微生物的攻击，它就会表现得像"非常稳定"的一部分。当这些团聚体通过冷冻和解冻、干燥和再润湿，或通过耕作而破碎时，夹带的有机碎片和吸附在黏土上的简单有机物质可以被微生物利用，就容易被降解。大部分土壤有机质无论通过物理方法还是化学方法，都能得到很好的保护而不会被降解，因此其在时间中的时间可长达数百年。

但是，即使腐殖质能免受降解，其化学和物理特性仍使其成为土壤的重要组成部分。腐殖质保留一些必需的营养物质并将其储存起来，然后缓慢释放供给植物利用。一些中等分子大小的腐殖质还可以螯合某些潜在有害的化学物质，如重金属和杀虫剂，防止它们对植物和环境造成损害；同时这些物质还有利于植物获得某些必需营养元素。在黏土中，添加大量的土壤腐殖质和作物残体可以缓解土壤的排水和压实问题。在沙质土壤上，这些物质通过增强土壤聚集性（降低土壤密度），以及保持和释放水分来改善土壤的保水能力。

炭

另一种类型的有机质，通常被称为黑炭或者炭，最近引起了人们的广泛关注。几乎所有的土壤都含有一些黑炭，这是由以往大火造成的，大火源于自然或人类用火。有些土壤，如加拿大萨斯喀彻温省的黑土，可能含有相对较多的木炭，大概来自自然发生的草原火灾。然而，人们对土壤中木炭日益增加的兴趣主要来自于对被称为黑土❶（Terra Preta de Indio，印第安黑土）的土壤研究，这些土壤位于南美洲亚马孙河地区长期定居的村庄遗址上，这些村庄在殖民时期人口变少。在这些深色的土壤中，土壤表层含有10%～20%的黑炭，使其颜色比周围的土壤深得多。这些土壤中的炭是数百年来的烹饪烧柴以及农作物残体和其他有机物料在田间燃烧的结果。或许是由于亚马孙河地区常见的潮湿条件，燃烧过程缓慢，产生大量的焦炭，而不是在高温下较完全燃烧时产生的灰分。这些土壤上曾经被集约化利用，但几个世纪以来一直被撂荒。尽管如此，它们仍然比周围的土壤肥沃得多，部分原因是最初来自附近森林的动植物残体中的营养物质输入量高，而且这些土壤上生产的作物产量比周围典型的热带森林土壤

❶ Terra Preta de Indio（亚马孙黑土，以前也称为" Terra Preta do Indio"或"Indian Black Earth"）是巴西亚马孙地区某些深色土壤的本地名称。这些黑土发生在南美洲的多个国家，其他国家也有。它们最有可能是由前哥伦布时期的印第安人（公元前500年至2500年）留下的，其来源、分布和属性，许多问题仍未得到解答。——译者注

要好。土壤的高肥力与土壤中大量黑炭和生物活动有关，土壤可以满足植物生长需要的养分且淋洗量低（甚至在被遗弃几个世纪之后）。黑炭是一种非常稳定的碳，可维持较高的土壤阳离子交换能力，并提供合适的栖息地支持生物活动。然而，炭不能像新鲜残体和堆肥那样为土壤生物提供现成的食物来源。人们开始尝试在土壤中添加大量的黑炭，但大规模添加黑炭可能不经济，且要对土壤产生重大影响所需的黑炭数量显然是巨大的——每英亩❶数吨，因此人们可能会将黑炭应用于小块土地、花园和盆钵植物上，或者作为一种专性的种子包衣添加剂。此外，应考虑将添加生物炭的益处与相同来源的其他材料（例如木屑、作物残体或食物垃圾，制成的堆肥以及完全燃烧的灰烬）进行比较。

碳和有机质

土壤碳有时被用作有机质的同义词，尽管后者还包括养分和其他化学元素，因为碳是所有有机分子的主要组成部分，土壤中的碳含量与所有有机质的总量密切相关：活的生物体、新鲜残体加上降解的残体。当人们谈论土壤碳而不是有机质时，他们通常指的是有机碳，或土壤中有机分子中的碳含量。土壤中有机质的含量大约是有机碳含量的两倍。然而，在冰川地区和半干旱地区的许多土壤中通常含有另一种形式的碳——石灰石。石灰石可以是圆形的结核，也可以均匀地分散在整个土壤中。石灰是碳酸钙，含有钙、碳和氧，这是一种无机（矿物）形式的碳。即使在潮湿气候区，如果在接近地表处发现有石灰石，则表明其可能存在于土壤中。在这些情况下，土壤碳总量包括无机碳和有机碳，不能简单地将总碳百分比加倍来估算有机质含量。

在土壤中发生的正常有机质分解是一个类似于在火炉中燃烧木材的过程。当木材燃烧到一定温度时，木材中的碳与空气中的氧气结合，形成二氧化碳。当这种情况发生时，储存在木材含碳化学物质中的能量在氧化过程中以热的形式释放出来。生物界，包括人类、动物和微生物，也利用含碳分子储存的能量，将糖、淀粉和其他化合物转化为直接可用能量的过程也是一种氧化过程，我们通常称之为呼吸。在这个过程中，利用氧气，释放二氧化碳和热量。

2.1 为什么土壤有机质如此重要

肥沃健康的土壤是植物、动物和人类健康的基础。土壤有机质是健康、高产土壤的基础。了解有机质在保持土壤健康方面的作用对发展生态友好型的农业生产活动至关重要。有机质仅占土壤体积一小部分，但是为什么却如此重要，以至于我们在这

❶ 1英亩≈0.404686公顷。

一部分用三章的篇幅来讨论呢？原因是有机质对土壤的所有性质都有积极的影响或改良作用。这就是它对我们了解土壤健康和如何更好地管理土壤如此重要的原因。本质上有机质是土壤管理的核心，但肯定不是唯一的部分，正如我们稍后将讨论的。除了在促进土壤过程和作物生长方面的关键性作用外，土壤有机质是许多全球和区域碳循环的重要环节。

的确，你可以在有机质含量很低的土壤上种植作物。事实上，你根本不需要土壤就可以种植。虽然砾石和沙子水培系统，甚至没有土壤的气培系统（将营养液直接喷洒在植物根部）可以种植优质作物，但这种大规模的无土栽培系统可能存在生态问题，并且适用于距离市场很近的少数高价值作物。因此，在考虑土壤健康时，除有机质外，也还需要考虑其他重要的问题。然而，随着土壤有机质的减少，种好作物变得越来越困难，因为肥力、水分利用率、压实度、侵蚀、寄生虫、病害和昆虫等问题变得越来越普遍。在有机质耗竭的情况下，人们需要投入更多的肥料、灌溉水、农药和机械来维持作物产量。但是，如果注意适当的有机质管理，土壤可以支持作物良好的生长，且并不需要高昂的投入来解决以上提到的问题。

农田表土有机质含量一般在1%～6%之间。一项对密歇根州土壤的研究表明，每增加1%的有机质，作物潜在的产量增加约为12%。在马里兰的一项实验中研究人员发现，当有机质含量从0.8%增加到2%时，每英亩玉米的产量增加了大约80蒲式耳❶。有机质对许多土壤的生物、化学和物理性质影响巨大，对健康的土壤至关重要（图2.3）。部分原因是在腐殖质的组分中包含充分降解的小颗粒物质，其比表面积很大，意味着

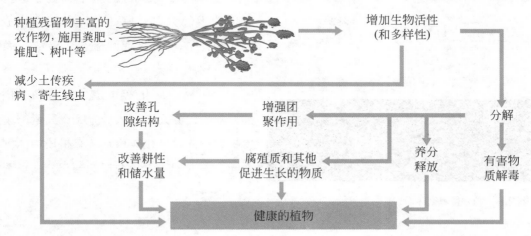

图2.3 添加有机质土壤产生许多变化
改编自Oshins和Drinkwater（1999）

___

❶ 1蒲式耳=35.239升。

腐殖质与土壤的接触面大。腐殖质与土壤其他部分紧密接触后有利于支持多种反应过程，例如向土壤水分中释放有效性养分。然而，土壤生物的许多作用使得土壤生物也成为有机质的重要组成部分。

2.1.1　植物营养

植物生长需要十八种化学元素[1]：碳（C）、氢（H）、氧（O）、氮（N）、磷（P）、钾（K）、硫（S）、钙（Ca）、镁（Mg）、铁（Fe）、锰（Mn）、硼（B）、锌（Zn）、钼（Mo）、镍（Ni）、铜（Cu）、钴（Co）和氯（Cl）。植物从大气中以二氧化碳（CO_2）的形式获取碳（随着土壤生物分解有机物质，其中一些CO_2从下面的土壤中向上扩散）。氧也主要以氧气（O_2）的形式从空气中提取。剩余的必需元素主要从土壤中获得。有机质的存在直接或间接地影响了这些营养元素的有效性。碳（C）、氢（H）、氧（O）、氮（N）、磷（P）、钾（K）、钙（Ca）、镁（Mg）、硫（S），植物的需求量大，被称为大量元素。其他元素需求量小，被称为微量元素。（钠和硅有助于许多植物的生长，但其还未列为植物生长和发育所必需的元素。）

有机质分解释放的养分

土壤有机质中的大部分营养元素不能被植物直接利用，因为这些养分以有机大分子的形式存在。当土壤生物分解有机质时，营养元素被转化为很容易被植物利用的简单的无机（矿物态）形式，这个过程被称为矿化作用，它从有机质中转化了植物所需的大部分氮。例如，蛋白质转化成铵（NH_4^+），再转化成硝酸盐（NO_3^-）。大多数植物从土壤中吸收的氮大部分是硝态氮。有机质的矿化作用也是向植物提供磷、硫等营养元素和大部分微量元素的重要机制。通过矿化作用释放有机质中的营养元素是营养元素大循环的一部分（见图2.4和第七章）。

作物残茬和动物粪便

土壤有机质

图2.4　植物营养循环

---

[1] 营养元素对植物生长和发育的必要性标准由Arnon和Scott（1939）以及Meyer和Anderson（1939）建立的。1954年国际公认的植物生长发育的必需元素为16个，2004年镍被确认是植物生长和发育必不可少的第17种元素。此外，已经确定了豆类固氮中钴的必要性，根据Nutritions.ifas.ufl.edu（2004）的研究，由于必需元素定义的差异，必需元素的化学元素数量在16到20种之间。此外，本书中将钙、镁、硫称为大量元素，在一般教科书中通常称为中量元素。——译者注

生活在豆科植物根瘤中的细菌将大气中的氮气（N_2）转化为植物可以直接利用的形式。一些独立生活的细菌也能固定氮。

土壤有机质储存养分

有机质的分解不仅可以直接为植物提供养分，而且也可间接地提高植物的营养价值。许多必需的养分以正电荷离子的形式存在于土壤中，称为阳离子。有机质保持阳离子的能力称为阳离子交换量（CEC），这种方式吸附的阳离子可为植物所利用。腐殖质上有许多负电荷。由于正负电荷相吸，腐殖质能够吸持带正电荷的营养元素，如钙（Ca^{2+}）、钾（K^+）和镁（Mg^{2+}）[图2.5a]。当水流过表土时，离子吸附可以防止其被浸出（通过土壤淋洗）后流到深层土壤中。土壤吸附的营养元素可以逐渐被释放到土壤溶液中，并在整个作物生长季节都可以提供给植物。然而，并非所有的植物营养元素都以阳离子的形式存在。例如，硝态氮（NO_3^-）带负电荷并且被带负电荷的土壤颗粒排斥。因此，当水向下流过土壤并越过根区时，缺乏固持作用硝酸盐很容易发生淋失。

黏土颗粒表面也有负电荷 [图2.5b)]，但有机质可能是粗粒和中等质地土壤中负电荷的主要来源。有些类型的黏土，如在美国东南部和热带地区发现的黏土，负电荷量往往很低。在含这类黏土矿物的土壤中，有机物质更为重要，因为其是固持营养物质负电荷的主要来源。

表土的特性

拥有大量的表土很重要，然而是什么赋予表层土壤有益的特性呢？是因为它在上面吗？如果我们用推土机铲掉30厘米厚的土壤，暴露在外的底土会成为表土吗？当然，每个人都知道表土的重要性不只是因为其在土壤表面的位置，而是因为很多的表土特性，如良好的营养供应、耕性、排水、通气、蓄水等，这是因为表土富含有机质，并含有丰富的生物多样性。土壤的这些特征会随着挖掘深度而减弱，因此表土是土壤剖面中独特且不可或缺的一部分。

通过螯合作用保护营养元素

土壤中的有机分子也可以固持和保护某些营养元素。这些被称为"螯合物"的颗粒是有机质活性降解的副产物，或是植物根系的分泌物。一般来说，螯合物比以正负电荷的结合方式能更有效地吸附元素。在螯合物中，有机分子多个吸附点位与营养元素结合，作用效果更好 [图2.5c)]。在一些土壤中，如果没有螯合物的结合，铁（Fe）、锌（Zn）和锰（Mn）等微量元素就会转化为不可利用的形式。有机质含量

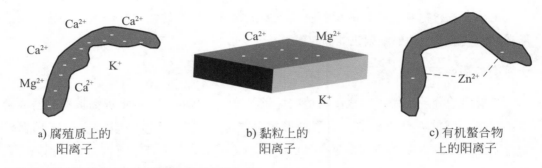

a) 腐殖质上的
阳离子

b) 黏粒上的
阳离子

c) 有机螯合物
上的阳离子

图2.5 阳离子吸附在带负电荷的有机质和黏土上

低或底土（因表土层侵蚀或机械去除而暴露的土壤部分）暴露的土壤常缺乏这些微量营养元素。

维持有效养分的其他方法

研究表明，土壤中的有机质可以抑制有效磷转化为植物无法利用的形态。其中的一个原因是，有机质覆盖在矿物表面，这些矿物质能与磷（P）紧密结合。一旦矿物表面被覆盖，有效磷就不太可能与矿物发生反应。此外，一些有机分子可能与铝和铁形成螯合物，这两者都可以与土壤溶液中的磷发生反应；当铝（Al）和铁（Fe）以螯合物存在时，就不能与磷（P）形成不溶性矿物。

2.1.2 土壤生物的有益作用

土壤生物能分解有机质，包括其他死亡生物，对维持植物营养至关重要。这些生物通过将营养物质从有机分子中释放来提供营养。一些细菌将大气中的氮气（N_2）固定下来，提供给植物；其他土壤生物溶解矿物质，使磷（P）更易被利用。如果没有足够的食物来源，就会造成土壤生物量少、生物活性也低，因此需要更多的肥料来提供植物养分。

多样化的生物群落是抵御重大病虫害暴发和解决土壤肥力问题的最佳措施。富含有机质的土壤中不断使用多源的有机物料，如覆盖作物、复杂轮作和有机物料（如堆肥或动物粪肥）后，这些多样化丰富的新鲜残留物为生物群落提供了生境，这些丰富的食物足以维持多样化的土壤生物种群。生物多样性包括地上和地下两个方面：① 不同生物存在的生境范围，② 相对种群（称为均匀度）。拥有不同种类的生物体固然好，但如果种群规模类似，那么环境中的生物也会更加丰富。例如，如果有中等数量的病原生物，我们不只是希望存在少量有益生物体；如果有益菌数量适中，则土壤中生物更丰富。多样化的有益生物种群有助于确保潜在有害生物数量较少，不会发展出足够的数量来降低作物产量。

有机质增加了营养元素的供应

直接作用

- 有机质分解后，营养元素可转化为植物有效态。
- 分解过程中产生CEC，增加了土壤保留钙（Ca^{2+}）、钾（K^+）、镁（Mg^{2+}）和铵（NH_4^+）的能力。
- 产生有机分子，吸持和保护许多微量元素，如锌（Zn）和铁（Fe）。
- 一些生物使矿物质形式的磷更易溶解，而另一些生物则固定氮，将其转化为其他生物或植物可以使用的形式。

间接作用

- 微生物产生的物质能促进更好的根系生长和更健康的根系，具有更大和更健康根系的植物更容易吸收营养元素。
- 有机质有助于降雨后土壤保持更多的水分，因为它改善了土壤结构，从而提高了持水能力。这会促进植物生长和健康，从而有助于移动性高的营养元素（如硝酸盐）从土体向根部迁移。

2.1.3 土壤耕性

当土壤处于有利于植物生长的物理条件时，土壤耕性良好。这样的土壤结构是多孔的，水分可以很容易渗入，而不是从土壤表面流走（图2.6）。在两次降雨的间隔期间可以让更多的水分储存在土壤中，供植物利用，而且减少侵蚀。良好的耕性也意味着土壤具有良好的通气性，根系很容易获得氧气并排出二氧化碳。多孔土壤有利于根系的发育和深扎。当土壤耕性不良时，土壤结构恶化，土壤团聚体分解，导致压实度增加，通气性和保水性变差。土层密实，根系无法生长。具有优良物理特性的土壤将

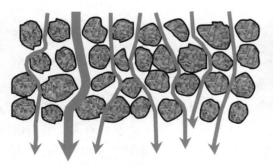 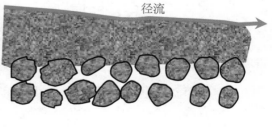

a) 团粒土壤构造   b) 团聚体分解后的土壤密封和结皮

图2.6 密封和结皮形成时土壤表面和水流模式的变化

具有许多大小不一的通道和孔隙。

对未受干扰的自然土壤和农田土壤的研究表明，随着有机质的增加，土壤的压实度降低，有更多的空间供空气流通和储水，水分进入土壤并且被储存以供植物使用。植物残留物分解过程中产生的黏性物质与植物根系和真菌菌丝一起，将矿物颗粒结合成小团块或团聚体。此外，菌根菌的黏性分泌物是土壤中重要的黏结剂，有益真菌进入根部，同时在土壤中生长菌丝，帮助植物获得更多水分和养分。团聚体中土壤矿物的排列和集结方式以及土壤压实度对植物生长有着巨大的影响（见第五章和第六章）。在所有类型的土壤中，团聚体非常重要，因为它能促进土壤更好的排水、通气和蓄水。然而，湿地作物却存在例外，如水稻需要一个稠密的、泥糊状的土壤来保持水层。（虽然较新的水稻种植系统表明，可以用较少的灌溉获得高产，从而节约用水。）

有机质作为土壤表面的残留物，或作为表层土壤团聚体的黏结剂，对减少土壤侵蚀具有重要作用。就像活植物的叶子和茎一样，表面残留物拦截雨滴，降低它们分离土壤颗粒的潜力。地表残留物也会减缓水流从田地流出的速度，使其能更好地渗入土壤。土壤团聚体和大孔隙通道极大地提高了水分从表层渗入深层土壤的能力。多种方式可以形成土壤大孔隙。根系分解后，残留根系留下的通道可能会保持一段时间。较大的土壤生物，如昆虫和蚯蚓穿过土壤时会形成通道，蚯蚓分泌的黏液可防止皮肤干燥，也有助于保持其能长时间在通道穿行。

多数农民可以通过观察土壤与耕作后的情况，甚至通过在土壤上行走或触摸土壤来判断土壤的好坏，他们所看到或感觉到的是良好的耕性。如能挖一点土壤，就可以了解其孔隙度和团聚程度。

侵蚀往往会带走土壤中最肥沃的部分，导致作物产量显著下降。在一些土壤中，仅仅损失几厘米表土可能导致作物产量减少50%。一些有机质含量较低的土壤表面，团聚体可能为降雨所破坏，地表附近的孔隙因固体封填而结皮，此时水分无法渗入土壤而从地里流走，并带走珍贵的表土（图2.6）。

2.1.4　防止土壤酸化的措施

通常矿物溶解以及土壤生物在分解有机质或固氮时会释放酸或碱。植物的根系也会分泌酸或碱，土壤施用氮肥也会产酸。在栽培季节中，如果土壤酸碱度（称为pH）变化不大，对植物的生长是最好的。酸碱度是表示土壤水中游离氢离子（H^+）含量的一种方法，在土壤中其与植物养分的有效性以及某些元素（如铝）的毒性密切相关。pH是一个对数刻度，因此pH=4的土壤酸性很强，其溶液的酸性是pH=5的土壤10倍。土壤pH=7的土壤呈中性，溶液中的酸和碱一样多。大多数作物在土壤微酸环境、pH=6～7之间时生长最好，虽然有蓝莓等喜酸作物，在这个酸碱度范围内，植物必需元素有效性高于在酸性或碱性较强的土壤。土壤有机质能减缓或缓冲土壤pH的变化，土壤产酸时，它可以从溶液中结合游离态氢离子（H^+）；土壤产碱时，它能将结合的氢离子（H^+）释放到溶液中。（关于酸性土壤管理的讨论，见第二十章。）

2.1.5　刺激根系发育

土壤中的腐殖质可以通过增加微量营养元素的有效性和改变许多基因的表达来刺激根的生长和发育（图2.7）。土壤中的微生物会产生多种刺激植物生长的物质，包括各种植物激素和螯合剂。螯合物质（铁载体）的刺激主要能使植物更容易获得微量营养元素，促进根系伸长生长，使侧根增加。此外，自生固定细菌为植物提供了额外的氮素营养，而一些细菌有助于溶解矿物质中的磷，提高植物对磷的利用。

图2.7 在 Rich Bartlett 的一项试验中，向营养液中添加腐殖酸可以促进西红柿和玉米的生长、增加根系的数量和分枝数

图为含有螯合剂（右图）和不含螯合剂（左图）（从土壤中提取）的营养液中生长的玉米。
R. Bartlett 供图

2.1.6　让土壤变黑

有机质会使土壤颜色变黑。在含有浅色石英矿物的粗质地砂质土壤中很容易看到这种情况。在排水良好的条件下，表面颜色较暗的土壤在春季升温更快，虽然在种子萌发和幼苗发育的早期阶段这个作用较小，但在寒冷地区却十分有益。

2.1.7　防止有害化学物质

土壤中一些天然存在的化学物质会伤害植物。例如，铝（Al）是许多土壤矿物的重要组成部分，对植物没有危害。但当土壤变得更酸时，尤其是pH低于5.5时，铝（Al）会溶解出来，土壤溶液中一些可溶态的铝（Al）对植物根系有毒害作用。在有机质含量高的土壤中，铝（Al）与有机质紧紧地结合在一起，毒害作用不会太大。

有机质是减少农药渗入的最重要的土壤特性，有机质与许多农药紧密结合，可以防止或减少这些化学物质渗入地下水，并为微生物降解农药留出时间。微生物可以改变某些农药、工业用油、许多石油产品（天然气和石油）和其他潜在有毒化学品的化学结构，使其无害化。

2.2 有机质与自然循环

2.2.1 碳循环

在许多全球范围内的循环中，土壤有机质发挥着重要作用。人们对碳循环越来越感兴趣，大气中二氧化碳（CO_2）的积累被认为是气候不稳定的主要原因。

图2.8给出了排除工业来源的自然碳循环的简单版本，显示了土壤有机质的作用。二氧化碳（CO_2）被植物从大气中吸收，用来制造生命所必需的所有有机分子，阳光为植物提供了这个过程所需的能量。植物以及以植物为食的动物，在利用有机分子作为能源的同时，将二氧化碳（CO_2）释放回大气中。当燃料（如天然气、石油、煤和木材）燃烧时，二氧化碳也会释放到大气中。

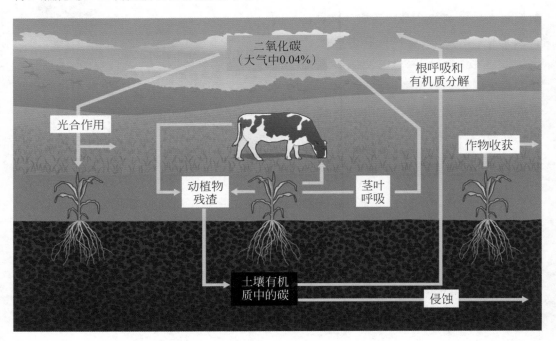

图2.8 土壤有机质在碳循环中的作用
Vic Kulihin 供图

土壤颜色和有机质

在伊利诺伊州，已经开发出一张手持式图表，让人们可以估计土壤有机质的百分比。最暗的土壤——几乎是黑色的——表示有机质含量3.5% ～ 7%，深棕色

土壤表示2%～3%，黄棕色土壤表示1.5%～2.5%。（颜色可能与所有地区的有机质没有那么明显的关系，因为黏土的数量和矿物质的类型也会影响土壤的颜色。）最近已经开发出使用智能手机摄像头来估计土壤有机质含量的移动应用程序，可以粗略估算效果。

气候变化和土壤

气候变化已经通过海洋变暖、冰川和海冰融化、冻土（永久冻土）解冻以及极端天气的增加对地球产生了深远的影响：更多的热浪、许多地方的降雨强度增加以及一些地区更频繁的干旱情况。2015年、2016年、2017年、2018年和2019年是自19世纪80年代开始有记录以来最热的五年。2018年和2019年北美、欧洲、东南亚和东亚，以及澳大利亚夏季（从2018年12月开始，然后在2019～2020年夏季再次发生并伴随着历史性的野火）的热浪，一直特别严重。2019年7月是有记录以来最热的月份。世界许多地方的农业已经受到影响，夜间气温升高降低了粮食产量，因为植物白天产生的更多能量被夜间呼吸作用消耗殆尽，而区域干旱导致作物歉收。

二氧化碳（CO_2）、甲烷（CH_4）和一氧化二氮（N_2O）等气体会在大气中吸收热量，导致地球变暖，即所谓的温室效应。目前大气中的二氧化碳浓度从20世纪60年代中期的320μL/L增加到415μL/L，并且以每年约2μL/L到3μL/L的速度增加。历史上森林和草原向农业转变导致大量碳（来自加速的土壤有机物质分解）以二氧化碳的形式进入大气。这种农业转化仅次于化石燃料的燃烧，是造成大气二氧化碳浓度增加的最大因素（请记住，化石燃料来自古代植物中储存的碳）。随着森林被烧毁和土壤用于种植庄稼（增加土壤生物对有机物质的利用），二氧化碳被排放到大气中。

但是以增加有机质的方式管理的土壤可以成为碳储存的净汇，同时增强其健康。增加土壤有机质不是应对气候变化的灵丹妙药，但如果在世界范围内大规模实施，它可以在一段时间内减缓二氧化碳浓度的增加。美国的一些非政府组织连同一些国际组织正在努力，鼓励农民以支付固碳费用的形式增加土壤有机质水平。（已经提出了大规模的"地球工程"计划，以从大气中去除二氧化碳或将粒子射入大气中以反射掉部分来自太阳的辐射。尚未确定此类提议的成本和潜在的负面影响。因此，目前通过转向可再生能源和减少能源使用总量来大幅减少化石燃料的使用是我们知道的阻止或逆转气候变化的唯一可靠方法。）

促进有机物质积累对农田土壤进行生态无害管理当然可以在应对气候变化方面发挥作用。有机质会实现双赢，因为高有机质还增加了土壤的恢复力，当前全球气候多变，土壤正面临强烈的风暴和干旱期。可在SARE公告《培养农场和牧场的气候适应力》（www.sare.org/climate-resilience）中进一步了解土壤健康在气候适应性中的作用。

土壤正在积累植物生产中累积的碳和养分，土壤中最大的碳库不是在活体植物中，而是储存在土壤有机质中。人们花了一些时间理解这一点，且关联到碳循环的讨论中。土壤中储存的碳比所有植物、所有动物和大气中储存的碳总和还要多。据估计，土壤有机质所含的碳是活体植物的四倍，而事实上，世界上所有土壤中储存的碳是大气中碳含量的两到三倍。土壤有机质的消耗成为大气中二氧化碳的来源。此外，当森林被砍伐和焚烧时，会释放大量二氧化碳。在将林地转化为农用地后，土壤有机质的快速消耗会从土壤中井喷式排放大量的二氧化碳。在厚度为7英寸❶的土壤中1%有机质所含的碳量与田地上方大气中的碳含量一样多。如果有机物从3%减少到2%，大气中的二氧化碳含量可能会增加一倍。（当然，风和扩散会将二氧化碳移动到地球的其他地方，二氧化碳也可以被海洋吸收并被下风向的作物在光合作用过程中吸收。）

土壤有机质的价值

一英亩土壤上层6英寸处的1%有机质含有约1000磅❷的氮。每磅约45美分，仅氮这一项，土壤中每1%的有机质就价值约450美元。加上磷、硫和钾各100磅，每英亩有机质的总价值为500美元。但我们还需要考虑有机质中其他营养元素，以及有机质对减少其他投入和增加产量的有益影响，以减少洪灾、水污染和气候变化带来的货币收益？这些都是无价的资源，所以很难对其定价。

2.2.2　氮循环

氮增益。有机质起重要作用的另一个关键过程是氮循环。它在农业中具有直接的价值，因为土壤中往往没有足够的氮供植物生长。硝酸盐和铵盐均可被植物利用，但植物利用的大部分氮以硝酸盐形式吸收，少量以铵盐形式吸收，植物可以吸收少量的氨基酸和小分子蛋白质。图2.9显示了氮循环以及土壤有机质是如何参与循环的。土壤中几乎所有的氮都可作为有机质的一部分，植物无法将其作为主要氮源。表层土壤（至6英寸深）中每1%的有机质都含有大约1000磅的氮。细菌和真菌每年都会将部分有机形式的氮转化为铵，其他细菌将铵转化为硝酸盐。根据土壤有机质水平，典型作物可能从矿化有机质中获取20% ～ 50%的氮。

---

❶ 1英寸=2.54厘米。

❷ 1磅≈453.59克。

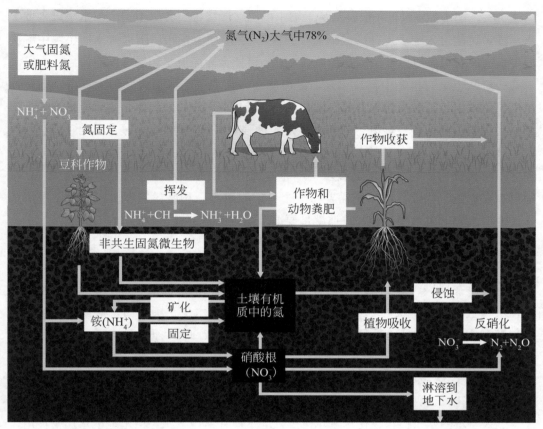

图2.9 有机质在氮循环中的作用

Vic Kulihin 供图

动物粪肥也可以对土壤中植物可利用的氮库做出很大贡献。通常粪肥中有机氮含量高，当微生物将有机氮转化为铵和硝酸盐时，植物可以利用这些氮。畜牧场粪肥中的大量氮可以满足作物对氮的需求。

除了分解的有机物和粪肥外，氮还来自一些生活在土壤中的细菌，这些细菌可以"固定"氮，将氮气转化为其他生物（包括农作物）可以使用的形态。这些氮对典型的谷类作物是适量的，但在种植豆类时则可能量大。此外，无机形式的氮如铵和硝酸盐自然存在于大气中，有时会因大气污染氮量增多。降雨和降雪将这些无机氮沉降在土壤上，但沉降的氮量通常相对于典型作物的需要量是适中的。无机氮也可以以氮肥的形式添加，且是大多数经济粮食作物（大豆等豆类除外）的主要氮供应。这些肥料是通过需要大量能源的工业固定过程用大气中的氮气（N_2）制造的。

氮损失。 氮可以通过多种方式从土壤中流失。土壤条件和农业措施决定了氮的损失程度和损失的方式。当作物从田间移走时，氮和其他养分也被移走。当未做成堆肥的粪肥或某些形式的氮肥被放置在土壤表面时，可能会发生气态损失（挥发），损失量可达30%。硝态氮（NO_3^-）很容易从土壤中淋洗，最终可能会以不安全的水平进入地下水，或者可能进入地表水，形成低氧"死区"。在沙质土壤和用暗沟排水的土壤中淋洗损失最大。有机态氮以及硝酸盐和铵（NH_4^+）可能会因径流水和侵蚀而流失。

一旦从土壤有机质中释放出来，氮可能会转化为气态氮最终回到大气中。细菌通过反硝化作用将硝酸盐转化为氮（N_2）和一氧化二氮（N_2O）气体，这可能是饱和土壤氮素损失的重要途径。一氧化二氮（也是一种强效温室气体）对气候变化的贡献很大，据估计其是农业温室气体排放量（超过二氧化碳和甲烷）的最大贡献者。此外，当它到达高层大气时，它会降低臭氧水平，而臭氧则可以保护地球表面免受紫外线（UV）辐射有害影响。因此，如果您需要另一个科学施用氮肥和肥料的理由——除了经济成本、地下水和地表水的污染——那就是要慎重地避免产生氧化亚氮（N_2O）。

2.2.3 水循环

有机质在局域、区域和全球性水循环中起着重要作用，因为有机质有利于水分渗入土壤并且储存在土壤中。水循环也称为水文循环，水从土壤表面、植物叶片以及海洋和湖泊中蒸发，然后以雨雪形式在远离蒸发的区域回到地面。土壤有机质含量高、耕性好时，有利于雨水快速渗入土壤，并增加土壤中水分的储存。我们注意到气候变化，尤其是美国粮食生产带发生的大洪水越来越频繁。由于在集约化作物生产区域的土壤逐渐退化，这种情况肯定会更加恶化。

进入土壤的水可供植物使用，也可渗入地下而补给地下水。由于地下水通常被用作家庭饮用水和灌溉的水源，因此补充地下水是很重要的。低有机质土壤接收和储存水分的能力下降，导致大量的径流和侵蚀，这意味着植物可用水和地下水补给量的减少。

2.3 总结

土壤有机质是构建和维护健康土壤的关键，因为它对所有土壤性质都有巨大的正面影响，有助于土壤团聚作用、养分有效性、土壤倾斜度和水分有效性、生物多样性等，从而利于种植更健康的植物。有机物主要由土壤中的活生物体（"活的"）、新鲜的残留物（"死的"）和经过物理或化学保护而免于完全分解（或燃烧）的物质（"死透了的"）组成。被包围在团聚体中的残留物（"死"有机物的一部分），尤其在小团聚体中，有机质得到保护，不会分解，因为活生物体无法接触到这些物质。这些有机物质在保持土壤健康方面发挥着重要作用。土壤有机质转化是植物营养和保证作物产量的关键。土壤有机质也是区域和全球碳、氮和水循环的组成部分，对地球上生命的可持续性和未来生存的许多方面产生影响。

参考文献

Allison, F. E. 1973. *Soil Organic Matter and Its Role in Crop Production*. Scientific Publishing Co.: Amsterdam, Netherlands.

Brady, N. C. and R. R. Weil. 2008. *The Nature and Properties of Soils,* 14th ed. Prentice Hall: Upper Saddle River, NJ.

Follett, R. F., J. W. B. Stewart and C. V. Cole, eds. 1987. Soil Fertility and Organic Matter as Critical Components of Production Systems. Special Publication No. 19. *Soil Science Society of America*: Madison, WI.

Lal, R. 2008. Sequestration of atmospheric CO_2 in global carbon pools. *Energy & Environmental Science* 1.

Lehmann, J., D. C. Kern, B. Glaser and W. I. Woods, eds. 2003. *Amazonian Dark Earths: Origin, Properties, Management*. Kluwer Academic Publishing: Dordrecht, Netherlands.

Lehmann, J. and M. Rondon. 2006. Bio-char soil management on highly weathered soils in the humid tropics. In *Biological Approaches to Sustainable Soil Systems*, ed. N. Uphoff et al., pp. 517-530. CRC Press: Boca Raton, FL.

Lucas, R. E., J. B. Holtman and J. L. Connor. 1977. Soil carbon dynamics and cropping practices. In *Agriculture and Energy*, ed. W. Lockeretz, pp. 333-451. Academic Press: New York, NY.(See this source for the Michigan study on the relationship between soil organic matter levels and crop-yield potential.)

Manlay, R. J., C. Feller and M. J. Swift. 2007. Historical evolution of soil organic matter concepts and their relationships with the fertility and sustainability of cropping systems. *Agriculture, Ecosystems and Environment* 119: 217-233.

Oliveira Nunes, R., G. Abrah?o Domiciano, W. Sousa Alves, A. Claudia A. Melo, Fábio Cesar, S. Nogueira, L. Pasqualoto Canellas and F. Lopes Olivares. 2019. Evaluation of the effects of humic acids on maize root architecture by label-free proteomics analysis. *Scientific Reports* (*NatureReports*) 9, Article number: 12019. Accessed Sept. 14, 2019, at https://www.nature.com/articles/ s41598-019-48509-2.

Oshins, C. and L. Drinkwater. 1999. *An Introduction to Soil Health*. An unpublished slide set.

Powers, R. F. and K. Van Cleve. 1991. Long-term ecological research in temperate and boreal forest ecosystems. *Agronomy Journal* 83: 11-24.(This reference compares the relative amounts of carbon in soils with that in plants.)

Stevenson, F. J. 1986. *Cycles of Soil: Carbon, Nitrogen, Phosphorus, Sulfur, Micronutrients*. John Wiley & Sons: New York, NY.(This reference compares the amount of carbon in soils with that in plants.)

Strickling, E. 1975. Crop sequences and tillage in efficient crop production. *Abstracts of the 1975 Northeast Branch American Society Agronomy Meetings*: 20-29.(See this source for the Maryland experiment relating soil organic matter to corn yield.)

Tate, R. L., III. 1987. *Soil Organic Matter: Biological and Ecological Effects*. John Wiley & Sons: New York, NY.

U.S. Environmental Protection Agency. 2019. Inventory of U.S. greenhouse gas emissions and sinks. EPA 430-R-19-001. Available at www.epa.gov/ghgemissions/inventory-us-greenhousegas-emissions-and-sinks.

Weil, R. and F. Magdoff. 2004. Significance of soil organic matter to soil quality and health. In *Soil Organic Matter in Sustainable Agriculture*, ed. F. Magdoff and R. Weil, pp. 1-43. CRC Press: Boca Raton, FL.

第三章　土壤有机质含量

——Jerry DeWitt 供图

土壤腐殖质的耗竭往往是作物产量下降的根本原因。[1]

——J. L. Hills、C. H. Jones 和 C. Cutler，1908 年

　　在特定类型土壤中有机质的含量都受到多种环境、土壤和农艺的影响。其中一些是自然发生的，例如气候和土壤质地。70 年前，汉斯·珍妮[2] 在美国就针对自然对土壤有机质水平的影响进行了开创性的研究。但农业活动也会影响土壤有机质水平，耕作、

---

[1] 出自：Commercial fertilizers : a quarter century of fertilizer inspection ; Soil deterioration and soil humus/（Burlington : Vermont Agricultural Experiment Station，1908）。——译者注

[2] 汉斯·珍妮（Hans Jenny）：美国著名土壤学家，对道库恰耶夫的土壤形成因素学说进行了补充修正，于 1941 年出版了《土壤形成因素》专著，认为在土壤形成过程中生物的主导作用并不是到处都是一样的。——译者注

轮作和施肥措施都会对土壤有机质的含量产生深远的影响。

土壤中有机质的数量是有机质多年增加和减少的结果（图3.1）。在本章中，我们将探讨为什么不同类型土壤有机质含量不同。虽然我们将主要关注有机质总量，但请记住，所有三种"类型"的有机质，即"活的"、"死的"（有活性的）和"死透了的"（惰性的）都起着关键作用，每种类型的有机质数量可能在不同程度上受到自然因素和农业活动的影响。

任何向土壤中添加大量有机残留物的措施都可能增加有机质。另一方面，任何导致土壤有机质更快分解或因侵蚀而使土壤流失的措施都可能导致有机质含量减少。

图3.1　土壤有机质的添加和损失

土壤中有机物的储存

土壤中的有机质受到以下保护：

- 在有机物和黏粒颗粒（和细粉砂）之间形成强化学键
- 位于小团聚体内（物理保护）
- 转化成稳定物质，如耐生物分解的腐殖质
- 排水不良，有时与质地有关，降低好氧生物的活性
- 不完全燃烧产生的稳定的炭

大团聚体由许多较小的团聚体组成，这些团聚体由来自根系、细菌菌落和真菌菌丝的黏性物质结合在一起。大团聚体表面的有机质以及游离颗粒有机物（"死的"）是土壤生物可利用的部分。但是，由地下致密层、压实或位于斜坡底部或湿地区域带来的排水不良而导致的通气不畅，其有机质的生物利用率低。因此，土壤生物要利用土壤有机质，需要土壤有机质有良好的化学形态以及合适的物理位置；另外，土壤生物要利用残留物并健康成长需要良好的土壤环境条件——充足的水分和通气性。

如果有机质的添加量高于损失量，有机物就会增加，土壤自然形成多年后会自然而然发生。当添加量低于损失量时，土壤有机质就会耗竭，将土壤用于作物生产时，通常会发生这种情况。当添加量等于损失量时，系统处于平衡状态，土壤有机质的数量则会保持多年不变。

3.1 自然因素

3.1.1 温度

以美国为例，可以看出温度是如何影响土壤有机质水平的。从北向南，平均温度越高，土壤有机质越少。随着气候变暖，在降雨量足够时，会发生两个过程：由于生长季节较长，植被较丰富；在较高的温度下，土壤生物的分解速率增加，且在一年中的较长时间生物都处于活跃状态，土壤中有机质的分解速率会更快。随着温度升高，分解速度加快成为决定土壤有机质含量的主要影响因素。

在北极和高山地区，由于植物生长的季节非常短，每年向土壤中添加的有机物质并不多，但由于天气寒冷（和冰冻），温度低，分解极慢，导致北极土壤的有机质含量很高。然而，随着北极温度的升高和冻土的解冻，有机物会迅速流失，因为微生物在呼吸过程中利用有机物生活并释放二氧化碳，同时，这些土壤中的另一种温室气体甲烷（CH_4）也释放到大气中。因此，北极和高山地区的气候变暖尤其令人担忧。

3.1.2 降雨

干旱气候下通常土壤有机质含量低。在非常干燥的气候条件下，如沙漠里几乎没有植被生长。由于土壤干燥时有机物的输入量和微生物活性都比较低，分解率也不高。所以当来了一场雨时，土壤有机质的分解会迅速暴发。土壤有机质含量一般随平均年降水量的增加而增加，降雨越多，植物可利用的水分增多，有利于植物生长。随着降雨量的增加，更多的残留物从草或树木中返回到土壤中。同时，强降雨区的土壤有机质分解可能比通气良好区域的土壤要慢，通气不良，分解缓慢。

3.1.3 土壤质地

细质地土壤含有高比例的黏粒和粉粒，与粗质地砂土或砂壤土相比，细质地土壤天然含有更多的土壤有机质。砂土的有机质含量可能小于1%；壤土、黏土的有机质含量分别在2%到3%之间，以及在4%到5%之间。有机质与黏粒和细粉粒之间形成的强大化学键能保护有机分子免受微生物及其酶的攻击和分解。此外，黏粒和细粉粒与有机质结合形成非常小的团聚体，从而保护内部的有机质不受微生物及酶的影响。此外，细质地土壤比粗质地土壤孔隙更小，氧气更少，这也限制了分解速率，也是细质地土壤中有机质含量高于砂土和壤土的原因之一。

3.1.4　土壤排水与景观位置

在通气性差的土壤中，有机质的分解速度较慢。此外，一些主要的植物化合物，如木质素，在厌氧环境中根本不发生分解。因此，潮湿的土壤环境有利于积累有机质。当土壤经过很长时间的极度潮湿或沼泽化后，会发育成有机质含量超过20%的有机土（泥炭土或腐殖土）。当这些土壤被人为排干并用于农业或其他用途时，有机质将迅速分解。表层土壤厚度下降。在佛罗里达州，有机土壤上的房主通常会使房子的角柱深入有机质层以下，以保障稳定性。一些房屋原本与地面平齐，但建在承重柱上的房屋因地面已经急剧下沉，以至于房主可以把车停在他们的房子下面。

山丘底部洼地或在泛滥平原上的土壤承接着径流、沉积物（包括有机质）和上坡的渗流，并且往往比更干燥的坡上土壤积累更多的有机质。相比之下，陡坡或山丘上的土壤，由于不断发生侵蚀，往往有机质含量较低。

3.1.5　植被类型

土壤上生长的植物种类是影响土壤有机质水平自然变化的重要因素。草地植被覆盖下的土壤通常比森林植被覆盖下的土壤含有更多的有机质，并且分布更深，这可能是由草原物种具有深而发达的根系所致（图3.2）。它们的根具有很高的"周转"率，因为随着新根的形成，老根的死亡和分解会不断发生。干燥的天然草地也经常遭受由雷击引起的缓慢燃烧的火灾，火灾有助于形成难以被降解的生物炭。曾经是草原的土壤中有机质含量高，这部分解释了为什么这些土壤现在是世界上最具生产力的农业土壤。相比之下，在森林中，枯枝落叶堆积在土壤的表层，通常50%以上的有机质都存在于地表有机层，然而，通常紧邻表层土壤的矿物层有机质不到2%。

根系与地上残留物对土壤有机质贡献的比较

分布良好且与土壤密切接触的植物根系，往往比地上残留物对持久性有机质的（"死的"和"死透了的"）贡献更大。此外，与植物地上部分相比，许多作物根系中的木质素等物质分解速度相对较慢。一项燕麦试验发现，一年后仅剩下三分之一的表面残留物，根系有机质则有42%残留在土壤中，并且是土壤颗粒有机质的主要来源。在另一个实验中，在春季加入毛苕子5个月后，地上部分的碳只有13%残留在土壤，而来自根系的碳残留量达50%。两个实验都发现根残留物对颗粒有机质（有活性的或"死的"）的贡献比地上残留物大得多。

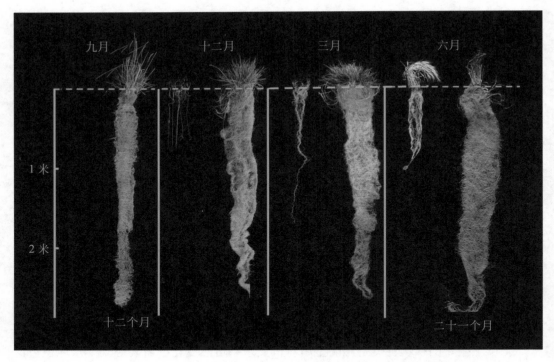

图3.2　一年内不同月份一年生小麦（每块面板左侧）和多年生小麦草的根系生物量的比较

每年大约25%到40%的小麦草的根系都会凋亡，给土壤增加大量的有机质，然后重新生长。与一年生小麦相比，多年生小麦草的生长季节更长，地上和地下的生长量更大。第一张和最后一张照片拍摄时，小麦和草分别生长了12个月和21个月。由土地研究所（Land Institute）供图

3.1.6　酸性土壤

　　一般来说，有机质在酸性土壤中的分解速率低于中性土壤。此外，酸性环境通过抑制蚯蚓活动而使有机质在土壤表面积累，而不是分布在整个土层中。

3.2　人类活动影响

　　许多自然土壤开发成农业用地后，由于侵蚀而流失了富含有机质的表土，极大地减少了土壤中有机质的总量。当土壤表层的沃土层被移除后，作物生产明显受到影响。土壤侵蚀是一个自然过程，几乎发生在所有土壤上。有些土壤比其他土壤更容易遭受自然侵蚀，某些地区（如干燥稀疏植被区）的自然侵蚀要比其他地区更严重。然而，无论是通过水、风还是耕作本身，农业活动加速了侵蚀（见第十六章）；据估计，美国每年由于水土流失带走了植物有效养分而造成的经济损失高达约10亿美元，如以土壤全部养分计算，则损失还要高出许多倍。

除非侵蚀很严重，否则农民不会意识到这个问题，但这并不意味着农作物产量不会受到影响。土壤发生中度侵蚀时，产量可能下降5%～10%。严重侵蚀时，产量可能下降10%～20%或更多。表3.1所示的三种中西部土壤（称为科温、迈阿密和莫利）的研究结果表明，侵蚀对土壤有机质水平和持水能力都有很大影响。大量侵蚀降低了这些壤土和黏土的有机质含量。此外，土壤中储存有效水分在受侵蚀严重的土壤中比侵蚀程度最小者更少。

表3.1 侵蚀对土壤有机质和水的影响

土壤	侵蚀	有机质/%	可用水量/%
科温（俄亥俄州）（Corwin）	轻微	3.03	12.9
	中度	2.51	9.8
	严重	1.86	6.6
迈阿密（佛罗里达州）（Miami）	轻微	1.89	16.6
	中度	1.64	11.5
	严重	1.51	4.8
莫利（密歇根州）（Morley）	轻微	1.91	7.4
	中度	1.76	6.2
	严重	1.6	3.6

注：源自Schertz等（1985）。

一年中土壤生物分解的有机质多于添加量时，土壤中的有机质也会减少，这与加速分解的实践有关，例如集约化耕作和作物生产系统，只有少量直接作为作物残留物或间接作为肥料返回土壤。即使保留了残留物，商品粮食生产系统也会将55%～60%的有机质从农场运出。因此，在草原转为农业用地之后有机质的快速流失，很大程度上归因于残留物输入量的大幅减少、耕地加速有机质矿化和侵蚀。

3.2.1 耕作活动

耕作方式影响表土侵蚀量和有机物分解速度。常规的翻耕和铲盘提供多种短期利益：创造一个光滑的苗床，通过促进有机质分解来刺激养分释放，并帮助控制杂草。但是通过分解土壤团聚体，集约化耕作破坏了大型导水通道，使土壤处于极易受到风蚀和水蚀的物理状态。

耕作方式对土壤的扰动越大，土壤生物对有机质的潜在破坏就越大。发生这种情况是因为当团聚体在耕作过程中被分解时，团聚体中的有机质很容易被土壤生物利用。将残留物与铧式犁结合起来，打破团聚体并使土壤蓬松，加速微生物活动。这有点像打开柴火炉的进气口，让更多的氧气进入，使火燃烧得更旺。由于微生物可利用的活性（"死的"）有机物的初始量很高，在开采的最初几年土壤有机质会快速流失（以及大量二氧化碳被泵入大气）。在佛蒙特州，我们发现在过去几十年都是草地的黏土上种植五年青贮玉米后，有机质减少了20%。在美国农业的早期，当殖民者在东部砍伐森林种植作物、当地农民搬到中西部的草原进行耕种时，土壤有机质迅速减少，因为土壤中的这种宝贵资源确实被开采了。在中西部，许多土壤在种植开始后的40年内损失了50%的有机质。东北和东南部很快就认识到需要肥料和土壤改良剂来保持土壤生产力。在中西部，尽管土壤有机质加速流失和大量侵蚀，高草草原深厚、肥沃的土壤仍能长时间保持其生产力。其原因是在转化为农田时，它们的土壤有机质和养分储量异常高。

在失去大部分活性有机质后，有机质损失率降低，剩下的主要是已经充分分解的或"死透了的"（惰性的）有机质。鉴于目前人们对保护性耕作的兴趣，未来种植大田作物不应对土壤有机质产生如此不利的影响。与传统的铧式犁和圆盘式耕作相比，保护性耕作可在地表留下更多的残留物，并减少对土壤的干扰。事实上，当免耕播种机进行行栽播种时，种植行间的土壤保持原状，土壤有机质含量通常会增加；由于土壤未被翻耕，故残留物在地表堆积。蚯蚓数量的增加，将一些有机物带入土壤深处，并在土壤中形成渗水通道，帮助水渗入到土壤中。通常在土壤表面很快可以观察到保护性耕作对土壤有机质含量的有益影响，但深层土壤有机质的变化慢得多。在中西部上游地区，当考虑到土壤全剖面时，关于长期免耕是否比常规的耕作积累更多的土壤有机质，存在着相互矛盾的证据。相反，在较温暖的地区，在免耕条件下，在土壤剖面能观察到有机质的显著增加。

3.2.2 作物轮作和覆盖作物

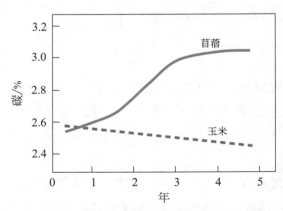

图3.3 种植玉米作为青贮饲料或苜蓿时有机碳发生变化

改编自Angers（1992）

在作物轮作的不同阶段，土壤有机质的水平可能会产生波动。土壤有机质可能减少，然后增加，再减少等等。常规的铧式犁耕作下种植一年生大田作物通常导致土壤有机质减少；而种植多年生豆科植物、草地和豆科牧草作物往往会增加土壤有机质。生产干草的草地和牧草草地留下的大量根系，加上对土壤的干扰较少，有助于有机质在土壤中的积累。与玉米青贮饲料相比，种植紫花苜蓿时有机质增加（图3.3）。此外，不同类型的作物

a) 青贮玉米   b) 玉米籽粒

图3.4 收获青贮玉米或玉米籽粒后的土壤表面

Bill Jokela 和 Doug Karlen 供图

会产生不同数量的残留物并返回到土壤。玉米收获后的田间残留物比大豆、小麦、土豆或生菜收获后要多，以不同的方式收获相同的作物也会留下不同数量的残留物。当收获玉米粒时，其田间残留物比收获整株作物用作青贮饲料或收获秸秆以生产生物能源等方式可留下更多的残留物（图3.4）。因此，您可以想象一个最坏的情况——一个田地每年连续生产行栽作物，从田地收获谷物和残留物，并结合集约化耕作，没有其他有机添加剂，如肥料、堆肥或覆盖作物。

当轮作作物如牧草或豆科干草全年种植时，可显著减少土壤侵蚀量，富含有机质的表土得到保护。土壤持久覆盖和拥有发达根系的草皮作物（sod crops）是减少土壤侵蚀的主要因素。将草皮作物作为轮作的一部分，可以减少表土流失，减少残留物的分解，并通过添加大量植物根系的残留物来积累有机质。

在经济作物生长期间种植覆盖作物有助于在空闲期保护土壤免受侵蚀，否则土壤将是裸露的。除了保护富含有机质的表层土壤免受侵蚀外，覆盖作物还可以向土壤中添加大量有机物质。但实际添加量取决于覆盖作物的类型（草种、豆类、芸薹属植物等）以及在抑制/压青生物量以种植下一经济作物之前积累了多少生物量。

3.2.3 氮肥的施用

在贫营养的土壤上施肥通常会提高作物产量。一个明显的额外好处是，它还可以从更高产、更健康的植物中获得更多的作物残留物——根、茎和叶。如果定期测试土壤，大多数作物养分的施用与作物吸收达到合理平衡。然而，氮肥管理更具挑战性，并且给农民带来更多风险。因此，氮肥的施用量通常比植物所需的高得多，有时高达50%，这既花费高又会造成了环境问题。（有关氮肥管理的详细讨论，请参见第十九章。）

3.2.4　有机改良剂的使用

　　一个有助于保持或增加土壤有机质的古老方式是施用粪肥或其他田间有机残留物。在较古老的农田生态系统中都是这样组合，农作物和牲畜在同一个农场饲养，大部分农作物有机质和养分作为粪肥回收利用。在佛蒙特州进行的一项研究发现，当每年种植青贮玉米时，每英亩需要20至30吨（湿重，包括秸秆或锯末垫层）的奶牛粪肥来维持土壤有机质水平。这相当于一头大型荷斯坦奶牛一年内产生的粪肥量的1倍或1.5倍。不同类型的粪肥，如垫层、液体存储的、消化的粪肥等，对土壤有机质和养分利用率有不同的影响。粪肥的影响会因原始成分不同而不同，也受其储存和田间施用方式的影响，例如表施或深施，我们将在第十二章讨论。

3.3　土壤有机质分布

3.3.1　随土壤深度的变化

　　一般来说，表层土壤有机质含量高于深层土壤（图3.5）。这是表土比底土更具生产力的主要原因之一。一些最终转化为土壤有机质组分的植物残留物来自植物的地上部分。在大多数情况下，人们认为植物根系比其茎和叶对土壤有机质的贡献更大。然而当植物死亡或脱落的树叶或树枝沉积在土壤表面上时，蚯蚓和昆虫会有助于将表面的残留物整合到深层土壤中。然而，土壤中有机质含量最高的仍在离地面1英尺❶的范围内。

　　通常森林土壤表层的枯枝落叶层含有很高的有机质［图3.5a］。树木砍伐后耕作的森林土壤将凋落层卷入到矿物土壤中，埋入土壤的凋落物分解很快，来自北部沙地森林土壤或南部粉壤土的农业土壤可能具有与图3.5b）所示类似的有机质分布。高草草原的土壤有机质分布较深［见图3.5c］。这些土壤耕种50年后，有机质的残留将会很少［图3.5d）］，除了土壤扰动和团聚体分解导致有机质流失加速外，与草原植被相比，一年中生长三四个月的作物的有机质输入要少得多。

3.3.2　团聚体的内部和外部

　　有机质以活根、较大的土壤生物或过去收获物的残留物形式存在于团聚体之外。一些有机质甚至与土壤有更密切的联系，例如腐殖质可以吸附在黏粒和小的粉粒上，而中小型团聚体通常含有有机质颗粒。因为微生物及酶不能到达团聚体内部，所以很小的团聚体中的有机质由于受到物理层面上的保护而不被分解。这种有机质还附着在

---

❶　1英尺=30.48厘米。

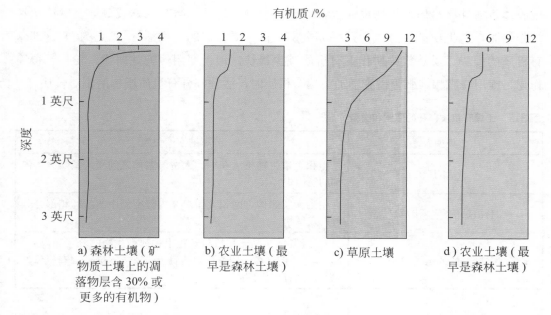

图3.5 土壤有机质含量随深度变化（注意森林和草原土壤的不同比例）

改编自Brady和Weil（2008）

矿物颗粒上，从而使小颗粒更好地粘在一起。较大的土壤团聚体由许多较小的团聚体组成，主要由真菌菌丝及菌丝黏性分泌物、其他微生物产生的黏性物质、根系及根系分泌物结合在一起。微生物也存在于较大团聚体内非常小的孔隙中，这有时可以保护它们免受更大的捕食者如草履虫、阿米巴虫和线虫的侵害。

土壤中的细粉（粉粒和黏粒）颗粒的数量与产生稳定团聚体所需的有机质之间存在相互关系。黏粒和粉粒含量越高，稳定团聚体所需的有机质就越多，因为在有机质积累过程中，需要更多的矿物元素来占据团聚体表面位置。为了使土壤中含有50%以上的不透水的团聚体，一个含50%黏粒的土壤可能需要比含10%黏粒的土壤多两倍的有机质。

3.4 活性有机质与惰性有机质

到目前为止，本章大部分讨论都是关于土壤中总有机质的数量和分布特征的影响因素。但是，土壤中不同类型的有机质平衡也非常有意思，包括活的、有活性的（死的）和惰性的（死透了的）。如前所述，一部分土壤有机质由于其化学成分、吸附在黏粒颗粒上或位于生物无法进入的小团聚体中而免于分解（表3.2）。土壤中不能只有大量难被分解的腐殖质，还需要大量的活性有机质来提供营养，并在腐殖质分解时聚集成胶体。活性有机质给生物提供食物以保持生物多样性。当在森林或草地土壤首次种植作物时，有机质的快速减少几乎完全是来自未受保护的生物活性（"死的"）这部分有机质的损失。虽然集约耕作下有机质减少最快，但当使用保护性耕作、轮作、覆盖作物、施用粪肥和堆肥等措施增加土壤有机质时，活性部分有机质增加的相对较快。

表3.2　土壤有机质存在的空间和类型

类型	分布的空间位置
"活的"	根和土壤生物生活在中到大型团聚体之间和大型团聚体内部的空间中
有活性的（"死的"）	中到大团聚体之间和大团聚体内部空间中的新鲜和部分分解的残留物
惰性的（"死透了的"）	a）紧紧粘在黏土和粉粒颗粒上的死微生物的分子和碎片；b）非常小的（微）团聚体中的有机残留物颗粒；c）有机体难以利用的有机化合物

3.5 "活的"有机质含量

在第四章中，我们讨论生活在土壤中的各种类型的生物。森林土壤中真菌的数量远远高于细菌。然而，在草原上真菌和细菌大致相等。在常规耕作的农业土壤中，真菌小于细菌。耕作导致土壤表面残体的损失，降低了微生物的数量。当土壤变得更紧密时，首先较大的孔隙较少。从某种角度来看，1毫米（1/25英寸）的土壤孔隙被认为是大孔隙。这些是土壤动物（如蚯蚓和甲虫）生活和活动的孔隙，因此压实土壤中这些生物的数量减少。植物根尖的直径通常约为0.1毫米（1/250英寸），在致密的土壤中，大孔隙减少就会出现严重的生根问题。较小的孔隙和一些更紧实的小孔隙网络结构的消减，即使对体积小的土壤生物也是一个问题。

在不同的种植系统中，活生物体的总量（重量）各不相同。总的来说，土壤生物在复杂的轮作系统中更为丰富和多样，这些轮作系统可返回较多的不同作物残留物，并结合其他有机物料，如覆盖作物、动物粪肥和堆肥。树叶和剪草可能是园艺有机残体的重要来源。当作物定期轮作时，寄生虫、病害、杂草和昆虫问题的发生比同一种作物连作时要少。

另一方面，由于有机质的分解耗尽了许多土壤生物的食物供应，频繁的耕作减少了有机质的数量。重型设备的压实也会对土壤产生有害的生物效应，它减少了中到大孔隙的数量，从而减少了可用于空气、水和需要大空间生存的生物（如螨和跳虫）的土壤体积。

3.6　多少有机质才足够?

如前所述,具有较高细粉砂和黏粒的土壤,通常比砂质结构的土壤含有较高的有机质。然而,与植物营养元素或pH不同,几乎没有公认的指南来确定特定类型农田土壤中有机质的合适含量。我们仅做一些一般性指导方针,例如砂质土壤中含有2%的有机质就很好,但这却很难达到;而含有2%有机质的黏质土壤非常贫瘠。土壤有机质组成的复杂性,包括生物多样性以及实际的有机化学物质成分,意味着对土壤有机质总量的测试还远不够。粉粒和黏粒含量较高的土壤需要更多的有机质,以产生足够的水稳性团聚体以保护土壤免受侵蚀和压实。

已有一些研究来确定土壤细粒矿物颗粒表面吸附有机质达到饱和时的有机质水平。这可以用来指导当前土壤有机质水平与潜在有机质水平的比较,以及土壤有机质是否处于平衡之上。同时,作为碳农场努力的一部分(碳占有机质的58%),这些研究还可以帮助我们了解土壤是否具有储存更多的有机质的潜力。在此计算中,例如,含有20%粉粒和黏粒的土壤最多可以储存3.6%的有机质,而含有80%粉粒和黏粒的土壤可以储存6.1%的有机质。这不包括快速分解(主动)或防止土壤生物在小(微)团聚体(被动有机物的一部分)内分解的额外颗粒有机质。然而,黏粒含量和黏粒类型会影响"储存"在微团聚体中的有机质颗粒的数量。

有机质积累缓慢,短期内通过测量土壤有机质总量难以反应有机质的变化。然而,即使没有大幅度增加土壤有机质(而且可能需要几年时间才知道影响的程度),例如添加有机物料、构建更好的轮作和保护性耕作等改进的管理实践,将有助于保持土壤中有机质的现有水平。也许更重要的是,不断添加各种残留物能保持大量"死亡"有机质的持续供应,这是一种相对新鲜的颗粒有机质,通过为土壤生物提供食物和促进土壤团聚体形成的方式,帮助保持土壤健康。我们现在有一项土壤测试参数,可以尽早告诉您的有机质水平是否朝着正确的方向发展。它决定了被认为是活性部分的有机质的数量,在土壤管理方面比总有机质更敏感,是土壤健康改善的早期指标(见第二十三章)。

> "到底应该给土壤分配多少有机质?" 这个问题被提出来,但却不能给出通用公式。土壤的性质和质量差异很大。有些土壤可以忍受某种程度的有机贫化(organic deprivation),其他土壤则不能。在斜坡上,侵蚀强烈的土壤或已经发生侵蚀的土壤比平地上的土壤需要更多(有机质)的投入。
>
> ——Hans Jenny,1980 年

3.7 有机质和作物系统

通常天然（原始）土壤的有机质含量远高于农田土壤。但种植系统之间也存在相当大的差异。可概括如下：在经济作物种植中，约55% ～ 60%的地上部生物量作为谷物收获并销售到农场外，因此返回土壤的地上生物量不到一半。农作物通常作为草料完全收获并喂给动物，然后大部分移除的养分可通过肥料得到补充，但无法补充碳。在另一方面，在奶牛农场，作物作为饲料被全部收获后用以饲养动物，植物生物量包括养分和碳通过粪肥返回田块。尽管奶牛农场主也种植他们自己的谷物，但也会从其他地方购买谷物，这样可以积累一些额外的有机质和养分。在典型的常规蔬菜农场，类似于经济谷类，植物生物量收获后被运出农场，归还到田间的有机质非常有限。但在有机蔬菜体系，就会运来大量的堆肥或肥料来维持土壤肥力，从而将大量的有机质施用于土壤。他们还种植绿肥作物，为经济作物建立肥力。

最近纽约的一项研究分析了这种独特的种植系统的土壤有机质水平和土壤健康，发现不同管理存在相当大的差异（表3.3）。用于种植一年生粮食作物（玉米、大豆、小麦）的土壤有机质平均为2.9%，常规加工蔬菜平均为2.7%。奶场的平均有机质含量略高（3.4%），混合蔬菜（主要是小型有机农场）的平均有机质含量为3.9%。然而，牧场有机质水平最高（4.5%），在牧场大部分植物都作为有机肥循环，也不会对土壤进行耕作，因此有机质含量高。由于土壤管理和有机质是动态的，土壤的物理条件也会受到影响。团聚体的稳定性是土壤物理健康状况的良好指标，当有机质含量较高且土壤未耕种时，其稳定性更高（表3.3）。

表3.3 纽约不同种植系统下土壤水稳性团聚体中的有机质水平和土壤团聚体稳定性

种植系统	描述	有机质 /%	团聚体稳定性 /%
常规蔬菜	密集耕作；主要是无机肥料；去除作物生物量	2.7	27
一年生粮食作物	耕作范围；主要是无机肥料；大部分作物生物量被去除	2.9	30
牛奶场	与多年生草料作物轮作；主要是用玉米青贮进行密集耕作；作物生物质被去除，但主要通过粪肥回收	3.4	36
混合蔬菜（主要是有机种植）	密集耕作；绿肥和覆盖作物；主要是有机肥，如堆肥	3.9	44
牧场	免耕；多年生草料作物；作物生物质主要通过粪肥回收	4.5	70

3.8　提高和维持土壤有机质水平的动态变化

当土壤有机质含量达到一定水平时，很难再大幅度提高土壤有机质含量或保持较高水平。除了使用促进有机物质积累的耕作制度外，还需要持续努力，包括采用多种方法向土壤中添加有机物质并最大限度地减少损失。要提高通气性很好的土壤（如粗砂）有机质含量尤其困难，因为通过团聚体来保护有机质颗粒免于微生物攻击的潜力是有限的，与有机质形成保护键的细矿物的含量也有限。对于黏粒含量高、通气受限的土壤，添加少量有机残体就可以保持其土壤有机质水平，这是因为比起粗质地土壤，细质地有机质分解速度较慢。在给定的土壤质地和排水条件下，与有机质含量高的土壤相比，在有机质含量低的土壤中添加有机物料，更容易增加土壤中有机质含量。

3.8.1　初始点

当您想提高土壤有机质时，最好考虑土壤的当前状态。一个有用的类比是图3.6中的三杯水，它们代表了不同种植系统中的有机质水平。我们在这里进行了概括，在一些严重退化的土壤（案例1，如严重侵蚀或密集耕作等），有机质含量较低（接近空的玻璃杯），并且有可能增加和储存更多碳和养分。另一种土壤（案例3）可能位于一个种植系统中，该系统长期以来一直循环使用大量有机质，或者如我们之前讨论的那样，

1. 严重退化　　　　　2. 常规作物系统　　　　　3. 养殖或有机农场

碳和养分储量

碳和养分储量

碳和养分储量

图3.6　不同土壤和耕作系统的土壤有机质（碳）水平不同，类似于玻璃杯中不同的水量

输入了大量外部有机质。这里的玻璃杯几乎满了，不能储存太多额外的有机质。在这种情况下，我们应该最大限度地减少碳损失，重点保持现有的有机质水平。介于两者之间的情景（案例2）可能是传统的谷物或蔬菜农场，在这些体系中，有机质水平不是最理想的，仍然可以增加。在碳农业和提高整体土壤有机质水平的背景下，案例1和案例2比案例3产生的收益更多，案例3的土壤已经接近饱和有机质。此外，如果适合案例3的农场位于适合案例1或案例2的农场附近，那么将多余的有机残留物（例如畜禽养殖场的粪肥）转移到仅种植谷物的农场将会产生潜在收益。注意：储存的有机质的数量也取决于土壤类型，特别是黏粒含量，您可以想象玻璃杯装细土比装粗土装得多，杯满的程度也是成比例的。

3.8.2　添加有机质

如图3.7所示，当您对有机质很贫乏的土壤——可能已经精耕细作了多年，失去了许多原有的团聚性能的土壤——改变其耕作方式时，有机质会慢慢增加。起初，任何可与有机质形成键的自由矿物表面都会形成有机-矿物键。有机质颗粒周围也会形成小的团聚体，例如死的土壤微生物的外层或相对新鲜的残留物碎片。然后将形成较大的团聚体，由较小的团聚体组成并通过菌根真菌和细根等各种方式保持。一旦所有可能的矿物位点都被有机分子占据并且所有的小团聚体都在有机质颗粒周围形成，有机质主要以游离颗粒的形式积累，在较大的团聚体中或完全与矿物无关，这被称为游离颗粒有机质。在您遵循类似的土壤实践（例如，覆盖种植或施肥）若干年后，土壤将与您的管理达到平衡，土壤有机质总量不会逐年变化。从某种意义上说，只要您的做法不变，土壤有机质就会"饱和"有机质。所有保护有机质的位点（黏土上的化学键位点和小团聚体内部的物理保护位点）都被占用，只能积累有机质的游离颗粒。但是因为有机质的游离颗粒几乎没有保护，它们在正常（氧化）条件下往往会相对较快地分解。

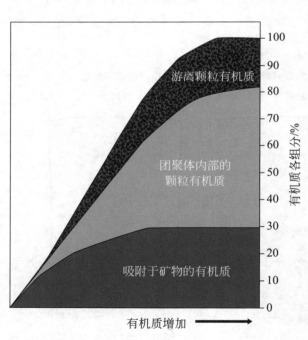

图3.7　随着实施有利于土壤有机质积累的措施，土壤中的有机质含量发生变化

重新绘制并改编自 Angers（1992）

当土壤管理措施会耗竭有机质时，会发生与图3.7中描述的相反的情况。首先，有机质的游离颗粒被耗尽，然后随着团聚体的分解，分解者就开始利用物理保护的有机质。连续多年耗竭有机质的土壤，通常留下的有机质会被黏土矿物颗粒紧紧固持，并被束缚在非常小的（微）团聚体中。

需要多少有机物料才能使土壤有机质增加1%？

要将土壤中的有机质增加1%，比如说从2%到3%，需要添加大量有机物料。通常采用植物根系、植物地上部残体、肥料和堆肥的形式。但是为了了解需要为这样一个看似很小的增加（实际上是一个很大的增加）添加多少有机物料，让我们做一些计算。6英寸的表层土壤重约200万磅。这种土壤中1%的有机质将重达20000磅。但是当有机物料被添加到土壤中时，很大一部分被土壤生物用作食物，因此在分解过程中损失了很多。如果我们假设添加的有机物料中有80%被土壤生物代谢消耗掉，而20%最终成为相对稳定的土壤有机质，则需要大约100000磅（50吨！）的有机物料（干重）。由于通常向土壤中添加少量残留物，因此大量提升土壤有机质常常需要时间。此外，不同黏土含量和不同排水程度的土壤保护有机物料免于分解的能力也不同（见表3.4）。

表3.4 根据不同分解率（矿化）和添加物残留量估算多年后土壤有机质的含量[①]

每年有机物料添加量	一年后的残留量（残留率20%）	有机质年降解率/%				
		质地细密 排水不良 ←——————→ 质地粗糙 排水良好				
		1	2	3	4	5
磅/（年·英亩）		土壤中最终有机质/%				
2500	500	2.5	1.3	0.8	0.6	0.5
5000	1000	5	2.5	1.7	1.3	1
7500	1500	7.5	3.8	2.5	1.9	1.5
10000	2000	10	5	3.3	2.5	2

① 假设表土6英寸土壤重为200万磅。

3.8.3 有机质的平衡水平

假设相同的管理模式已经发生多年，当土壤达到收益和损失的平衡时，可以使用一个相当简单的模型来估计土壤中有机质的百分比。该模型使我们能够看到反映现实世界的有趣趋势。要使用该模型，您需要对土壤中的有机物质添加速率和土壤有机质分解速率设定一个合理的数值。无需详细说明（有关样本计算，请参见本章附录），对于添加和分解速率的各种组合，土壤中有机质的估算百分比显示出一些显著差异（表3.4）。每年需要向沙壤土中添加大约5000磅的有机残留物（估计每年分解率为3%），最终形成有机质含量为1.7%的土壤。另一方面，在排水良好、质地粗糙的土壤（土壤有机质矿化或分解率为每年5%）中，每年添加7500磅的残留物，估计多年后仅会达到1.5%的土壤有机质。

通常，当有机质在土壤中积累时，它会以每年每英亩数十至数百磅的速度增加，但请记住，含有1%有机质的6英寸土壤中有机物质的质量为20000磅。因此，年增量较小，意味着通常需要数年时间才能检测到土壤中有机质总量的变化，最后达到您在田地中观察到的巨大变化。

除了土壤中有机质的最终含量外，用于计算表3.4中信息的相同简单方程也可用于估计有机质在几年或几十年期间发生的变化。让我们更详细地看一下每年添加5000磅残留物而一年后仅剩余1000磅的情况。我们假设上一年剩余的残留物与土壤中其余有机质的行为相同——在这种情况下，每年以3%的速度分解。正如我们之前提到的，根据这些假设，多年后土壤最终将具有1.7%的平衡有机质。如果土壤开始时有机质含量为1%，那么在前十年每英亩有机质的年净增加量约为350磅，在遵循相同做法几十年后，净增加量将减少到非常小［图3.8a］。因此，即使每年每英亩增加5000磅，随着土壤有

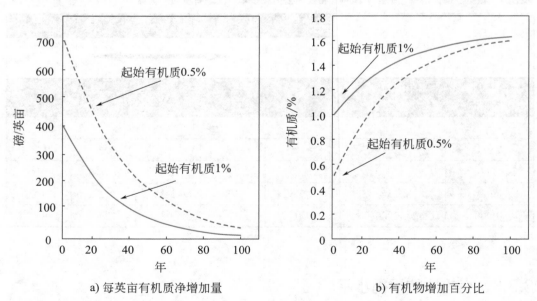

a) 每英亩有机质净增加量　　　　　　　　b) 有机物增加百分比

图3.8　土壤有机质净增加量和有机质含量变化百分比

估计土壤从0.5%或1%有机质开始，每年每英亩的总剩余量为5000磅；一年后剩余20%，土壤有机质以年3%的速度分解

机质含量达到稳定状态，每年的净增加量也会减少。如果土壤非常贫瘠并且在有机质含量仅为 0.5% 时开始添加，则在早期阶段会积累大量有机物质，因为它与黏土矿物表面和非常中小尺寸的团聚体结合在一起这种形式——以生物体无法使用的形式保存有机物质。在这种情况下，估计第一个十年的净收益可能超过 600 磅 / 英亩 [图 3.8a)]。

与有机质含量为 1% 的土壤相比，非常贫瘠的土壤（从 0.5% 有机质开始）有机质含量上升得更快 [图 3.8b)]，因为更多的有机质可以储存在有机矿物中复合体和内部非常小的和中型团聚体。这可能是这样一种情况，即粮食作物农场上严重退化的土壤第一次接受粪肥或堆肥，或者开始种植覆盖物或多年生作物。一旦可以物理或化学保护有机质的所有可能位点都被饱和，有机质的积累就会更慢，主要是作为游离颗粒（活性）物质。

增加有机质与管理有机质的周转

在耗竭的土壤上增加土壤有机质很重要，但在有机质高的土壤上不断供应新的有机质也很重要。重点在于需要养活多种土壤生物，并为一年中流失的有机质提供替代品。在所有土壤中有机质都会发生分解，这也是我们所希望的。但这意味着我们必须持续管理有机质的周转。增加和保持土壤有机质的做法可概括如下：

• 最大限度地减少土壤扰动，以保持土壤结构的大量聚集（减少侵蚀，保持团聚体中的有机质）；

• 保持土壤表面覆盖：① 如果可能，用活植物覆盖，在经济作物不生长时种植覆盖作物，② 覆盖由作物残留物组成的覆盖物（减少侵蚀，添加有机物质）；

• 使用多年生植物和覆盖作物轮作，以增加生物多样性并增加有机质，包括一些大根系且收获后地上部残体大的作物；

• 尽可能在田间添加其他有机物料，例如堆肥、粪肥或其他类型的有机物料（未受工业或家用化学品污染）。

3.9　附录

计算表 3.3 和图 3.7 所用的简单平衡模型

土壤中有机质的含量是有机物质得失平衡的结果。让我们用 SOM 作为土壤有机质的缩写。那么一年内土壤有机质的变化（SOM 变化）可以表示为：

$$SOM 变化 = 收益 - 损失 \qquad （方程式 1）$$

如果收益大于损失，则有机质积累，SOM 变化为正。当收益小于损失时，有机质减少，SOM 变化为负。记住，收益不是指每年添加到土壤中残留物的数量，而是指添加到土壤中难以降解的残留物在年末剩余的数量。这是一年中添加的新鲜残留物未分解的分数（f）乘以添加的新鲜残留物的数量（A）或收益 = (f) × (A)。为了计算表 3.2 中的 SOM 百分比估计值，我们假设残留物添加量到年底时仍有 20% 以缓慢分解的残留物的形式存在。

如果长时间遵循相同的作物种植和残茬或粪肥添加模式，通常有机质的积累会达到稳态，此时收益和损失相同，SOM 变化 =0。有机质损失包括矿化的有机物的百分比，或者在给定的年份（称为 k）分解后乘以土壤 6 英寸表层的有机物（SOM）的量，另一种写法是损失 = k（SOM）。在稳态条件下留在土壤中的残留量可以估算如下：

$$SOM 变化 =0= 收益 - k（SOM） \qquad （方程式 2）$$

由于稳态下

收益 = 损失

则

收益 = k（SOM）或者

$$SOM = 收益 /k \qquad （方程式 3）$$

当您施用大量的作物残留物、粪肥和堆肥，或者在有机物分解率（K）非常低的土壤上种植覆盖作物，土壤有机质会大量增加。在稳态条件下，残留物添加和矿化率的效应可采用方程式 3 计算，如下所示：

如果有机质年矿化分解率 K=3%，每年添加 2.5 吨新鲜残留物，一年后有 20% 缓慢降解的部分存留，那么一年后：

收益 =(5000 磅 / 英亩) × 0.2=1000 磅 / 英亩。

假设收益和损失仅发生在土壤表面 6 英寸处，土壤处于平衡状态，多年后每英亩 6 英寸厚土壤的有机物 SOM 量 = 收益 /K=1000 磅 /0.03=33333 磅。

SOM=100% ×(33000 磅有机质 /2000000 磅土壤)

SOM=1.7%。

参考文献

Angers, D. A. 1992. Changes in soil aggregation and organic carbon under corn and alfalfa. *Soil Science Society of America Journal* 56: 1244-1249.

Brady, N. C. and R. R. Weil. 2016. *The Nature and Properties of Soils*, 15th ed. Prentice Hall: Upper

Saddle River, NJ.

Carter, M. 2002. Soil quality for sustainable land management: Organic matter and aggregation—Interactions that maintain soil functions. *Agronomy Journal* 94: 38-47.

Carter, V. G. and T. Dale. 1974. *Topsoil and Civilization*. University of Oklahoma Press: Norman, OK.

Gale, W. J. and C. A. Cambardella. 2000. Carbon dynamics of surface residue-and root-derived organic matter under simulated no-till. *Soil Science Society of America Journal* 64: 190-195.

Hass, H. J., G. E. A. Evans and E. F. Miles. 1957. *Nitrogen and Carbon Changes in Great Plains Soils as Influenced by Cropping and Soil Treatments*. U.S. Department of Agriculture Technical Bulletin No. 1164. U.S. Government Printing Office: Washington, DC.(This is a reference for the large decrease in organic matter content of Midwest soils.)

Jenny, H. 1941. *Factors of Soil Formation*. McGraw-Hill: New York, NY.(Jenny's early work on the natural factors influencing soil organic matter levels.)

Jenny, H. 1980. *The Soil Resource.* Springer-Verlag: New York, NY.

Khan, S. A., R. L. Mulvaney, T. R. Ellsworth and C. W. Boast. 2007. The myth of nitrogen fertilization for soil carbon sequestration. *Journal of Environmental Quality* 36: 1821-1832.

Magdoff, F. 2000. *Building Soils for Better Crops,* 1st ed. University of Nebraska Press: Lincoln, NE.

Magdoff, F. R. and J. F. Amadon. 1980. Yield trends and soil chemical changes resulting from N and manure application to continuous corn. *Agronomy Journal* 72: 161-164.(See this reference for further information on the studies in Vermont cited in this chapter.)

National Research Council. 1989. *Alternative Agriculture.* National Academy Press: Washington, DC.

Puget, P. and L. E. Drinkwater. 2001. Short-term dynamics of rootand shoot-derived carbon from a leguminous green manure. *Soil Science Society of America Journal* 65: 771-779.

Schertz, D. L., W. C. Moldenhauer, D. F. Franzmeier and H. R. Sinclair, Jr. 1985. Field evaluation of the effect of soil erosion on crop productivity. In *Erosion and Soil Productivity: Proceedings of the National Symposium on Erosion and Soil Productivity*, pp. 9-17. New Orleans, December 10-11, 1984. American Society of Agricultural Engineers, Publication 8-85: St. Joseph, MI.

Tate, R. L., III. 1987. *Soil Organic Matter: Biological and Ecological Effects.* John Wiley: New York, NY.

Wilhelm, W. W., J. M. F. Johnson, J. L. Hatfield, W. B. Voorhees and D. R. Linden. 2004. Crop and soil productivity response to corn residue removal: A literature review. *Agronomy Journal* 96: 1-17.

Six, J., R. T. Conant, E. A. Paul and K. Paustian. 2002. Stabilization mechanisms of soil organic matter: Implications for C-saturation of soils. *Plant and Soil* 241: 155-176.

第四章　生命之土

——Jerry DeWitt 供图

　　……早在（人类）存在之前，这片土地经常并持续地被蚯蚓翻耕着。

——查尔斯·达尔文，1881 年

　　土壤是有生命的，生活在其中的大大小小的生物在维持土壤健康和植物健康方面发挥着关键作用。一小撮土壤中含有数十亿个细菌和真菌，以及其他生物，而土壤是地球上生命的主要储存库。有机质含量为 3% 的一英亩土壤表层 6 英寸处的活生物体重约 1.5 吨，相当于两只荷斯坦奶牛的重量。

　　当土壤生物和根系发挥其正常功能并从有机分子中获取生长所需能量时，它们进行"呼吸"——吸入氧气并将二氧化碳释放到大气中（正如我们呼吸空气时那样）。一整块田可被视为一个呼吸着的大生物体，氧气扩散到土壤中，二氧化碳扩散到大气中。从另一个角度看，土壤正如活的生物，它也会"生病"，变得无法支持植物的健康生长。

　　尽管土壤生物参与许多不同类型的活动并产生各种结果，但我们对这些生物感兴趣的原因之一是它们能分解有机残留物并将其融入土壤中。土壤生物残体影响分解和养分有效性的各个方面，它们对促进良好结构具有深远的影响。随着有机物质分解，植物可以利用养分，产生腐殖质，形成土壤团聚体，为水渗透和更好的通气创造通道，而那些原本在表面的残留物被带入土壤深处。虽然我们希望在土壤中保持大量的有机质，但我们也希望保持各种生物的活跃种群。

　　有几种不同的方式可以对土壤生物进行分类，每一种土壤生物都可以单独讨论，也可以将功能相同的生物作为一个类群来讨论，还可以根据它们在有机质分解中发挥的作用来考察土壤生物。例如，以新鲜残渣为食的生物被称为初级（1°）或一级消费者（见图4.1），很多初级消费者可以将大块残渣分解成小块。二级（2°）消费者是以一级消费者或其废物为食的生物。三级（3°）消费者以二级消费者为食。另一种土壤生物分类方法依据于其体型大小，如非常小、小、中、大和非常大，本章中，我们将采用此种分类方法讨论土壤生物。

　　生活在土壤中的各类生物之间不断地相互作用。一些生物帮助其他生物，如生活在蚯蚓消化系统内的细菌可以帮助蚯蚓分解有机物。尽管存在许多互利共生关系的案例，但在健康土壤中，各类生物之间发生着激烈的竞争。不同土壤生物可以因取食相同的食物而竞争。有些生物以其他生物为食——线虫以真菌、细菌或其他线虫为食；而一些真菌也可以捕获并杀死线虫；也有一些真菌和细菌捕捉线虫并将其彻底消化。许多类型的土壤生物参与复杂的多路径食物系统（图4.1），通常称为食物网（与只涉及一个方向的食物链对比）。

　　一些土壤生物通过引起病害或直接寄生的途径危害植物，换句话说，土壤中有"好"和"坏"的细菌、真菌、线虫和昆虫。农业生产系统的目标之一，应该是为促进大多数有益生物的生长并减少少数潜在有害生物的数量创造条件。

4.1　土壤微生物

　　微生物是非常小的生命体，有时以单细胞形式存在，但大多数时候以菌落形式存在。通常需要借助显微镜才能看到这些生物的单细胞。表土中的食物更加丰富，其微生物比底土中的多。植物根系周围的区域（称为根际）微生物种类也特别丰富，根际中脱落的根细胞和根系释放的化学物质可作为微生物现成的食物来源。根际土壤的生

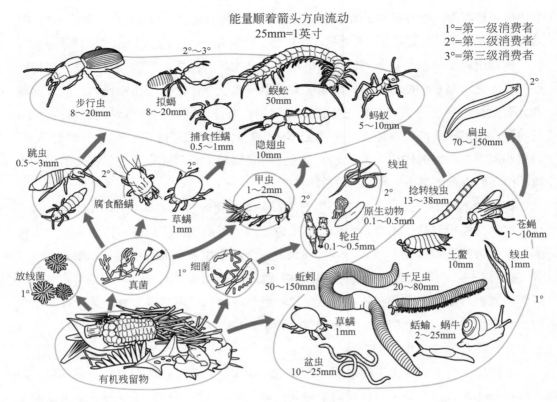

能量顺着箭头方向流动
25mm=1英寸

1°=第一级消费者
2°=第二级消费者
3°=第三级消费者

步行虫 8~20mm
2°~3°
拟蝎 8~20mm
蜈蚣 50mm
蚂蚁 5~10mm
捕食性螨 0.5~1mm
隐翅虫 10mm
扁虫 70~150mm 2°

跳虫 0.5~3mm
腐食酪螨 2°
草螨 1mm
甲虫 1~2mm
线虫
捻转线虫 13~38mm 2°
原生动物 0.1~0.5mm 2°
苍蝇 1~10mm
轮虫 0.1~0.5mm
土鳖 10mm
线虫 1mm

放线菌 1°
真菌
细菌 1°
蚯蚓 50~150mm 1°
千足虫 20~80mm
草螨 1mm
蛞蝓、蜗牛 2~25mm
有机残留物
盆虫 10~25mm 1°

图4.1 土壤食物网
改编自 D. L. Dindal（1972），Vic Kulihin 的插图

物数量可能是距离根部仅几分之一英寸的土壤的1000倍或更多。微生物是分解有机质的初级消费者，但它们也具有其他功能，例如通过固氮功能来帮助植物生长，除去有害化学物质（毒素）的毒性，抑制病原体的生长，产生刺激植物生长的物质。对人类来讲，土壤微生物还具有另外一个直接的重要作用，即我们用来抗击疾病的大多数抗生素药物就来自它们。

4.1.1 细菌

任何栖息地都存在细菌。它们存在于动物的消化系统内、海洋和淡水、空气中、堆肥堆（即使温度超过130 ℉，即54.4℃）和土壤里。细菌是极其多样化的生物群，一克土壤可能包含数千种不同的物种。虽然有些细菌生活在厌氧环境的淹水土壤中，但大多数细菌适宜生存于通气良好的土壤。一般来说，与酸性土壤相比，中性土壤中的细菌生长得更好。当活体细菌菌落发育时，它们通常会产生一种黏性物质，与死细菌的残余细胞壁一起，有助于形成土壤团聚体。细菌除了作为初级消费者分解土壤残留物外，还可通过增加养分可利用率来滋养植物。例如，许多细菌能溶解磷，让植物根系更容易吸收。

细菌和氮。植物需要大量氮素，农业土壤经常缺氮，细菌也有助于向植物提供氮源，其以多种方式做到这一点。首先，细菌本身往往富含氮（即，它们的碳氮含量较低），当被其他生物（如原生动物）分解（或食用）时，氮以植物可以使用的形式释放到土壤中。

你可能好奇，我们被氮气包围着，我们呼吸的空气中78%是由氮气构成的，土壤怎么会缺氮呢？且表土中1%的土壤有机质相当于每英亩含有约1000磅的氮。然而，植物和动物都面临着与诗歌《古舟子咏》❶中的水手相似的两难境地，水手们漂流在海上，而没有淡水："水，水，到处都是水，可一滴也不能喝"（Water，water，everywhere nor any drop to drink.）。不幸的是，动物和植物都不能使用氮气（N_2）作为营养。植物也不能使用作为有机分子部分的氮，它需要转化为无机形式的铵和硝酸盐才能供植物使用，这个过程涉及细菌的作用，称为**氮矿化**。

另一个重要的转化过程称为**固氮**。某些类型的自由生活细菌能够从大气中吸收氮气并将其转化为植物可以用来制造氨基酸和蛋白质的形式。*Azospirillum* 和 *Azotobacter* 是两组自由生活的固氮细菌。除了提供氮，固氮螺菌还会附着在根表面，并通过产生多种物质来帮助植物更好地耐受各种压力，从而促进植物生长。虽然这些类型的细菌只为土壤提供适量的氮，但这种氮添加对于营养循环有效的自然系统非常重要。一些创新公司现在正试图通过土壤添加剂和种子涂层，通过自由生活的细菌来增强固氮能力。

细菌和真菌的相对数量

细菌和真菌存在于所有土壤，但因为土壤条件的差异，它们的相对含量不尽相同。相对于碳含量，细菌的氮含量高于真菌。细菌的生命周期也很短，当它们死亡或被另一种生物（例如线虫）消耗时，会释放植物可利用的氮。但是在田间没有经济作物的淡季（秋季到早春），这种氮素可能会损失。真菌的寿命更长，分解时释放的氮更少。

管理土壤的一般方法——干扰程度、酸碱度的适宜度和添加的残留物类型——将决定这两大类土壤生物的相对丰度。由于集约化耕作而经常受到干扰的土壤，其细菌数量往往高于真菌，水稻土壤也是如此，因为真菌生存在好氧环境中，而许多种类的细菌可存活于厌氧环境。耕作破坏了菌根菌丝网络，并且在没有活植物的情况下（秋季、冬季、春季），能生存的孢子数量减少，导致春季种植

---

❶《古舟子咏》（The Rime of the Ancient Mariner）是英国诗人塞缪尔·泰勒·柯勒律治（Samuel Taylor Coleridge，1772—1834）创作的叙事长诗，全诗是一个充满了奇幻之美的航海故事。——译者注

的作物接种率降低。未耕作的土壤表层往往含有更多的新鲜有机质，真菌数量多于细菌。真菌对酸度的敏感性较低，所以强酸性土壤中，真菌的数量多于细菌。

尽管有很多说法，但人们对细菌与真菌主导的土壤微生物群落的农业意义知之甚少。因此，很难说较高与较低的比率是更好还是更糟，只是相对于真菌而言，往往含细菌更多的土壤更具有接近或高于中性 pH 值的土壤的特征，这些土壤经过集约化耕作，促进了有机质的快速分解和短暂的较高可利用的养分。

另一种固氮菌与植物形成互利的联系，它们是对农业非常重要的共生关系涉及生活在豆类根部形成的根瘤内的固氮根瘤菌。人们食用一些豆类或其制品，如豌豆、干豆、扁豆和大豆豆腐或枝豆，大豆、苜蓿和三叶草可用作动物饲料。根瘤菌给豆科植物提供可吸收的氮源，而豆科植物则为根瘤菌提供糖类作为能量。如果最近没有在田间种植豆科植物（或与其共享固氮细菌菌株的植物），通常将根瘤菌接种剂应用于种子。在具有大量生物活性和大量促进细菌生长的优质土壤（cool soils）中，结瘤能力得到增强。三叶草和野豌豆是作为覆盖作物种植的豆科植物，可在土壤中富含有机质和氮，供下一季作物使用。在苜蓿田中，植物根瘤中的细菌每年每英亩可以固定数百磅的氮。对于豌豆，固定的氮量要低得多，每英亩约30～50磅。

放线菌是另一类细菌，能将大的木质素分子分解成较小的分子。木质素是植物组织特别是地上部中大而复杂的分子，大多数生物很难分解它。木质素还经常保护其他分子如纤维素不被分解。放线菌具有一些与真菌相似的特性，但有时它们自成一类，与细菌和真菌合称三大菌群。从健康的土壤中闻到的泥土气味，尤其是在雨后，是由放线菌产生的。

另一种重要的土壤生物是蓝藻，虽然它们是细菌，但通常被称为"蓝绿藻"。它们存在于土壤表面附近、田间水坑中和水淹土壤中。它们可以固定大气中的氮并进行光合作用。氧气作为光合作用的副产品释放，蓝藻被认为是生活在古代海洋中的生物，它为地球大气提供氧气，使需要氧气的植物和动物得以进化和生存。正是蓝藻向大气中注入的氧气导致了生物体的大量繁殖，这些生物体包括您在农场、森林和草原、城市、湖泊和海洋中看到的所有生物。

4.1.2　真菌

真菌是另一类土壤微生物，许多很小，有些甚至是单细胞的，酵母是单细胞真菌的一个例子，用于烘焙和酒精生产。其他真菌会产生多种抗生素，有些形成了我们可以看到的菌落，如将面包放置过久，可发现上面长了霉菌。我们见过或吃过的蘑菇是一些真菌的子实体。农民们知道，真菌会引起许多植物病害，例如霜霉病、猝倒病，以及各种类型的根腐病和苹果黑星病。真菌也能分解新鲜有机残留物，它们可以软化有机碎片使其他生物更容易参与分解过程。真菌是木质素的主要分解者，对酸性土壤条件的敏感性低于细菌。但在厌氧环境下真菌无法存活并发挥作用。保护性耕作系统带来的土壤扰动少，往往会促进地表和地表附近有机残留物的积累，这反过来又会促进真菌生长，就像许多自然、未受干扰的生态系统一样。

卵菌曾经被归类为真菌，因为它们形成细丝并以腐烂的有机物质为生，卵菌的细胞壁在化学成分上与真菌不同。卵菌包括水霉菌，其中之一的致病疫霉（导致马铃薯和西红柿晚疫病）是19世纪40年代爱尔兰马铃薯作物大量死亡的病原菌，造成近100万人死亡和大规模移民的爱尔兰大饥荒。另一个卵菌类群会在许多蔬菜和葡萄中引发霜霉病植物病害。

菌根真菌具有特殊的意义，并且很难过分强调它们对植物的重要性。大多数作物的根只占表土的1%或更少（草类可能占百分之几），但许多植物与真菌建立了有益的关系，增加了根与土壤的接触。真菌侵染根部并出现称为菌丝的根状结构（见图4.2和图4.3）。这些菌根真菌的菌丝吸收水和养分，然后可以养活植物。菌丝非常细，大约是植物根部直径的1/60，能够利用土壤中根部可能无法进入的小空间中的水分和养分。这对于生长在低磷土壤中的植物的磷营养尤为重要。虽然菌丝帮助植物吸收水分和养分，但作为回报，真菌以糖的形式接收能量，植物在叶片中合成碳水化合物并向下传递到根部。真菌和根之间的这种共生相互依存关系称为菌根关系。菌根联合还刺激自由生活的固氮细菌，如固氮螺菌和固氮菌，它们反过来产生植物可以使用的氮和刺激植物生长的化学物质。它们还通过产生黏性蛋白质来稳定土壤团聚体。

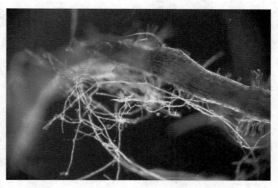

图4.2 大豆根被菌根真菌（*Rhiziphagus normis*）大量定植

照片由 Yoshihiro Kobae 提供

图4.3 白色真菌菌丝网络，不是植物根。这是植物吸收许多重要营养物质的主要结构

Michael Rothman 供图，侵权必究

与单一作物相比，轮作可以选择更多种类和更好的真菌。一些研究表明，主种作物之间的覆盖作物，尤其是豆科作物，有助于保持高水平的孢子，可促进下一茬作物良好的菌根发育。如果淹水或土壤非常潮湿妨碍经济作物的种植，那么在条件允许的情况下种植覆盖作物很重要，这样第二年经济作物的根部就会有高水平的菌根定植。具有大量菌根的根部能够更好地抵抗真菌病害、寄生线虫、干旱、盐分和铝毒害。综合考虑，这对植物和真菌来说都是十分有益的。但请记住，菌根与某些作物（主要是卷心菜科的作物）不形成共生关系，因此更重要的是在这些作物之后覆盖作物，这些种植覆盖作物有助于为下一茬经济作物建立真菌孢子。

土壤包含一组在显微镜下看起来像细菌的生物，但具有非常不同的生物化学特征，现在被归入不同的分类组（生物学家称为"域"），古菌（发音为ar-key-uh）。这些生物可以在所有类型的条件下生存，包括极端温度和极高盐分的环境。它们也常见于土壤中，一些微生物通过进行固氮或将铵转化为硝酸盐，产生亚硝酸盐（NO_2^-），在氮循环中发挥重要作用。生命之树由三个领域（或"超级王国"）组成：

- 古菌
- 细菌
- 所有其他有机体（包括所有其他生物，如真菌、藻类、植物、单细胞生物如变形虫和动物）

4.1.3 藻类

藻类和农作物一样，可以将光能储存到复杂的分子如糖类化合物中，可提供能量并借以构建它们所需要的其他分子。在沼泽和稻田的淹水土壤中，藻类丰富。藻类也存在于排水不良的土壤表面和潮湿的洼地中。藻类也可以生长在相对干燥的土壤中，与其他生物形成互利关系，岩石上的地衣就是真菌和藻类的共生体。

植物微生物组

人体微生物组由生活在我们皮肤和我们体内的众多微生物组成，尤其是在我们的胃肠道中。很明显，这些包含着与我们身体其他部分大致相同数量的细胞的生物对人类健康起着重要作用。维持多样化和健康的微生物组，尤其是肠道细菌，对我们的健康有多种有益影响。

植物也有微生物群落，微生物生活在叶片和枝条上、植物组织内部以及紧邻

根表面（根际）上。就像动物一样，植物经过亿万年进化，并且与依赖植物维持生计的微生物一起进化。反过来，许多微生物为植物带来好处，保持共生或互惠关系。（植物和菌根的关系被认为是在数亿年前开始的。）光合作用过程中产生的物质约有一半从叶片运输到根部，支持根系的生长和维持。根系接受大约三分之一（大约植物总产量的15%）作为有机化学物质的复杂混合物渗出（释放）到土壤中，为根际中的大量生物提供营养。与土壤的其他区域相比，之所以在紧邻根部的区域存在如此多的微生物，是因为这一区域有大量的微生物食物来源。随着细菌和真菌数量的增加，以微生物为食的生物数量也在增加，例如跳虫（弹尾虫）和线虫，从而刺激微生物的繁殖。根系分泌物的类型和数量因植物种类和品种而异，并影响微生物组的组成。（顺便说一下，菌根也有一个生活在它们的菌丝上的微生物群。）显然，我们希望以有利于有益微生物群的方式种植植物：更复杂的轮作，减少压实和土壤干扰，更多地使用覆盖作物，等等。

4.1.4 原生动物

原生动物是单细胞动物，借助各种方式在土壤中移动。像细菌和许多真菌一样，要借助显微镜才能看到它们。它们主要是有机质的二级消费者，以细菌、真菌、其他原生动物和溶解在土壤水中的有机分子为食。原生动物捕食富含氮的生物体（尤其是细菌）并以废物形式排出，被认为是农业土壤中的大部分氮矿化（从有机分子中释放养分）的主要推手。

4.2 小型和中型的土壤动物

4.2.1 线虫

线虫是一种简单得多细胞土壤动物，类似于无分节的小蠕虫。它们常生活在土壤团聚体周围的水膜中，部分线虫以植物根系为食，是公认的植物病虫害。腐霉菌和镰刀菌等真菌可以通过被线虫取食的根系伤口侵染植物，有时带来比线虫本身更严重的病害和更大的损害。一些植物是寄生线虫的重要载体，可传播具有破坏性的各种作物病毒。然而，许多有益线虫帮助分解有机残留物，同时作为二级消费者或三级消费者以真菌、细菌和原生动物为食。事实上，和原生动物一样，以真菌和细菌为食的线虫有助于将氮转化为植物可利用态的氮素。50%或更多的矿化氮来自线虫的摄食。一些线虫单独或与特殊细菌一起寄生到昆虫体内，可以杀死如甘蓝银纹夜蛾和日本甲虫的幼虫。最后，一些线虫会感染动物和人类，导致严重的疾病，如河盲症（盲眼性丝虫病）和心丝虫，值得庆幸的是，这些线虫并不生活在土壤中。

4.2.2　蚯蚓

蚯蚓无处不在，如同一个多世纪前查尔斯·达尔文（Charles Darwin）认为的一样，它很重要，它们是土壤肥力的守护者和恢复者。不同种类的蚯蚓，包括夜行蚯蚓、田（园）蚯蚓和常用于蚯蚓堆肥的粪（红）蚯蚓，有不同的取食习性。部分蚯蚓以地表植物残余物为食，而其他类型则以混入土壤的有机质为食。

地表觅食的夜行蚯蚓将新鲜的残留物碎片化，并与消化系统中的土壤矿物颗粒、细菌和酶混合，以蚓粪（worm casts）排出。所有蚯蚓都能生产蚓粪，蚓粪中的氮、钙、镁和磷等植物有效养分通常比周围土壤含量高，因此有助于满足植物的营养需求。夜行蚯蚓将食物带回洞穴的同时也将有机质混合到土壤深处。以地里的残留物为食的蚯蚓持续分解有机质并将其与土壤矿物混合。

许多种类的蚯蚓，包括表面觅食的夜行蚯蚓，挖掘的洞穴易于形成有利于雨水渗入土壤的空隙。除非土壤水分饱和或非常坚硬，一些蚯蚓通常可以钻到地下3英尺或更深的地方，其他类型的蚯蚓通常不会在表面产生通道，但仍有助于疏松土壤，它们在地下挖掘通道并产生裂缝，有利于通气和根系生长。每英亩土壤中的蚯蚓数量在0到100多万条。想象一下，如果给予蚯蚓合适的条件，倾盆大雨时每英亩田地可以有80万条小通道——蚯蚓将水引入土壤。

蚯蚓的工作令人难以置信。它们每年从地下向地表移动的土壤重量约为1到100吨。一英亩6英寸深的土壤重约200万磅，即1000吨，所以1到100吨相当于0.006英寸到半英寸的土壤。健康的蚯蚓种群可以充当大自然的犁，通过建造通道、培育底土并将其与有机残留物混合来代替人为耕作，而且全部免费！

蚯蚓最适合生活在富含有机质的通气良好的土壤中。佐治亚州的一项研究表明，有机质含量较高的土壤中，蚯蚓数量也越多。地表觅食的蚯蚓是最需要给它们留下地表残留物，犁田耙田会伤害到它们，扰乱它们的洞穴并埋掉它们的食物。与常规耕作相比，免耕下的蚯蚓群通常更为丰富。虽然许多农药对蚯蚓影响不大，但有些农药对蚯蚓危害很大。

在作物叶片上越冬的病害或昆虫有时可以部分被高密度蚯蚓种群所控制。苹果癣菌（潮湿地区苹果的主要病害）和一些潜叶虫，在蚯蚓蚕食苹果落叶并将残留物拖入土壤时，得以部分控制。虽然夜行蚯蚓对农田有益，但这种来自欧洲的入侵物种却给美国北部的一些森林带来了麻烦，垂钓者在森林湖泊附近丢弃了未用完的蚯蚓，它们适应了森林环境，在某些情况下几乎完全耗尽了森林凋落物层，加速了营养循环，改变了林下植被的物种组成。因此，一些森林管理者把这种被农民认为是有益的生物视为病虫害！

还有许多从欧洲和亚洲引进的非本地蚯蚓。这些引入的蚯蚓往往主要存在于美国北部在上一个冰河时代被冰川覆盖的地区：新英格兰、纽约、中西部上游的大部分地区以及华盛顿、爱达荷州和蒙大拿州的最北部地区。从日本和韩国引入的一种相对较新的入侵蚯蚓"跳蚓"（jumper worms，北美人给源于亚洲的一类表栖型蚯蚓的名称）的种类在某些地方正成为一个问题，特别是在花园、森林和果园中，经常取代本地蚯蚓以及引入的夜行蚯蚓。跳蚓生活在土壤的上层，将土壤和表面残留物转化为类似咖啡粉的粉状物。在森林环境中，它们消除覆盖层严重限制了树木的再生。它们通常存在于苗木、树叶和堆肥中。

有一组生物不被视为蚯蚓，尽管它们的行为相似并对土壤具有相似的影响，这就是盆虫（pot worms）或白色蠕虫，其学名是 *Enchytraeidae*，它看起来像白色的小蚯蚓。盆虫大量存在于堆肥和土壤中，它们有助于分解有机物质，将其与土壤矿物质混合，并留下粪肥颗粒，帮助土壤团聚并使土壤更加多孔。

4.2.3 昆虫和其他小型中型土壤动物

昆虫是居住在土壤中的另一类动物，常见的土壤昆虫类型包括白蚁、弹尾虫、蚂蚁、蝇幼虫和甲虫。许多昆虫属于第二和第三级消费者。弹尾虫以真菌和动物残骸为食，而它们又可成为捕食性螨类的食物。许多甲虫专门吃其他类型的土壤动物，如毛虫、蚂蚁、蚜虫和蛞蝓，一些地居甲虫以土壤中的杂草种子为食，而屎壳郎以新鲜粪肥为食，有些物种将卵产在它们用粪肥制成的球中，然后藏在地里。众所周知，白蚁以木质性物质为食，也消耗土壤中分解的有机残留物。

其他中型土壤动物包括千足虫、蜈蚣、较大的螨类、鼻涕虫、蜗牛和蜘蛛。千足虫是植物残余物的主要消费者，而蜈蚣往往以其他生物为食。螨以真菌、其他螨和昆虫卵等为食。尽管有些蜘蛛直接以残余物为食，但其主要以昆虫为食，因而可防止有害昆虫的大量繁殖。

4.3 大型土壤动物

大型土壤动物，如鼹鼠、兔子、土拨鼠、蛇、草原犬和獾，在土壤中挖洞，并至少有一段时间在地下生活。鼹鼠是二级消费者，它们的食物主要是蚯蚓，其他大多数非常大的土壤动物生活地表植被上。在许多情况下，它们的存在被认为是对农业生产或草坪和花园的滋扰。然而，它们的洞穴有助于在暴雨期间将水从地表带走，从而减少侵蚀。在美国南部，小龙虾的洞穴在排水不畅的土壤中数量很多，这对土壤结构有很大影响，并且可以促进水分的渗透（在德克萨斯州和路易斯安那州，存在一些稻田与小龙虾的"轮作"）。

4.4　植物根系

到目前为止，我们讨论了动物界的土壤生物，但土壤生物也包括植物。健康的植物根系对作物的高产至关重要。这就是为什么植物进化到要花费如此多的能量来培育一个相当大的根系。在季初到季中，玉米植株将光合作用过程中产生的糖的20%运送到根部。这些糖类用于根系生长，根系分泌出各种有机物，滋养菌根真菌和根际中的各种生物。根系显然受到它们所处土壤的影响，它们的范围和健康状况是土壤健康的良好指标。长久以来，根及其相关微生物（根微生物组）在获取和储存来自岩石和谷物中矿物质风化的营养物质（例如钙、镁和磷）方面发挥着重要作用，这些营养物质可用于植物生长。如果土壤紧实、养分或水分不足、根部病原体数量较多、pH值高或低或存在其他问题，植物根部就不会生长良好。相反，植物也会影响它们生长的土壤。根系穿过土壤形成物理压力使颗粒更紧密地结合在一起，从而有利于形成团聚体，小根也有助于将土粒结合在一起。此外，许多有机化合物通过植物根系释放或渗出，为生活在根系表面或附近的土壤生物提供营养。根系周围的区域，以根系渗出物和脱落细胞为生的生物数量庞大且很活跃，增强了微生物活性，加上根系在土壤中生长时造成的轻微扰动，从而增强了生物对活性（"死的"）有机质的利用，也提高了植物的养分利用率。围绕根系的黏液层称为黏胶层，可使微生物、土壤矿物和植物之间紧密接触（图4.4）。根毛，即从最外层根层（表皮）生长的小突起，通过与土壤的更多接触来更好地获

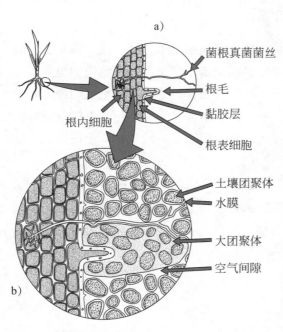

图4.4　植物根系的特写

a）黏液层显示在根的外部含有一些细菌和黏土颗粒。还显示了菌根真菌将其根状菌丝延伸到土壤
b）土壤团聚体被水薄膜包围。植物根系从这些薄膜中吸收水分和营养。图中还显示了由较小团聚体挤压在一起成较大团聚体并由根和菌丝固定在适当的位置
Vic Kulihin 供图

取水分和养分，并有助于形成团聚体。植物根系对土壤有机质的积累也有很大的贡献。有机质在土壤中分布较为均匀，即使犁过耙过，其分解速度也可能比地表残留物慢。

> 从生物复合体的角度来看，
> 必须考虑土壤生物种群；
> 仅将它们分成不同的组别，
> 是不够的。
>
> ——S. A. Waksman❶，1923 年

对于具有广泛根系的植物，例如草类植物，其地下活组织的数量实际上可能比我们在地上看到的叶子和茎的数量要多得多。

4.5　生物多样性、丰度、活性和平衡

土壤中生物群落的多样性对维持植物根系生长的健康环境至关重要。土壤中可能有超过10万种不同类型的生物。大多数都具有许多有利于植物的功能，例如使养分利用率更高，产生刺激生长的化学物质，以及帮助形成土壤团聚体。一茶匙的农业土壤中，估计有1亿到10亿个细菌、数米长的真菌和几千个原生动物，可容纳10到20种以细菌为食的线虫以及一些食真菌线虫和植物寄生线虫。每平方英尺内节肢动物的数量可达100只，蚯蚓可达5到30条。

生物体在土壤中的分布并不均匀，即使存在，生物体也可能处于休眠状态。另一方面，土壤中有许多活跃的生物体，它们摄取食物，与其他生物体相互作用，生长和繁殖。紧邻根部的区域包含大量不同生物（根微生物组），受到根部能量源的持续渗漏（渗出）以及脱落的根细胞的刺激。生物体高活性的其他位置是腐烂的有机物颗粒周围、团聚体表面上或附近、蚯蚓通道和旧根通道内部。

在土壤的所有生物中，每年只有少数细菌、真菌、昆虫和线虫可能危害植物。在更多样化的土壤生物群落中，它们的负面影响会减少。不同的土壤生物种群保持着一个相互制约和平衡的关系，可以防止植物病害生物或寄生虫成为主要的问题。一些真菌杀死线虫，另一些杀死昆虫，还有一些真菌产生抗生素杀死细菌。原生动物以细菌

❶ 美国科学家塞尔曼·瓦克斯曼（Selman Waksman）是第一位获得诺贝尔生理学或医学奖的土壤微生物学家，他创新了微生物分离培养技术，首先定义了抗生素（antibiotic）的基本概念，建立了一系列分离抗生素的方法和技术体系，发现了链霉素，从根本上改变了结核病治疗策略，并获得1952年诺贝尔生理学或医学奖。——译者注

为食，并可能攻击真菌。一些细菌杀死有害昆虫。许多原生动物、弹跳虫和螨以引起病害的真菌和病害细菌为食。

有益的生物如木霉属真菌和荧光假单胞菌，存在于植物的根部，保护它们免受有害生物的攻击。其中一些生物或其副产品，例如苏云金芽孢杆菌（BT）产生的防虫害化学品，现在作为生物控制剂进行商业销售（植物也经过基因改造以产生 BT 产生的毒素，从而控制以作物为食的昆虫）。抑制植物病害生物的细菌和真菌的作用被认为是由营养竞争、产生拮抗物质或直接寄生引起的。此外，许多有益的土壤生物通过诱导植物免疫系统的方式来保护植物（系统**获得性的抗性**；见第八章讨论）。同时，农艺作物的根系通常有其独特的微生物群落，会形成各种各样的相互作用。

土壤管理会对土壤生物组成产生显著影响（有关对生物的管理影响，请参见图4.5）。例如，耕作对土壤的干扰越小，真菌相对于细菌的重要性就越大。因此，促进土壤生物丰富和多样性的种植措施有助于健康土壤的形成。建议采用不同科属的植物轮作，以保持微生物多样性的最大化，并打破任何潜在的有害生物循环，如大豆胞囊线虫。轮作包括多年生作物，通常是草和豆科牧草，也可以减少一年生杂草。促进土壤生物

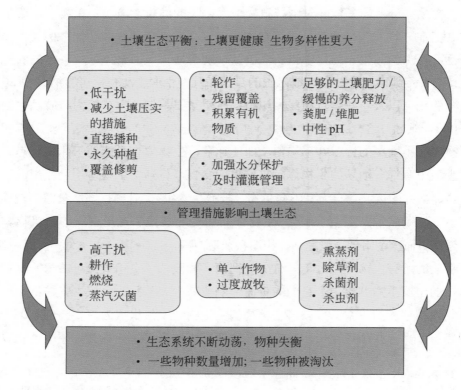

图4.5　管理措施对土壤生命的影响
改编自 Kennedy、Stubbs 和 Schillinger（2004）

多样性和活性的其他措施包括减少土壤干扰、使用覆盖作物、保持pH接近中性，以及日常使用缓释有机肥。

人们相信，关于土壤生命的未知数比已知的更多。微生物群落分析等新方法使用DNA测序和先进的计算方法来帮助我们了解土壤生命的构成。下一步是使用这项技术来增强植物-土壤微生物组，并提高我们以更可持续的方式种植更多食物的能力。

4.6　总结

土壤中存在种类繁多、数量惊人的生物。大多数土壤生物有助于植物的健康生长并保护它们，使其免受病虫害的侵害。所有土壤生物的食物来源都是作物残渣和添加到田里的有机物质。这些物质为地下生命提供了能量，维持了一个有助于调节生物种群的平衡系统，也对土壤的化学和物理性质产生了积极的影响。土壤生物相互影响，每种类型的生物都发挥特定的作用，并以复杂的方式与其他生物相互作用，形成一种平衡。当食物丰富且土壤干扰最小时，复杂的食物网有助于维持土壤生物的自我调节，如细菌和原生动物吃掉细菌和某些真菌，线虫吃细菌和真菌，真菌吃线虫等等。我们应该使用能够促进土壤生物繁衍生息和多样化的管理措施。新的科学研究可能为增强植物微生物组提供更多机会。

参考文献

Alexander, M. 1977. *Introduction to Soil Microbiology*, 2nd ed. John Wiley: New York, NY.

Avisa, T. J., V. Gravelb, H. Antouna and R. J. Tweddella. 2008. Multifaceted beneficial effects of rhizosphere microorganisms on plant health and productivity. *Soil Biology and Biochemistry* 40: 1733-1740.

Behl, R. K., H. Sharma, V. Kumar and N. Narula. 2003. Interactions amongst mycorrhiza, azotobacter chroococcum and root characteristics of wheat varieties. *Journal of Agronomy & Crop Science* 189: 151-155.

Dindal, D. 1972. *Ecology of Compost*. Office of News and Publications, SUNY College of Environmental Science and Forestry: Syracuse, NY.

Dropkin, V. H. 1989. *Introduction to Plant Nematology*. John Wiley: New York, NY.

Garbeva, P., J. A. van Veen and J. D. van Elsas. 2004. Microbial diversity in soil: Selection of microbial populations by plant and soil type and implications for disease suppressiveness. *Annual Review of Phytopathology* 42: 243-270.

Harkes, P., A. Suleiman, S. van den Elsen, J. de Haan, M. Holterman, E. Kuramae and J. Helder. 2019. Conventional and organic soil management as divergent drivers of resident and active fractions of major soil food web constituents. *Scientific Reports*(9): Article no. 13521, https://www.nature.com/articles/ s41598-019-49854-y.

Hendrix, P. F., M. H. Beare, W. X. Cheng, D. C. Coleman, D. A. Crossley, Jr., and R. R. Bruce. 1990. Earthworm effects on soil organic matter dynamics in aggrading and degrading agroecosystems on the Georgia Piedmont. *Agronomy Abstracts*, p. 250. American Society of Agronomy: Madison, WI.

Hirsch, P. R. and T. H. Mauchline. 2012. Who's who in the plant root microbiome? *Nature Biotechnology* 30(10): 961-962.

Ingham, E. R., A. R. Moldenke and C. A. Edwards. 2000. *Soil Biology Primer*. Soil and Water Conservation Society and USDA Natural Resource Conservation Service: https://www.nrcs.usda.gov/ wps/portal/nrcs/main/ soils/health/biology/.

Kennedy, A. C., T. L. Stubbs and W. F. Schillinger. 2004. Soil and crop management effects on soil microbiology. *In Soil Organic Matter in Sustainable Agriculture*, ed. F.R. Magdoff and R. Weil, pp. 295-326. CRC Press: Boca Raton, FL.

Kinoshita, R, R. R. Schindelbeck and H. M. van Es. 2017. Quantitative soil profile-scale assessment of the sustainability of long-term maize residue and tillage management. *Soil & Tillage Research* 174: 34-44.

Lehman, R. M., C. A. Cambardella, D. E. Stott, V. Acosta-Martinez, D. K. Manter, J. S. Buyer, J. E. Maul, J. L. Smith, H. P. Collins, J. J. Halvorson, R. J. Kremer, J. G. Lundgren, T. F. Ducey, V. L. Jin and D. L. Karlen. 2015. Understanding and Enhancing Soil Biological Health: The Solution for Reversing Soil Degradation, *Sustainability* 7: 988-1027.

Paul, E. A. and F. E. Clark. 1996. *Soil Microbiology and Biochemistry*, 2nd ed. Academic Press: San Diego, CA.

Pausch, J. and Y. Kuzyakov. 2018. Carbon input by roots into the soil: Quantification of rhizodeposition from root to ecosystem scale, *Global Change Biology* 24(1): 1-12.

Rousk, J., P. C. Brookes and E. Baath. 2009. Contrasting Soil pH Effects on Fungal and Bacterial Growth Suggest Functional Redundancy in Carbon Mineralization. *Applied Environmental Microbiology* 75: 1589-1596.

PART
2

第二篇
物理性质和营养循环

Dennis Nolan 摄

第五章 土壤颗粒、水和空气

——Ray Weil 供图

> 与有机肥、化肥、土壤改良剂一样，水分、温度和通气、土壤质地、土壤适宜性、土壤生物、土壤耕性、排水和灌溉，所有这些都是组成和维持土壤肥力的重要因素。❶
>
> ——C. H. Jones 和 C. Cutler，1908 年

土壤的物理条件与其生产作物的能力有很大关系，主要是因为它固定了植物的根系。土壤的一个非常基本的方面是它能够在颗粒之间保持水分并在景观中像海绵一样

---

❶ 出自：Hills，J. L.，C. H. Jones，and C. Cutler. 1908. Soil deterioration and soil humus. In *Vermont Agricultural Experiment Station Bulletin* 135，pp. 142-177. Burlington: University of Vermont，College of Agriculture。——译者注

发挥作用。这种毛细作用有助于储存降水，从而使其可用于植物和其他生物或将其缓慢传输到地下水或溪流中。此外，土壤中的水分流动非常缓慢但可以稳定地溶解土壤矿物质，这些矿物质被植物吸收并作为有机质循环回到土壤中。在多年的风化过程中，这些少量矿物质的积累成为可用于农业生产的储存有机营养物质的库。

退化的土壤通常会减少水的入渗和渗漏（排水到更深的土层）、通气和根系生长。这些条件会降低土壤以下方面的能力：① 土壤提供养分的能力；② 有害化合物（如杀虫剂）的无害化；③ 保持土壤生物的广泛多样性。土壤物理条件的微小变化会对这些基本过程产生巨大影响。创造良好的物理环境是建设和维护健康土壤的关键部分，需要特别关注。

首先我们考虑一下典型矿质土壤的物理性质，以体积计，土壤通常含有约50%的固体颗粒，中间是孔隙，占据剩余体积（图5.1）。大多数固体颗粒是矿物质，有机质是土壤的一个很小但非常重要的组成部分，土壤的矿物质颗粒是由不同大小的矿物质组成的混合物，这些矿物质决定了土壤的质地。

土壤质地分类，如黏土、黏壤土、壤土、砂壤土或砂土，是土壤最基本的固有特征，它影响土壤中许多重要的物理、生物和化学过程。无论土壤如何管理，土壤质地随时间变化都很小。

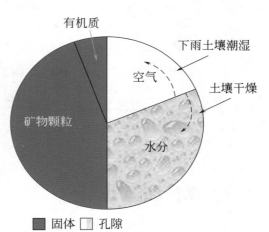

图5.1　土壤中固体和孔隙的分布

5.1　质地——一种基本的土壤特性

土壤的质地等级（图5.2）表示土壤颗粒的粗细程度。质地等级由砂粒（sand）（0.05 至 2mm）、粉粒（silt）（0.002 至 0.05mm）和黏粒（clay）（小于0.002mm）的相对数量定义。大于2mm的颗粒是岩石碎片（小砾、中砾、石块和大砾石）。由于它们呈相对惰性状态，不将其考虑在质地等级之内。

土壤颗粒构成土壤的骨架，但颗粒之间和团聚体之间的空间（孔隙）与颗粒本身的大小同样重要，因为那是大多数物理和生物过程发生的地方。不同大小的孔隙的数量——大、中、小和非常小——控制着水和空气的运动过程。此外，土壤生物在孔隙中存活并发挥作用，而且植物根系也长在其中。黏土中的大多数孔隙较小（一般小于

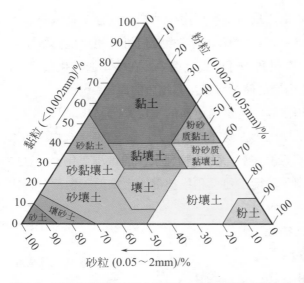

图5.2 不同土壤质地类别中的砂粒、粉粒和黏粒的百分比

0.002mm），而沙质土壤中的大多数孔隙较大（但通常仍小于2mm）。孔隙大小不仅受土壤中砂粒、粉粒和黏粒相对含量的影响，还受团聚作用的影响。作为一个极端案例，我们看到海滩的砂粒是大颗粒的（至少它们是可见的），由于缺乏有机质或黏粒，砂粒不发生团聚。另一方面，良好的壤土或黏土中，颗粒较小，但它们往往团聚成块，块间有较大孔隙，块内有小孔隙。尽管土壤质地不会随时间变化，但管理措施影响孔隙空间的总量和各种大小孔隙的相对数量，团聚体和结构可能会被破坏或改善，这取决于耕作次数、是否进行了良好的轮作或是否使用了覆盖作物等。

5.2 水分和通气

土壤孔隙空间通常充满水、空气和生物群。它们的相对数量随着土壤变湿和变干而变化（图5.1、图5.3）。在潮湿的极端情况下，当所有孔隙都充满水时，土壤是水饱和的，土壤和大气之间的气体交换非常缓慢，此时根系和土壤生物产生的二氧化碳不能从土壤中逸出，大气中的氧气也不能进入，导致不良的厌氧（无氧）条件。在另一个极端情况下，水分含量低的土壤可能有良好的气体交换，但不能为植物和土壤生物提供足够的水分。

土壤水分主要受两种相反力量的影响，这两种力量互相角力，重力作用使水向下流向土层深处，但是毛细作用将水保

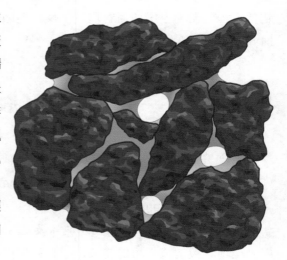

图5.3 潮湿的沙子，颗粒之间有孔隙，含有水和空气

较大的孔隙已部分排水并允许空气进入，而较窄的孔隙仍充满水。Vic Kulihin 供图

持在土壤孔隙中，因为它被吸引
到固体表面（黏附力）并且对其
他水分子具有很强的亲和力（内
聚力）。后者的作用力与保持水滴
黏附在玻璃表面的作用力相同，
由于小孔隙中水分与土壤固体的
接触更为紧密，在小孔隙中这种
作用更强（图5.3），因此土壤的
持水和释水方式类似于海绵（图

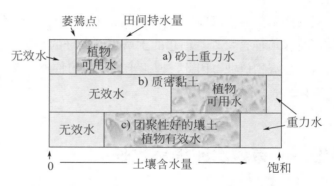

图5.4 三种土壤的蓄水模式

5.4），当海绵吸收水分至完全饱和时，在重力的作用下会很快流失水分，大约30秒后
滴水停止，因为大孔隙无法在重力作用下保持水分，其间的水分会迅速排干；但是当
它停止滴水时，海绵在较小的毛孔中仍然含有大量的水，从而更紧密地固定它，如果
挤压海绵，这些水当然会流出。自由排水后的状态类似于土壤达到所谓的田间持水量。
大量降雨或灌溉使土壤水饱和后，经过两天左右的自由排水，土壤剩余的含水量就是
田间持水量。如果土壤以大孔隙为主，如粗砂土壤，则在重力作用下迅速排水失去大
量水分，这种排水方式的效果很好，因为此时孔隙可以用于空气交换；但另一方面，
植物几乎无可用水分，导致干旱胁迫频繁发生，因此在植物达到萎蔫点之前，粗砂土
壤中可供植物利用的水分非常少［图5.4a］。此外，快速排水的沙子更容易失去渗透
水中溶解的化学物质（农药、硝酸盐等），
但对于细壤土和黏土来说，这不是一个问
题。致密、质地细腻的土壤，例如压实的
黏壤土，主要具有小孔，可以紧紧地保留
水分并且不会释放水分。因此，它具有较
高的田间持水量，并且由长期饱和条件导
致的更常见的厌氧条件会带来其他问题，
例如反硝化导致的气态氮损失，这将在第
十九章中讨论。

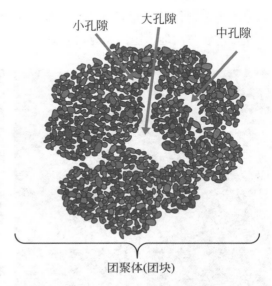

理想土壤介于两个极端之间，其特性
是团聚性能良好的壤土所表现出的典型特
征［图5.4c），图5.5］。理想土壤的团聚
体之间应该有充足的大孔隙空间，以保证
雨季时土壤有良好的排水和通气性能，但
也有足够数量的小孔隙和好的持水能力，

图5.5 团聚良好的土壤有多种大小不同的孔隙
这种中等大小的土粒由许多较小的土粒组成。中等
尺寸的团聚体之间会出现很大的孔隙

以在降雨前或灌溉间隔时为植物和土壤生物提供水分。除通过持水和释水能力将水分保持在最佳含量外，理想的土壤也有良好的渗透性，可以提高植物的水资源利用率，减少径流和侵蚀。因此，理想土壤状况的特点是含有很多良好表土中常见的颗粒状团聚体。

5.3　有效水和根系生长

土壤的植物有效水容量还有另外一个维度：水和养分不仅需要在土壤孔隙中储存和利用，而且根部也需要能够获取它们，如果土壤被压实，这可能是一个问题。考虑图5.6（左）中压实表面层的土壤，它仅被单个玉米根穿透，很少有细小的侧根。土壤体积保持足够的水分，原则上可用于玉米生长，但根部无法穿透大部分坚硬的土体。因此，玉米植株无法获得所需的水分和养分。相反，图5.6右侧的玉米根能够充分深入到土壤中，具有许多根、细侧枝、根毛和菌根真菌（未显示），从而能更好地吸收水分和养分。

同样，扎根深度也受限于土壤压实。在图5.7中，重型犁盘耕作过的土壤形成了严重的犁底层（耕作深度正下方的硬土层），玉米根系（图5.7右边根系）无法穿透到达底土，因此仅可吸收耕层中的水分和养分。图5.7左边玉米根系可以轻松穿过土壤底土层，其根深约为右边的两倍。深松下层土壤为根系生长开拓了空间，也提供了更多的水分和养分。因此，植物的水分有效性是土壤持水能力和根系可拓展体积共同作用的结果，前者与质地、团聚和有机质有关，后者受压实影响。

图5.6　左：在压实的土壤中，玉米根不能从大部分土体中获取水分和养分；右：密集的根系可以充分利用土壤水分和养分

5.4 渗透与径流

土壤的一个重要功能是储存地表水并将其供给植物，或在重力作用下缓慢地将水分释放到地下水中（图5.8）。当降雨到达地面时，大部分水会渗入土壤，但在某些条件下，它可能会在渗入或蒸发之前从地表流失或停留在车辙或洼地中。单位时间内进入土壤的雨水的最大量称为土壤的入渗量，入渗量与土壤类型（孔隙大容量就大）、结构和降雨时土壤的湿度有关。

图5.7 右边的玉米根由于严重的压实磐而限制在耕层；左边的根系穿透到底土层，可以获得更多的水分和营养

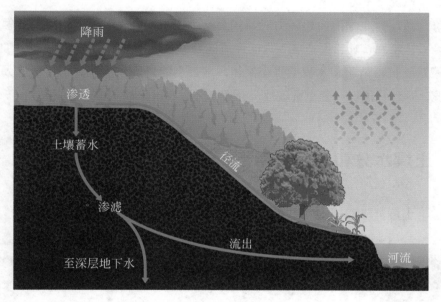

图5.8 土壤表面决定着降雨是渗入土壤还是产生径流
Vic Kulihin 供图

作物用水需求

不同的作物需要不同的水量，由降水或灌溉提供。例如，像苜蓿这样的作物需要大量的水才能获得最大的产量，而这种植物长长的主根有助于它获取土壤深处的水分。另一方面，葡萄园和小麦等作物需要的水量要少得多。玉米和马铃薯

等许多作物的用水需求介于两者之间。这可能会影响农民对作物种植的选择，因为随着气候变化和灌溉用水变得更难获得，美国的一些地区和世界其他地区预计将变得更加干燥和温暖。

如果雨量非常小，一般不会超过渗透能力，所有降水都会进入土壤。即使在强烈的风暴中，水分最初也很容易进入土壤，因为实际上它是被干燥的地面吸进去的。但随着持续的强降雨，土壤湿度变大，进入土壤的水分减少，部分降雨开始从地表流向附近的溪流或湿地。即使在饱和状态下，土壤仍能保持高渗透速率，这与其孔隙大小有关。砂质土壤和砾质土具有更大的孔隙，因此在风暴期间，比起细壤土和黏土它们的渗透性更好。土壤质地对控制孔隙数量及其大小也很重要：细质地土壤因良好的管理而具有很强团聚体的同时可以保持较高的渗透速率，但当这些团聚体失效并且土壤被压实时，情况就不是这样了。

当降雨量超过土壤的渗透能力时，就会产生径流。冰冻地面上的降雨或融雪因为土壤孔隙被冰堵塞，通常会造成更大的径流问题。管理不善的土壤，更容易遭遇径流。此类土壤缺乏抗击雨滴和水流的强团聚体，地表上能将降水快速向下传导的大孔隙较少。因此，这种径流会引发土壤侵蚀，导致养分、农用化学品和土壤的流失。

5.5 土壤水分和团聚作用

侵蚀、土壤沉降和压实等过程受土壤水分条件的影响，进而影响土壤硬度和团聚体的稳定性。当土壤处于所有孔隙都充满水分的饱和状态时，土壤很松软（真菌菌丝和小根也有助于在土壤深处形成和稳定团聚体）。在这些饱和条件下，强度较弱的团聚体在雨滴的影响下很容易发生崩解，并随水流过表面的冲刷力携带土壤颗粒（图5.9）。过饱和的土壤内部没有凝聚力，其水分的正压力反而将颗粒推开（图5.10左图），这使得土壤很容易受地表水流的侵蚀，或受重力影响成为泥浆。

当土壤逐渐变干或由潮湿变为湿润时，固体颗粒间的孔隙水弯曲形成拉力，将颗粒

图5.9　饱和土壤松软，易受雨滴冲击分散、遭受侵蚀
美国农业部-自然资源保护局供图

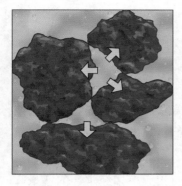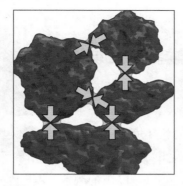

图5.10　过饱和土壤中的孔隙水将土壤颗粒分离（左）；潮湿土壤坚固结实，因为孔隙水的弯曲水面接触将颗粒拉到一起（中间）；由于孔隙水缺乏内聚力，干土中土壤颗粒变得疏松（右）

Vic Kulihin 供图

紧紧拉在一起，这使土壤更紧实（图5.10中间图）。但当土壤有机质含量低且土壤团聚性差时，尤其是非常干燥的砂土，没有孔隙水将颗粒保持在一起，颗粒之间的结合力大大降低，土壤变得松散，风的剪切力可能会导致颗粒在空气中传播并导致风蚀（图5.10右图）。

在极端水分条件下，团聚强度尤为重要，它给土壤提供了另一种让土壤颗粒紧紧结合在一起的黏合力。良好的团聚作用或结构有助于确保土壤的高质量并防止土壤颗粒分散（图5.11）。团聚体良好的土壤其耕性也好，整备后的苗床很好。通过覆盖或在地表上留下残留物以及限制或取消耕作来增强表层土壤中的团聚作用。有机物质的持续供应、活植物的根系和菌根真菌菌丝都是维持土壤良好团聚作用不可或缺的因素。

地表残留物和覆盖作物能保护土壤免受风和雨水的影响，缓冲土壤表面的温度和湿度防止其走向极端。反过来，未受保护的土壤表面可能会遭受高温和干燥的考验，此时蚯蚓和昆虫会潜入土壤深处，表层土壤中的生物减少，生活在颗粒表面薄水层中的细菌和真菌死亡或失活，有机物循环的自然过程减慢。作物残留物覆盖、覆盖作物或草皮保护下的大小不一的土壤生物可以促进土壤的团聚作用，并有源源不断的有机物用来维持健康的食物链。无土壤侵蚀和压实现象时，有利于保持表土良好的团聚作用。

土壤化学成分在团聚体的形成和稳定性方面也有一定的作用，特别是在干燥气候条件下。钠含量高的土壤（见第六章和第二十章）给人们提出了特别的挑战。

图5.11　以黑麦覆盖作物作为有机管理措施的土壤具有良好团聚性能

5.6　来自天际：气候影响土壤过程

让我们暂时先不关注土壤，简要讨论一下气候问题。降水的各种特征影响作物的生产潜力、水分流失、沉积物和环境污染物，这些特征包括每年的降水量（例如干旱和潮湿气候）、季节分布和与生长季节的关系（雨季和旱季；降雨能否给植物提供充足的水分？还是需要定期灌溉？）以及降雨的强度、持续时间和频率（经常性的适量阵雨比不常见但可能引起径流和侵蚀的强烈暴风雨要好）。

降水模式很难理想化，大多数农业系统在生长季节的某个时间点都会面临缺水问题，并需要解决它，这仍然是全球最重要的产量限制因素。水分过剩也是个大问题，特别是在潮湿地区或热带季风地区。在这种情况下，主要问题不是过多的水分本身，而是水分过多引起的作物无法进行空气交换和缺少氧气的问题。许多管理实践的目的在于应对这些气候问题带来的影响，比如地下排水和起垄是一种可去除多余的水并促进通气的好方法；灌溉可克服降雨不足；在排水不良的土壤中种植水生作物（如水稻）进行粮食生产等（关于灌溉和排水的讨论，见第十七章）。

气候风险和恢复力

风险的概念将不良事件的成本与其发生的可能性相结合。随着极端天气频率的增加，影响农场和社区的代价高昂或灾难性事件的风险也在增加。它们的脆弱性体现在三个方面：

• 暴露：您可能面临与天气相关的挑战
• 敏感性：这些事件如何以及在多大程度上威胁您的运营
• 适应能力：如何最大限度地减少与天气相关的损害并利用新机会

一般来说，尽管农民可以通过更好的种植系统和养分管理来帮助减少总体温室气体排放，但暴露于极端天气事件是肯定的。对不利天气事件的敏感性可以通过我们在本书中讨论的许多实践以及其他策略来解决，例如建立土壤健康体系，从而增强作物活力，同时减少径流和作物干旱压力；使作物和牲畜系统多样化，以分散极端事件的风险；将气候风险管理纳入农场规划；培养农场员工的技能和经验；安装灌溉或排水等物理基础设施；建立社交网络，让您能够更好地应对不良事件；管理财务和保险以承担风险。

通过建立一个整体的弹性农场运营，您可以减少潜在的损失，并允许从气候

干扰中更快恢复。尽管如此，事后的适应仍然需要提前计划，例如在您最初种植作物遭到损失时，种植替代作物并使用适应天气的氮素管理工具。

因此，气候影响着土壤功能和土壤中发生的过程。人们不太了解的是，良好的土壤管理和健康的土壤很重要，因为这可以降低植物对气候变化的敏感性并提高土壤和作物对极端天气的缓冲性。在20世纪30年代，美国大平原地区的沙尘暴给出了教训，当时10年的干旱和不可持续的土壤管理措施导致了过度的风蚀和水蚀、作物歉收、农业产业的崩溃以及大量的人口迁移。这一破坏性的惨痛经历催生了水土保持运动，并取得了很大的成就；但即使在美国，大多数土壤仍然需要保护使其免受侵蚀，这需要良好的土壤管理实践。

参考文献

Brady, N. C. and R. R. Weil. 2008. *The Nature and Properties of Soils*, 14th ed. Prentice Hall: Upper Saddle River, NJ.

Hill, R. L. 1990. Long-term conventional and no-tillage effects on selected soil physical properties. *Soil Science Society of America Journal* 54: 161-166.

Karunatilake, U. and H. M. van Es. 2002. Temporal and spatial changes in soil structure from tillage and rainfall after alfalfa- corn conversion in a clay loam soil. *Soil and Tillage Research* 67: 135-146.

Kay, B. D. 1990. Rates of change of soil structure under cropping systems. *Advances in Soil Science* 12: 1-52.

Lengnick, L. 2015. Resilient Agriculture: Cultivating Food Systems for a Changing Climate, New Society Gabriola Island, Canada. Available in summary at https://www.sare.org/resources/ cultivating-climate-resilience-on-farms-and-ranches/.

Nunes, M., H. van Es, E. Pauletto, J. E. Denardin and L. E. Suzuki. 2018. Dynamic changes in compressive properties and crop response after chisel tillage in a highly weathered soil. *Soil & Tillage Res.* 186: 183-190.

Nunes, M., R. R. Schindelbeck, H. M. van Es, A. Ristow and M. Ryan. 2018. Soil Health and Maize Yield Analysis Detects Long-Term Tillage and Cropping Effects. *Geoderma* 328: 30-43.

Shepard, G., C. Ross, L. Basher and S. Suggar. Visual Soil Assessment, vol. 2: *Soil Management Guidelines for Cropping and Pastoral Grazing on Flat to Rolling Country*. Horizons.mw and Landcare Research: Palmerston North, New Zealand.

Whitman, H., ed. 2007. *Healthy Soils for Sustainable Vegetable Farms: Ute Guide*. Land and Water Australia, AUSVEG, Ltd.: Clayton North, Victoria.

第六章　土壤退化：侵蚀、压实和污染

——Jerry DeWitt 供图

坚硬的地面给树根生长造成强大的阻力，而空气任由其伸展。

——Jethro Tull[1]，1733 年

在自然条件下，土壤通常是稳定的，能有效储存水、养分和碳，支持这些水、养分和碳在植物、动物和大气间高效地循环着，但随着农业发展的开始——从早在10000年前在西亚到如今在巴西等国家继续发展——此平衡被打破，土壤在退化。在斜坡地上的耕作造成侵蚀，表土被冲走或吹走。在许多灌溉地区，盐分积聚，不适合种植农

---

[1] 杰瑟罗·塔尔（Jethro Tull，1674—1741）是英国农业先驱，曾帮助引发英国农业革命。著有《新牧马业：耕作和植被原理论文集》（The New Horse Houghing Husbandry: Or an Essay on the Principles of Tillage and Vegetation）（1731）。——译者注

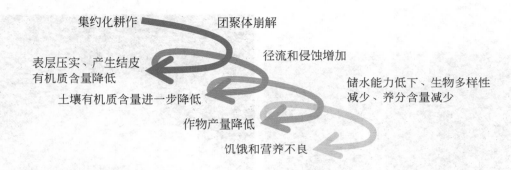

集约化耕作　　　　　团聚体崩解

表层压实、产生结皮　　　　径流和侵蚀增加
有机质含量降低
　　　　　　　　　　　　储水能力低下、生物多样性
土壤有机质含量进一步降低　　　减少、养分含量减少

　　　作物产量降低

饥饿和营养不良

图6.1　土壤退化的螺旋式下降
改编自 Topp 等（1995）

作物。随着机械化程度的提高、设备更重、耕作更加集约化、谷物出口和工业生产带来污染，土壤遭受的压力变得更大。

　　　土壤有机质水平直接受到土壤耕作和随后的水径流以及侵蚀的影响。随着土壤被扰动和团聚体被分解，土壤有机质呈颗粒状态，更容易被土壤生物利用而导致有机质损失，使得土壤更容易受到侵蚀。因此，土壤退化通常会出现螺旋式下降，最终导致作物产量下降（图6.1）。

　　　现在，随着人们对土壤退化的原因和后果的认识和理解不断提高，有必要采取措施扭转这些趋势。

6.1　侵蚀

　　　在农业生产过程中的土壤流失主要是由水、风和耕作造成的。此外滑坡（重力侵蚀）可能发生在非常陡峭的斜坡上。水土流失和滑坡主要发生在极湿的土壤条件下，而非常干燥的土壤状况可引起风蚀。耕作侵蚀发生在陡峭或地形起伏的田地上。

　　　侵蚀是侵蚀力（水、风或重力）、敏感土壤以及其他一些不当管理措施或景观等相关因素综合作用的结果。土壤对侵蚀的固有易感性（易侵蚀性）主要与其质地（通常粉粒比砂粒和黏粒易被侵蚀）、团聚性（团聚体的强度和粒径与有机质和黏粒的含量有关）和土壤水分状况有关。许多管理措施可以减少土壤侵蚀，不同类型的侵蚀有不同的解决方案。

6.1.1　水蚀

　　　当强降雨量导致径流时，水土流失在裸露的倾斜土地上尤为严重。雨水流过土壤汇集成细小的水流，水饱和的土壤颗粒被剥离并将颗粒向下输送。径流流下斜坡时，势能越来越大，卷走更多的土壤，并携带大量的农业化学物质和养分，最终流入溪流、

图6.2　左：保加利亚某地裸耕状态下的水土流失，农场中表土冲刷；右：委内瑞拉瓜里科的一条河流，悬浮的沉积物带来了水体污染

湖泊和河口（图6.2）。侵蚀可能涉及田地中的广阔区域，在这些区域中，浅层土壤被大量冲洗到深沟中，在景观中留下肉眼可见的沟壑。

当地表未受保护，直接暴露在具有破坏力的雨滴和风中时，土壤侵蚀是最值得关注的问题（图6.2）。侵蚀过程导致土壤有机质和团聚体减少，进而进一步加剧侵蚀，形成了恶性循环。土壤退化是因为土壤中最肥沃的部分，即富含有机质的表层，被侵蚀去除了。侵蚀还选择性地去除更容易运输的更细的土壤矿物颗粒、黏粒，这些颗粒有助于储存养分和有机物质并稳定土壤团聚体。因此，严重侵蚀的土壤具有较差的物理、化学和生物特性，导致维持作物生长的能力降低，并增加了对环境造成有害影响的可能性。

侵蚀土壤的较低渗透能力减少了植物可用的水量以及通过土壤渗入地下含水层的水量，同时增加了发生洪水的可能性。地下水补给的减少导致干旱期间河流干涸。因此，土壤退化的流域在旱季经历较低的河流流量，而在降雨量大的时期则洪水泛滥，这两种情况都是不可取的。事实上，我们推测许多地区洪水增加的趋势不仅是天气模式变化的结果，而且还与土壤逐渐退化有关。

6.1.2　风蚀

沙尘暴时期的风蚀照片是土地退化的一个图解案例（图6.3）。当土壤干燥松散、表土裸露光滑、景观上几乎没有物理防风屏障时，风蚀就发生了。风卷起土壤表面较大的土壤颗粒，这将使其他土壤颗粒流失，造成整体土壤的崩解。较小的土壤颗粒（非常细的细沙和粉粒）较轻，会悬浮在大气中，可以被远距离运输，有时可跨越大陆和海洋。风蚀带走富含有机质的表土，降低土壤质量，并通过摩擦力而伤害作物（图6.4）。此外风蚀影响空气质量，这是附近社区人们迫切关切的环境问题。在沙尘暴期间，土壤从大陆中部一路吹到纽约和华盛顿，让东海岸居民直接意识到大陆中部发生的环境灾难。

图6.3 在沙尘暴期间，干旱和土壤健康状况不佳造成风蚀和水蚀
美国农业部供图

图6.4 风蚀擦伤了小麦幼苗
美国农业部风蚀研究组供图

风对土壤的侵蚀力度取决于土壤的管理方式，良好的团聚性能使土壤不易漂浮和运输。此外，许多土壤构造措施，如免耕、覆盖和种植覆盖作物，能保护土壤表面免受风蚀和水蚀。

历史上的水土保持

一些古代农耕文明认识到水土流失是一个问题，并发展了有效控制径流和水土流失的方法。古代梯田农作方式在世界各地都很常见，特别是在南美洲的安第斯地区和东南亚。其他文明，如前哥伦布时期的美洲，没有耕种田地，并通过覆盖和间作有效地控制了侵蚀。一些古老的沙漠文明，如美国西南部的阿纳萨齐❶（公元600年至1200年），保留了径流水，并用检查水坝侵蚀了景观上部的淤泥，以便在下坡洼地种植庄稼（见本阅读框中图片）。对于当今世界上的大多数农业地区，侵蚀仍会造成广泛的破坏（包括沙漠的蔓延），并且仍然是对农业可持续性和水质的最大威胁。

6.1.3 滑坡

长期降雨使土壤水过饱和时，陡坡上会发生滑坡。尤其是在人口压力大，需要在陡坡上种植的山区国家，尤其令人担忧（图6.5）。持续的降雨使土壤饱和，特别是在

---

❶ 阿纳萨齐文明存在于大约公元前200年至公元1200年之间。阿纳萨齐是现代人对古普韦布洛人的称呼，这些人曾居住在美国犹他州、亚利桑那州、新墨西哥州和科罗拉多州的交界处，他们沿悬崖峭壁建设的石头和土坯建筑最为著名。古普韦布洛人12～13世纪不知因何离开了他们的家园。——译者注

图6.5 1998年飓风米奇带来的持续降雨在中美洲造成了土壤水过饱和和滑坡

Benjamin Zaitchik 供图

从上坡地区接收水的景观位置。这带来两个效应：增加了土体质量（所有孔隙都充满了水）和降低土壤内聚力（参见图6.12右侧湿透的土壤的压实），从而降低了其抵抗重力的能力。农业种植区域缺乏能够将土壤物质结合在一起的大而深的树根，比森林更容易受到影响，并且可能在一年中的一部分时间里没有活的植被。在许多山区很常见的陡峭土地上的牧场，草根很浅，也可能很容易发生坍塌。有些类型的土壤滑坡会使土壤液化，变成泥石流。

6.1.4　耕作侵蚀

耕作通过崩解团聚体并将土壤暴露在自然环境中来促进水和风的侵蚀，它还可以直接让土壤沿着斜坡下移到位置较低的区域而造成侵蚀，随着更集约化的机械化耕作加强，这成为一个日益严重的问题。在图6.6所示的复杂地形中，耕作侵蚀最终会从土丘中移除表土，并沉积在斜坡底部的洼地中。什么原因造成耕作侵蚀？基本上，当土壤在倾斜的土地上被犁或耙移动时，它会导致更多的土壤移动到下坡而不是上坡方向，从而导致净下坡输送。打个比方，当在山坡上向上或向下抛球时，它会向下走更远的距离。类似地，当沿下坡方向犁耙时，土壤被抛向下坡更远的地方［图6.7a］。经年累月，这产生了将大量土壤沿着斜坡移动的累积效应。

此外，下坡方向耕作（重力）通常比上坡方向（反重力）让土壤移动的速度更快，使情况更糟。沿等高线耕作也会导致土壤向下坡方向移动。铧式犁沿等高线耕作时会引起更严重的情况，因为铧式犁通常是将土壤上下翻动来耕作的，这与将犁沟向上倾斜形成鲜明对比［图6.7b］。使用铧式犁沿等高线犁耕使情况更为严重，经常会将土壤抛在一边并沿着斜坡向下作业，因为这样可以获得比将犁沟向上倾斜更好的翻动［图6.7c］。与风、水和重力侵蚀相比，耕作侵蚀的一个独特特征是：它与极端天气事件无关，并随着每次耕作作业而渐渐发生。

图6.6 耕作侵蚀对土壤的影响

美国农业部-自然资源保护局 Ron Nichols 供图

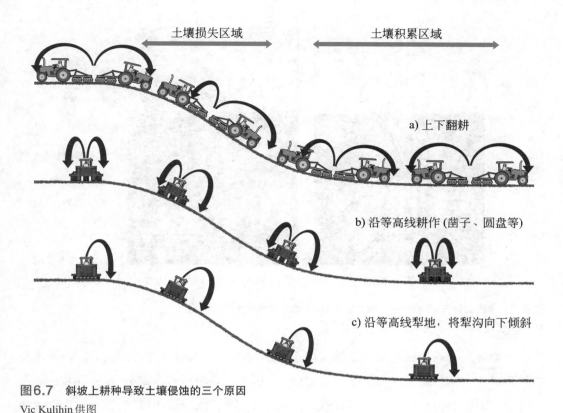

土壤损失区域　　　　　　土壤积累区域

a) 上下翻耕

b) 沿等高线耕作 (凿子、圆盘等)

c) 沿等高线犁地，将犁沟向下倾斜

图6.7　斜坡上耕种导致土壤侵蚀的三个原因
Vic Kulihin 供图

耕作侵蚀使田间管理更具挑战性，因为它使丘陵和山坡的作物生产力降低，而洼地的生产力提高。耕作侵蚀一般不会造成农场外的破坏，因为土壤只是从农田较高位置移动到较低位置，但这是减少坡地耕作的另一个原因。

6.2　土壤耕性和压实

当土壤的团聚体或单个颗粒在压力下变得更紧密时，土壤被压实。土壤压实有各种原因和不同的显示效应。压实可以发生在地表或浅层（表面压实，包括表面结皮），也可以发生在深层土壤中（底土层压实）见图6.8。

6.2.1　浅层压实

浅层压实，即表层或犁层的压实，所有集约化农业土壤都存在一定程度的犁层压实现象，这是土壤团聚性能丧失的结果。这种情况的发生通常有三个主要原因：侵蚀、有机质含量降低和农田设备施加的机械力。前两种原因使土壤黏性结合材料供应减少，随后团聚性能丧失。在土壤容易被压实的时候，牲畜会通过踩踏破坏牧场。

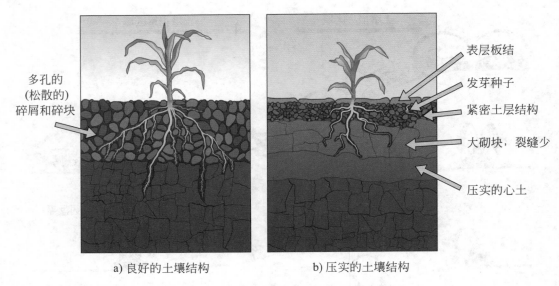

a) 良好的土壤结构   b) 压实的土壤结构

图6.8 植物生长在a）良好耕性的土壤上和b）有三种压实类型的土壤上

Vic Kulihin 供图

要理解这一点，我们需要了解一些土壤结持性或者土壤对外力的反应。在含水量非常高时，土壤可能表现得像液体（图6.9），因为它几乎没有内聚力（图5.10左）。在斜坡上，由于重力作用，土壤可以轻易流动，就像极度潮湿时的泥石流一样。含水量稍低时，土壤的黏聚力稍高，它依然容易成型，被称为塑性（图6.9）。进一步干燥后，土壤将变得易碎，在压力作用下，土壤裂成碎块而不是维持其固有的形状（图6.9）。

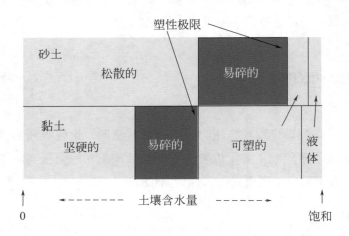

图6.9 砂土和黏土的土壤结持性（易碎土壤最适合耕作）

土壤的塑性和易碎性之间的临界点，即塑性极限，具有重要的农业意义。当土壤湿度超过塑性极限时，如果进行耕作或在其上行走，土壤团聚体被挤压在一起，形成边界模糊的密实团块。当在地里看到光亮、成块的犁沟或深陷的车辙时，即说明出现了这种程度的压实现象（图6.10）。当土壤易碎（含水量低于塑限）时，土壤更抗变形，耕作时土壤会碎裂，团聚体能抵抗田间重型器械的挤压。因此，压实的可能性受到田间作业时间节点的强烈影响，因为当土壤充分干燥时，压实的可能性要低得多。土壤结持性受其质地的影响很大（图6.9）。例如，粗质地砂质土排干后，会迅速从可塑状态变为易碎状态。如果要让细质地的壤土和黏土变得易碎，则需要更长的时间使其失水干燥。而这种额外的干燥时间可能会延迟田间耕作计划。

图6.10　收获后，当土壤湿润且可塑时，在干草地上留下很深的车辙

　　因此，土壤在干燥时不易压实，这可能是运行较重设备的更好时机。类似地，当土壤被冻结并且土壤颗粒被冰融化时，土壤会变得坚固并能抵抗压实。

　　表面密封和结皮。这个问题也是由团聚体分解引起的，但特别是当土壤表面不受作物残留物或植物冠层保护时会发生。雨滴的能量驱散湿的团聚体，将它们击碎，使颗粒沉淀成薄而致密的表层。土壤的密封减少了水分的渗透，干燥时表面形成坚硬的地壳。结皮一般发生在耕种后，土壤无保护时，可延迟或阻止出苗。即使结皮不严重，不会限制发芽，也会减少水分渗入。表面结皮的土壤容易发生高流速的径流和侵蚀，可以通过在表面留下更多的残渣和保持强大的土壤团聚性能的方式来减少表面结皮。有时，农民用耙子打破结皮，但这只能治标，不能治本。

　　集约化耕作。浅层压实在反复扰动土壤时尤为常见。耕作经常成为恶性循环的一部分，在这种循环中，压实的土壤耕作起来是呈块状的［图6.11a)］，需要大量的二次耕作和充填才能培育出令人满意的苗床［图6.11b)］。团聚体的自然分解和在这个过程中有机物的降解，都会促使土壤压实。培育好的苗床，种植时可能很理想，但种植不久后遇到降雨可能会导致土壤表面密封并进一步沉降［图6.11c)］，因为土壤表面缺少结实的团聚体，难以防止土壤分散，结果可能是土壤紧实，表皮有硬壳。有些土壤只需微微干燥，表面就会变得像水泥般坚硬，减缓植物的生长，尽管土壤重新湿润后会变软，但这样的湿润只能暂时缓解其对植物的压力。

6.2.2　底土压实

　　底土压实发生在土壤深处，有时被称为**犁盘**，尽管它通常不仅仅是由犁耕引起的。底土易于压实，因为它通常比表土更湿、更密、黏土含量更高、有机质含量更低，并

a) 第 1 阶段：耕作后土壤成块状，
构筑的苗床较差

b) 第 2 阶段：将土壤压实并碾碎，
构筑的苗床较好

c) 第 3 阶段：雨滴分散土壤团聚体，
形成表层结皮

图6.11　常规耕作造成土壤压实的三个阶段

且聚合更少。此外，底土不会因定期耕作而松动，也不容易通过添加有机物料进行改良。另一个挑战是，如同其名，底土埋在深处，因此除非您向下挖掘或将杆插入土壤中，否则压实是不可见的。

　　底土压实是直接承载表面压力或将其转移到较深土层的结果。当农民驾驶质量分布性差的重型农机时，会发生底土压实。施加在表面上的荷载沿锥形模式转移到土壤中（图6.12），随着深度的增加，压实力分布到更大的区域，深层承受的压力降低。当地面的负荷较小时，例如通过脚踩蹄踏或轻型拖拉机施加到犁层下面的压力就极小。但是，当重型设备（例如重型撒肥机或联合收割机）的负载很高时，深处的压力足以导致土壤压实。土壤湿润时，地表附近引起土壤压实的力会更容易传递到底土，这会导致更多的压实损坏，最严重的底土压实损害显然源于重型车辆的通行和潮湿的土壤条件。

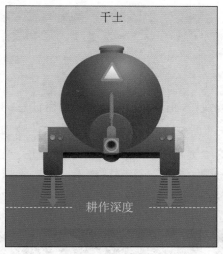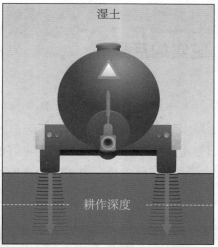

图6.12　重负荷的力被转移到土壤深处，特别是在土壤潮湿的情况下
Vic Kulihin 供图

翻耕前检查

　　要明确土壤是否可以使用农机耕作，你可以从犁层的下部取一把土壤，捏成球，做个简单的"土球测试（ball test）"。如果它容易成型并粘在一起，土壤就太湿了。如果它很容易破碎，说明它足够干燥，可以耕种或使用重型设备。

　　底土压实的另一个主要原因是耕作工具的压力，尤其是犁或圆盘，压在下面的土壤上（因此称为犁盘）。犁会导致压实，因为犁的重量加上犁沟切片的提升会造成从犁份额（底部）到紧邻下面的土壤层的巨大向下的力。圆盘的大部分质量也集中在圆盘的底部，并可能导致浅盘。当一组拖拉机车轮被放置在开放的犁沟中时，在犁板犁期间也可能发生底土压实，从而将车轮压力直接施加到犁层下方的土壤上。总体而言，这些犁盘在已犁过的土壤中非常常见，有时甚至在田地转为免耕多年之后还可以看见。

有些作物比其他作物更敏感

　　压实对不同作物的影响不同。在纽约进行的一项实验发现，直接播种的卷心菜和青豆比黄瓜、甜菜、甜玉米和移植的卷心菜更容易受到压实的伤害。许多植物的伤害都是由压实的次生效应造成的，例如雨后土壤饱和时间延长、养分有效性或吸收率降低以及更容易感染病虫害。当土壤柔软时，一些作物也会长出更多的根。例如，在早期生长良好的凉季作物可以利用潮湿、较软的土壤条件，而夏季作物可能会遇到干燥、较硬的土壤。

6.3　压实的后果

　　压实将土壤颗粒挤压到一起，土壤变得致密，孔隙空间消失。值得注意的是，当它们被压缩成较小的孔隙时，大孔隙会消失（图6.13）。团聚体之间的大孔隙损失尤其有害，因为土壤依靠这些孔隙来实现良好的渗透和渗滤以及与大气的空气交换。尽管压实也会损坏粗质地土壤，但粗质地土壤对团聚性能的依赖性较小，单个颗粒之间的孔隙足够大，可以让水和空气能充分流动，影响不那么严重。

图6.13　压实的土壤（左）缺乏用于水汽传输和根系生长的大孔隙，干燥后会变硬；聚集的土壤（右）有大孔隙，干燥后仍然易碎

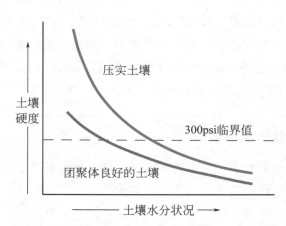

图6.14　干燥后压实的土壤比集聚良好的土壤硬化得更快

　　压实的土壤干燥后变硬，它有许多小孔隙，在高吸力下可保持水分，使颗粒紧紧贴在一起，这会限制根系生长和土壤生物活动。在一定的土壤湿度下，压实的土壤通常比结构良好的土壤有更大的根系穿透阻力（图6.14），结构良好的土壤团聚体间孔隙大，根系很容易撑开它们。潮湿优质土壤的抗穿透性通常远低于大多数作物根系停止生长的临界水平——300psi❶（即约2MPa）。随着土壤干燥程度增加，优质土壤在大部分（或全部）的土壤湿度范

---

❶　1psi=6894.757Pa。

围内不会超过其临界水平。另一方面，压实的土壤适合作物根系生长的含水量范围比较小，即使是在潮湿的范围内（土壤很硬），土壤的抗穿透性也会增加，干燥时压实的土壤比结构良好的土壤硬化得更快，硬度远远高于限制根系生长的临界值，即300磅力/平方英寸。

限制根系生长根系活跃生长时需要直径大于0.1mm的大孔隙，这是大多数根尖的大小。在继续伸长之前，根系必须扎入土壤孔隙并锚定。压实的土壤很少有大的孔隙可让植物生根，从而限制水分和养分的吸收。

当根系生长受限时会发生什么？根系可能发育成短而粗的根，细根和根毛很少（图5.6，图6.8）。少数粗根会弯曲着在土壤中找到一些薄弱地带，这些根的组织变厚，吸收水分和养分效率低下。在许多情况下，在退化土壤中生长的根系不能穿透耕层到达底土（图6.8），因为土壤太紧实，根系难以生长。对于单靠雨水灌溉的农田，根系的深层穿透非常关键。底土压实限制根系深扎，使植物根系可以汲取水分和养分的土体减少，增加干旱胁迫导致产量损失的可能性。

底土压实除减少根系能触伸的土体外，对植物生长也有更直接的影响。遭遇机械屏障时根系通过向植物的芽发送激素信号来减慢呼吸和生长。这种植物反应似乎是一种自然的生存机制，类似于植物遭受水分胁迫时的情况。事实上，因为一些相同激素参与到信号传导中——土壤干燥时机械阻力也增加——很难根据植物反应鉴别压实效应与干旱效应。

我们已经了解了很多关于压实对根系生长的影响，但我们对土壤生物的影响知之甚少。然而，众所周知，多样化的土壤生态系统需要保证生物有居住和运动的空间。例如，蚯蚓和昆虫需要大孔隙才能四处活动并获取有机物质，而好氧细菌和真菌需要空气交换。因此，压实土壤中这些有益生物的数量通常要少得多，但当采用更好的措施时，它们的恢复速度会非常快。

6.4　植物最佳生长的水分范围

压实和极端水分条件对植物生长的限制可以结合到植物生长的最佳水分范围的概念中，最佳水分范围即植物生长不因干旱、机械应力或缺乏通气而减少的含水量范围（图6.15）。这一范围被科学家称为最小限制水分范围，土壤太湿或太干是其两个边界。

结构良好土壤的最佳含水量范围在潮湿的一端是田间持水量，超过田间持水量时

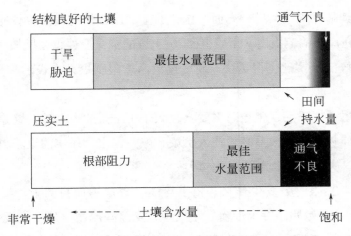

图6.15 作物在两种不同土壤中生长的最佳水分范围

水分会受重力影响快速排出。干燥的一端是萎蔫点，超过这个点，土壤将水紧紧地吸住，不能为植物所利用。在压实土壤中，作物生长的土壤最佳水分范围更小。严重压实的土壤将水排干到田间持水量后，由于缺乏大的孔隙，透气性很差，其湿度仍然很大。良好的通气性要求至少20%的孔隙（约占整个土壤体积的10%）被空气所填充。在干燥的一端，压实土壤中的植物生长通常受土壤硬度的限制，而非由于缺乏可利用的水分。因此在潮湿和干燥的环境中，压实土壤中的植物会比在耕性良好土壤中的植物遭受更多的压力。压实对作物产量的影响通常取决于土壤过湿或过干的持续时间和严重程度，以及过湿或过干发生的时间点是否发生在植物生长的关键时期。

6.5 土壤化学污染

土壤会受到化学物质的污染，无论是自然污染还是人类活动，都会对农作物造成不利影响。盐碱地（碱性）土壤的问题最常见于干旱和半干旱地区，或受沿海洪水影响的土壤中，其他类型的污染可能来自天然有毒化学品或污染。

6.5.1 盐土和盐碱土

干旱和半干旱地区存在特殊的土壤问题。其中含盐量高的土壤称为盐土，含钠量过多的土壤称为碱土，有时两者同时存在，结果就是形成了盐碱土。盐土通常具有良好的耕性，但高盐含量抑制了植物的水分吸收，使植物不能获得所需的水分，土壤中的高盐含量会抑制水分的吸收，因此土壤会产生一种渗透力来抵消植物自身的渗透势。

钠含量高会导致黏粒分散，团聚体崩解，所以碱土的物理结构往往很差。碱土的团聚体在饱和时分散，然后单个土壤颗粒沉降，使土壤非常致密（图6.16）。由于压实和通气量大大减少，这些土壤变得难以处理并且非常不适合植物生长。当碱土质地细腻时，其稠度和外观类似于巧克力布丁，它会导致排水、出苗和根系发育的严重问题。在种植庄稼之前，必须对这样的土壤进行修复。

此外，土壤中阳离子的离子强度会影响团聚体的稳定性。一些人认为，镁/钙比率高的土壤往往团聚体稳定性较弱，施钙有助于改善这种情况，但除特殊情况外，支持这个结果的研究很有限。

盐碱土常见于美国西部的半干旱和干旱地区以及世界上许多国家的类似气候带。它们很难修复。在大飓风过后，沿海洪水地区也可能会经历暂时的盐碱化条件，直到盐分被雨水冲走。

图6.16　澳大利亚塔斯马尼亚的碱土——缺乏团聚性，潮湿时积水，干燥时硬化
Richard Doyle 供图

虽然有些土壤天然就是盐土或碱土或盐碱土，但有许多途径可使表层土壤遭受盐和钠的污染。当灌溉水含有大量盐分且没有外源性清水来滤盐时，盐分会积累，形成盐土。此外，定期使用钠/钙镁比高的灌溉水会随着时间的推移产生钠土。过度灌溉通常发生在传统的洪水或沟渠灌溉中，通过将地下水位提高到地表2～3英尺内，造成表土盐化问题。然后可以通过毛细作用将浅层地下水吸到地表，在那里水蒸发而盐分留在那里。有时，半干旱地区休耕年积聚的额外水分会导致田间渗漏，其中钠含量高的咸水会进入地表，导致盐碱斑块的形成。

盐　土

土壤提取物的导电率大于4dS[1]/m，足以伤害敏感型作物。

碱　土

钠离子占阳离子交换量（CEC）15%以上。在某些土壤中，即使钠含量低于这个数值，土壤结构也会显著恶化。

---

[1]　$1S=1A/V=1\Omega^{-1}$。

6.5.2 其他类型的化学污染

土壤可能会受到多种化学物质的污染，从石油、汽油或杀虫剂到各种工业化学品和采矿废物。这种污染可能是由于意外泄漏发生的，但在过去，废料通常被故意倾倒在田地里。在城市地区，由于过去使用含铅汽油和油漆，经常会发现受铅污染的土壤。铅以及其他污染物经常是创建城市花园时的一项真正的挑战。通常，将新的表土带入，与大量堆肥混合，并放置在垄上，使植物根系在受污染的土壤上方生长，有机螯合物使铅含量减少。施用过污泥（目前称为生物固体）的农业土壤可能已经接受了大量的重金属，如镉、锌和铬，以及抗生素、药物和污泥中的各种有毒有机化学品。一些磷肥含有镉导致镉在土壤中积累。与此类污染物相关的毒性可能会影响植物和人类，例如发生在20世纪50年代日本水稻种植者身上的痛痛病。

有许多方法可以修复化学污染的土壤。有时添加有机肥或其他有机改良剂以及种植作物会刺激土壤生物将有机化学物质分解成无害的形式。例如，农药、有机废物和油可以在土壤中自然分解。有些植物能够富集土壤中的某些金属，可用于清洁受污染的土壤（但其收获的作物必须小心处理）。添加有机物还可以通过形成螯合物来降低重金属的可用性（图2.5）。

土壤中盐分无处不在

所有土壤中都含有钙（Ca^{2+}）、镁（Mg^{2+}）、钾（K^+）以及其他阳离子的盐和常见的带负电荷的阴离子如氯化物、硝酸盐、硫酸盐和磷酸盐。然而在湿润和半湿润气候的土壤中，每年有1～2英寸甚至7英寸以上的水分渗透到根区下面，盐分通常不会积累到对植物有害的水平，除非将种子或植物与大剂量肥料直接接触。即使使用高剂量的肥料，盐分通常也不会成为一个问题。温室盆栽混合物中也经常会出现盐胁迫，因为种植者经常用含肥料的水浇灌温室植物，但没有加足清水滤出盆栽中积聚的盐。

城市土壤

在城市地区可以观察到严重的土壤退化，那里的土壤经常被大量使用，受到各种化学物质的物理干扰或污染。此外，城市生态系统受到恶劣的小气候（所谓的热岛）的挑战。从积极的一面来看，城市空间非常有价值——很多人都在使用它们——因此有更多的财政资源可用于投资修复。此外，城市地区集中了可用于土壤改良的有机物料，例如将食物垃圾和街道树叶变成堆肥以帮助构建土壤有机

质，以及城市树枝被切碎并用于覆盖。有关在城市土壤上种植植物的特殊问题的更多信息，请参见第二十二章。

6.6 总结

土壤退化是世界范围内面临的一大环境问题。同时河流受到从土壤侵蚀而来的沉积物污染，世界上许多地方的严重侵蚀导致土壤生产力显著下降。造成水土流失的直接原因可能是强降雨，但在某些情况下，有许多原因可造成严重的土壤流失。压实是土壤退化的另一种形式，除非您有意去寻找症状，否则您就不会注意到这种土壤退化形式，但它会对植物生长具有破坏性的影响。化学污染，无论是来自盐、金属还是有机物，都会影响植物和人类健康。许多问题可以通过良好的管理实践来解决。关于减少侵蚀和压实有效方法的讨论，参见第十四章和第十五章。关于如何矫正盐土、碱土和盐碱土，参见第二十章。

参考文献

Dangour, A. D., K. Lock, A. Hayter, A. Aikenhead, E. Allen and R. Uauy. 2010. Nutrition-related health effects of organic foods: a systematic review. *Am. J. Clinical Nutrition* 92: 203-210.

da Silva, A. P., B. D. Kay and E. Perfect. 1994. Characterization of the least limiting water range of soils. *Soil Science Society of America Journal* 58: 1775-1781.

Letey, J. 1985. Relationship between soil physical properties and crop production. *Advances in Soil Science* 1: 277-294.

Ontario Ministry of Agriculture, Food, and Rural Affairs (OMAFRA). 1997. *Soil Management*. Best Management Practices Series. Available from the Ontario Federation of Agriculture, Toronto, Ontario, Canada.

Roberts, T. 2014. Cadmium and phosphorous fertilizers: The issue and the science. *Procedia Engineering* 83: 52-59.

Seufert, V. and N. Ramankutty. 2017. Many shades of gray—the context-dependent performance of organic agriculture. *Science Advances*. 2017; 3: e1602638.

Soehne, W. 1958. Fundamentals of pressure distribution and soil compaction under tractor tires. *Agricultural Engineering* 39: 262-282.

Tull, J. 1733. The horse-hoeing husbandry: Or an essay on the principles of tillage and vegetation. Printed by A. Rhames, for Gunne, G. Risk, G. Ewing, W. Smith, & Smith and Bruce, Booksellers. Available online through the Core Historical Literature of Agriculture, Albert R. Mann Library, Cornell University, http:// chla.library.cornell.edu.

Unger, P. W. and T. C. Kaspar. 1994. Soil compaction and root growth: A review. *Agronomy Journal* 86: 759-766.

第七章 碳和养分循环和流动

——iStock photo供图

美国和巴西主导全球玉米和大豆的谷物出口，而谷类作物则来自许多国家。亚洲尤其是中国，占所有粮食进口的43%。

——RABOBANK，2016 年

养分循环可以发生在各种环境和尺度中：农场、草原或森林，甚至在全球范围内。但是土壤养分的循环与有机质密切相关，其中一半以上是碳。因此，我们将在本章中讨论养分和碳。当讨论养分在土壤-植物-动物-土壤中的流动以及全球碳、氮循环时（第二章），我们使用了术语"循环"。一些农民尽量减少养分的供应，试图更多地依赖天然的土壤养分循环；与之形成鲜明对比的是，许多农民仍然采购商业肥料为植物补充养分。但是，真的有可能永远依赖所有碳和养分的自然循环来维持土壤健康并满足作物的需求吗？让我们首先考虑一下什么是碳和养分的循环，以及自然循环与其他方式的碳和养分移动有何不同。

当碳或营养物质从一个地方移动到另一个地方时，这就是一种流动，它将源头与目的地连接起来。有许多不同类型的养分流动方式，当您购买肥料时，养分就"流入"农场。当您购买动物饲料时，养分和碳都会流入农场；当您出售甜玉米、苹果、苜蓿干草、肉、奶时，养分就会"流出"农场。涉及产品进出农场大门的流程是有意管理的，无论您是否从营养或碳的角度考虑这些产品。其他流动是计划外的——例如，硝酸盐通过渗入地下水而从土壤中流失，或者径流水将养分与侵蚀的表土一起带到附近的河流中。

当农作物收获后并运到谷仓喂养动物时，这是一种养分流动，就像动物粪肥返还土地一样，这两种流动结合在一起是一个真正的循环，因为养分返还到了它们的来源地。在森林和天然草地中，养分循环非常有效，接近100%。在农业的早期阶段，几乎所有的人都住在农田附近，养分循环也很有效。然而，在许多类型的农业，尤其是现代专业化的农业中，几乎没有真正的养分循环，因为没有简单的方法可以将从农场运出的大量营养物质和碳（有时跨越大陆和海洋）再运回来。此外，当土壤长时间没有植物生长时，作物残体中的养分循环效率不高，养分流失和淋溶损失比自然系统大得多。

7.1　历史上碳和养分流动变化

您有没有想过，为什么有些文明能够为大量人口维持农业，而另一些文明却耗尽了他们的土壤？一个关键组成部分是碳和养分的自然流动。在农业的早期，生产区通常位于河流和溪流汇合的低洼地区，并用含有从上游土壤侵蚀的沉积物的水淹没低洼土壤。一年一度的洪水为河流沉积物中的营养物质和有机质提供了反复沉积。例如，尼罗河流域面积超过 120 万平方英里，从非洲中东部一直延伸到地中海。通过侵蚀和淋滤（即使在自然条件下），流域中的每个区域都会贡献少量矿物质（养分）和有机质（碳），这些矿物质（养分）和有机质（碳）会以沉积物的形式汇聚到下游狭窄的山谷中。通过上游盆地的季风降雨，每年供应的天然肥沃沉积物（冲积层）沉积在尼罗河下游和三角洲的田地。这使大量人口持续了数千年。其他类似的古代文明中心的主要汇流区：

● 现今恒河平原，由河流——印度河、恒河和雅鲁藏布江——以及来自喜马拉雅山脉的沉积物补给

● 中国华北平原，由黄河从中国的黄土高原供给

● 现今叙利亚和伊拉克的幼发拉底河和底格里斯河（美索不达米亚）之间的土地，其中包含来自土耳其亚美尼亚高地的沉积物

● 墨西哥谷，古老的特斯科科湖被周围肥沃的火山山脉的河流补给，阿兹特克文明使用凸起的河床（chinampas）持续生产湿地作物

● 许多其他或大或小的冲积沉积带由部落定居，包括美洲土著，在那里他们提供肥沃的土壤和附近的鱼类和陆地动物来源

持续的水、碳和养分供应带来作物高产，但也带来了频繁的洪水。在过去的一个世纪里，人们建造了水坝和堤坝来减少洪水的影响（通常也是为了生产能量），但这意味着土壤不能继续得到再生。此外，这些古老的汇流带也成为世界上城市化程度最高的地区，进一步减少了农业用地面积。值得注意的是，墨西哥中部的湖泊被排干，现在被大都市墨西哥城占据。

> 冲积土是由沿溪流和河流沿岸沉积的沉积物形成的，在三角洲中，流动的水与湖泊或海洋的静水相遇，沉积物沉淀到底部，由于长期沉积的小尺寸矿物颗粒、有机质（碳）和营养物质，它们往往非常肥沃。

与山谷和三角洲中的这些汇聚区形成对比的是，在远离谷地和三角洲的广阔地带，通常是丘陵或山区，它们是水和沉积物的源头，由于径流、侵蚀和淋溶，碳、养分和水等资源往往会流失，上游损失，下游受益。在古代，这些生产力较低的地区主要用于放牧，在那里，低产的多年生植被仍可用于大面积动物放牧，养活少量人口。每当

图7.1 希腊克里特岛的退化土地，种有橄榄树

这些土地用于作物生产时，土壤很快就会因耕作、碳和养分从农场输出以及严重的土壤侵蚀而枯竭（图7.1）。因此，许多地区不适合种植一年生作物，转成牧场或种植树木或藤本作物（橄榄、葡萄），这些作物所需的土壤肥力较低（图7.1）。这样的农业条件无法支撑大型文明，经常导致文明的衰落或被征服。值得注意的是，意大利中部退化丘陵农业潜力低，促使罗马人征服了尼罗河下游的埃及粮仓。

7.2 人类活动造成的土壤中碳和养分浓度

随着全球人口的增长，更多的边缘地区开始投入生产。一些地区具有自然生产力（例如美国中部和亚洲的草原地区），而另一些地区则非常脆弱（例如美国东部）。在没有化肥可以补充养分的年代，农民有时会通过定期灌溉来增加土壤肥力、将有机物质和养分施用于田地来增加土壤肥力，有时这种人类活动的影响极为强烈，而创造出人为土（anthrosols）。这方面的例子之一就是欧洲西北部所谓的厚熟表层（plaggen）土壤（图7.2），它是在低肥力的沙质土壤上形成的，这些土壤不利于作物生产，但适合放牧。农民可以通过砍掉含有低营养价值和低适口性植物的石南草皮，并种植可以喂养食草动物（主要是羊）的新植被来防止森林演替。但是粮食作物种植还是必需的。于是，肥沃的草皮被运到谷仓，用作羊群过夜的垫料。垫料进而富含羊粪尿（含有白天从牧场收获的碳和养分），形成肥沃的堆肥，然后将其施用于小块土地上，用于种植供人类食用的作物。在这种作物-牧场系统中，碳和养分一部分在牧场上循环，一部分以集中的方式流向农田。人类的聪明才智使得动物和农作物可以在自然贫瘠的土地上持续生产。

在世界各地的许多定居地区还发现了其他"黑土"的例子，特别是富含炭的亚马逊地区的黑土（terra preta）（正如我们在第二章中的讨论）。在这种情况下，食物和燃料是从周围的热带雨林中收集的，并集中在古代定居点内和周围的土壤上。与厚熟表层（plaggen）土壤不同，一些有机物质的炭化产生了非常稳定的有机质，几个世纪后，

图7.2 通过人类活动增强土壤的两个案例，产生人为土壤：比利时的厚熟表层（plaggen）土壤（左图）和巴西的黑土（Terra Preta del Indio）（右图）

Karen Vancampenhout及Biqing Liang供图

稳定的有机质让土壤依然肥沃。还有许多其他例子可以说明碳和养分在人口聚集地周围富集，包括早期的新英格兰人，他们利用丰富的鳕鱼捕捞业的副产品来提高农田的肥力。

为什么这种历史视角是相关的？因为现在有很好的机会通过更好地使用有机物料来提高土壤肥力。事实上，大多数种植有机作物的农民就是这样做的。他们将通常被视为"废物"的有机物料带到他们的田地，以替代随作物一起输出的养分（它们特别需要磷和钾）。通常，这是通过用城市地区的树叶和食物垃圾制成的堆肥或通过来自牲畜农场的多余粪肥来完成的。正如我们在本书第3篇中详细讨论的那样，与过去一样，这些农民正在利用农场外部有机物料和养分的可用性，并将它们带到田地中以提高土壤肥力。不同的轮作以及将耕作与牲畜相结合，也为"种植自己的"土壤有机质和改善养分循环提供了许多机会。

7.3　现代农业中的循环和流动

作物和动物相结合的传统耕作方式具有良好的碳和养分循环。在生活过程中，农场动物和人类使用了一些来自植物的能量和养分，剩余的养分和碳（植物的有机残留物和农场动物和人类的废料）返回土壤。城市的发展第一次打破了这个养分循环，碳和养分开始定期与农产品一起运输，以养活数英里外不断增长的城市人口。碳和养分鲜少回到最初种植农作物和饲养动物的土壤上［图7.3b）］。因此，养分和碳在世界各

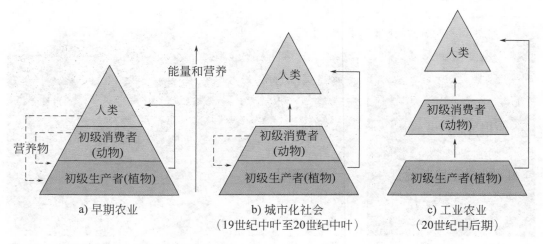

图7.3　养分流动的模式随着时间的推移而变化

改编自Magdoff、Lanyon和Liebhardt（1997）

地的城市污水和受污染的水道中积累。虽然在20世纪70年代和80年代建造了许多新的污水处理厂，但含有养分的污水仍然会流入河道，而且污水污泥并非总是以环境无害化的方式处理。

农场专业化的趋势主要由经济力量驱动，它将动物和为之种植饲料的土地分开，造成了养分循环的二次破坏。借助专门的动物设施［图7.3c)］，养分在粪肥中积累，而作物种植者却在购买大量无机肥料以防止其田地缺乏养分，但它们通常不会取代所有因有机物在一年中分解而损失的碳。

7.4 农场规模的流动模式

在相对未受干扰的森林或草原上，植物所使用的养分大多通过落叶和根系周期性枯死循环回来。碳流动不同于当氮、磷、钾和钙等养分被植物从土壤中吸收、利用然后返回土壤时发生的循环。当植物利用大气中的二氧化碳进行光合作用时，碳进入土壤中，为植物生长和繁殖提供所需的各种化学养分。因此，收获后残留的植物部分以有机残留物的形式作为"新"碳添加到土壤中；通常，这表示有机物与一年中被生物分解的有机物一样多或更多。

在考虑整个农场时，存在三种主要的养分流动模式，每一种都会对农场和环境的长期运作产生影响：① 流入小于流出；② 流入大于流出；③ 流入流出趋于平衡。

流入小于流出

对于"以资本为生"并从矿物质和有机物中获得养分供应的农场来说，养分浓度在不断下降。养分可以持续一段时间，就像一个人可以依靠银行账户中的储蓄生活直到钱用完那样。在某些时候，一种或多种养分或有机物质（碳）的可利用率变得相当低，以致作物产量下降。如果不解决这个问题，农场的粮食生产能力就会越来越差，经济状况也会下降。对于农场或国家来说，这显然都不是理想的情况。不幸的是，非洲许多农业土地生产力低下，部分是由这种养分流动模式造成的，因为人口压力的增加使土地利用强度上升，而对贫困的农民来说，化肥价格过高，但却很少去关注土壤有机质。在以前的林农轮作制度下，农田可在20年或更长时间内退耕还林，在此期间，营养和有机物质会得到自然补充。我们这个时代面临的最大挑战之一是通过使用化肥和采用生态良好的措施来提高土壤健康，从而提高非洲土壤肥力。

流入流出趋于平衡

从环境角度考虑，为了长期保持土壤健康，应将肥力提高到最佳水平，然后保持最佳水平。一旦达到理想水平，最好的方法就是保持流入和流出大致平衡。土壤检测可以有助于微调肥力计划，并确保土壤养分含量不会过高或过低（见第二十一章）。这将是一个挑战，且对部分农场来说，经济上并不可行。专门种植谷物或蔬菜的农场有大量的养分流入农场，并且在出售作物时每年的碳和养分输出量相对较高［图7.4a)］。养分通常作为商业肥料或各种添加物进入这些农场，然后作为植物产品离开农场。当作物残留物返回土壤并分解时，会发生一些循环。但是，在每英亩出售大量谷物和蔬菜的农场中，碳和养分的大量外流很常见。例如，每年输出的养分，每英亩玉米粒约135磅氮、25磅磷和35磅钾，每英亩干草约150磅氮、20磅磷和130磅钾。一英亩西红柿或洋葱通常含有超过100磅的氮、20磅的磷和100磅的钾。通常，50%～60%的碳被收获并从农场运出，就玉米而言，每英亩每年大约需要3吨碳。但是，当然，现代社会农业的全部意义在于为非农业公众生产食物和纤维。这必然意味着碳（糖、淀粉、蛋白质等）和作物养分的非农输出。

平衡作物农场的养分流入和流出应该相当容易，至少从理论上是这样的，但碳循环很困难。在实践中，在良好的管理下，作物的养分会逐渐耗尽，直到土壤测试水平降得太低，然后再用肥料供给作物生长。但一年生作物的剩余残留物（地上残留物和根部中的碳基植物材料）通常不能替代种植年度损失的有机物质。只有在施用有机肥（如粪肥或堆肥）、通过密集覆盖作物种植或在轮作中添加多年生干草（草/豆科植物）作物时，才能补充额外的土壤碳。

在同时也生产饲料的农牧综合农场中，养分的输入和输出相对于耕地来说应该相对较小，并且接近平衡。很少有养分或碳会离开农场（它们只作为出售的动物离开），也很少被带入农场［图7.4b)］。这种类型的操作中的大部分养分在农场完成了一个真正的循环：它们被植物从土壤中吸收，被动物吃掉，然后大部分养分以粪肥和尿液的形式返回土壤。大部分由植物固定的碳随作物残留物和动物粪肥留在农场。在几乎不使用外购饲料的草饲牛肉操作中，出现了类似的流动模式，几乎没有养分进入农场，很少离开。与严重依赖外购饲料的作物农场或牲畜农场相比，作物-牲畜和草饲牛肉混合农场更容易平衡养分的输入和输出。因此，如果所有饲料都是农场种植的，那么在作物农场中增加一个动物企业可能会降低养分和碳的输出［图7.4c)］。

相对于种植场和严重依赖输入饲料的养殖场，在种养混合的农牧场中做起来更容易。如上所述，由于饲料中大部分养分被排进粪肥中，动物产品最终会从农场输出相对较少的养分；因此，如果全部饲料均在农场自产自销，那么在一个种植农场内增加一家养殖场将有助于减少养分的输出。

为了帮助平衡养分的流入流出，例行的土壤检测应该成为每一个农场管理措施的一部分，因为它们将表明养分是在减少还是已经积累到高于所需水平。

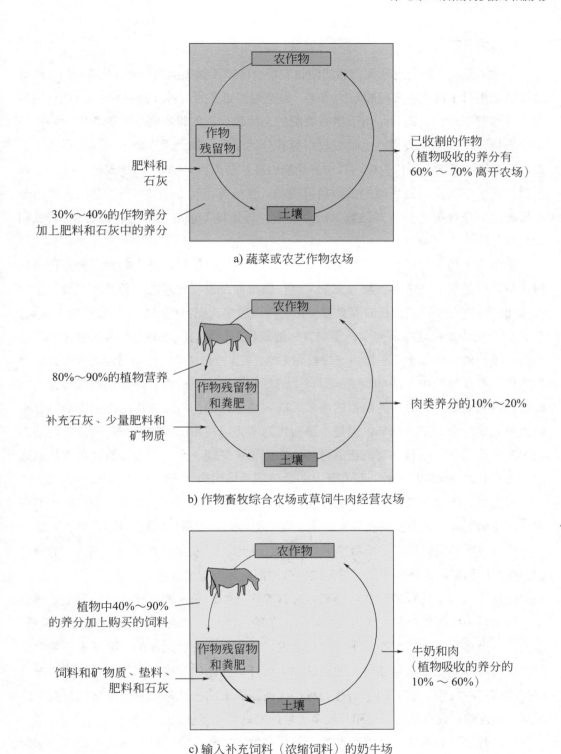

图7.4　养分在a）蔬菜或农艺作物农场、b）作物畜牧综合农场或草饲牛肉经营农场和c）输入补充饲料（浓缩饲料）的奶牛场的流动和循环

流入大于流出

土地不足以生产所有所需饲料的动物农场会带来不同类型的问题［图7.4c)]。随着动物数量相对于可用农田和牧场的增加，需要购买更多的饲料（含有养分）。在这种情况下，相对于养分负荷，可用于撒播粪肥的土地较少。如果不将多余的粪肥转移到另一个农场，操作可能会超过土地吸收所有养分的能力，并会污染地下水和地表水。例如，纽约奶牛场的一项研究中，当饲养动物密度从每英亩1/4AU❶增加到每英亩1AU以上时，农场中剩余的氮和磷的数量显著增加。当每英亩有1/4AU时，养分流入流出基本平衡；但在每英亩1AU养殖数量的农场中，每年每英亩的土地上还剩约150磅氮和20磅磷。

许多奶牛场没有足够的土地来种植他们需要的所有饲料，并且倾向于强调种植饲料作物。但是奶牛也需要谷物补充剂，这种情况涉及进入农场的额外营养来源。浓缩物（通常含有玉米粒和大豆的混合物）和矿物质通常比肥料构成更大的营养投入来源。在对47个纽约奶牛场的研究中，平均76%的氮作为饲料进入农场，23%的氮作为肥料进入农场。磷的百分比几乎相同（饲料为73%，肥料为26%）。动物消耗的大部分营养物质最终都在粪肥中，从60%到90%以上的氮、磷和钾。一部分碳甚至通过购买的浓缩饲料进入农场，有时作为奶牛的垫料。以农场种植的饲料为来源的粪肥中的养分和碳正在完成一个真正的循环。但是，最初作为购买饲料和矿物质补充剂进入农场的粪肥中的营养成分并没有参与真正的循环。它们正在完成一个流程，该流程可能从遥远的农场、矿山或化肥厂开始，现在正从谷仓或饲养场运送到田间。

与出售大部分作物的作物农场相比，每英亩奶牛场的养分和碳流更少，更多留在农场，要么完成一个真正的循环（从土壤到植物再到动物最后回到土壤），要么完成一个流量（外购精饲料和矿物质给奶牛，从粪肥到土壤）。由于额外的饲料购入，养分往往会在农场积累，最终可能会因过量的氮或磷而对环境造成危害。

任何购入大量饲料的动物农场都存在营养物质持续积累的问题。对多年生草料以及外购饲料和矿物质以及某些类型的垫料的依赖可能会增加土壤中的碳（土壤有机质）水平，直至达到土壤的饱和水平。换句话说，这些农场没有足够的土地基础来生产所有的饲料，因此也没有足够的土地基础来以对环境安全的速度施用粪肥。这种情况出现在动物饲养场中，它们购入所有饲料，而使用粪肥的土地基地有限；它们最有可能积累大量营养。拥有数万只鸡和几英亩土地的家禽养殖者就是一个例子。

如果有足够的耕地来种植所需的大部分谷物和草料，结果将是输入和输出（作为动物产品）养分的数量很少。因此，在生产大部分饲料的畜牧混合农场上，比在仅种

---

❶ 动物单位1AU=1000磅动物，或重量合计为1000磅动物的数量。——译者注

植作物的农场上更容易依赖养分循环。另一种选择是相邻农场之间的交流。由于农作物农场往往缺乏养分和碳，而牲畜农场则过剩，转移多余的粪肥或堆肥为更多的循环和减少环境损失以及改善接收农场的土壤健康提供了机会（见第十二章）。

输入远超过输出的情况不仅发生在没有足够土地来种植所有所需饲料的动物农场。有机蔬菜种植者通常施用堆肥以提供养分并维持或增加土壤有机质水平。在2002年至2004年对美国东北部七个州的34个有机农场进行的一项调查中，发现大约一半的田块磷含量过高。需要找到通过农场实践添加有机物质的其他方法，例如使用绿肥、覆盖作物和使用多年生草料轮作。

氮平衡作为环境指标

养分输入高于输出不仅限于畜牧业，尤其是氮肥经营。发达国家的大多数谷物农场输入的氮多于通过作物输出的氮，这意味着氮素平衡是正的。正如我们将在第十九章中所讨论的，氮素难以管理，一些损失是不可避免的，如硝酸盐浸出和N_2O气态损失。损失的多少在很大程度上取决于农场如何通过良好的施用时机和施用率以及在施用商业肥料时使用最佳产品配方和放置方法来管理氮。最近的研究探索了使用氮平衡作为可持续氮使用的简单且易于测量的指标。它的计算方法是通过养分添加的N输入减去季节性作物收获的N输出。最佳N平衡通常在0到+50磅/英亩之间。如果N平衡低于0，则土壤正在耗竭氮。如果每英亩超过50磅，就会造成环境破坏。每英亩50磅的配额反映了这样一个事实，即氮的使用从来都不是100%有效率的，在当前的做法下，一些适度的损失通常是不可避免的。如果农民不通过4R❶实践（第十八章）和通过使用覆盖作物在季节结束时捕获多余的氮（第十章）来仔细管理氮，它们就很难达到最佳的氮平衡范围。更好的轮作，包括浸出极少量硝酸盐的作物，将减少轮作期间的平均损失。

在农场中的分布

一个农场的目标可能是平衡养分和碳的输入与输出，但它也需要在其田地中实现最佳分配。在一年中的一部分时间里，牲畜养殖场通常将牲畜集中在谷仓或空地中，在那里提供饲料并积累粪肥。然后需要返回到田地，在某些情况下，这些地方可能远离谷仓/饲养场，很难到达，尤其是在恶劣的天气下更难返回田地。过去，谷仓周围的田地与较远的田地相比，获得的肥料要多得多，而且通常营养过剩。

---

❶ 4R为作物施肥四原则。即：正确的肥源（Right Source：根据作物需求匹配肥料类型）、合适的比例（Right Rate：与作物需要的肥料数量相匹配）、合适的时间（Right Time：在作物需要时提供养分）和正确的位置（Right Place：将养分保存在作物可以利用的地方）。——译者注

但是通过定期土壤测试和良好的粪肥管理计划，农场可以平衡每个田地的养分和碳。此外，使用精心规划的轮牧系统（在新西兰等地很常见）的牲畜农场没有粪肥运输问题并可以防止养分集中。

7.5　大尺度流动模型

我们已经研究了农场的碳和养分平衡，但随着农产品远距离跨大陆甚至海洋运输，养分循环发生了更大规模的中断。当一列火车或一艘船载着谷物从美国中西部运送到东部，甚至从巴西运送到亚洲时，大量的碳和养分发生流动并且不会返回。玉米、大豆和小麦等农产品的国际贸易意味着大量的土壤健康基本成分被运往海外。（值得注意的是，生产谷物需要大量的水：大约110加仑❶（约900磅）的水生产一磅玉米粒或大豆。

意外的营养损失

即使化肥输入和作物输出或多或少处于平衡状态，也可能出现潜在问题。

本章考虑从农场购买的养分和碳作为肥料、石灰和饲料的计划流量，以及出售的农产品离开农场的情况。但是，营养物质的意外损失怎么办？当输入大于输出时，养分会在农场积累，大量的养分可能会因渗入地下水或径流水中而流失，从而导致环境破坏。氮和磷是从农场流出并成为水污染物的主要养分。然而，即使输入和输出大致相同，也可能发生重大的意外损失。这是许多作物的问题，尤其是玉米生产，当大部分土地用于种植这种作物时，这将成为一个重大的区域问题。对于高产玉米，施氮肥的量可能与玉米吸收的量相似：肥料中可能施用150～160磅氮，而玉米粒中含有160磅氮。但是，大量施入的氮与有机物结合或因浸出或反硝化而流失。另一方面，土壤有机质在季节分解，可以为植物提供大量的氮。当土壤来源和肥料来源的有效氮的组合大大超过作物的需求时，就会出现潜在的污染问题。

当玉米经历了长达两个月的生长突增后，它的高度迅速增加，然后谷粒填满。在这个阶段，它每天需要吸收大量的氮，通常是硝酸盐。这意味着在此期间土壤溶液中需要高浓度的硝酸盐。当肥料或肥料应用提供如此大量的硝酸盐时，当土壤也继续通过分解有机物提供更多的硝酸盐时，就会出现问题。在大多数年份，

---

❶ 1加仑=3.785412立方分米。

玉米收获后会残留大量硝酸盐，这些硝酸盐会在秋季、冬季或早春渗入地下水。损失率取决于这些时期的降水量，但可能在每英亩30～70磅的范围内（过量的硝酸盐也可能转化为温室气体一氧化二氮）。

在季节结束时减少土壤硝酸盐和限制硝酸盐损失的最佳方法是：① 准确预测作物的季节性需求，考虑所有氮源，包括肥料和有机物；② 在接近作物需要施氮的时间施用；③ 种植快速生长的覆盖作物，如谷类黑麦❶以捕获过量的氮。但是，玉米轮作出现频率较低也有助于减少硝酸盐对水的污染。

营养和碳的长途运输是现代食品系统运作方式的核心。平均而言，我们吃的食物从田地到加工商再到分销商再到消费者要经过大约1300英里的路程。将太平洋西北部的小麦和美国中西部的大豆出口到中国需要更长的距离，就像从新西兰进口苹果到洛杉矶一样。

全球粮食贸易和营养碳流动

几种谷物和油料作物在世界范围内交易量很大，包括小麦、玉米、大豆、大米和油籽。它们极大地影响了养分和碳的全球流动，这些都是健康土壤的基本成分。最突出的转移涉及从美洲运往东亚、欧洲和中东的玉米和大豆。这是为什么？

由于生活水平提高和饮食多样化，对动物蛋白和食用油的需求增加，这在很大程度上推动了这些粮食作物的进口。种植这些作物还需要许多国家没有的大量土地基础。日本和韩国人口众多，但也多山。中东和墨西哥干旱，而欧洲的动物数量超过了供养其土地的养料量。中国是迄今为止最大的谷物进口国，尤其是大豆，因为农艺限制和国内政策优先考虑种植满足基本粮食安全的谷类作物，因此喂养动物的大部分农作物都是进口的。（中国饲养的猪的数量约占全世界总量的一半。）

美洲拥有广阔的农业土地，是这些谷物的主要出口地，美国、巴西和阿根廷占全球出口量近90%的大豆和全球出口量75%的玉米主要出口用于在世界其他地区饲养动物。这些国家也有促进粮食生产和出口的政策。美国的粮食面积在过去几十年一直相当稳定，但南美国家通过将大面积的草原、热带草原甚至热带雨林用于作物生产来满足更高的全球需求。小麦和大米不同，因为它们大多是人类直接食用的。小麦出口在各国之间更加平衡，俄罗斯（20%）、加拿大（14%）、美

---

❶ 谷类黑麦（*Secale cereale* L.），俗称黑麦，称为谷类黑麦是为了避免与黑麦草（*Lolium* spp.）的混淆。——译者注

国（13%）、法国（10%）、澳大利亚（8%）和乌克兰（7%）是主要的出口国。大米往往更多地用于国内消费，因此出口量不高，印度（30%）和泰国（23%）是主要的国际供应方。随着谷物以及相关碳和养分从一个地区到另一个地区的大量转移，出口国造成了短缺，进口国造成了过剩。越来越多的证据表明，美洲的粮仓土壤变得越来越不健康，并且失去了有机物质。进口国有许多存在养分积累和水污染问题的畜牧场。海水缺氧（死区）是日本、韩国、中国和北欧周围海域日益严重的问题。

化肥中的养分也会从矿山或工厂到分销商，然后再到田地，如钾从加拿大萨斯喀彻温省到美国俄亥俄州，或磷从摩洛哥到德国。中西部玉米和大豆农场的专业化以及集中在美国阿肯色州、东海岸德尔马瓦半岛和北卡罗来纳州等少数地区的大型养猪场和养鸡场创造了独特的局面。农场的这种区域性专业化似乎具有经济意义（或者可能没有？），但破坏了维持土壤健康的养分和碳循环。来自农作物农场的养分经过很长一段路到达动物农场，并被来自完全不同地方的肥料所取代。与此同时，动物养殖场的营养过剩。从作物农场输出的碳永远无法替代一年中损失的有机物质。

当然，现代世界农业的真正目的——种植食物和纤维以及让远离农场的人们使用产品——导致土壤养分流失，即使在最好的管理下也是如此。此外，钙、镁和钾等养分的浸出损失会因酸化而加速，酸化是自然发生的，也可能是使用某些肥料造成的。

土壤矿物质，特别是在冰川地区和干旱地区的"年轻"土壤中，即使经过多年的耕作，仍可能提供大量的磷、钾、钙、镁和许多其他养分。具有丰富活性有机质的土壤也可以长期提供养分。只输出动物产品的农牧混合系统可以很好地循环养分和碳，耗尽肥沃的土壤可能需要很长时间，因为这些产品输出的养分很少。

但是对于农作物农场，尤其是在潮湿地区，消耗的速度更快，因为每年每英亩输出更多的养分。最终，连续耕作的土壤会耗尽养分，您迟早需要施用一些磷或钾。

氮是您可以在农场"生产"的唯一养分：豆类和它们的细菌共同作用可以从大气中消耗氮气并将其转化为植物可以使用的形式。

问题最终不是养分是否会输入到农场，而是您应该使用哪种养分来源。带入农场的养分是商品肥料吗？传统修正（石灰石）；生物固氮；购入牲畜饲料或矿物质；有机物料，如粪肥、堆肥和污泥；或某种来源的组合？一些营养源营养丰富，因此可以有效运输和施用，如无机肥料。但它们不提供碳的好处，而碳对土壤中的生物过程至关重要。有机肥料提供养分和碳，但其养分浓度低且运输昂贵限制了其在附近地区的应用。

最后，谈谈大规模养分流动的状况积极方面。国内和国际食品贸易有时会通过改善输入地微量营养元素缺乏而带来好处。例如，硒是大多数人和动物通过饮食从土壤中获取的微量元素。通过进口生长在美国土壤上的小麦，欧洲硒的摄入量增加，这些小麦的营养含量自然更高。

7.6　总结

从一开始，养分和碳的循环和流动就对农业至关重要。沿水道的土壤聚集了来自上游地区的沉积物和养分，并保证了持续的生产力。大多数其他地区都经历了与土壤退化相关的损失。当作物残体或动物粪肥返回土壤并提供下茬作物养分时，养分循环良好。然而，可能会有大量的养分和碳流入及流出农场，我们担心流入量和流出量非常不平衡的情况。流入是指化肥、有机肥料或动物饲料输入到农场中。流出主要是农作物和动物产品。一般来说，从农场输出的植物（谷物、草料、蔬菜等）养分比动物产品中的要多。发生这种情况的原因是，与出售农作物的农场相比，饲料中的大部分养分和碳会通过动物并作为粪肥留在农场中，而以牛奶、肉类、羊毛等形式输出的则相对较少。

我们的现代农业系统加剧了养分流动的问题。养分和碳流量的负平衡非常令人担忧，因为土壤随着其含量的下降而退化。另一方面，当养分平衡为正值时并在农场中积累时，它们往往更容易流失到环境中。美国中西部和巴西等商品粮农区出口了大量养分和碳，同时由于化肥使用效率低，无法替代损失的养分，也使环境中的养分流失。进口大量谷物喂养牲畜的地区会产生过多的碳和营养物质。所有这些农场都会对水质、海洋生态系统和温室气体排放产生负面影响。

参考文献

Anderson, B. H. and F. Magdoff. 2000. Dairy farm characteristics and managed flows of phosphorus. *American Journal of Alternative Agriculture* 15: 19-25.

Gale, F., C. Valdes and M. Ash. 2019. Interdependence of China, United States and Brazil in soybean trade. USDA ERS Report OCS-19F-01.

Harrison, E., J. Bonhotal and M. Schwarz. 2008. *Using Manure Solids as Bedding*. Report prepared by the Cornell Waste Management Institute(Ithaca, NY) for the New York State Energy Research and Development Authority.

Kabir, Z. 2017. Rethinking the Nutrient Management Paradigm for Soil Health, Conservation webinar, USDA NRCS, http:// www.conservationwebinars.net/webinars/rethinking-the-nutrient- management-paradigm-for-soil-health.

Magdoff, F., L. Lanyon and W. Liebhardt. 1997. Nutrient cycling, transformations, and flows: Implications for a more sustainable agriculture. *Advances in Agronomy* 60: 1-73.

Magdoff, F., L. Lanyon and W. Liebhardt. 1998. *Sustainable Nutrient Management: A Role for Everyone*. Northeast Region Sustainable Agriculture Research and Education Program: Burlington, VT.

Morris, T. F. 2004. Survey of the nutrient status of organic vegetable farms. SARE project database, https://projects.sare.org/project- reports/lne01-144/.

Rabobank. 2016. Grow with the flow. Rabobank Industry Note #541. Available at Rabobank.com.

Rasmussen, C. N., Q. M. Ketterings, G. Albrecht, L. Chase and K. J. Czymmek. 2006. Mass nutrient balances: A management tool for New York dairy and livestock farms. In *Silage for Dairy Farms: Growing, Harvesting, Storing, and Feeding*, pp. 396-414.NRAES Conference, Harrisburg, PA, January 23-25.

第三篇

从生态角度管理土壤

PART
3

Francesco Ridolfi 摄

第八章　土壤健康、植物健康和病虫害

——Judy Brossy供图

在美国或任何其他国家里，没有多少农场是不能得到良好改良的。

——Lucius D. Davis[1]，1830 年

8.1　土壤性质及其相互关系

　　当土壤的生物、化学和物理条件均处于最佳状态时（图8.1），就被称为健康土壤，在这种土壤里生长的作物就能高产和发挥其他重要的土壤功能。这种情况下，根系容

[1] 卢修斯·戴维斯（Lucius D.Davis），《改善农场或文化方式，可以赚钱，同时增加土壤肥力》（*Improving the Farm or Methods of Culture，That Shall Afford a Profit，and at the Same Time Increase the Fertility of the Soil*，1880）一书的作者。——译者注

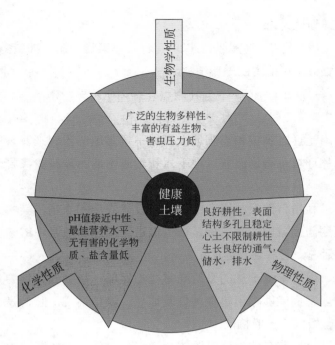

图8.1　最佳的化学、生物和物理特性促进土壤健康

易生长，土壤能接收和储存大量的水分，植物有足够的养分供应，土壤中无有害化学物质，有益生物非常活跃，能够控制潜在的有害生物，并促进植物生长。

土壤的各种特性间往往相互关联，应牢记它们之间的相互关系。例如，当土壤被压实时，会失去大孔隙，使得一些较大的土壤生物很难或不可能移动或存活（在压实的土壤中通常找不到蚯蚓。）此外，压实可能会使土壤遭受水漫，产生化学变化，例如硝酸盐（NO_3^-）被反硝化并以氮气（N_2）和温室气体 N_2O 的形式释放到大气中。当土壤中含有大量的钠时，这在干旱和半干旱地区很常见，团聚体可能会分解，导致土壤中几乎没有孔隙可以进行空气交换，也很难排水到地下。即使土壤处于养分最佳的状态，植物也无法在有机质含量低和退化的土壤上健康地生长。因此，为了防止这些问题出现，创造最适合植物生长的土壤生境，我们就不能只关注土壤一个方面的问题，而必须从整体角度管理作物和土壤。

8.2　农业生态学原理

从生态的角度来探讨农业和土壤管理意味着首先要了解构成复原力和相对稳定的自然系统的特征。然后，让我们来看看有助于作物、动物和农场具有类似复原力和健康的总体策略。最后，我们将简要讨论有助于创建重要而强大的农业系统的实践（在后面的章节中更详细地讨论）。

生态作物和土壤管理措施可以归为以下三种总体策略中的一种或多种：

● 种植具有强大防御能力的健康植物

● 抑制病虫害

● 增强有益生物

这些总体策略是通过维护和增强地上和地下栖息地的实践来实现的。随着野外栖息地的改善，总体环境也得到改善：地下水和地表水的污染减少，野外和周围的野生动物栖息地增加。

生态方法要求利用自然系统固有的优势来设计农田和农场，其中大部分是在种植作物之前和种植期间完成的，其目标是通过促进三个总体战略中的一个或多个来阻止土壤退化。换句话说，它需要有远见和良好的计划。

许多自然的、相对未受干扰的系统通常是稳定的，当受到自然力量（如火、风或大雨）的干扰时，它们能够相当迅速地恢复原状。换句话说，它们是有弹性的。这些弹性系统往往具有相似的一般特征：

高效。自然系统具有有效利用资源的能量流。绿色植物捕获的太阳能被许多生物利用，因为真菌和细菌会分解有机残留物，然后被其他生物吸收，而这些生物本身又被食物网更高的其他生物吸收。自然生态系统在吸收和利用降雨以及调动和循环养分方面也往往是有效的。

这有助于防止生态系统因养分的过度流失而"倒流"，同时有助于保持地下水和地表水的质量。雨水往往会进入多孔土壤，而不是径流，为植物提供水分并补给地下水，缓慢地将水释放到溪流和河流中。

多样性。地表和土壤中丰富的生物多样性是温带和热带地区许多有复原力的自然生态系统的特征。它为植物提供营养，能够控制病害暴发等。例如，多种植物——树木与林下、草与豆科植物——捕获和供应不同的资源，众多土壤生物对资源的竞争和特定的拮抗作用（如产生抗生素）通常避免土传植物病害严重破坏天然草地或森林。

自给自足。自然陆地生态系统的效率和多样性的结果是它们主要自给自足，只需要输入阳光和降雨。

自我调节。巨大的生物多样性降低了病原体或昆虫暴发（或大量增加）严重损害植物或动物的风险。此外，植物有许多防御机制，帮助保护它们免受攻击。

管理土壤和农作物以最大程度减少病虫害问题

大多数农民都清楚地知道，轮作可以减少许多疾病、昆虫、线虫和杂草的压力。其他一些减少作物损失的管理实践示例：

- 通过使用精确的氮素管理避免土壤中无机氮含量过高，可以减少昆虫的危害。
- 充足的营养水平可降低发病率。例如，施用钙减少了小麦、花生、大豆和辣椒等作物的病害，而添加钾则降低了棉花、西红柿和玉米等作物的真菌病害发生率。
- 减少土壤压实，可以减少昆虫和疾病（如根部真菌病害）造成的损失。
- 可利用含氮量低但仍含有一些活性有机质的堆肥来降低根腐病和叶病的严重程度。
- 许多病虫害通过争夺资源或与其他昆虫（包括以它们为食的益虫）的直接对抗而受到控制。大量的各种有机物料有助于维持多样化的土壤生物群。
- 有益菌根真菌保护根表面免受真菌和线虫感染。大多数覆盖作物，尤其是在减少耕作系统中，有助于保持菌根真菌孢子数量高，并促进有益真菌在下一作物中的更高定植率。
- 通过选择覆盖作物如谷类黑麦可以抑制寄生真菌和线虫感染。
- 在生物活性高的土壤中，杂草种子数量会减少，微生物和昆虫都有助于这一过程。
- 减少耕作和维护表面残留物，促进地面甲虫捕食杂草种子。减少耕作还会使杂草种子留在土壤表面，在那里它们很容易被啮齿动物、蚂蚁和蟋蟀等其他生物捕食。
- 一些覆盖作物的残留物，如谷类黑麦，会产生减少杂草种子发芽的化学物质。

这些生态特征为田地和农场的可持续管理提供了良好的框架，但我们也必须认识到，作物生产（甚至城市景观美化）是一个极大地扰乱自然生态系统的过程，以便有利于一种或几种生物（农作物）凌驾于其他的竞争利益之上。并且系统也以其他方式受到干扰，以便能够生产作物。即使您在预防性管理方面投入了大量资金，季节期间发生的常规管理做法也会造成干扰。例如，即使在潮湿地区，新鲜蔬菜等高价值作物也经常需要灌溉。有些做法几乎没有直接干扰，例如在季节期间检测病虫害和益虫。如果出现意外情况，例如昆虫暴发，可能需要采取补救措施，例如使用对生态最有利的杀虫剂或将购买的有益物质释放到田间，以减少作物损失。

目前可用的杀虫剂简单地消灭病虫害，或者通过土壤熏蒸或草甘膦等广谱除草剂，这会导致农场对化学品的依赖，并削弱土壤和种植系统的整体弹性。它还促进了作物对这些化学物质的基因诱导的抵抗力，从长远来看，降低了化学品的使用效果。生态作物和土壤管理的目标是通过创造条件来帮助种植健康植物、促进有益植物和抑制病虫害，从而最大限度地减少响应管理（应对意外事件）的程度，从而实现主动和预防性管理。下面和本书其余部分的讨论重点放在保持土壤健康和改善生物栖息地的方法上，以促进上述三种策略中的一种或多种。

8.3　生态作物与土壤管理

我们将讨论生态作物和土壤管理措施，作为总体框架的一部分（图8.2）。问题的核心是通过在地上和土壤中创造更好的栖息地来增强系统的强度。我们将讨论生态作物和土壤管理措施，作为实现生态作物管理整体框架的一部分（图8.2）。问题的核心是，通过改善地上生境和土壤生境来增加系统的强度。虽然人为地将地上和土壤生境分开讨论，然而许多措施同时有助于两者，它使许多问题更加清晰。不是所有关于地上部分的讨论都直接涉及土壤管理，但大多数都提到了两者。此外，我们将讨论的措施有助于一个或多个总体策略：① 种植具有强大防御能力的健康植物；② 抑制病虫害；③ 增强有益生物。

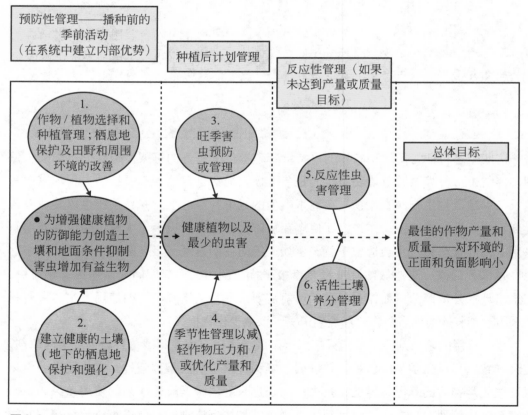

图8.2　田间尺度的土壤和作物管理的整体系统方法
改编自 Magdoff（2007）

8.3.1　地上生境管理

有多种方法可以改善地上生境：

● 选择抵抗当地病虫害的作物和品种（除产量、口感等其他品质外）。

● 适当的种植密度（和伴生作物）有利于作物旺盛生长，抑制杂草，并（与伴生作物）提供一些保护来抵御病虫害。在某些情况下，同一作物的两个或多个品种（栽培品种）的混合种植，例如，将一种易受病虫害或干旱影响但具有更高产量潜力的品种与具有抗性和弹性的品种相结合，已显示出提高小麦和水稻总产量的潜力。即使农民种植相同的作物，但由于使用不同品种，这为增加遗传多样性似乎提供了一些保护。也许有可能可将不同作物类型进行行间作，例如向日葵与大豆或豌豆。

● 对特定病虫害而言，可通过在田地周边种植比田中的经济作物更具吸引力作物（诱捕）的方式拦截传入的昆虫（通过在西葫芦地周围种植蓝色哈伯德南瓜来拦截黄瓜条叶甲已经很成功）。东非实行的推拉系统更进一步，在玉米行内种植低生长豆科山蚂蟥属（*Desmodium*）植物作为驱虫植物（推），并沿田地周边种植草以吸引成虫（拉），同时还提供氮并抑制杂草。

● 在对有益昆虫有吸引力的地块里修建边界和条带，在农田周围或以条状种植多种开花植物，为有益昆虫提供庇护所和食物。

● 经常种植覆盖作物好处多多，例如为有益昆虫提供栖息地，向土壤中增加氮和有机质，减少侵蚀，增强土壤的水渗透，保持土壤养分等等。通过种植旺盛的冬季豆科覆盖作物，如南方的绛三叶草和北方的毛苕子，可以为后续作物提供充足的氮肥。

● 使用复杂的轮作，涉及不同科属的植物，如果可能可包括草生植物，如牧草/苜蓿干草，这些作物可以保证土壤多年不受干扰。

● 保护性耕作。这是生态农业措施的重要组成部分。耕作会掩埋残留物，裸露的土壤更容易受到降雨的侵蚀，同时也会破坏天然土壤团聚体。（使用减少侵蚀的措施对于维持土壤生产力至关重要。）其中一些措施——使用覆盖作物和更复杂的轮作和保护性耕作种——也将在"优化土壤生境"中提及，并在后几章中详细讨论。

难对付的病虫害：综合纲[1]（Symphylans）动物

在本书中，我们强调有机物质和生物多样性对土壤健康以及发展和保持良好土壤结构的重要性。然而，有一种土传节肢动物在有机质含量高的土壤中苗壮成

---

[1] 综合纲为节肢动物门多足亚门的一纲。——译者注

长，会对多种作物造成重大损害。综合纲（Symphylans）动物是白色的，看起来像蜈蚣，主要以根毛和小根为食。它们可以在良好的土壤结构、大量老根通道和连接孔隙的情况下轻松移动。它们通常在田地的某些部分以参差不齐的圆形分布出现，并且在某些地理位置更成问题。马铃薯和豆类似乎受病虫害的破坏较小，并且已经发现，当存在综合纲动物时，移栽的西红柿比直接播种的西红柿效果更好。虽然尚未确定其他覆盖作物有助于减少虫害，但春季燕麦覆盖作物可能会减少对后续作物的损害。增加南瓜的种植密度已被证明有助于在病虫害存在的情况下保持产量，尽管可能需要进行一些疏导。虽然可以使用一些合成化学控制剂，但还需要了解更多关于如何以生态无害的方式管理这种病虫害的知识。施用有机改良剂时必须小心：您不想意外引入这种病虫害。尽管有甲虫、捕食性螨虫和蜈蚣等生物以及以共生植物为食的真菌病原体，但人们认为具有生物活性的土壤不足以抵御这种破坏作物的生物。

8.3.2　地下生境管理

改善土壤作为作物根系和有益生物场所的一般做法在所有领域都是相同的，并且是我们在下一章中讨论的重点。真正的问题：哪些是最好的措施，以及它们如何在特定情况下（农场或其他）实施？本书的第3部分详细讨论了这些方法和实践，但表8.1总结了这些管理方法，并为读者提供了相应的章节。在最后的第二十四章中，我们讨论了如何将所有这些考虑因素整合到一个综合的土壤健康管理方法中。

病害管理建议存在冲突？

在这本书中，我们提倡减少耕作并将作物残留物保留在土壤表面。但通常鼓励农民加入作物残留物，因为它们可能含有病菌。为什么会有相互矛盾的建议？主要区别在于土壤和作物管理的整体方法。在涉及良好轮作、保护性耕作、覆盖作物、其他有机物质添加等的系统中，随着土壤生物多样性的增加、有益生物的生长和作物压力的减少，病害压力降低。在更传统的系统中，易感性动态不同，病原体更有可能成为优势，因此需要采取相应性方法。建立土壤和植物健康的长期战略应该减少使用短期管理的需要。

表8.1　土壤健康的管理目标、方法和实践

总体目标 种植健康植物，抑制病虫害，增强有益生物，同时改善周围环境	
管理方法和措施	讨论该内容的章节
尽量减少土壤扰动和压实 减少耕作，改善轮作，控制田间行驶车辆，远离潮湿土壤、压实修复等	第十一章（种植制度多样化）、第十四章（减少径流和侵蚀）、第十五章（土壤压实）、第十六章（保护性耕作）、第二十二章（城市土壤）
用作物残渣覆盖土壤，用多年生牧草轮作，并种植覆盖作物，这也有助于保持土壤中活根的持续存在	第十章（覆盖作物）、第十一章（种植制度多样化）、第十六章（保护性耕作）
通过更复杂的轮作、经常的覆盖作物、综合畜牧和作物种植以及施用不同类型的有机物改良剂（如动物粪便和堆肥），最大限度地提高土壤和地上的生物多样性	第十章（覆盖作物）、第十一章（种植制度多样化）、第十二章（农牧结合）、第十三章（堆肥制作和施用）
管理水资源以促进及时的实地调查和作物需求	第十四章（减少径流和侵蚀）、第十五章（土壤压实）、第十七章（水分管理：灌溉和排水）
将pH值保持在所需范围内，并将营养物质保持在一定水平 通过定期测试土壤并根据结果施用养分、石灰和其他改良剂，为植物提供充足的供给，但不会对环境造成过度损失，经常使用覆盖作物，解决盐问题，并将畜牧业和作物种植结合起来	第十八章（养分管理）、第十九章（管理氮和磷）、第二十章（营养素、CEC、碱度和酸度）、第二十一章（土壤测试及其解释）、第二十三章（使用土壤健康测试）

8.4　植物防御、管理实践与病虫害

在讨论了土壤管理的关键生态原则和方法之后，让我们进行更深入的探讨，看看植物到底有多神奇，它们使用各种系统来保护自己免受昆虫和致病病原体的攻击。有时可以通过长出新根或新茎的方式摆脱小虫害问题。许多植物也会通过产生化学物质来减缓虫害，虽然不能杀死害虫，但至少会降低其造成的伤害。攻击和杀死害虫的有益生物需要多种营养来源，通常从田间及其周围的开花植物中获得。然而，植物被害虫（比如毛毛虫）取食时，许多植物在破损处产生一种黏性的甜物质，称为"花外蜜，"一定程度上可吸引有益生物并供其取食。受到昆虫攻击的植物也产生挥发性化学物质，这些化学物质向有益昆虫发出信号，吸引它的特定宿主。这种有益昆虫通常是一种小黄蜂，利用化学信号找到毛毛虫，并在它体内产卵（图8.3）。随着卵的发育，

它们会杀死毛毛虫。可通过一个案例探究这个系统的复杂性，当黄蜂在番茄天蛾毛虫体内产卵时，同时注射一种让毛虫免疫系统丧失功能的病毒。没有这种病毒，卵就不能发育，毛虫也不会死。也有证据表明，植物被取食损伤后，附近的植物能感觉到其受损叶片释放的化学物质，甚至在受到攻击之前就开始合成化学物质来保护自己。

植物病虫害

从病毒、细菌和真菌等病原体到线虫、昆虫再到杂草，各种生物都会危害作物。甚至更大的动物，如鹿（或在非洲，大象）也会严重破坏庄稼。这些我们通常称为病虫害的生物本身并没有什么坏处。它们只是在做它们自然会做的事情，以便生存和繁殖。但是在种植农作物时，我们需要尽量减少此类生物造成的损害。关键是以无害环境的方式这样做：建立健康的土壤，使用具有自然抗性的作物品种，使用轮作和覆盖作物来抑制病虫害，同时提供许多其他好处。

植物发出信号，吸引益虫攻击害虫

2

植物增加了花蜜的流动，为成虫的有益昆虫提供食物

3

1

植物产生的化学物质会延缓害虫的摄食

图8.3　植物被进食昆虫损害后使用多种防御策略

改编自 W.J.Lewis 未发表的演示文稿。Vic Kulihin 供图

　　叶片并不是植物在受到攻击时可以发出吸引有益生物信号的唯一部位。当玉米受到西方玉米根虫（western corn rootworm，一种主要害虫）的攻击时，有证据表明部分玉米品种的根系会释放出一种化学物质，这种化学物质会吸引一种线虫，这种线虫能感染和杀死根虫的幼虫。在美国玉米育种过程中，这种向有益线虫发出信号的能力显然已经丧失。然而，这种能力存在于野生亲缘和欧洲玉米品种中，因此可以重新导入美国玉米品种。

　　植物也具有保护其免受众多的病毒、真菌和细菌攻击的防御系统。无论植物是否接触到病原体，植物通常含有抑制病害发生的物质。此外，当植物体内的基因被根周围（根际）的各种化合物、生物、害虫或被叶上感染部位产生的信号激活时，就会产生抗菌物质，这种现象被称为"诱导抗性"。这种抗性使植物合成各种激素和蛋白质以增强植物的防御系统。此类抗性被称为系统性抗性，因为即使远离感染部位，整个植物也会对病害产生抗性。

　　植物有许多防御系统来保护它们免受疾病的侵害。根部周围土壤（根际区）中的有益细菌通过竞争或对抗提供了抵御土传疾病的第一道防线。如果病害生物体（比如立枯丝核菌这样的真菌会导致小麦、水稻、马铃薯、西红柿和甜菜等多种作物的幼苗发生根病）穿过根际并接触根部表面，那么生活在根部内的有益生物体就可以提供另一道防线——产生附着真菌的化学物质。

　　然后植物本身也可以产生帮助它抵抗攻击的化学物质。有两种主要类型的诱导抗性是响应微生物信号而诱导的：系统获得性抗性（SAR）和诱导性系统抗性（ISR）（图8.4）。当植物暴露于病原菌甚至一些不会致病的生物中时，就会产生SAR。一旦植物接触到这些生物，就会产生激素水杨酸和防御蛋白，保护植物免受各种病原菌的侵害。当植物根系暴露在特定的植物促生根际细菌（PGPR）中时，就会产生ISR。一旦植物暴露在这些有益细菌中，就会产生激素（茉莉酸和乙烯），以保护植物免受各种病虫害的侵害。一些有机改良剂已被证明能诱导植物抗性。因此，一些农民，其拥有有机质含量很高、生物活性强的土地，可能已经利用了诱导抗性，也利用了这些土壤控制病虫害的其他方式。然而，目前还没有可靠和经济有效的指标来确定土壤改良剂或土壤是否增强了植物的防御机制。还需要进行更多的研究，来使诱导抗性成为一种可靠的农场病虫害管理形式。虽然这种机制的工作方式与人体免疫系统的工作方式有很大不同，但其效果是相似的，一旦受刺激，这个系统为植物提供保护，使其免受各种病原体和昆虫的攻击。

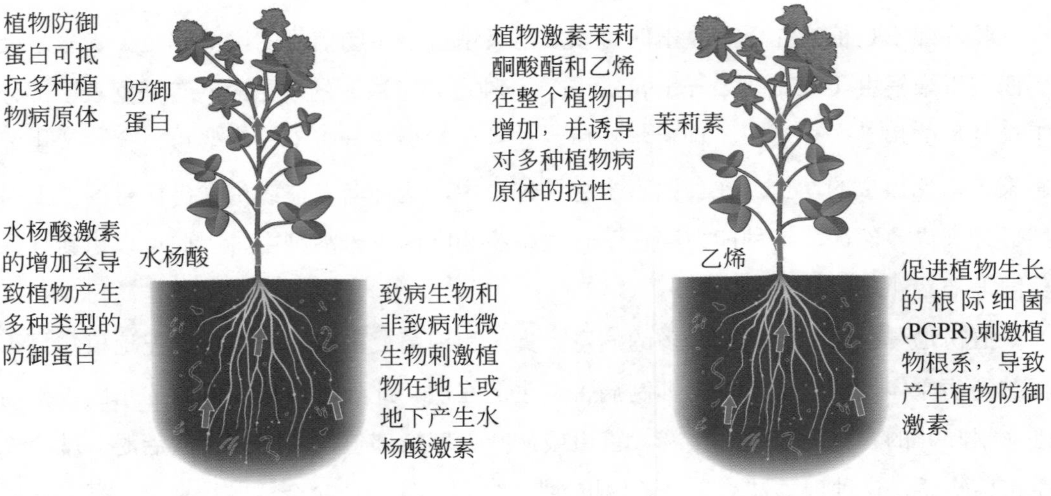

植物防御蛋白可抵抗多种植物病原体

防御蛋白

水杨酸激素的增加会导致植物产生多种类型的防御蛋白

水杨酸

致病生物和非致病性微生物刺激植物在地上或地下产生水杨酸激素

植物激素茉莉酮酸酯和乙烯在整个植物中增加，并诱导对多种植物病原体的抗性

茉莉素

乙烯

促进植物生长的根际细菌(PGPR)刺激植物根系，导致产生植物防御激素

a) 系统获得性抗性 (SAR)

b) 诱导性系统抗性 (ISR)

图8.4 植物病害诱导抗性的类型

由 Amanda Gervais 改编自 Vallad 和 Goodman（2004）。Vic Kulihin 供图

植物防御机制

面对由昆虫、线虫或真菌和细菌引起的病害的攻击，植物并不只是被动地接受。当植物受到生物的攻击或刺激时，基因被激活并引导生物体合成有如下功能的化学物质：

- 阻碍昆虫进食
- 吸引有益生物
- 产生可保护未受感染部位免受附近病原体影响的生物体结构
- 产生对致病细菌、真菌和病毒具有一定抵抗力的化学物质
- 根部的宿主生物抵御病原体

当植物健康生长时，它们能够更好地保护自己免受攻击，而且对病虫害的吸引力也会降低。在干旱、营养限制或土壤压实等一种或多种压力下，植物可能会"无意的"向病虫害发出等同于"快来吃掉我吧，我很虚弱"的信号。生长旺盛的植物，更高，根系更广泛，也是更好的杂草竞争者，因为它能够遮蔽杂草，或者只是为了水和养分而竞争。

本章和第三部分的其他章节中讨论的许多土壤管理措施有助于降低作物病虫害的严重性。具有良好生物多样性的土壤，可生长健康植物，可以对许多病虫害起到很强的防御作用（见"植物防御机制"阅读框）。生态土壤和植物管理对植物健康至关重要，因为它有助于抑制病虫害种群，并影响植物抵抗病虫害的能力，正如我们刚刚看到的那样。因此，构建最佳的土壤健康状况是农场管理农作物病虫害的基础，这应该是作物病虫害综合管理（IPM）计划的中心目标。

8.5　接种有益生物

我们在本书后面讨论的各种措施——使用覆盖作物、改进轮作、整合动物和牲畜、使用堆肥和其他有机物料、减少耕作、减少压实等等——都是为了改善土壤的生物、化学和物理健康。其中许多与人们在讨论"生物土壤管理"或"生物肥力管理"时所指的措施相同。遵循这些措施的结果应该是土壤富含生物且生物高度活跃。在这种土壤条件下，将有益生物施用于种子或移植时根系通常没有什么优势，但是，即使具有高生物多样性的活性生物，仍然建议用适当的固氮根瘤菌接种豆科植物种子。但人们对可能使用其他微生物的兴趣日益浓厚，这些微生物可能通过产生激素类化学物质来促进植物生长，帮助植物抵御疾病和昆虫，帮助植物更好地获取水分和养分，帮助植物度过胁迫，例如作为干旱和潮湿的条件。人们已经探索了多种促进生长的有益细菌和真菌物种，但还未形成一般性的使用建议。这些类型的接种剂在植物可能面临压力的情况下可能特别有用：在有机质含量低的土壤中，在趋于干燥和/或具有中等至高盐度的土壤中，以及在新用于耕作的田地或地块中，尤其是城市土壤中。在移栽蔬菜时，如果土壤当年没有种植覆盖作物，特别是如果种植的是芸薹属植物（它不会与菌根真菌形成关联），那么值得将蔬菜苗在含有菌根的溶液中泡一泡。

8.6　总结

生态无害的作物和土壤管理侧重于将主动管理和响应管理相结合，以防止可能限制植物生长的大多数因素，并在出现问题时及时解决。三个预防目标是种植具有增强防御能力的健康植物、抑制病虫害和增强有益生物。多种措施有助于实现这些总体目标，在本章中已讨论了增强地表生境和土壤生境的措施，这里面有一些重叠，因为覆盖作物、作物轮作和耕作对地表和地面以下土壤都有影响。在第三部分的以下章节中详细讨论了改善和维护土壤生境的各种措施。它们通过增加和维持土壤有机质、团聚作用、保水能力和生物多样性来促进土壤建设，保持土壤健康。

如图8.4所示，除了预防工作（主要在种植前和种植期间完成）外，还有在特定季节期间执行的常规管理措施。如果预防措施不足以应对作物的某些潜在胁迫作用，则可能需要采用补救或应对方法。然而，正如维持我们的健康一样，预防有助于我们更好地应对不可避免的健康挑战，因为我们不能总是在这些健康出问题后再进行治疗。

出于这个原因，本书的其余部分面向这种更全面的方法，这些生产实践有助于避免发生植物生长、品质受限，或影响环境问题。

参考文献

Borrero, C., J. Ordovs, M. I. Trillas and M. Aviles. 2006. Tomato Fusarium wilt suppressiveness. The relationship between the organic plant growth media and their microbial communities as characterised by Biolog. *Soil Biology & Biochemistry* 38: 1631-1637.

Dixon, R. 2001. Natural products and plant disease resistance. Nature. 411: 843-847.

Gurr, G. M., S. D. Wratten and M. A. Altieri, eds. 2004. *Ecological Engineering for Pest Management: Advances in Habitat Management for Arthropods.* Comstock Publishing Association, Cornell University Press: Ithaca, NY.

Magdoff, F. 2007. Ecological agriculture: Principles, practices, and constraints. *Renewable Agriculture and Food Systems* 22(2) : 109-117.

Magdoff, F. and R. Weil. 2004. Soil organic matter management strategies. *In Soil Organic Matter in Sustainable Agriculture*, ed. F. Magdoff and R.R. Weil, pp. 45-65. CRC Press: Boca Raton, FL.

Park, S-W., E. Kaimoyo, D. Kumar, S. Mosher and D. F. Klessig. 2007. Methyl salicylate is a critical mobile signal for plant systemic acquired resistance. *Science* 318: 313-318.

Rasmann, S., T. G. Kollner, J. Degenhardt, I. Hiltpold, S. Toepfer, U. Kuhlmann, J. Gershenzon and T. C. J. Turlings. 2005. Recruitment of entomopathic nematodes by insect damaged maize roots. *Nature* 434: 732-737.

Sullivan, P. 2004. Sustainable management of soil-borne plant diseases. ATTRA. http://www.attra.org/attra-pub/PDF/soilborne.pdf.

Tringe, S. 2019. A layered defense against plant pathogens. *Science* 366 (Nov. 1, 2019, Issue 6465) : 568-569.

Vallad, G. E. and R. M. Goodman. 2004. Systemic acquired resistance and induced systemic resistance in conventional agriculture. *Crop Science* 44: 1920-1934.

第九章　管理优质土壤：专注于有机质管理

——Jerry DeWitt 供图

有机质因腐烂、冲洗和淋溶从土壤中流失，而作物生产每年都需要大量有机质。维持土壤中活性有机质含量是个困难的问题，更不用说在许多贫瘠的土壤中增加活性有机质了。

——A. F. Gustafson[1]，1941 年

提高土壤质量，增强土壤作为植物根系和有益生物栖息地的能力，需要多年慎重的思考和行动。当然，有些事情也可以即刻完成，例如在今年秋天播种一种农作物，或者只是立下新年的决心不要在春天还没有准备好的土壤上耕作（然后坚持下去）。其

---

[1] 美国土壤学家。著有 *Conservation of the Soil*（1937）、*Soils And Soil Management*、*Conservation in the United States* 等一系列著作。——译者注

他的改变需要更多时间，例如在大幅度改变轮作作物之前，你需要仔细研究：新的作物将如何销售，必要的劳动力和机械是否可用？

为改善土壤健康所采取的一切措施都应有助于以下一个或多个方面：① 种植健康的植物；② 抑制病虫害；③ 增加有益生物。这些措施都将减少对环境的影响。有助于实现这些总体目标的土壤健康管理实践可分为以下几类：① 尽量减少土壤扰动；② 保持土壤覆盖；③ 最大限度地提高生物多样性；④ 管理水以减少径流并促进作物需求和及时的田间工作；⑤ 保持所需的pH值和养分范围，以供作物健康的生长，而不会造成过多的养分损失。

首先，建立和保持高水平土壤有机质的各种措施是从长远来看维持土壤可持续性的关键，因为每种措施都有多种积极影响，而且所有措施都与改善土壤和田间植物生长环境有关。其次，除了那些直接影响土壤有机质的措施之外，开发和保持最佳的土壤物理条件通常还需要其他类型的措施。最后，尽管好的有机质管理可以为植物提供良好的植物营养且对环境无害，但良好的营养管理涉及其他的措施。

9.1 有机质管理

良好的有机质管理是一个基本概念，因为它与可持续土壤管理的其他主要目标相关：保持土壤覆盖、最大限度地提高生物多样性、保持所需的 pH 值和作物养分范围、改善水分关系和最大限度地减少土壤干扰（以保持团聚和大型导水通道）。这些目标都在本书后面的章节中详细讨论。正如我们在第三章中所回顾的那样，黏粒和粉粒含量较高的土壤应该比砂粒含量较高的较粗的土壤含有更多的有机质。我们可以估计土壤有机质饱和的水平，土壤健康研究的最新进展正在为特定土壤中的有机质含量建立指导方针。但是，很难明确地指出为什么在单个领域中的有机质枯竭时会出现问题。然而，即使在20世纪初，农业科学家也宣称，"无论是什么原因造成的土壤退化，在需要补救措施这一点上是毫无争议的。医生可能不认同疾病发生的原因，但在需要用药的观点上是一致的。那就是轮作！使用谷场旁的残渣和种植绿肥！维持腐殖质！这些都是基本需求"（Hills、Jones和Cutler，1908）。一个世纪后，这些仍然是我们可以利用的一些主要修复措施。

我们对土壤有机质的看法似乎自相矛盾。一方面，我们希望有机质（作物残渣、死微生物和粪肥）分解。如果土壤有机质不分解，就不能为植物提供养分，也不能制造黏合团聚体颗粒的胶体，也不能产生腐殖质来吸附植物养分，因为养分会随水淋溶渗入到深土层。另一方面，当土壤有机质被分解至养分明显枯竭后，就会出现许多问题。这种希望有机质分解但又不想损失太多的两难困境意味着必须在土壤中持续地添加有机质。必须保持活性有机质的供应使土壤生物有足够的食物，并使腐殖质不断积累，即使是构成大部分"死透了的"有机物的腐殖质，也是分解者不断向更小分子转化过程的一部分，这并不意味着每年都必须向每一个农田添加有机质，当然如果作物根系和地上残体留在地里时，可以认为每年都或多或少地添加了有机质。然而，这就意味着一个农田如果想要不付出额外代价，就要投入大量有机残体。

用于有机质和土壤健康管理的覆盖作物

在一年中的大部分时间里，在田间尽量使用覆盖作物维持活体植物，这在许多方面可以促进土壤健康。虽然我们用了一整章来介绍覆盖作物（第十章），但重要的是在本章中认可它们对土壤健康的许多好处。活植物通过根系分泌物（渗出物）和脱落的细胞，以及通过互利关系为土壤生物提供食物，就像菌根真菌一样。它们有助于建立和维持土壤团聚体，有助于增加土壤有机质并减少侵蚀（这也减少有机质损失）。覆盖作物混合物可以提供各种有机残体，有助于实现向土壤添加不同质量的有机物质的目标。

您还记得耕地和打开木头炉子上的进风口类似吗？我们真正想要的是在土壤中缓慢而稳定地"燃烧"有机质。通过经常添加木材并确保进气口处于中等位置，您可以在柴火炉中获得这种（缓慢而稳定的燃烧）效果。在土壤中，通过定期添加有机残体，且减少干扰的频度和强度，有利于有机质缓慢而稳定地"燃烧"。

有机质管理包括四种通用策略。第一，更有效地利用作物残体，寻找新的残留物源添加到土壤中。新的残留物在当地可能有多种来源，包括农场上种植的作物，如覆盖作物；第二，尝试使用多种不同类型的材料，如作物残体、粪肥、堆肥、覆盖作物、树叶等，提供不同类型的残留物，有助于构建和维持多样化的土壤生物群落；第三，虽然使用农场外的有机物质可以很好地构建土壤有机质和增加养分，由于有机物质输入过多一些农民的田地养分过剩，作物残留物（包括覆盖作物）以及农场衍生的动物粪肥和堆肥有助于补充有机物质并提高养分循环，而不会积累过量养分；第四，实施能减少因有机质加速分解或土壤侵蚀而造成土壤有机质损失的措施。

所有有助于维持土壤有机质含量的措施要么是比过去添加更多的有机质，要么降低有机质的流失量。向土壤中添加足够有机质以平衡或高于有机质分解损失率的做法，也将增加有益生物的数量或抑制病虫害对植物的危害（表9.1）。能够在添加有机质的同时减少损失的措施可能特别有效。添加物可能来自田间带来的粪肥和堆肥、收获后的作物残留物和覆盖物，或覆盖作物。减少有机质损失的措施要么减慢分解速度，要么减少侵蚀量，这可以通过减少耕作实现。当减少耕作促进作物生长并且残留物返回土壤时，这通常可以提高水分渗透、储存水分且减少表面蒸发。

表9.1　不同管理方法对有机质、有益生物和抑制病虫害的影响

管理措施	收益增加	损失减少	增强有益生物（EB），抑制病虫害（SP）
外源物料的添加（肥料，堆肥，其他有机物质）	是	没有	EB，SP
更好地利用农作物残渣	是	没有	EB
将高残留作物纳入轮作	是	没有	EB，SP
轮作草皮作物（草/豆类饲料）	是	是	EB，SP
种植覆盖作物	是	是	EB，SP
降低保护性耕作种强度	是/否[①]	是	EB
使用保护措施减少侵蚀	是/否[①]	是	EB

① 措施可能会提高作物产量，并产生更多的残茬。

　　本书不可能针对所有情况给出具体的管理建议，因为作物的生长环境千差万别。可以考虑商品粮谷物经营与以牲畜为基础的农场或水果或蔬菜农场有何不同。以及美国玉米带的2000英亩农场与新英格兰（或印度或非洲）的两英亩农场有何不同。在第十章到第十六章中，我们将评估改善土壤环境的管理方案以及与其使用相关的问题。尽管这些措施对土壤有许多不同类型的影响，但大多数措施都改善了有机质管理。我们还将在第二十二章讨论城市土壤的特殊需求。

9.1.1　使用有机物质

　　作物残留量。考虑到大部分有机物质和养分通常随着作物收获而被带走，作物残留物通常是农民可获得的最大有机物质来源。收获后残留的作物残留量因作物而异（表9.2和表9.3）。大豆、土豆、生菜和玉米青贮饲料收割后几乎没有残留。另一方面，小粒谷物会留下更多的残留物，高粱和玉米收获后留下的残渣最多。每英亩的土地上有一吨或更多的作物残留物残存，听起来像是有大量有机质返还到土壤。然而，残留物被土壤生物分解后，仅有约10%～20%转化成稳定腐殖质。

　　收获后剩余根系量的范围较宽（表9.2）。除了收获季节结束时留下的根系外，还有大量脱落的根细胞以及生长期间根系的分泌物，这实际上会使植物对地下的有机质输入量再增加50%。增加土壤有机质最有效的方法是种植具有庞大根系的作物。与地

表9.2　对作物产生的根部残留物的估算量

作物	估计的根残留量/（磅/英亩）[①]
当地草原	15000 ～ 30000
意大利黑麦草	2600 ～ 4500
冬季谷物	1500 ～ 2600
红三叶草	2200 ～ 2600
春季谷物	1300 ～ 1800
玉米	3000 ～ 4000
黄豆	500 ～ 1000
棉花	500 ～ 900
土豆	300 ～ 600

① 1磅/英亩约等于1.1公斤/公顷。

注：源自Topp等（1995）和其他资料。

表9.3　作物地上残留物[①]

	作物	残留物量/（吨/英亩）
加利福尼亚州圣华金谷的作物残留物	玉米（谷物）	5
	西兰花	3
	棉花	2.5
	小麦（谷物）	2.5
	甜菜	2
	红花	1.5
	西红柿	1.5
	生菜	1
	玉米（青贮饲料）	0.5
	大蒜	0.5
	小麦（打捆后）	0.25
	洋葱	0.25
中西部和大平原常见农作物的残留物	玉米（180蒲式耳）	4.5
	高粱（100蒲式耳）	3.25
	小麦（50蒲式耳）	1.5
	大豆（50蒲式耳）	2.5

① 收获后留在地里的地上残留物量取决于作物的种类及其产量。上表包含在加利福尼亚高产、灌溉的圣华金山谷中发现的残留物量。这些残留物量高于大多数农场，但各种作物的相对量很有趣。

注：源自多篇文献。

表残留物相比，根系中的有机质分解较慢，对土壤有机质的稳定贡献更大；当然，也不需要与土壤混合即能达到深层分布。在免耕体系中，根系残渣及作物生长时根系分泌物比表面残渣更容易促进团聚体的形成和稳定。美国中西部许多土壤之所以如此肥沃，其中一个原因是数千年来，根系分布广且深的草原植物每年都为土壤供给大量的有机质（我们将这些深厚肥沃的土壤称为软土或黑钙土。）

部分农民移除小谷物秸秆等地表残留物用作动物垫料或制作堆肥。随后，这些残留物作为肥料或堆肥还田为土壤贡献肥力，有时农民也用作物残留物生产其他产品。越来越多的人将作物残留物用作生产生物燃料的原料。如果没能让足够的残留物返还给土壤，那对土壤健康将造成相当大的危害。

尽管美国及其他国家，在田间焚烧麦秆、稻草和其他作物残留物的现象越来越少，但仍不时发生。残留物焚烧有助于控制昆虫或病害，也使次年的田间工作因残留物较少而更容易进行。在特定地区，焚烧残留物的现象十分普遍以至于引起当地空气污染问题，就像在恒河和印度河流经的印度次大陆北部平原一样。农作物残渣在冬季被焚烧，此时大气中也有一个逆温层，可以捕获烟雾并产生更严重的烟雾。残留物焚烧也会减少返还给土壤的有机质的数量以及降低雨滴冲击土壤的保护力度。

有时对作物残留物和粪肥的大量需求会妨碍它们用于维护或建造土壤有机质。例如，秸秆可从粮田中移走而用于草莓地的覆盖物或作为动物的饲料或垫料。如果有机物长期用作其他用途，有时会导致严重的土壤肥力问题。在资源匮乏的发展中国家这是一个相当普遍的重要问题，在那里，当没有天然气、煤炭、石油和木材可用时，农作物残留物和粪肥也可用作烹饪或取暖的燃料。此外，稻草可用于制砖或用作茅草屋顶或制作栅栏。尽管资源贫乏地区的人们将残留物用于此类用途是完全可以理解的，但这些用途对土壤生产力的负面影响是巨大的。在发展中国家，提高农业生产力的一个重要途径是寻找可取代传统使用作物残留物和有机肥作为燃料和建筑材料的替代资源。

此外，改进的机械，即使稍作改进，也可以帮助缓解通过表面残留物进行种植和获得良好发芽所需的种子与土壤接触的问题。最近，已经开发出精密的插秧机和播种机，以确保即使在高残留田地中也能良好地播种。新的小型农场技术包括快乐播种机（Happy Seeder）——一种为印度小型拖拉机开发的免耕机，以及莫里森（Morrison）播种机——一种用于两轮拖拉机的单行条状分蘖/播种机。

使用残留物作为覆盖物。作物残留物或堆肥可以用作土壤表面的覆盖物。在一些保护性耕作系统中，种植残留物高的作物或收割后作为覆盖物留在土壤表面的情况普遍存在。在一些小规模的蔬菜和浆果种植中，覆盖是通过应用外源秸秆来完成的。在美国北方较寒冷地区通常会覆盖秸秆以防草莓在冬季冻害，在晚秋将秸秆覆盖上，然后在春天移到行间，在生长季节提供表面覆盖物。

作物残留物：燃料与土壤有机质

目前正在努力通过生物质的直接燃烧或将其转化为乙醇来更有效地将结构植物材料（纤维素）转化为燃料。在我们撰写本书时，只有少数纤维素乙醇工厂建成，其长期商业可行性仍不确定——但未来可能会发生变化。对土壤健康的危险之一是，如果将植物结构材料（而非谷物）转化为乙醇在商业上可行，则可能会倾向于使用

收获后一部分被清除的玉米秸秆用作生物燃料

作物残留物作为能源，从而剥夺土壤所需的有机投入。例如，大部分地上玉米残留物需要返回土壤以保持土壤质量。据估计，维持土壤的有利特性需要2到5吨玉米残渣。纽约的一项长期研究表明，至少对于特定的土壤，如果实行免耕，与仅收获谷物相比，适度去除玉米秸秆只会造成有限的额外土壤恶化。但是，在考虑将作物残留物作为常规措施时，我们必须非常谨慎。正如传奇的土壤科学家汉斯·珍妮（Hans Jenny）在1980年所说的那样，"我反对将生物质和有机废物不加选择地转化为燃料。大量的腐殖质资本值得维护，因为良好的土壤是国家资产。"这种担忧尤其存在于商品粮田，在这些粮田中，除谷物输出外还需要去除残留物，使用常规耕作方式，并且没有通过粪肥或堆肥返回有机物。这造成了非常负的碳平衡。虽然如果去除作物残留物，应该种植覆盖作物，但它们可能无法生长到足以弥补损失的残留物。弗吉尼亚理工大学推广研究估计，打包和储存玉米粒残留物以及更换残留物中的营养物质的成本，收支平衡成本，取决于产量和收获的残留物百分比，在每干吨49美元到69美元之间。这不包括残留物回收损失对土壤健康可能产生的任何不利影响。从长远来看，即使残留物输出具有经济意义，农民也需要支付远高于这些价格的报酬。

如果收获诸如柳枝稷等多年生作物以作为能源燃烧或转化为液体燃料，由于广泛的根系和缺乏耕作的贡献，至少土壤有机质可能会继续增加。另一方面，大量氮肥加上其他耗能投入会降低柳枝稷向液体燃料整个生命周期的转化效率，从而降低碳效益。

由于风能和太阳能的成本暴跌，以及电动汽车、卡车甚至农用拖拉机的发展，使用作物残留物作为能源的吸引力似乎正在下降。也许剩下的最好选择是在边缘土地上种植生物质作为能源，否则这些土地将不会用于作物生产。

覆盖有许多好处，包括：

● 由于水分能更好地渗入土壤且减少了土壤的水分蒸发，提高作物的可用水量（灌溉农业约有1/3的水损失来自土壤蒸发，这可以通过使用地面覆盖物来大幅度减少）。

● 控制杂草，因为覆盖物遮蔽了土壤表面

● 土壤温度变化较小

● 减少土壤溅到树叶、水果和蔬菜上的次数（使农产品看起来更干净，同时减少病害）

● 减少某些病虫害的侵扰（当土豆和番茄在覆盖系统中生长时，科罗拉多马铃薯甲虫的严重程度较低）

另一方面，寒冷气候条件下的残留物覆盖可以延迟春季土壤变暖，减少早期生长，在潮湿季节鼻涕虫的问题会变得严重。当要尽早收割轮作作物时，您可以考虑在前一年种植像大豆这样的低残留物作物。当然，使用塑料薄膜（透明和黑色）覆盖番茄和瓜类作物的原因之一是帮助土壤变暖。

干旱和半干旱地区的残茬管理。在干旱和半干旱地区，水分通常是作物产量最大的限制因素。例如，对半干旱地区的冬小麦来说，种植时有效水分往往预示着最终产量（图9.1）。因此，为了给作物提供更多的可用水分，我们希望采取有助于将更多的水储存在土壤中，并防止水分直接蒸发到大气中的措施。地里的残茬可以让更多的降雪留在田间，在春季显著增加有效土壤水分。（如向日葵茎秆以这种方式可以增加4到5英寸的土壤水分。）在生长季节，覆盖物有助于储存灌溉或降雨的水，并防止水分蒸发。

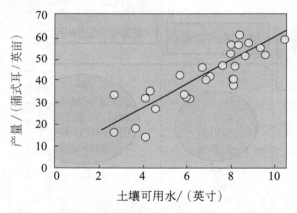

图9.1　小麦种植6年后冬小麦产量与土壤水分的关系
改编自Nielsen等（2002）

9.1.2　残留物特性对土壤的影响

分解速率和团聚效应。不同类型的作物残留物和有机肥具有不同的性质，因此对土壤有机质的影响也不同。含有低含量且较难降解的半纤维素、多酚和木质素的材料，如依然很绿的覆盖作物（尤其是豆科植物）或是大豆渣，降解就很快（图9.2），而且与此类物质含量高的残留物（例如玉米秸秆和小麦秸秆）相比，其对土壤有机质含量的效应持续时间更短。有机肥，尤其是含有大量垫料（高半纤维素、多酚和木质素）

的肥料，降解速度较慢，对土壤总有机质的影响比不含垫料的作物残渣和有机肥更持久。此外，因为奶牛和其他反刍动物的饲料中含有大量的在消化过程中不能完全分解的牧草，所以奶牛产生的粪肥对土壤的影响要比仅以高谷物含量和低纤维饲料喂养的非反刍动物（如鸡和猪）的长。堆肥对土壤活性有机质贡献很小，但可为土壤供给大量的腐殖质（图9.2）。

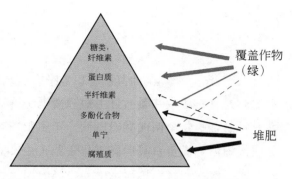

图9.2　不同类型的残留物对土壤有不同的影响
（粗线表示更多的物质，虚线表示非常小的百分比）。
改编自Oshins和Drinkwater（1999）

　　一般来说，含有大量纤维素和其他易分解物质的残留物对土壤团聚作用的影响比已经发生降解的堆肥更大。由于团聚体是由土壤生物分解有机质的副产物形成的，有机物质如有机肥、覆盖作物和稻草的添加通常比堆肥更能增强团聚作用。（然而，堆肥施用确实在许多方面改善了土壤，包括提高持水能力。）

　　尽管土壤中有足够的有机质很重要，但这还不够，还需要各种残留物来为不同生物种群提供食物，为植物提供养分，并提供促进团聚作用的材料。半纤维素和木质素含量低的残留物通常含有非常高的植物养分。另一方面，秸秆或锯末（含大量木质素）有助于积累有机质；但如果不同时添加速效的氮源，则会出现严重的氮缺失现象和土壤微生物种群的失衡（见下方C∶N的讨论）。此外，当氮含量不足时，添加到土壤中的有机物质最终转化为腐殖质的量较少。

　　有机物质的碳氮比和氮的有效性。残留物的碳与氮含量的比例影响养分的有效性和分解速率。这个比率通常被称为碳氮比，幼小植物的碳氮比为15∶1左右，对于农作物的老秸秆，碳氮比在50∶1到80∶1之间，对于锯末和木屑，碳氮比在100∶1以上。相比之下，土壤有机质的碳氮比一般在10∶1到12∶1之间（泥炭土更高），土壤微生物的碳氮比一般在7∶1左右。

地膜：方便但不利于土壤健康？

　　塑料在环境中的存在，无论是作为大塑料碎片还是微塑料碎片，都越来越受到关注。它在河流和海洋中更为显著，但在陆地上使用的塑料可能会对陆地环境造成破坏并转移到水生系统中。塑料可以通过多种来源进入土壤。它可能来自污水污泥、堆肥和控释肥料等废物材料的应用，也可能来自塑料覆盖物的使用。后者有利于暖土、除草、保苗，在高价值作物中尤为受欢迎。大多数覆盖物由聚乙烯制成，不可生物降解，而少数覆盖物由据称可生物降解但实际上仍会导致土壤塑料污染的氧化塑料制成。如果塑料覆盖物在使用后被收集起来，它可能会被焚烧（释放出有毒气体）或填埋。土壤中的微塑料颗粒对健康的影响仍然未知，但它们会影响土壤中的生物并进入食物链。因此，尽管塑料覆盖物方便并能帮助农民种植优质作物，但其长期可持续性可能是一个问题。有机覆盖物可能不太方便，但它们的优点是有助于建立土壤健康，同时避免这种污染问题。

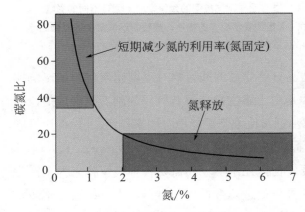

图9.3 氮的释放和固定随氮含量的变化而变化
根据Vigil和Kissel（1991）的数据

残留物的碳氮比实际上是观察氮百分比的另一种方法（图9.3）。高碳氮比残留物的氮含量很低，低碳氮比残留物的氮含量相对较高。通常作物残留物平均含碳量为40%，且在不同植物之间的变化不大。另一方面，氮含量随植物类型和生长阶段的不同变化很大。

如果您希望施用有机肥后作物能立即生长，必须确保植物对氮的有效利用。残留物中氮的有效性差异很大。一些残留物，如新鲜的、幼嫩的和绿色的植物，在土壤中迅速降解，在这个过程中，很容易释放出植物养分。这如同人类吃糖的效果，能量快速释放出来。年老的植物以及树木中木质部分中的一些物质，如木质素在土壤中分解很慢。上面提到的木屑和麦秆等材料含氮量少。腐熟堆肥的有机残留物在土壤中的分解也缓慢，因为它们大部分已经分解，故相当稳定。

碳氮比超过40∶1（表9.4）的成熟植物的秸秆和锯末会对植物生长造成短暂的问题，微生物分解含氮量1%（或更少）的材料时，需要外界输入氮源以供其生长和繁殖。它们从周围的土壤中吸收所需的氮，从而减少可供作物利用的硝酸盐和铵的数量。微生物因分解高碳氮比残留物而导致土壤硝酸盐和铵盐降低的过程称为氮的固定。

固定化程度不仅受碳氮比的影响，还受有机物质的结构和粒度的影响。例如，锯末具有高度的固定性问题，因为它是细粒度的，并且具有较高的微生物攻击表面积，而与大木片相同的材料分解更慢，导致氮固定性低得多（将木片掺入土壤中也可以提高保水性）。

当植物和微生物争夺稀缺的养分时，微生物通常会获胜，因为它们在土壤中分布得更广泛。植物根系仅接触土壤体积的1% ～ 2%，而微生物分布几乎遍布土壤。氮固

表9.4　所选有机物质的碳氮比

材料	C：N[①]值
土壤	10 ～ 12
家禽粪肥	10
三叶草和苜蓿（早期）	13
堆肥	15
牛粪（底层垫料）	17
苜蓿干草	20
黑麦	36
玉米秸秆	60
小麦，燕麦或黑麦秸秆	80
橡树叶	90
新鲜木屑	400
报纸	600

① 氮的比例始终设定为1。

定对植物氮养分吸收产生不利影响的持续时间取决于施用的残留物的数量、碳氮比和其他影响微生物的因素，如施肥方式、土壤温度和湿度条件。如果残留物的碳氮比在十几或二十以下，即残留物的含氮量大于2%，则土壤氮含量高于微生物分解有机物时的氮需求量。在这种情况下，植物很快就能获得额外的氮。绿肥作物和动物性有机肥属于这组类型，残留物的碳氮比在20：1 ～ 30：1，相当于含氮量约为1% ～ 2%，对短期固氮或释放影响不大。

您会在田地里施用污泥吗？ 理论上，在农业土地中使用被称为生物固体的污泥作为解决城市居民问题的方法是有意义的，因为城市居民远离种植他们食物的土地。然而，污泥农用也存在一些棘手的问题。到目前为止，最重要的问题是它们经常含有来自工业和家庭护理品产生的各种污染物。虽然在自然状态下土壤和植物中也存在含量较低的重金属元素，但在某些淤泥里浓度过高的重金属存在潜在危害。此外，污泥可能含有多种有机化学物质，有些与严重的人类健康问题有关，或与微塑料等惰性污染物有关。在污泥中共发现了大约350种污染物，在农地里，含有这些污染物的污泥对土壤、植物和人的影响大多不为人知。美国对污泥中有毒物质的标准比其他一些工业化国家要宽松得多，容许更高的潜在有毒金属承载量。因此，尽管允许使用大量的污泥，但在将其应用于我们的土地之前，应仔细检查污泥有害物质的含量。（如果您从其他农场获得新的粪肥来源，这也是一个很好的做法。）

另一个问题是，不同过程产生的污泥性质不同。大多数污泥的pH在中性附近，如同向土壤中添加大量氮肥会造成酸化一样，大量添加污泥也会让土壤产生一定程度的酸化。由于酸性条件下许多有害金属更易溶解，应监测消纳污泥土壤的酸碱度，并使之保持在6.8或以上。另一方面，添加石灰（氢氧化钙和磨碎的石灰石一起使用）到污泥中，可以提高酸碱度并杀死病原菌。在被"石灰处理"的污泥中，相对于钾镁含量，其钙含量相当高。这种类型的污泥应首选作为石灰源使用，并仔细监测土壤中的镁和钾含量，以确保与高添加钙含量相比，有合理的镁和钾的含量。

在种植农田作物中的土地上施用"干净"的污泥（那些低含量重金属和有机污染物的污泥）无疑是一种可接受的措施。在种植直接供人类食用作物的土壤中，不应施用污泥，除非可以证明，除了低水平的潜在有毒物质外，没有对人类有害的生物体。

有机物质的使用量。添加到土壤中的残茬量通常由耕作制度决定。作物残留物可以留在地表，也可以通过耕翻或在免耕条件下被蚯蚓和其他生物以生物学方式与土壤混合。不同的作物、不同的轮作或收割方式下残留物数量不同。例如，在玉米收割时，根据其产量，每英亩田地上有3吨及以上的叶、茎和穗轴残留物。如果把整株植物收割成青贮饲料，除了根系以外，在田间剩下的就很少了。

当外源性有机物进入田间时，要确定其数量和施用时间。一般来说，残留物的施用量将基于它们对植物氮素需求量的潜在贡献。我们不想施用太多的有效氮，因为它会被浪费掉。过量施用有机物质产生的硝酸盐与合成肥料的硝酸盐一样容易淋溶到地下水。此外，植物体内过量的硝酸盐会导致人类和动物的健康问题。

有时，磷素的肥力贡献是控制有机物质施用率的主要限制因素。过量的磷进入湖泊会导致藻类和其他水生杂草的快速生长，从而降低饮用水和生活用水的水质。在发生这种情况的地方，农民必须小心避免在土壤中施用过多含磷素的商业肥料或有机肥。

促进土壤水分渗透和保水能力的措施

采取促进土壤水下渗的措施会减少径流和侵蚀。这也意味着根区将有更多的储水孔补充供植物使用。一年中更多地渗入土壤也会导致更多的地下水补给。内布拉斯加大学的研究人员查看了来自世界各地的89项研究，以便找出哪些做法对降雨渗入土壤的贡献最大。种植多年生植物（如草/豆科植物干草）和使用覆盖作物是影响最大的两种方式。令人惊讶的是，免耕虽然有时会增加渗透，但并未始终如一。然而，当与地表残留物和覆盖作物结合使用时，免耕确实增加了降雨入渗。

土壤改良实践与其精心实施相结合，不仅有助于创造更好的水渗透，而且有助于创造总体健康的土壤。

残留物和粪肥积累的影响。当有机质添加到土壤中时，一开始的分解速率会相对较快。随后，当只剩下难降解部分（例如木质素含量高的秸秆）时，分解速率大大降低。这意味着，尽管在土壤中添加残留物后，每年的养分有效性都会降低。但从长期来看，添加有机肥仍有益处，这可以用"衰减系"（decay series）来表示。例如，粪肥中占比50%、15%、5%和2%的氮肥可以在添加到土壤后的第一年、第二年、第三年和第四年释放。换言之，在一个长期耕种的田地里，作物可以从过去几年施用的肥料中获得一些氮源。因此，如果你开始对一块农田施粪肥，第一年所需的粪肥比第二年、第三年和第四年所需的要多一些，以向作物提供相同总量的氮供应（因为过去几年的应用仍然会有一些残留的氮）。几年后，您可能只需要第一年使用量的一半即可供应所需的所有氮。然而，那些试图积累大量有机质的农民实际上导致了土壤中的养分过剩，从而对作物质量和环境产生潜在的负面影响，这并不罕见。他们每年使用同一个标准量，而不是随着时间逐渐减少农场外源投入量。这会导致硝酸盐和磷过量，降低植物健康状况，污染地下水，引起潜在的地表水污染问题。

9.1.3　不同类型农场的有机质管理

农场类型

动物养殖场。以动物养殖场为基础的农场。在以动物为基础的农业系统中，可以更易保持土壤有机质含量。当给它们喂食在同一个农场种植的饲料时，这是循环碳和养分的绝佳方式。在过去的几年里，农民巧妙地将牲畜和作物结合起来，土地生产力得到了显著的提高。在许多情况下，我们看到了一种自我增强的生产力增长——与我们在第一章中讨论的螺旋式下降形成对比的螺旋式上升——其中① 动物粪肥刺激土壤健康；②更高的作物生产力增加了具有更多残留物的生物量生产（图9.4）和饲料；③ 每英亩

图9.4　在华盛顿的一个农牧综合农场收获后立即施用浆料（左）和随后施用浆料（右）的高水平玉米残留物

土壤健康促进作物生长，从而提高产量并产生更多的残留物和肥料，使土壤受益。Bill Wavrin 供图

可以饲养更多的动物，产生更多的粪肥以促进土壤健康等。

粪肥是宝贵的动物副产品。动物可以取食以牧草和豆类作物为原料的牧草、干草和青贮饲料（在密闭条件下储存干草进行发酵）。当多年生牧草有经济价值时，就更容易证明种植并将其作为轮作的一部分是合理的。作物有利可图的情况下，将多年生饲料作物纳入轮作体系更为容易。没有动物的农场也可以通过种养结合的方式增加土壤肥力。例如，农民可以种植干草出售给邻居，并从邻居的农场购买一些动物粪肥。有时，奶农和蔬菜种植者之间可以协议约定在作物轮作和粪肥施用方面进行合作。当奶农购入补充饲料谷物并且存在有机物和养分过多的问题时，这可能特别合适。（参见第十二章关于综合畜牧农场和粪肥特性和使用的讨论，以及该章之后的农场概况。）

无牲畜农场

在无牲畜农场上维持或增加土壤有机质更具挑战性，但并非不可能。它需要额外的努力，因为通过粪肥进行的碳和养分循环较少，但可以通过减少耕作、密集使用覆盖作物、间作、活覆盖物，包括收获后残留大量作物的轮作以及注意其他侵蚀控制措施来实现。有机残留物，如树叶或干净的污水污泥，有时可以从附近的城镇获得。用作覆盖物的秸秆或草屑通过耕作或土壤生物活动带入土壤中，可增加土壤有机物。一些蔬菜种植户使用"割草和通风"系统（"mow-and-blow" system）将作物条播，为的是将其切碎，并将残留物撒在相邻的条带上。当使用非农业有机物如堆肥和粪肥时，应该定期检测土壤，以确保其不存在养分过剩的情况。

保持小花园中的有机质

家庭园丁可通过多种方法保持土壤有机质。其中一个最简单的方法是在生长季节使用修剪的草坪草作为覆盖物。然后，覆盖物可以被掺入土壤或留在地表分解，直到来年春天。秋天的时候可以把树叶耙起来铺在花园里。覆盖作物亦可以在小花园里使用。当然，也可以购买粪肥、堆肥或覆盖稻草。

越来越多的小规模职业种植者没有足够土地来轮作草生作物。他们也可能在晚秋之时在地里种植主要经济作物，这使得覆盖作物的应用成为一种挑战。一种解决方案是在种植季最后一茬作物成熟后通过交播（冬季补播）种植覆盖作物；另一种有机物来源——被修剪下的草——与种植区的需求相比，可能供不应求，但仍然有用。也可能从附近的城镇收集树叶。这些材料既可以直接施入土壤，也可以先堆肥。与家庭园丁一样，职业种植者可以购买粪肥、堆肥和秸秆覆盖物。

9.2　保持土壤生物多样性

多样性的作用对于维持良好运转和稳定的农业至关重要。在许多不同类型的生物体以相对相似的数量共存的地方，疾病、昆虫和线虫问题通常较少。对食物的竞争越来越激烈，多种捕食者共存的可能性也越来越大。这使得单一病虫害生物体更难以达到足以导致作物产量大幅下降的种群数量。不要忘记，土壤表面以下的多样性与地上的多样性一样重要。通过使用覆盖作物、间作和轮作，我们可以促进土地上植物物种的多样性以及土壤中的生物多样性。添加肥料和堆肥、尽量减少土壤干扰并确保作物残留物返回土壤对于促进土壤生物多样性也至关重要。

9.3　有机质管理之外的措施

尽管正如我们在本章开头所讨论的那样，加强土壤有机质管理实践对帮助土壤健康的各个方面大有帮助，但还需要其他措施来维持一个优化的物理和化学环境。当根部可以积极扩大其吸收区域，获得所需的所有氧气和水，并保持生物体的健康组合时，植物就会茁壮成长。虽然土壤的物理环境受到有机质的强烈影响，但从耕作到播种、培育到收获的措施和机械设备也对其有很大的影响。如果土壤太湿，无论是内部排水不良还是水分过多，都需要采取一些补救措施来获得高产健康的作物。此外，无论是风蚀还是水蚀，需要尽可能降低环境危害。当土壤表面裸露且无足够的大中型水稳定团聚体时，最有可能发生侵蚀。土壤物理性质管理的措施将在第十四章至第十七章中进行讨论。

许多建立和保持土壤有机质的措施使土壤富含养分，或使以满足作物需求和环境无害的方式管理养分变得更容易。例如，豆类覆盖作物增加了土壤中活性有机质，减少了侵蚀并为下一茬作物提供氮素。覆盖作物和深根轮作作物有助于硝酸盐、钾、钙和镁的养分循环，否则过量养分会被淋溶到作物根系以下而损失掉。农场使用覆盖物或粪肥也会增加有机物的养分；然而，具体养分管理措施的制定，例如在施用额外养分源之前，需检测粪肥并明确其养分组成。

一些养分管理措施与有机质管理没有直接关系，例如：根据植物需求定时施用养分、酸性土壤施用石灰、分析土壤检测结果以确定适当的养分用量（见第十八至二十一章）。制定农场养分管理计划和建立河流流域伙伴关系，既能改善土壤，又能保护当地环境。正如上面所讨论的那样，从农场运来大量有机物，如粪肥或堆肥，年复一年地被施用到同一块农田中可能使土壤中养分过剩。

此外，在考虑将"牧碳"（努力增加土壤有机质水平和碳储存）作为降低大气二氧化碳浓度的一种方式时，需要考虑土壤的现有碳状况。如果常规施用大量有机物质并且土壤已经接近其碳饱和点（例如，一些集中的牲畜养殖场或施用大量堆肥的有机蔬菜农场），则储存额外碳的潜力很低。这意味着当额外的有机物质被施加到土壤中时，几乎不会被储存，而更多的将作为二氧化碳流失到大气中。相反，由于过去的集约化管理而没有补充有机质（如典型的商品粮农场），碳农业对于碳含量低的土壤会更有效。它们通常远低于其存储有机质的最大容量，因此将更有效地存储应用的碳。

9.4 总结

改良土壤有机质管理是培育健康土壤的核心——营造适合最佳根系发育和健康的地下生境。这意味着每年要添加足够数量的有机质，包括各种有机物、作物残渣、粪肥、堆肥、树叶等，同时防止土壤养分过剩；同时，还意味着需要减少因过度耕作或侵蚀而造成的土壤有机质损失。但我们不仅对土壤中有机质的数量感兴趣，还需要考虑其质量，因为土壤中有机质含量短期内不会有大幅度波动。只有更好的农田管理才能提供更多的活性（微粒或"死的"）有机质，这些有机质为复杂的土壤生命网络提供能量，有助于形成土壤团聚体，并通过刺激化学物质和减少植物病虫害压力来促进植物生长。基于各种原因，在以动物为基础的农牧系统中建立和维持更高水平的有机质会比那些只种植农作物的农业系统更容易。然而，在任何一种耕作制度中，都存在改进并提高有机质管理的解决方案。

参考文献

Barber, S. A. 1998. Chemistry of soil-nutrient interactions and future agricultural sustainability. *In Future Prospects for Soil Chemistry*, ed. P. M. Huang, D. L. Sparks, and S. A. Boyd. SSSA Special Publication No. 55. Soil Science Society of America: Madison, WI.

Basche, A. and M. DeLonge. 2019. Comparing infiltration rates in soils managed with conventional and alternative farming methods: a meta-analysis. PLOS/ONE https://journals.plos.org/ plosone/ article?id=10.1371/journal.pone.0215702.

Battaglia, M., G. Groover and W. Thomason. 2018. Harvesting and nutrient replacement costs associated with corn stover removal in Virginia, CSES-229, Virginia Cooperative Extension, Virginia Tech University. Accessed October 31, 2019, at https://www.pubs.ext.vt.edu/content/dam/pubs_ext_vt_edu/CSES/cses- 229/ CSES-229.pdf.

Brady, N. C. and R. R. Weil. 2008. *The Nature and Properties of Soils,* 14th ed. Prentice Hall: Upper Saddle River, NJ.

Cavigelli, M. A., S. R. Deming, L. K. Probyn and R. R. Harwood, eds. 1998. *Michigan Field Crop Ecology: Managing Biological Processes for Productivity and Environmental Quality.* Extension Bulletin E-2646. Michigan State University: East Lansing, MI.

Cooperband, L. 2002. *Building Soil Organic Matter with Organic Amendments.* University of Wisconsin, Center for Integrated Systems: Madison, WI.

Gionfra, S. 2018. Plastic pollution in soil. Interactive soil quality assessment paper. www.isqaper-is.eu.

Hills, J. L., C. H. Jones and C. Cutler. 1908. Soil deterioration and soil humus. *Vermont Agricultural Experiment Station Bulletin* 135: 142-177. University of Vermont, College of Agriculture: Burlington, VT.

Jenny, H. 1980. Alcohol or humus? *Science* 209: 444.

Johnson, J. M-F., R. R. Allmaras and D. C. Reicosky. 2006. Estimating source carbon from crop residues, roots and rhizo deposits using the National Grain-Yield Database. *Agronomy Journal* 98: 622-636.

Lehmann, J. and Kleber, M.(2015). The contentious nature of soil organic matter. *Nature* 528, 60-68. doi: 10.1038/nature16069.

Mitchell, J., T. Hartz, S. Pettygrove, D. Munk, D. May, F. Menezes, J. Diener and T. O'Neill. 1999. Organic matter recycling varies with crops grown. *California Agriculture* 53(4): 37-40.

Moebius, B. N., H. M. van Es, J. O. Idowu, R. R. Schindelbeck, D. J. Clune, D. W. Wolfe, G. S. Abawi, J. E. Thies, B.K. Gugino and R. Lucey. 2008. Long-term removal of maize residue for bioenergy: Will it affect soil quality? *Soil Science Society of America Journal* 72: 960-969.

Nielsen, D. C., M. F. Vigil, R. L. Anderson, R. A. Bowman, J. G. Benjamin and A. D. Halvorson. 2002. Cropping system influence on planting water content and yield of winter wheat. *Agronomy Journal* 94: 962-967.

Oshins, C. and L. Drinkwater. 1999. *An Introduction to Soil Health*. A slide set previously available from Northeast SARE.

Six J., R. T. Conant, E. A. Paul and K. Paustian. 2002. Stabilization mechanisms of soil organic matter: Implications for C-saturation of soils. *Plant and Soil* 241: 155-176.

Topp, G. C., K. C. Wires, D. A. Angers, M. R. Carter, J. L. B. Culley, D. A. Holmstrom, B. D. Kay, G. P. Lafond, D. R. Langille, R. A. McBride, G. T. Patterson, E. Perfect, V. Rasiah, A. V. Rodd, and K. T. Webb. 1995. Changes in soil structure. *In The Health of Our Soils: Toward Sustainable Agriculture in Canada*, ed. D.F. Acton and L.J. Gregorich. Center for Land and Biological Resources Research, Research Branch, Agriculture and Agri-Food Canada. https://archive.org/details/healthofoursoils00greg.

Vigil, M. F. and D. E. Kissel. 1991. Equations for estimating the amount of nitrogen mineralized from crop residues. *Soil Science Society of America Journal* 55: 757-761.

Waksman, S. A. 1936. *Humus. Origin, Chemical Composition and Importance Nature*. Williams and Wilkins: New York, NY.

Wilhelm, W. W., J. M. F. Johnson, D. L. Karlen and D. T. Lightle. 2007. Corn stover to sustain soil organic carbon further constrains biomass supply. *Agronomy Journal* 99: 1665-1667.

案例研究

Bob Muth

新泽西州格洛斯特县

　　鲍勃·穆特（Bob Muth）和他的妻子Leda在费城郊外住宅区的118英亩土地上种植了各式蔬菜、小水果、花和干草以及少量小谷物，通过位于新泽西州科林斯伍德的农贸市场以及他们家的农场摊位出售给批发商。

　　穆特的行动是基于他对健康土壤培育的热情。22年前他开始接管家庭农场，土地是租的，后来自己也另外买了一块地。他给家庭农场铺上了地方政府免费提供的厚厚覆盖物。覆盖物是他早期设计轮作计划的一部分，他一直坚持着这个计划：每年只用五分之一的耕地种植经济作物，余下的土地用于种植覆盖作物。他说："当我开始种植覆盖作物以及进行轮作时，我的（农场主）邻居们认为我疯了。当时流行的想法是你必须尽可能集约化地耕种这么大面积的土地。"

　　穆特的轮作方式为：第一年种植高价值经济作物，第二年铺上枯树叶的覆盖物，再用两到三年覆盖作物——主要是黑麦和苏丹草（sudex）——然后将黑麦和野豌豆混合作为在夏末或秋季播种的覆盖作物然后再种植高价值作物。在这种轮作之后，他的沙质土壤的质量得到了改善。他说："通过这一策略，所有的指标都在好转，如CEC高、有机质和养分含量高，有足够的氮，无需大量投入就能种出好庄稼。"

　　穆特每年都对土壤进行检测，并仔细比较数据的变化。他说："我喜欢用硬数字来支持我在实地观察到的情况，并随着时间的推移做出正确决定。"他极为关注细节，几次轮作循环之后，减少了枯树叶的覆盖物厚度，让有机质保持在3.5%到5%的最佳范围内。他指出"高于这个数值，我认为会有养分淋溶的风险。"

　　穆特喜欢使用滴灌来减少植物受到的胁迫和病害风险，提高用水效率。他说："缺水是我家庭农场最大的问题，在那里我有一口井，每分钟只能泵40加仑，第二口每分钟只抽20～22加仑。"并指出它最初每分钟抽水100多加仑。农场周围住宅开发显著降低了本地的地下水位。"你必须创造性地把你的田地分成几个区域，才能让水物尽其用。"在干旱时期，这可能意味着在60天的时间里全天候运行水井，一次给一个部分浇水四个小时，直到下一场大雨。

　　穆特依靠一系列的病虫害综合管理（IPM）技术来控制病虫害。他每天巡查自己的田地，并记录下他在每个种植周期中的观察结果。他建议说："投资于诱捕圈套是值得的，因为像白蝇、蜘蛛螨和蓟马这样的害虫既咬人又最难发觉，有了这样一个诱捕圈后这类害虫可以很轻易地被发现"。他经常在高价值作物田块周围的田埂上种植害虫诱饵作物，让他能够监测病虫害种群，并确定喷药的时间和用量。例如，他建议使用红羽衣甘蓝或日本芜菁作为诱饵作物，以防止牧草盲椿危害皱叶甘蓝和其他芸薹属植物。

他说："你必须弄清楚（病虫害）在其生命周期中需要什么，然后扰乱它们。"经过几年的观察，"您可以意识到是否有一种农作物尚未制定出良好的控制策略。"

穆特喜欢利用田埂的开花植物为有益昆虫种群提供栖息地。他发现套种覆盖作物，例如毛苕子和荞麦混播，可以显著延长开花时间，从而培育出多代有益昆虫。

在他种植浆果和花朵的设施温室里，他通过释放捕食性螨来控制蚜虫和蜘蛛螨。他选择了一种特殊的薄膜来覆盖设施温室，以增强光的扩散，减少天花板和桁条上冷凝雨滴，并防止室内过热，确保优越的整体生长环境。

"你可以做很多事情来帮助自己，"他说，他已经学会等待，在黑麦-毛苕子覆盖层完全分解和土壤变暖后再种植作物以防止早期的腐霉病。他还通过在高反射性金属塑料覆盖物上种植农作物，在这种覆盖物下，土壤温度要低于其他颜色的塑料覆盖物，从而可控制喜欢炎热和潮湿环境、季节后期的腐霉病。反光覆盖物也被证明对他最近的蓟马暴发很有用。穆特在黑色薄膜上种植了他的第一批番茄作物，因为5月初土壤太冷，无法将它们种植在金属覆盖物上，这会阻碍它们的生长，并且它们被蓟马损坏。

总的来说，穆特建议"分类"不同的控制措施，如改善土壤质量、在覆盖作物开花时放置养虫室、使用智能喷雾剂，对病虫害管理策略随着时间而逐步调整，而不是遵守严格的喷洒时间表。

有时虫害问题是无法避免的。最近，在他高隧道温室里生长的早期番茄作物爬满了蓟马，他被迫降价出售，但如果没有他多样化的轮作和交错种植，他说结果可能会更糟。"如果你在一次种植中拥有所有东西，但遭到那样的打击，你将不得不依赖你的积蓄，"他说。"通过少量种植、多样化和惊人的作物，这样分散了你的风险，这样你不会在一段时间内完全依赖一种作物。"

穆特决定"实施一个良好的土壤建设计划"和综合虫害管理计划（IPM），使他的土地能够顺利过渡到生产有机认证产品。他在2001年实现了这一目标。他回忆说，他找到了一份情况说明书，其中包含认证机构推荐的十几种措施，用于过渡到有机生产并意识到他正在做大部分事情。

"当我开始进入有机食品时，人们告诉我，'鲍勃，你最好小心点，否则你的产品到处是虫子，满是病害，人们不会想要。'但我没有在意这些，"他说，"我没有不知所措。一般来说，我农场的病虫害问题只是个小小的烦恼。"

在成功和客户需求的鼓舞下，穆特运用自己的专业知识来研究如何进行有机种植比较"有难度"的作物。例如，当区域专家说不可能在新泽西州种植有机超级甜玉米时，他忍不住要挑战一下。他说："我们决定在温室里种植我们的玉米试管苗，"他说，"罗格斯大学的人认为这是革命性的。"他在10天或11天后将试管苗移植到塑料薄膜下（以防止玉米苗在试管里受束缚，叶子长度受限），整行保持覆盖，直到它们长到12到18英寸。穆特说，这种策略有效地抑制了玉米棉铃虫和玉米螟。"你可以早点种植玉米，仔细观察有叶斑时，使用经批准的喷雾剂进行有机管理。在7月份能有三周时间生产绝对清洁、品质卓越的有机玉米。"他的客户很兴奋，愿意为他的发现支付高价。

随着越来越多新技术的出现，消费者对购买本地有机食品越来越感兴趣，穆特说，这是"一个令农业从事者兴奋的时刻。如果你有知识，就可以耕种一小块土地，过上好生活。"

他说："我希望我再回到21岁，因为我会再做一次，管理农场让我备感开心而有成就感。"

第十章　覆盖作物

——Tim McCabe 供图

　　在无肥料可用的地方，我认为种植羽扇豆是最容易和最好的肥料替代品。如果在九月中旬将它们播种在贫瘠的土壤里，然后翻耕到土里将是最好的肥料。

——Columella[1]，罗马，1世纪

　　自古以来，覆盖作物就被用来改良土壤和增加后续作物的产量。中国的一些资料表明，绿肥种植的历史可能超过3000年，古希腊和古罗马也普遍使用绿肥。如今，人

---

[1] 科鲁梅拉（Lucius Junius Moderatus Columella）生于1世纪，罗马士兵和农民，他在农业领域广泛撰写文章，以期唤起人们对农业的热爱和简单的生活，他撰写的《农业论》（De Re Rustica）是罗马农业著作中最全面、最系统、最详尽的一部。此外著有《毁坏的乡村》（共十二本）和《早期树木》等。——译者注

们重新对覆盖作物产生了兴趣，它们正成为许多农民种植体系中的重要组成部分。

覆盖作物通常具有多个目标。一个重要的目标是在一年中原本光秃秃的时期用活植被保护和改善土壤，最大限度地减少径流和水土流失，用绿叶拦截降水并减少其影响，并与活的根系一起附着在土壤上。覆盖作物还有许多其他好处：利用太阳能和大气中的二氧化碳，它们通过根和表面残留物增加土壤有机质；防止硝酸盐浸出；增加土壤氮的含量（尤其是豆类）；打破土壤板结；为有益生物提供栖息地；并促进后续作物的菌根真菌存在。

覆盖作物的地上部分通常会被收割或在成熟前被翻压到土壤中（这是"绿肥"一词的由来）。通常一年生覆盖作物的残留物木质素含量低，氮含量高，因此它们在土壤中可迅速分解。

10.1 覆盖作物的好处

覆盖作物为土壤健康和后续作物提供多种潜在益处，同时还有助于保持更清洁的地表水和地下水（图10.1）。它们防止侵蚀，改善土壤物理和生物特性，为后续作物提供养分，抑制杂草，一些覆盖作物能够打破压实的土层，使下一个作物的根更易充分发育。覆盖作物的实际收益取决于物种和生产力，这在同一出版商 SARE 的一本配套书中进行了更全面的讨论，标题为：以盈利方式管理覆盖作物（Managing Cover Crops Profitably）（www.sare.org/mccp）。

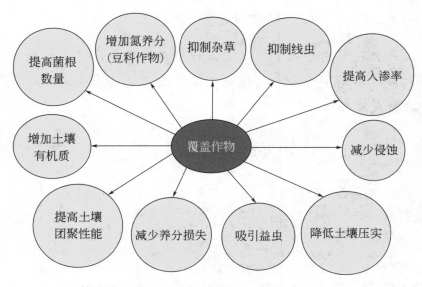

图10.1 覆盖作物以多种方式促进土壤健康

10.1.1 有机质

草类覆盖作物比豆类更容易增加土壤有机质。提供给土壤的表层残留物和根越多，对土壤有机质的影响就越好。在这方面，我们通常不充分了解它们的生根系统，除非我们将它们挖掘出来，因为一些覆盖作物在地下生长的生物量与地上相同或更多，从而直接使土壤受益。

如果允许生长足够长的时间，毛苕子或绛三叶覆盖作物的干物质产量范围是每英亩1.5 ～ 4吨以上；同样，如果像谷类黑麦这样的生长旺盛的草本作物生长到成熟，成熟后，残留物数量可达3 ～ 5吨。然而，提前杀青的覆盖作物产生的残留量可能非常有限，每英亩只有半吨干物质。虽然小型覆盖作物植物会添加了一些活性有机物质，但如果根系没有足够的生长发育，以及残留物不够多，无法提高土壤有机质。

在加利福尼亚州进行的一项为期五年的三叶草试验表明，覆盖作物使表层土2英寸的有机质含量从1.3%增加到2.6%，2 ～ 6英寸的有机质含量从1%增加到1.2%。研究人员发现，将许多实验的结果放在一起分析时，包括覆盖作物在内的有机质比原始水平增加了8.5%，土壤氮素增加了12.8%。覆盖作物生长的时间越长，使用的耕作次数越少，土壤有机质的增加就越大。换句话说，减少耕作和覆盖作物的有益效果可以叠加，并且结合起来使用比单独使用它们具有更大的好处。低矮覆盖作物，例如在春天未能给予充分生长就被杀青的谷类黑麦，不会产生大量有机物质，可能不足以抵消某些管理措施（如集约耕作）对有机质的消耗，但即使它们不会显著增加有机质水平，覆盖作物也有助于防止侵蚀并至少添加一些土壤生物容易利用的残留物。

10.1.2 有益生物

覆盖作物有助于在主要作物之间维持大量菌根真菌，从而在种植季节之间提供生物桥梁。真菌还与几乎所有覆盖作物（芸薹除外）相关，这有助于维持或改善下一茬作物的接种。（如第四章所述，菌根真菌以多种方式帮助促进许多农作物的健康，并改善土壤团聚性。）

覆盖作物的花粉和花蜜是捕食性螨虫和寄生蜂的重要食物来源，这两者对于害虫的生物控制都很重要。覆盖作物还为蜘蛛提供了良好的栖息地，这些昆虫饲养者有助于减少害虫数量。东南部覆盖作物的使用降低了蓟马、棉铃虫、卷叶蛾、蚜虫、草地贪夜蛾、甜菜夜蛾和白蝇的发病率。

蚯蚓种群可能会随着覆盖作物显著增加，特别是如果与免耕相结合。破坏性耕作会伤害蚯蚓种群并破坏它们到达地表的挖洞通道以及来自旧根的挖洞通道，从而减少强降雨期间的渗透。

10.2 覆盖作物类型

许多植物物种可用作覆盖作物。使用最广泛的是豆类和草类（包括谷类），但人们对芸薹属植物（如油菜籽、芥菜和油籽萝卜，也称为草料萝卜）的兴趣越来越大，并继续对夏季覆盖作物感兴趣，包括荞麦、小米和夏季豆类，如豇豆和印度麻。一些重要的覆盖作物将在下面讨论。

10.2.1 豆类

豆科作物通常是很好的覆盖作物，夏季一年生豆科植物，通常只在夏季生长，包括大豆、豇豆和印度麻。冬季一年生豆科植物通常在秋季种植并可以越冬，包括冬豌豆（如奥地利）、绛三叶、毛紫云英、巴兰萨三叶草和地下三叶草。有些种类如红三叶和豌豆，只能在轻微霜冻的地区越冬。埃及三叶草只能在耐寒8区❶越冬，毛苕子则能忍受相当恶劣的冬季天气。两年生和多年生植物有红三叶、白三叶、甜三叶和苜蓿，冬季一年生作物有时可以在夏季凉爽且较短的地区作为夏季一年生植物种植。此外，容易被冻伤的夏季一年生植物，可以在美国南部作为冬季一年生植物种植。

覆盖作物的用途

许多类型的植物可以用作覆盖作物。豆类和禾本类（包括谷类）是应用最广泛的覆盖作物，现在芸薹属作物（如油菜、芥末和饲料萝卜）也逐渐得到关注，对其他植物（如荞麦）的研究也正在进行。下面将讨论一些重要的覆盖作物。

用途术语"覆盖作物"通常是指已生长但未收获的植物。虽然这个术语被普遍使用，但不同类型的植物被种植为覆盖作物，以实现许多主要目的：

● 获取和循环养分：通常是禾本科植物，如谷类黑麦和燕麦。在高营养环境中尤其有用。

● 通过与根瘤菌（绿肥）的共生关系固氮：通常是豆类（例如，多毛紫云英和红三叶草）。特别适用于有机农场或其他想要"种植"氮肥的农户。

---

❶ 植物抗性区是确定哪些植物应在给定位置上繁盛的特定区域。美国农业部（USDA）安全区地图将整个美国分为11个安全区。编号为1到11的温度是该地区典型的最低温度范围，从最冷到最热。除1和11以外的所有硬度区均分为两个子区域，即"A"和"B"，这两个子区域相隔5度。查得8a区温度为–12.2℃～9.4℃，8a区为–9.4℃～6.7℃。——译者注

- 窒息杂草：典型的竞争性、快速生长的物种（例如荞麦、高粱-苏丹草、谷物）。在控制杂草上尤其有用。

- 用硫代葡萄糖苷和异硫氰酸盐生物熏蒸害虫：通常是芸薹属植物（例如芥末和萝卜）。在种植化学控制有限的易受疾病影响的作物时特别有用。

- 松散压实的土壤：典型的强根作物（例如谷类黑麦、萝卜、毛苕子、苜蓿）。特别适用于改善退化的土壤。

- 生长的生物量和有机物质：通常是快速生长的作物（例如，高粱-苏丹草、谷类黑麦、晒麻）。当土壤有机质含量低或您的目标是捕获碳时特别有用。

- 为土壤表面提供覆盖物：通常是在淡季快速生长以保护土壤的作物，如凉爽气候下的黑麦或燕麦。植物生态学家将它们分为冠层功能（收益主要来自地上生物量）和根功能（收益来自地下生物量），覆盖作物的选择可能基于特定的所需性状。如果有需要解决的特定问题，它肯定会影响覆盖作物的选择。然而，大多数农民种植覆盖作物是因为它们的多重好处（图10.1）。

选择豆科植物作为覆盖作物的主要原因之一是它们能够固定大气中的氮并将其转移到土壤中。但是豆科植物需要在春季晚些时候种植——通常要等到谷物伸长后几周——才能达到早期开花阶段并实现接近最大的固氮作用。

农民说覆盖作物有助于保底

一项2019～2020年全国覆盖作物调查，包括来自代表美国各州的1172名农民的观点，发现了对农民使用覆盖作物经验的新见解。大多数生产者与他们的种子经销商合作，正在寻找节省覆盖作物种子成本的方法，16%的生产者每英亩仅支付6～10美元购买覆盖作物种子，27%的生产者每英亩支付11～15美元，20%的生产者每英亩支付16～20美元，14%的生产者每英亩支付21～25美元。只有大约四分之一的人每英亩支付26美元或更多。该调查从2012年开始每年进行一次（2018～2019年除外）。平均而言，由于在所有年份种植覆盖作物，报告的单产较高，尤其是在2012年的干旱年份，大豆单产提高了12%，玉米单产提高了10%。2019年雨季的产量增长较为温和，当时大豆的平均增长为5%，玉米和小麦的平均增长为2%。在2019～2020年的调查中，农民还报告了以下作物的化肥和/或除草剂生产成本的显著节省：

- 大豆：除草剂成本节省41%，化肥成本节省41%
- 玉米：除草剂成本节省39%，肥料成本节省49%

● 春小麦：除草剂成本节省32%，肥料成本节省43%

● 棉花：除草剂成本节省71%，肥料成本节省53%

在本次调查中，52%的农民至少在他们的部分田地中"种植了绿色"覆盖作物。（"种植绿色"是指将经济作物播种到常备覆盖作物中并在不久后终止覆盖作物。）其中，71%的人报告杂草控制更好，68%的人报告土壤水分管理更好，54%的人表示覆盖作物使他们能够更早地种植。在接受调查的园艺生产商中，58%的企业报告净利润有所增加。只有4%的人观察到净利润略有下降，没有人报告净利润出现适度损失。调查参与者表示，过去四年用于覆盖作物的土地增加了38%，并且使用一系列覆盖作物种子和混合物来满足他们的个人需求。这项调查显示了覆盖作物整合的许多积极方面，农民继续发现使用它们的好处。资料来源：CTIC-SARE-ASTA 2019 ～ 2020年全国覆盖作物调查（www.sare.org/covercropsurvey）。

如果允许生长到开花期或更长时间，产生大量生长的豆类，例如毛苕子、绛三叶、红三叶草和奥地利冬豌豆，每英亩可为下一作物提供超过100磅的氮。豆科植物还有其他益处，包括吸引有益昆虫、帮助控制侵蚀和增加土壤有机质含量。

选择覆盖作物

在种植覆盖作物之前，您需要问自己一些问题：

● 我种植覆盖作物的目标是什么？

● 我应该种植什么覆盖作物？

● 我应该何时以及如何种植覆盖作物？

● 覆盖作物应该在什么时候被杀死或混入土壤中？

● 我的下一个经济作物是什么？应该什么时候种植？当您选择覆盖作物时，您应该通过回答以下问题来考虑土壤条件、气候以及您想要实现的目标：

● 主要目的是向土壤中添加有效氮，还是清除养分并防止系统流失？（豆类添加N；其他覆盖作物吸收可用的土壤N。）

● 您是否希望您的覆盖作物提供大量有机残留物？

● 您打算将覆盖作物用作表面覆盖物还是将其掺入土壤中？

● 控制晚秋和早春的侵蚀是您的主要目标吗？

● 土壤是否非常酸性和贫瘠，养分利用率低？

● 土壤是否有压实问题？[一些物种，如苏丹草、甜三叶草和油籽（草料）萝卜，特别适合缓解压实。]

● 除草是您的主要目标吗？（有些物种迅速而有力地建立起来，而有些物种也会通过化学方式抑制杂草种子的萌发。）

● 哪些物种最适合您当地的气候？（有些物种比其他物种更耐寒。）

● 土壤的气候和保水特性是否会导致覆盖作物使用过多的水而损害后续作物？

● 您需要解决根病或植物寄生线虫问题吗？（例如，已发现谷类黑麦可以抑制各种种植系统中的许多线虫。芸薹属覆盖作物还可以减少某些线虫的数量。）

在大多数情况下，单个覆盖作物和覆盖作物混合物有多种目标和多种选择。

接种。如果种植豆类作为覆盖作物，不要忘记给种子接种合适的固氮菌。不同类型的根瘤菌对作物具有特异性。紫花苜蓿、三叶草、大豆、黄豆、豌豆、毛苕子和豇豆均需要不同的固氮菌种。除非从当前种植的同一个种类中已经选取到需要种植的豆类，否则在种植之前，需要用适当的商业根瘤菌接种剂对种子进行接种。在种子 - 接种剂混合物中加入水，刚好能润湿种子，帮助细菌黏附在种子上，立即种植，以免细菌变干。接种剂仅仅在您所在地普遍使用时才容易买到，最好在需要接种剂前几个月与种子供应商联系，以便在需要时购买。需要注意的是，许多园艺商店出售的"园艺接种剂"可能不包含所选定种类需要的特定细菌；因此，一定要找到适合该种类作物的接种剂，在使用前冷藏保存。

10.2.2 冬季一年生豆类

绛三叶

深红色的三叶草被认为是气候温和地区的最佳覆盖作物之一，如美国东南部和南部平原，如俄克拉荷马州和德克萨斯州的部分地区。一旦适应当地环境，在秋季和冬季生长并比其他大多数豆科植物成熟得更快。它还为下一茬作物提供了相对更多的氮。但因为它不是很耐寒，深红色三叶草通常在抗寒区4或更冷时不是一个好的选择，并且在5区可能处于边缘（积雪和/或早期种植有助于冬季生存）。深红色三叶草的生存还受到排水不良的土壤条件的影响。在北部地区，深红色的三叶草可以作为夏季一年生植物种植，但这会阻止经济作物在该田间季节生长。像"Chief"、"Dixie"和"Kentucky Select"这样的品种如果在冬天之前就长势良好，则会有耐寒特性。深红色的三叶草在高pH值（钙质）或排水不良的土壤上生长不良。

豌豆

豌豆是生长在寒凉气候下的夏季一年生豆科植物，在美国南部和加利福尼亚州的大部分地区则可以作为冬季一年生植物。在一些旱地、小粒谷类作物生产系统中可以代替休耕。奥地利冬豌豆（为冬季抗寒而培育）和加拿大豌豆（为春季良好生长而培育）往往在凉爽潮湿的气候中快速生长，产生大量残留物：10.5吨或更多干物质。它们可以固定大量的氮，每英亩达100～150磅或更多。如果在初秋播种，奥地利冬豌豆作为冬季覆盖作物的表现最佳。

毛苕子

毛苕子非常耐寒，可以在严寒地区生长良好，并且它可以比大多数其他豆科植物晚种植。在适应的情况下，毛苕子会产生大量植被并具有令人印象深刻的根系（图10.2）。它固定了大量的氮，从而每英亩为下一季作物贡献100磅或更多的氮。与大多数其他覆盖作物相比，毛苕子残留物分解迅速，释放氮的速度更快。当快速生长的高氮需求作物跟随毛苕子时，这可能是一个优势。毛苕子在沙质土壤上的表现优于许多其他绿肥，但它需要良好的土壤氮水平才能最有生产力。在小麦是轮作的一部分的情况下，应避免毛苕子，因为毛苕子可能会在小麦中自发种植，而且种子大小足够相似，在小麦收割时，很难将毛苕子从小麦中分离出来。

地三叶

地三叶是一种生长在温暖气候下的冬季覆盖作物，在许多情况下，它可以在夏季作物播种之前完成其生活周期。在这种模式下，它不需要人为压青或收割，也不会与夏

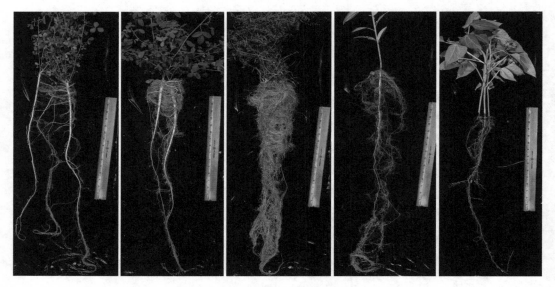

图10.2 五种豆科植物的根系覆盖了生长早期（温室中两个月）的作物

左起：紫花苜蓿（冬季多年生植物）、黄花甜三叶草（冬季两年生植物）、毛苕子（冬季一年生植物）、晒麻和豇豆（夏季/热带一年生植物）

Joseph Amsili 供图

季作物竞争。如果不加以人为干扰，它将自发从地下成熟的豆荚中再次出苗。另外，因为它生长高度比较低，不能有太多的遮阴，所以不适合与夏季一年生作物进行行间套种。

巴兰萨三叶草

巴兰萨三叶草是一种新的冬季一年生三叶草。它的冬季抗寒性的确切程度仍然是一个问题，目前建议在5区和更远的南部种植。它产生良好的春季生长，但因为巴兰萨三叶草是相对较新的覆盖作物物种，一些针对各种用途的小规模测试可能适合您所在的位置，包括评估它在混合种植中的表现。

10.2.3　夏季一年生豆类

埃及三叶草

埃及三叶草是在寒冷的气候下种植的夏季一年生作物。它易出苗，生长快，植被密集，是抑制杂草早期生长的优良选择，它还具有耐旱性，割草或放牧后能迅速再生。埃及三叶草的优点是不太可能导致放牧牲畜膨胀。它可以在冬季温和的气候下种植。一些新品种在加利福尼亚做得很好，"Multicut"品种的产量超过了"Bigbee"品种。"Frosty"是另一种新引入的埃及三叶草，据说具有较高的耐寒性，并且能够在一个季节收割多次。

豇豆

豇豆原产于中非，在炎热的气候下生长良好。然而，即使是轻微的霜冻，豇豆也会被冻死。它扎根很深，能在干旱条件下生长良好。在低肥力土壤条件下比绛三叶生长更好。豇豆可以很好地与夏季草覆盖作物如珍珠粟或高粱混合。覆盖作物中最常见的豇豆品种是"Iron-Clay"。

印度麻

印度麻是一种温暖的季节热带豆类植物，在美国大部分地区作为夏季豆类植物生长旺盛；它也是热带地区流行的跨季节覆盖作物。印度麻可以从几英尺长到高达7英尺，它极大地减少了大豆胞囊线虫的数量，是一种很好的固氮作物。印度麻被认为是鹿喜欢吃的夏季覆盖物，根据覆盖作物的使用目标，它可以是积极的或消极的。

大豆

大豆通常作为一种经济作物种植，以获得富含油脂和蛋白质的种子，如果农民有剩余的种子，并且在允许的情况下，覆盖作物只生长到开花。它们在肥沃的土壤中良好生长，和豇豆一样，大豆很容易被霜冻灾害冻死。如果种植至成熟并收获它的种子，土壤中剩下的残留物或氮素并不多。

藜豆

藜豆（mucuna）在热带气候中广泛种植。它是一年生的攀缘藤本植物，高度可达几英尺，能很好地抑制杂草生长（图10.3）。在藜豆-玉米轮作体系中，藜豆提供厚厚的覆盖层，并可在玉米收获后自行补播。豆子本身可作为咖啡的替代品使用，长时间煮沸后可食用。西非的一项研究表明，藜豆可以连续为两季玉米提供氮肥。

图**10.3**　在中美洲山坡上生长的丝绒豆，正在生长的藤蔓（左）和覆盖在玉米作物下（右）
Ray Bryant供图

风信子豆

风信子豆（Lablab豆）是另一种热带豆类，在美国东南部被评估为覆盖作物。一旦长起来，它们在炎热的天气中生长迅速，可以长出几英尺长的藤蔓。鉴于它们的藤蔓攀爬生长习性，它们可能是最好搭配直立作物的草覆盖物，如珍珠粟或高粱。与其他暖季豆类一样，它们会被轻霜冻死。

类似的热带覆盖作物还包括洋刀豆、灰毛豆，它们都可以在成熟后用作土壤覆盖。木豆是另一种热带豆类，可能具有作为覆盖作物的潜力。

10.2.4　两年生和多年生豆科植物

红三叶

红三叶生命力强，耐荫，耐寒，相对容易生长，多在早春间种。通常它与小粒谷物间作，因为刚开始时生长缓慢，它和小粒谷物之间的竞争不大。如果使用的除草剂没有明显的残留活性，在美国东北部红三叶和玉米的间作可以很成功。

甜三叶

甜三叶（黄花）是一种耐寒、两年生、生长旺盛的作物，根系能够扎到坚实的下层土壤，它比许多其他覆盖作物更能经受高温和干旱的条件。甜三叶需要生长在pH接近中性且钙含量较高的土壤中；潮湿的黏性土壤不适合甜三叶的生长。若pH偏高，甜三叶在低肥力的土壤中也能生长得很好。甜三叶的生长可持续一整年或更长时间，因为其在第二年开花并完成其生命周期。当用作绿肥作物时，应在其完全开花前翻压到土壤中。

白三叶

白三叶的产量不如其他豆科植物，对干旱环境的耐受性也较低。（新西兰的白三叶草比更常用的拉丁白三叶草和荷兰白三叶草更耐旱。）然而，由于它长得不高，而且比许多其他豆科植物更耐遮阴，因此它可以用作果园地面覆盖物或活体覆盖物。白三叶草已被评估为在初夏插播到玉米中，但它在玉米中的存活率通常不如一年生黑麦草等更耐荫的物种。白三叶草也是集约化管理牧场的常见成分。

10.2.5 禾本科类

常用的禾本科类作物包括一年生谷物（黑麦、小麦、黑小麦、大麦、燕麦）、一年生或多年生牧草（如黑麦草）和温暖季节的牧草（如苏丹高粱）。具有须根系统的草类对于清除上一作物遗留下来的养分，尤其是氮非常有用。它们往往具有广泛的根系（图10.4），有些可以迅速建立并大大减少侵蚀。此外，残留物和根部都可以帮助增加土壤中的有机质。地上残留物还可以帮助抑制杂草的发芽和生长。

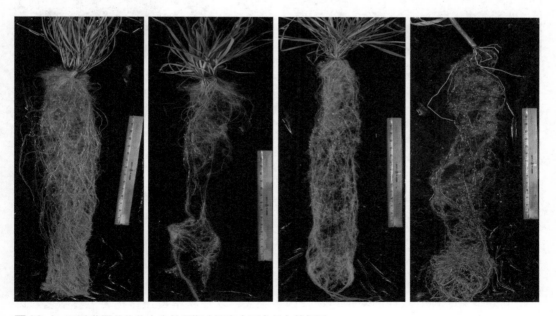

图10.4 四种草覆盖作物在生长早期（温室中两个月）的根系
左起：一年生黑麦草、大麦、黑小麦（冬季两年生植物）和高粱-苏丹草（夏季一年生植物）
Joseph Amsili 供图

禾本科类的一个共同的问题是，禾本科类作物成熟期后，虽然可以获得最大的生物质残留量，但会减少留给下一茬作物的有效氮量。这是因为接近成熟的草中的高C：N（低百分比的氮），在终止分解时会束缚氮，尤其是在耕作时，可以通过提前收割或补充外源性氮源的方式来规避这一问题。另一个解决办法是通过豆类-禾本科类混种来提供额外的氮源。

谷类黑麦

谷类黑麦又称冬黑麦，具有很强的抗寒性，易于种植，即使在寒冷的气候条件下，与其他大多数作物相比，迅速发芽的能力和抗寒性使它可以在晚秋种植。研究表明，谷类黑麦残留物的降解产物具有化感作用，它可以通过化学反应抑制小阔叶杂草种子的发芽。谷类黑麦在秋天生长迅速，在春天也很容易生长（图10.5）。通常被选作为填闲作物❶，它也能很好地适用于碾压卷曲覆盖系统——其中覆盖作物同时通过碾压和卷曲，作物可穿过覆盖作物播种或移栽（见图16.10）。

图10.5　左图：谷类黑麦生长在晚秋和早春，是凉爽地区的有效捕捞作物和土壤改良覆盖作物。它在马里兰州被广泛使用，以减少切萨皮克湾的养分负荷；右图：荞麦在炎热和干燥的条件下迅速生长，是一种极好的短期夏季覆盖作物，可改善土壤并抑制杂草

Thomas Bjorkman 供图

黑小麦

黑小麦是小麦和黑麦之间的杂交品种，几乎与谷类黑麦一样耐寒。它也很容易长起来，春季植被和根系产量很高（图10.4），但比谷类黑麦短一些。如果确实要种植黑小麦，它比许多其他单独种植或覆盖作物混合种植的覆盖作物更容易控制。

燕麦

燕麦是另一种受欢迎的覆盖作物。许多农民喜欢在秋季覆盖作物种上春燕麦，因

---

❶ 就是利用前茬收获后与后茬播种前的空隙种植的临时性植物，多以成熟度要求不高的品种为主。
　　——译者注

为它们不能越冬，因此不需要春季杀青。燕麦夏季或秋季播种，通常在谷类黑麦最后播种日期前一个月左右种下去，在大多数寒冷气候条件下会被冻死，这为接下来的春天提供了一种自然杀死的覆盖物，并可能有助于抑制杂草。作为与其中一种三叶草的混合物，燕麦在秋季提供一些快速覆盖。燕麦茎有助于储存积雪即使在植物被霜冻死后也能保持水分，在南美洲的免耕系统中很受欢迎，在那里，大豆等作物被种植在燕麦覆盖物中。在中西部，黑燕麦的秋季生长通常比春燕麦多，但黑燕麦的种子可能更难找到而且更贵。（注意它们也是黑籽冬燕麦，不是真正的黑燕麦）。

一年生黑麦草

一年生黑麦草（可参见谷类黑麦脚注），若播种足够早，可在秋季良好生长。它发达的根系在为土壤提供大量有机质的同时赋予土壤有效的抗侵蚀能力（图10.4）。在寒冷的气候下，它可能会被冻死。需要注意的是，一年生黑麦草很难被杀死，在某种情况下，它反而可能成为杂草。

苏丹草

苏丹草和苏丹高粱杂交种是生长快速的夏季一年生植物，短时间大量生长。它们生机勃勃的特性有助于抑制杂草。如果将它与低矮的作物，如草莓或其他许多种类的蔬菜，种在一起，苏丹草的播种时间可能需要推迟，以避免主要作物受到严重遮阴。据报道，它们能抑制植物寄生线虫和其他生物生长，因为它们的分解过程会在土壤中产生剧毒物质。苏丹草特别有助于疏松压实的土壤。它也可用作牲畜饲料，因此在一个含有一种或多种牧草的种植系统中起双重作用，同时作为覆盖作物也有很多益处。

小米

小米是另一组夏季一年生草本，用作覆盖作物。实际上，来自世界不同的地区，有几种不同的植物物种被称为小米。美国最常用的两种覆盖作物是珍珠小米（来自非洲）和谷子（来自亚洲）。草料类型的珍珠谷子可以是高大、生长旺盛的作物，类似于高粱-苏丹，并且耐旱。谷子也耐旱，是一种快速成熟的覆盖作物，有时混合使用或之后使用蔬菜作物。

10.2.6　其他作物

荞麦

荞麦是一种夏季一年生植物，很容易被霜冻冻死［图10.5（右）］。在低肥力土壤上，它比许多其他覆盖作物长得更好，但对紧实土壤的耐受性较差。它也生长迅速，并很快完成其生命周期，从种植到温暖的土壤中到早期开花阶段大约需要六周的时间。

荞麦可以在种植后的一个月内长到2英尺多高。如果在初夏种植，成熟时可能会长到3～4英尺高，但在夏末种植时会长得较矮。荞麦能与杂草形成较强的竞争，因为它生长得很快，可被用来抑制早春蔬菜作物中的杂草。据报道，它还可以抑制重要的根系病原菌，包括根串珠霉属（*Thielaviopsis*）和立枯病。在温暖的地区，每年荞麦可以种植一茬以上。它的种子不"硬"，不会持续多年，但是可以自发播种而变成杂草，因此需要在种子成熟之前收割或翻耕从而避免其自发播种。另一方面，可以利用自播，如果使用耕作，则使用带有耙子的浅口进行工作。

> 为谷物种植的荞麦……"一年只占3个月的土地，因此在填闲作物中排名第一，它适应所有土壤，几乎不需要肥料，对土地几乎没有任何消耗，因其迅速的生长保持土地完全清洁，尽管产量平均为50倍，而且很容易提高到这个数量的两倍。"
>
> ——莱昂斯·德·拉弗涅（1855）

在多年生种植系统中覆盖作物

在果园和葡萄园等多年生系统中，地被植物管理（地面管理）有助于改善土壤健康和作物质量。在这种情况下，覆盖作物应该是具有特殊特征的多年生植物。它不应该与主要作物过度竞争，它应该在最少的维护下保持持久，并提供良好的侵蚀和杂草控制。此外，它应该能够耐受果园地面的条件，例如阴凉、交通和干旱。基本上，它的功能更像是一个活的覆盖物，因此不应过于激进或横向蔓延。以此为目的，一个很好的物种是荷兰白三叶草，它也提供适量的氮。如果像某些羊茅这样的多年生草具有低生长的习性，根系密实，并且需要最少的割草，那么它们作为地被植物可能很有吸引力。豆类和草的组合也可能很有吸引力。有时，覆盖作物被用来特意与葡萄藤竞争，以减少过度的营养生长，但在这种情况下，它们会远离葡萄藤。

芸薹属

用作覆盖作物的芸薹包括芥菜、油菜籽、油菜萝卜、草料萝卜和其他物种。它们越来越频繁地被用作蔬菜或特种作物生产中的冬季或轮作覆盖作物，如土豆和木本果树。

油菜籽（canola）在深秋潮湿凉爽的条件下生长良好，此时其他种类的植物正在冬眠。美国南部地区市场上有一年生和春季油菜籽和油菜籽。

油菜（草料）萝卜在夏末和秋季生长快速，令人很有兴趣，油菜萝卜可以大量吸收养分，长出一个大的主根，直径为1～2英寸、一英尺或更深，在春季会越冬和腐烂，使土壤处于易碎状态，留下残留的根孔，有利于降雨的渗透和储存（图10.6）。它也有利于根系的渗透和随后作物的发育。所有的芸薹都得到了更好的生长，因为如果在夏末或初秋种植秋季覆盖作物。对于耐寒作物，如油菜，早秋种植对于确保冬季生存至关重要。

油菜等芸薹属作物可作为生物熏蒸剂，抑制土壤害虫生长，尤其是根系病原菌和植物寄生线虫。进行行间种植的农民对这些特性越来越感兴趣。然而芸薹属植物并不能消除害虫问题，虽然它们是一种很好的工具和优良轮作作物，但是对害虫的防治效果方面，观点并不统一。需要更多的后续研究来进一步明确影响害虫的化合物和毒性的因素。芸薹属作物和菌根真菌无共生关系，不会促进下一茬形成菌根。

图10.6　芸薹覆盖作物根部
种植油籽（草料）萝卜（左）和草料萝卜根建造的土坑（右）。Ray Weil 供图

> 佛罗里达州的农民埃德·詹姆斯发现混合使用覆盖作物对他的柑橘园的健康和生产力有显著的好处。"混合有帮助，因为如果您有一个物种不接受，就不会没有任何发芽，"他说。"随着荞麦开始发挥作用，毛茸茸的靛蓝和晒黑的大麻开始出现。当这些刚好换季油菜花就要来了。我们已经对树木进行了单一栽培，因此覆盖作物的混合使土壤像是在进行轮作。"
>
> ——GILES（2020年）

10.3　覆盖作物管理

种植覆盖作物时，有许多管理问题需要注意。一旦确定覆盖作物种植的主要目标，可尝试一种或者多个品种，并考虑不同品种的组合。另外，还需要考虑在主作物之后种植最适合的覆盖作物，考虑是在主要作物部分或全部生长期间间作，还是在整个生长季节种植以改善土壤结构。虽然不能实现所有目标，但田地上总应该有作物种植（即使在冬季休眠阶段）。其他管理问题包括何时以及如何杀青或翻压覆盖作物，以及如何避免覆盖作物在干燥气候下过多消耗水资源或成为下一茬作物的杂草。

10.3.1　覆盖作物混种

尽管大多数农民在他们的土地上仅种植一种覆盖作物，但不同覆盖作物的混种能带来综合效益。最常见的是禾本科类和豆科植物的混种，如谷类黑麦和毛苕子、燕麦、红三叶和禾本科类，或者豌豆和小粒谷物。其他混种包括豆科植物和饲料萝卜，甚至与小粒谷物，通常混种作物比单一作物更能有效地抑制杂草。与豆科的混种，有助于弥补禾本科类成熟后下一茬土壤中氮供应不足的问题。在大西洋中部地区，谷类黑麦-毛苕子混种为氮素管理方面提供了新的优势：季末土壤中残留大量硝酸盐刺激谷类黑麦的生长（减少淋溶损失）；当土壤中氮含量很少时，毛苕子的生长会胜过谷类黑麦，从而为下一茬固定更多的氮。直立生长作物，如谷类黑麦，可以为毛苕子提供支撑，使其更好地生长。同时，比起贴近地面单单收割毛苕子更加容易，这使在免耕系统中进行收割成为可能，这样就不需用除草剂（进行灭青）。

10.3.2　覆盖作物和氮

管理氮供应是农民在轮作期间面临的关键挑战之一，目的是为正在生长的作物提供足够的可用氮，同时在作物成熟后不会在土壤中留下大量矿物氮，特别是在可能浸出或反硝化的季节更应重视此管理。覆盖作物可以在氮管理中发挥重要作用，无论是需要为谷物或蔬菜供应氮，还是在季节结束时降低可用氮以减少损失。

估算可从覆盖作物中获得的氮

豆科覆盖作物可以为接下来的作物提供大量的可用氮。如果豆科植物高产并允许生长到现蕾期阶段以获得足够的生物量，那么下一作物将获得相当多的氮，从每英亩70磅到超过100磅不等。但是氮的供应量取决于覆盖作物种类（或覆盖作物的组合）以及允许生长的时间。多毛野豌豆和深红色三叶草是农民为了生产大量氮而经常转向的众多选择中的两种，但其他豆类可能被证明是有用的氮源。

可用于后续作物的氮量取决于生长阶段、生长量（生物量）以及覆盖作物或覆盖作物混合物的氮含量。例如，在早春，叶子呈深绿色的小型覆盖作物将含有高百分比的N，超过3%。但是因为材料质量太少，植物的N总量很低。随着植物长出更多的叶子，然后当茎长出时，谷类黑麦等覆盖作物的N趋于减少（从超过3%）伸长，开花和成熟，最终N远低于1%，C∶N为80或更高。

如果作物的N百分比较低（大约1.5%～2%），这在茎伸长和开花时小谷物中很常见，那么几乎没有N可以指望对接下来的作物有帮助，因为土壤生物利用了所有在分解残留物时存在的N。（有关C∶N及其与残留物中N百分比关系的解释，请参见图9.3和表9.4。）如果您估算（或测量）覆盖作物终止时的质量及其N百分比，则您接下来，可以使用表10.1估算可用于下一作物的N量。

秋季剩余N最小化

增加下一茬作物氮可用性的另一种方法是通过覆盖作物捕获季末残留的氮，在某些种植系统中，可能会有大量的残留氮，然后会通过淋洗根区以下而流失或通过冬季和早春的反硝化作用而挥发。这既是农场的经济问题，也是环境问题。玉米-大豆交替作物和玉米-玉米在秋季特别容易出现高氮水平以及越冬和早春损失。禾本科谷类黑麦等覆盖作物可以通过在秋季吸收矿物质N来提供帮助。（如上所述，在您不确定季节结束时是否还剩下很多N的情况下，有充分的理由使用草豆类混合物，例如谷类黑麦-毛苕子。）当整个根区（不仅仅是表面附近）可能含有大量矿物质氮时，如果种植得足够早，根深蒂固的覆盖作物（如草料萝卜和谷类黑麦）可以帮助保留N。草料萝卜秋天可以从剖面带走硝酸盐，当霜冻冻死萝卜并且硝酸盐淋失时，它可以被谷类黑麦吸收。

表10.1　来自前茬覆盖作物的可用氮肥估计[①]

覆盖作物总N		估计可用N
干物质中的N/%（可生物降解）	N含量/（磅/吨）	
1	20	0
1.5	30	10
2	40	14
2.5	50	20
3	60	28
3.5	70	37

① 改编自"估计覆盖作物的植物可用氮释放量"。PNW 636。太平洋西北扩展出版物（俄勒冈州立大学、华盛顿州立大学和爱达荷大学）。

10.3.3　种植

有三种方法可以确定与经济作物相关的覆盖作物的种植时间：① 在整个生长季节种植覆盖作物；② 在经济作物收获后和种植下一个经济作物之前种植覆盖作物；③ 将

覆盖作物播种或种植到生长中的经济作物中。所采取的方法将取决于种植覆盖作物的原因、经济作物种类、生长季节的长度和气候。

整个生长期种植。如果你想积累大量有机质，最好在整个生长期种植高生物量的覆盖作物（见图10.7A），但这意味着那一年将不会种植创收作物。这种方法对于非常贫瘠或受侵蚀的土壤以及向有机农业过渡时尤其有用。这有时会在没有肥料的蔬菜农场和美国西部的休耕系统中进行，但谷物/油籽农民通常不会放弃一年的生产。

经济作物收获后种植。大多数农民在经济作物收获后播种覆盖作物（图10.7B）。在这种情况下，如图10.7A所示的系统，覆盖作物和主要作物之间没有竞争种子可以用谷物播种机或行作物播种机（不需要高间隙间播机）进行免耕播种，而不是播种，从而获得更好的覆盖作物林分。如果可能，在覆盖作物播种前应避免耕作较冷的地区，可能没有足够的时间在收获后和冬季这段时间建立覆盖作物。即使能够建立覆盖作物，秋季也几乎不会生长以提供土壤保护或养分吸收。在北方气候中，由于生长季节短和严寒，在主要夏季作物之间选择覆盖作物（图10.7B）受到严重限制。在这些条件下，谷类黑麦可能是最可靠的覆盖作物。在大多数情况下，有一系列的种植选项。

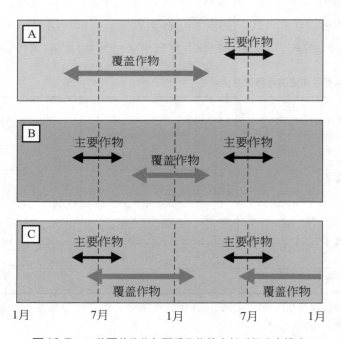

图10.7 三种覆盖作物与夏季作物的生长时间分布模式

在晚春谷物收获后也可以种植覆盖作物（图10.8A）。对于一些早熟的蔬菜作物，特别是在较温暖的地区，也可以在初夏种植覆盖作物（图10.8B）。覆盖作物也适合早期蔬菜-冬季谷物轮作序列（图10.8C）。

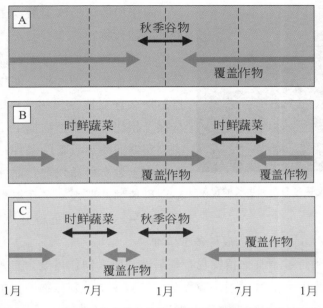

图10.8　秋谷、早熟蔬菜和蔬菜 - 谷物系统的覆盖作物种植时点

　　套种。第三个管理策略是在主要作物生长期间进行覆盖作物套种（Interseeding）。覆盖作物通常在冬季粮食种植系统播种时进行间种或在早春进行霜播。在经济作物生长期间播种覆盖作物（图10.7C）特别有助于在生长季节较短的地区建立覆盖作物。等主作物长势良好了，才播种覆盖作物，这意味着经济作物将能够在竞争中生长良好。良好的覆盖作物生长需要水分，对于小种子作物，一些种子覆盖播种覆盖作物时，可使用高间隙谷物播种机获得良好的种子与土壤接触（图10.9）。只要有足够的水分，谷类黑麦就可以在没有种子覆盖的情况下生长良好。使用该系统的农民将在最后一次种植行作物期间或之后播种种子。空中播种、"highboy"拖拉机或去雄机是用于在主要作物已经相当高的情况下播种绿肥种子，例如玉米。当种植规模较小时，使用手摇旋转播种机播种种子。这对一些草最有效，其成功取决于土壤表面是否湿润，以便萌发成苗。

图10.9　覆盖种植策略

左图：将覆盖作物播种到大豆中（康奈尔大学可持续作物系统实验室供图）；中间：豆类覆盖作物（覆盖作物鸡尾酒）在玉米中播种的混合物；右图：谷类黑麦中播种的三叶草霜Clover frost（照片由爱荷华州农民供图）

图10.10 宽阔的无覆盖条带和生长的覆盖物，也用于农机操作

间作和活体植物覆盖。 在主要作物的行间种植覆盖作物已经有很长一段时间了。它被称为活体覆盖物或果园地面覆盖物，覆盖作物在种植主要作物之前种植。间作，在种植时或种植后不久建立覆盖作物，有很多好处图10.10。与裸土相比，覆盖植物提供了侵蚀控制、更好的收获期间使用设备的条件、更高的水渗透能力并使土壤有机质增加。此外，如果覆盖作物是豆科植物，那么未来几年作物可能会大量积累氮。另一个好处是对开花植物的有益昆虫（例如捕食性螨虫）的吸引力，混种多于单种。

在主要作物附近种植其他植物也存在潜在危险。间作可能含有害虫，例如美国牧草盲蝽。使用间作的大多数管理决策都与尽量减少与主要作物的竞争有关。间作可能会争夺水分和养分，如果降雨量不足以满足主要作物的需求，且无法进行补充灌溉，因此不建议使用间作。

通过延迟种植一年生主要作物而建立的改良土壤的间作通常称为间种覆盖作物。除草剂、刈草和部分轮作用于抑制覆盖作物，使主要作物有优势。这是另一种减少来自农作物的竞争的方法。这在主要作物和间作行之间提供了更大的距离。在建立果园和葡萄园时，减少竞争的一种方法是在主要多年生作物长势良好后种植活的覆盖物。

覆盖作物选择和植物寄生线虫

如果作物存在线虫问题（在许多蔬菜如莴苣、胡萝卜、洋葱、土豆以及一些农艺作物中很常见），请仔细选择覆盖作物以帮助减少损害。例如，根结线虫（北方根结线虫）是危害许多蔬菜作物以及苜蓿、大豆和三叶草的害虫，但谷物作物比如玉米和小谷物均不是它的寄主，种植谷物作为覆盖作物有助于减少线虫数量。如果感染非常严重，可以考虑种植两季粮食作物再种回原来的易感作物。根腐线虫（*Pratylenchus penetrans*）威胁更大，因为大多数作物，几乎包括所有的谷物，都是它的寄主。受根腐线虫侵扰时，建议不要种植豆类覆盖作物，因为它会刺激线虫生长，增加线虫数量。然而，据报道，苏丹草、苏丹高粱杂交种、黑麦草以及珍珠粟（一种来自非洲的谷物，在美国主要作为暖季饲料作物种植）可显著减少线虫数量，取得的成效与品质选择有关。这类覆盖作物之所以能够抑制线虫活性，是因为其本身不适合线虫寄生，与线虫存在拮抗作用，且在分解过程中还会产生有毒物质。饲料小米、苏丹草和芥菜、菜籽、油籽萝卜和亚麻等芸薹属植物都具有一定的生物熏蒸作用，在翻入土壤分解时它们会产生对线虫有毒的化合物。另外，万寿菊的根部能分泌对线虫有毒的化合物。

10.3.4 覆盖作物灭茬

无论覆盖作物何时种植，通常它们在土壤为下一茬经济作物的准备工作之前或期间被灭茬或显著削弱其生长。通常采取以下方式之一完成：一旦开花就割草（大多数一年生植物可以这样杀死）、使用除草剂和免耕、犁入土壤（使用或不使用除草剂）或割草、碾压和免耕种植在同一操作中，或使其自然受到冬季冻害死亡。在一些情况下，最好在种植或覆盖作物杀青与种植主要作物之间留出一两周时间。研究发现，一种高粱杂交种（sudex）覆盖作物尤其具有化感作用，为使它的残留物彻底淋溶，番茄、花椰菜和生菜必须在其收割的六到八周后种植。覆盖作物的部分降解，可减少氮固持和化感作用的问题，避免了种子腐烂和苗猝倒（尤其是在潮湿条件下）以及地老虎和金针虫的问题。还可以为小种子作物，如一些蔬菜，建立更好的种床。由于新鲜残留物会形成块状结构，小种子作物在其上建立良好的种床存在困难。覆盖作物也可以通过部分或全部收获生物量来灭茬。您可能会争辩说，应该种植覆盖作物以改善土壤，而不是收获或放牧。在其他情况下，让动物放牧可能是值得的覆盖作物，它仍然循环着大部分的碳和养分（见第十二章）即使大部分地上生物量被收获，土壤仍然受益于根系生物量，在放牧的情况下，还受益于粪肥。

10.3.5 管理注意事项

如果管理不当，覆盖作物会导致严重问题。它们会耗尽土壤水分，变成杂草；当用于间种时，它们与经济作物竞争水、光和养分。您需要购买种子，精心种植，为覆盖作物付出了心血，因此希望确保收益得到回报。

在干旱地区和干旱土壤（如沙地）中，过晚的终止冬季覆盖作物生长可能导致主要夏季作物水分供应不足。这种情况下，在土壤中水分被耗尽之前，应该杀死覆盖作物。然而，在采用了免耕法的温暖潮湿气候条件下，覆盖作物生长期延长意味着种植时土壤非常潮湿或饱和的问题更少，并且在本季后期主要作物的残留物和水分保持更多。覆盖作物可以弥补绿肥生长后期消耗的土壤额外水分。

在覆盖作物中"种植绿色"

过去，建议在覆盖作物被杀死和经济作物种植之间留出一两周时间。在某些情

况下，例如在干燥的春天，这仍然是最好的方法。事实上，在干燥的春季，可能需要提前几周终止经济作物。然而，现在越来越多的农民开始"种植绿色"，将经济作物直接播种到仍然生长着的覆盖作物中。（在2019—2020年的全国调查中，54%的农民报告他们种植绿色植物。请参见阅读框"农民说覆盖作物有助于保底"）大多数情况下，在经济作物种植后不久喷洒除草剂种植覆盖作物。覆盖作物的机械控制是另一种选择。例如，在早花期使用改良的滚秸秆切碎机，在免耕系统中可以很好地抑制毛苕子。农民还使用谷类黑麦和在拖拉机前面的滚压机进行了良好的覆盖作物抑制，从而可以在抑制覆盖作物的同时免耕种植主要作物（见图16.10）。虽然不推荐用于大多数直接播种的蔬菜作物，但已成功用于大豆、玉米和棉花。

覆盖作物形成的大（超大）孔隙会导致更多的降雨入渗，而种植覆盖作物后，土壤有机质含量越高，保水能力就越强。地表残留物还会减缓降雨的径流，从而使更多的降雨渗入土壤。此外，在覆盖作物之后存在更多的菌根真菌可能有助于吸水，而覆盖作物可能会导致经济作物生根更深并获得更多水分。考虑到它们的所有影响，覆盖作物通常会大大提高经济作物土壤的水分状况。此外，在非常潮湿的地区或潮湿的土壤上，生长旺盛的覆盖作物通过蒸腾作用将水从土壤中"抽"出的能力可能是一个优势（见图15.8）。让覆盖作物尽可能长的生长会导致更快的土壤干燥，并允许早期种植主要作物。

使用未经适当清洁的垃圾箱覆盖作物种子可能会导致杂草种子进入田间。在极少数情况下，覆盖作物可能会成为后续作物不需要的杂草。有时允许覆盖作物开花，为蜜蜂或其他有益昆虫提供花粉。然而，如果植物真的结籽了，覆盖作物可能会无意中重新播种。在有机农场野豌豆的坚硬种子使其成为小麦等小谷物的害虫。可能成为杂草问题的覆盖作物包括荞麦、黑麦草和毛苕子，通常不必担心及时终止。另一方面在某些情况下，亚三叶草、深红色三叶草或天鹅绒豆的自然重新播种可能是有益的。

另一个需要考虑的问题是，覆盖作物可能会携带作物病害并形成从一个生长季节到另一个生长季节的栖息地桥梁。例如，油菜萝卜会增加西兰花的根肿病。最后，厚厚的覆盖作物是土壤的良好栖息地，覆盖作物下可能会发现老鼠和蛇等动物（在温带气候），这可能会影响产量和作物质量，建议在进行人工田间作业时要小心。

参考文献

Abawi, G. S. and T. L. Widmer. 2000. Impact of soil health management practices on soilborne pathogens, nematodes and root diseases of vegetable crops. *Applied Soil Ecology* 15: 37-47.

Allison, F. E. 1973. *Soil Organic Matter and Its Role in Crop Production*. Elsevier Scientific Publishing: Amsterdam. In his discussion of organic matter replenishment and green manures (pp. 450-451), Allison cites a number of researchers who indicate that there is little or no effect of green manures on total organic matter, even though the supply of active (rapidly decomposing) organic matter increases.

Björkman, T., R. Bellinder, R. Hahn and J. Shail, Jr. 2008. *Buckwheat Cover Crop Handbook*. Cornell University: Geneva, NY. http://www.nysaes.cornell.edu/hort/faculty/bjorkman/covercrops/pdfs/bwbrochure.pdf.

Clark, A., ed. 2007. *Managing Cover Crops Profitably*, 3rd ed. Handbook Series, No. 9. USDA-SARE: College Park, MD. www.sare.org. An excellent source for practical information about cover crops.

Cornell University. *Cover Crops for Vegetable Growers*. http://www.nysaes.cornell.edu/ hort/faculty/ bjorkman/covercrops/why.html.

Hargrove, W. L., ed. 1991. *Cover Crops for Clean Water*. Soil and Water Conservation Society: Ankeny, IA.

Giles, F. 2020. Soil Health Matters! A Tale of 2 Florida Citrus Groves.Growing Produce (Feb. 3, 2020) . www.growingproduce.com/ citrus/soil-health-matters-a-tale-of-2-florida-citrus-groves/.

MacRae, R. J. and G. R. Mehuys. 1985. The effect of green manuring on the physical properties of temperate-area soils. *Advances in Soil Science* 3: 71-94.

McDaniel, M. D., Tiemann, L. K. and Grandy, A. S., 2014. Does agricultural crop diversity enhance soil microbial biomass and organic matter dynamics? A meta-analysis. *Ecological Applications*, 24 (3) : pp. 560-570.

Miller, P. R., W. L. Graves, W. A. Williams and B. A. Madson. 1989. *Cover Crops for California Agriculture*. Leaflet 21471. University of California, Division of Agriculture and Natural Resources: Davis, CA. This is the reference for the experiment with clover in California.

Myers, R. L., J. A. Weber and S. R. Tellatin. 2019. *Cover Crop Economics*. Technical Bulletin. USDA-SARE: College Park, MD. 24 p.

Nunes, M., R. R. Schindelbeck, H. M. van Es, A. Ristow and M. Ryan. 2018. Soil Health and Maize Yield Analysis Detects Long-Term Tillage and Cropping Effects. *Geoderma* 328: 30-43.

Pieters, A. J. 1927. *Green Manuring Principles and Practices*. John Wiley: New York, NY.

Power, J. F., ed. 1987. *The Role of Legumes in Conservation Tillage Systems*. Soil Conservation Society of America: Ankeny, IA.

Sarrantonio, M. 1997. *Northeast Cover Crop Handbook*. Soil Health Series. Rodale Institute: Kutztown, PA.

Smith, M. S., W. W. Frye and J. J. Varco. 1987. Legume winter cover crops. *Advances in Soil Science* 7: 95-139.

Sogbedji, J. M., H. M. van Es and K. M. Agbeko. 2006. Cover cropping and nutrient management strategies for maize production in western Africa. *Agronomy Journal* 98: 883-889.

Sullivan, D. M. and N. D. Andrews. 2012. Estimating plant-available nitrogen release from cover crops. PNW 636. A Pacific Northwest Extension Publication (Oregon State University, Washington State University and University of Idaho) .

Summers, C. G., J. P. Mitchell, T. S. Prather and J. J. Stapleton. Sudex cover crops can kill and stunt subsequent tomato, lettuce, and broccoli transplants through allelopathy. *California Agriculture* 63 (2) : 35-40.

Weil, R. and A. Kremen. 2007. Thinking across and beyond disciplines to make cover crops pay. *Journal of the Science of Food and Agriculture* 87: 551-557.

Widmer, T. L. and G. S. Abawi. 2000. Mechanism of suppression of Meloidogyne hapla and its damage by a green manure of sudan grass. *Plant Disease* 84: 562-568.

White, C., M. Barbercheck, T. DuPont, D. Finney, A. Hamilton, D, Hartman, M. Hautau, J. Hinds, M. Hunter, J. Kaye and James LaChance. 2015. Making the Most of Mixtures: Considerations for Winter Cover Crops in Temperate Climates, The Pennsylvania State University.https://extension.psu.edu/making-themost-of-mixtures-considerations-for-winter-cover-crops.

案例研究

Gabe Brown

北达科他州 俾斯麦

可以这么说，当加布·布朗（Gabe Brown）和他的妻子雪莉在1991年退休时，加布·布朗从雪莉的父母那里购买了他们现在占地5000英亩的牧场，当时他并没有看到任何变化。这个由布朗的姻亲经营的牧场单一栽培小谷物，依靠常规生产方法，包括频繁耕作、施肥、季节性放牧和化学处理。布朗本人大部分时间学习的也都是这一套，因此他继续这样经营牧场。

但1995年和1996年毁灭性的冰雹毁坏了他的庄稼，1997年的干旱又使当年的庄稼毁于一旦。好像这些惩罚还不够似的，1998年又发生了一场冰雹，再次毁坏了他的庄稼。如果牧场要生存下去，事情就需要改变，土地需要恢复。俾斯麦不是一个容易耕种的地方——一年之中有220多天气温可能会降至零下，年降雨量平均约为406毫米（16英寸），且其中大部分降雨是在5月和6月的雷暴期间。这些极端事件使恶劣天气事件变得更加危险，布朗亲身经历了这一点。

冒着失去牧场的危险，布朗突然面临不得不改变做法以挽救他的牧场生意。他听说并了解了其他农民选择土壤优先策略进行经营的成功案例，这些再生农业实践的重点是减少或取消耕作，停止习惯性地使用合成化学品进行害虫管理和施肥，以及种植覆盖作物以减少侵蚀和捕获土壤中的养分。虽然没有办法控制气候或阻止极端天气事件，但转向整体管理可以通过加强保护使土壤免受风和水的影响，提高水分渗透和保水能力以降低干旱风险，以及通过用活的覆盖作物或作物残留物覆盖土地来保护土地免受极端温度的影响，从而使财产更具抗风险能力。如果他能够通过将土地视为生命体来恢复土壤并使其恢复生机，那么他的企业很可能不仅会生存下来，而且还会蓬勃发展。

布朗做出了选择，致力于拯救他的土地并使牧场恢复生机。他一步一步地试验并将可再生的整体生产方法整合到牧场的运营中，牧场现在生产各种经济作物、覆盖作物、牧草牛和牧草羊，以及放牧的蛋鸡、肉鸡和猪。"自2008年以来，我们没有使用合成肥料，也没有使用杀菌剂或其他杀虫剂，"布朗说。由于转向再生农业措施，免耕牧场在运营的各个方面都取得了巨大的进步，包括减少侵蚀、提高产量、增加土壤有机质、增加几英寸的表土和提高盈利能力。

在过渡期间，布朗完全致力于使用多样化的覆盖作物组合，这增加了土壤有机质，降低了杂草压力，促进了有益生物生长，提高了持水能力，并通过打破土壤压实改善了渗透。覆盖作物混种包括多达25种不同的物种。"我们的目标是尽可能长时间地让作物在土壤中生根，"布朗说，他的每一英亩农田都"要么有一种覆盖作物在经济作物之前生长、要么在经济作物之后生长、要么与经济作物一起生长"。覆盖作物残留物有助于保持所需的土壤温度并喂养有益的生物。

购地时，土壤有机质含量为1.7%～1.9%，降水入渗率仅为每小时半英寸，经过20多年的覆盖种植、牲畜整合和多样化的轮作，布朗牧场的土壤有机质水平达到5.3%～7.9%，入渗率飙升至每小时30英寸以上，这意味着降水总是进入土壤，而永远不会产生径流。

他的牧场系统整合了牲畜，包括2000英亩的农田。布朗认为，放牧牲畜在改善土壤健康方面发挥着关键作用，将牲畜纳入种植系统会让粪便和尿液沉存在土地上，这些粪尿被大大小小的生物消耗，为活的作物和随后的覆盖物提供营养。

当生长季节有营养和草料需求时，布朗依靠他的覆盖种植计划来填补这一空白。秋季双年生植物，如冬季小黑麦和毛苕子，既满足产犊的营养需求，又为土壤提供"盔甲"。土壤样本数据显示，具有多种覆盖作物组合的放牧地增加了所有养分的有效性，从而增加了盈利能力。

布朗家的作物产量增加和资金节省令人印象深刻："我们旱地玉米单产达127蒲式耳，而全县平均产量不到100蒲式耳。因此，我们比县平均水平高出25%以上，但这没有花费很多费用，我们节省了大量的投入。"布朗的牧场依靠其健康的土壤为其作物提供必要的养分：多样化的覆盖作物混种为土壤生物提供食物，进而为作物生长提供必要的养分。

布朗牧场的管理遵循以下原则：通过动物践踏使足够的有机残留物与土壤接触，然后让草料有足够的时间从放牧中恢复。这意味着布朗的轮牧策略非常密集：放养率高且轮作频繁。永久性牧场的面积为15～40英亩，并通过便携式围栏进一步划分为六分之一英亩至5英亩的围场。300对牛群通常每天移动一个围场，200～600头一岁小牛每天移动1～5围场。虽然这似乎需要做很多工作，但按计时器操作的太阳能开门器可以让动物自己移动。

在这个系统中，牛通常会吃掉特定围场中30%～40%的地上生物量，并将践踏剩余的大部分草地。大多数围场在再次放牧之前至少要经过360天的恢复。牧场的产品有自己的营销标签：草牛、草羊、草猪、草蛋鸡、草肉鸡和蜂蜜。

加布·布朗是土壤健康的转变者。当他不在农场与儿子保罗一起工作时，他会在活动和会议上发表演讲，参观农场或在土壤健康学院的学校任教。他在2018年出版的《从泥巴到土壤：一个家庭的再生农业之旅》一书中分享了布朗牧场的演变故事，并为美国农民和牧场主遇到的许多土壤健康问题提供了解决方案。布朗专注于具有生命力的土地的健康，不怕失败，布朗已经成功转型，使他的运营更具弹性，更好地应对未来可能面临的任何挑战。

第十一章　种植制度多样化

——Rodale Institute供图

> 在耕作方法中，草类是轮作的一个重要组成部分，特别是那些留下大量根茎残留物的品种，它们引起的生产能力的下降速率要比连作小麦、棉花或土豆等残留物少的作物慢得多。
>
> ——Henry Snyder[1]，1896 年

有多种方法可以使种植系统多样化，并且有充分的理由这样做。一个重要的生态原则是多样性有助于维持生态系统的稳定性和提高生产力（见第八章的讨论）。随着时

---

[1] 出自《腐殖质与土壤肥力的关系》（Humus in Its Relation to Soil Fretility）。作者Henry Snyder系当时明尼苏达大学农学院农业化学教授，原文参见：https://naldc.nal.usda.gov/download/IND23311203/PDF。——译者注

间的推移，一个田块通过使用覆盖作物和轮作一些作物来实现多样化。您还可以通过在不同的田地或田地内的条带种植不同的作物，在空间上或农场景观中实现多样化。精心计划的作物轮作——例如，采用相同的作物种植周期，但在给定的年份或季节从一块田地到下一块田地交替种植不同作物——随着时间的推移，提供了整个农场景观的多样化。通过使用多年生植物，作物多样化也可以是较少的轮作作物。例如，奶农可能会种植三到四年的苜蓿，然后再轮作玉米。混农林业是将树种与一年生作物或其他多年生植物一起种植，为农场增加栖息地多样性提供了另一种方式。通过将动物引入农场，将畜牧业和种植业相结合也是另一个维度的多样性。当然，这三者——作物轮作、混农林业和畜牧业整合——可以一起实践。在本章中，我们将讨论轮作和混农林业。整合种养在下一章（第十二章）中单独讨论。

作物和不同品种混种

轮作不仅有许多益处，而且不同作物甚至同一作物的不同品种（栽培种）混种有时也能提供切实的优势。例如，蚕豆通过酸化玉米根部周围的土壤，帮助玉米在低磷土壤中吸收磷。此外，当某一物种的某些品种因其品质因素如味道而受到青睐，但对某一特定的害虫敏感时，易感品种和耐性品种按一定的行数交替种植，往往会减轻虫害的严重程度。

11.1 为什么要轮作？

轮作作物通常意味着收益多元化，昆虫、寄生线虫、杂草和植物病原体引起的疾病问题更少。包括非寄主植物的轮作能有效控制玉米根虫等昆虫、大豆胞囊线虫等线虫和豌豆根腐病等。为了抑制特定的土壤病害，种植相同或相似作物之间的种植周期可能从相对较短（洋葱叶枯病为一到两年）到相当长（萝卜或萝卜根肿病为七年）不等。抑病作物可以通过提高土壤生物多样性，以强化竞争或取食植物病原体来实现抑病。当连续种植任何单一作物时，根系生长可能会受到不利影响（见图11.1）。这意味着作物对土壤和肥料的养分效率较低。此外，包括豆科植物在内的轮作可为后续作物提供不同数量的氮。一年生豆科植物作为种子收获，例如大豆，为后续作物提供的氮很少。种植草皮型牧草、豆类和草豆类混合物作为轮作的一部分也会增加土壤有机质。简单的轮作如交替种植玉米和大豆这种暖季作物时，如果不再种植覆盖作物那就会让土壤长时间裸露。更复杂的轮作体系包括暖季和冷季作物需要3种或更多作物，且需要5到10年（或更长）的周期才能完成。

图11.1 玉米根：（左）连续施用化肥；（右）施用紫花苜蓿和牛粪堆肥

Walter Goldstein（Michael 田野农业研究所）供图

轮作是任何可持续农业系统的重要组成部分。在正常生长季节，轮作作物的产量通常比单作作物高10%，而在干旱生长季节则高达25%。涉及三种或更多具有不同特征作物的轮作通常会提升土壤健康，从而促进作物生长。当您种植豆类牧草后种植谷物或蔬菜作物时，豆科固定的氮肯定会有用。事实上，轮作作物的产量通常仍高于单一种植作物的产量，即使两者都提供了充足的氮。爱荷华州的研究发现，即使每英亩使用240磅的氮，连作玉米产量不如玉米/苜蓿轮作，且轮作时很少施氮或不施氮。此外，在采用推荐的施肥量时，一种非豆科作物和另一种非豆科植物轮作的产量高于单作。例如，当您在干草之后种植玉米或在玉米之后种植棉花时，年复一年您将获得比种植玉米或棉花时更高的产量。轮作带来的这种产量收益有时被称为轮作效应。轮作的另一个重要好处是，在特定年份种植多种作物可以分散劳动力需求并降低意外气候或市场波动造成的风险。还有其他好处，例如轮作中包含多年生饲草作物时（干草类作物）可以减少水土流失和养分流失。在丰年以及不好的年份（例如干旱或过度潮湿的年份），复杂轮作中的玉米产量高于单作或简单轮作。

11.2　轮作和土壤有机质水平

您可能认为，如果土壤有机物在特定的种植系统中保持不变，您就做得相当不错了。然而，如果要在贫瘠的土壤上耕作，则需要提高有机质水平来抵消先前不当措施的影响。有机质水平低显然是不可行的。

作物类型、产量、作物根量、收获的作物部分以及作物残体的处理方式都会影响土壤有机质。土壤肥力本身会影响返还到土壤中的有机残体的数量，因为肥沃的土壤使作物高产，从而增加地上和地下的残体数量。因此，当土壤由于简单的轮作和仅通过无机肥料提供养分而导致有机质耗竭时，停止采用这些管理措施不是解决方案。在继续保持肥力水平的田间，还需改变轮作以改善土壤健康。

在原始森林或草地土壤上改种行栽作物后，在最初的5到10年内有机质水平下降非常迅速，但最终可达到稳定或者平衡。此后，只要生产方式不变，土壤有机质水平将保持稳定。图11.2给出了连续种植玉米25年土壤有机质变化的情况。当种植系统从栽培作物转变为禾本科或混合草-豆科草皮时，土壤有机质水平增加；然而，这种有机质增加的速度通常比连续耕

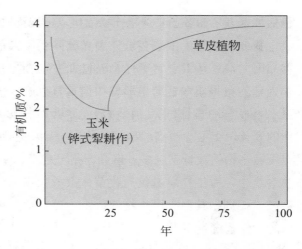

图11.2　在长期种植玉米改种干牧草作物后犁底层中有机质发生的变化

作的减少速度要慢得多，因为包括多年生植物在内的轮作减少了耕作次数和耕作引起的有机质的损失。

密苏里州的一项长期种植试验比较了连续栽培玉米与连续栽培草皮和各种轮作。在连作玉米60年的过程中，超过9英寸的表土流失了，每年损失的土壤量相当于每英亩21吨。六十年后，连续栽培玉米的土壤表土量仅为连续栽培提摩西牧草土壤表土量的44%。由玉米、燕麦、小麦、三叶草和两年的提摩西草组成的六年一轮的轮作下的表土量约为提摩西草土壤中表土量的70%，比连续种植玉米的结果要好得多。侵蚀和有机质分解的差异导致提摩西草土壤有机质含量为2.2%，玉米地仅为1.2%。

在加拿大东部的一项实验中，连续种植玉米的土壤有机质的年增长约为每年每英亩100磅，两年的玉米种植后再种植两年的苜蓿，有机质每年每英亩增加约500磅，四年的苜蓿种植让有机质每年每英亩增加800磅。请记住与大多数土壤中的有机质含量相比，有机质提升的量是很少的：在6英寸的土壤深度内3%的有机质代表每英亩约60000磅。此外，当土壤有机质增加到矿物表面被有机质完全饱和且土壤高度聚集时，无论再向土壤中添加多少作物残茬、粪肥和堆肥，有机质含量都趋于平稳。

在轮作中加入多年生牧草，并且在土壤上多年种植，会发生两种情况。首先，土壤有机质的分解速度会降低，因为土壤没有受到经常性的扰动（这种情况也发生在免耕种植中，即使是对于非牧草作物如玉米也是如此）。其次，禾本科类和豆科植物根系发达，其中一部分根系每年都会自然死亡，为土壤添加新的有机物。具有大量根系的作物能提高土壤生物活性，增加土壤团聚体。与大多数其他作物相比，禾本科或豆科植物的健康根系返还到土壤中的有机质较高。即使在生长季节，禾本科植物的老根也会死亡，并提供新鲜、有效的有机物质。在美国中西部玉米和大豆带，发现在轮作中

包括种植三年的多年生饲料作物后可以形成优质土壤。

我们不仅对土壤总有机质感兴趣；我们也希望在土壤中生活着各种不同类型的生物。同时，还希望土壤中有大量的活性有机质（为土壤生命提供食物）、高水平的团聚体内部的有机质（有助于形成和稳定有机质），以及完全分解的土壤有机质（腐殖质）（以提供更多的阳离子交换能力）。尽管大多数实验都比较了不同种植制度下土壤有机质的变化，但很少有实验研究轮作对土壤生态系统的影响。作物留在田间的残体越多，土壤微生物的数量就越多。俄勒冈州一个半干旱地区的实验发现，在为期两年小麦-休耕系统中，微生物总量仅为牧草体系微生物总量的25%。众所周知，常规的翻耕系统会减少蚯蚓和其他土壤生物的数量。更复杂的轮作增加了土壤生物多样性，多年生牧草的轮作系统也增强了这一效果。

11.3　残体的利用

正如第三章和第九章所指出的，一些作物收获后留下的残留物要高于其他作物。如果可能，应将残留物多的作物尤其是根系量大的作物纳入轮作体系。人们对作物残留物的多种用途（例如小粒谷物的秸秆用于垫料和覆盖，或玉米秸秆用于生产生物燃料）有相当大的兴趣。然而，农民应该记住，频繁地从土地上清除大量的残留物，特别是在经济可行的条件下，如果作物残留物用于生产生物燃料的话，会对土壤健康产生非常不利的影响。

轮作和能源使用、气候变化影响和潜在的人类健康影响

一项将典型的玉米-大豆轮作与增加一年燕麦和红三叶草（收获燕麦和稻草）或两年苜蓿作物的轮作进行比较的研究发现，更复杂的轮作能降低能源使用，在不"影响经济或农艺表现"的情况下，降低温室气体排放和改善空气质量。我们从许多其他实验中了解到，复杂的轮作在生物、物理和化学等许多方面改善了土壤健康。

11.4　物种丰富度和活跃生根期

除了收获后剩余的残留物数量外，各种类型的残留物也很重要。目标应该是：① 轮作一年生植物和多年生植物，② 如果可能的话在轮作中包括3个或更多不同的物种。

与大田单作相比，轮作往往会增加土壤有机质、氮和微生物的数量。覆盖作物也同样可以达到目标，但可能无法达到多年生或二年生作物的全部效益。

　　轮作中活根存活的时间百分比很重要。活根存活时间在不同体系中差异很大，从玉米-大豆轮作的32%到大豆-小麦轮作的57%到大豆-小麦-玉米轮作的76%（表11.1）。只需在玉米-大豆交替中添加冬小麦就可以大大增加活跃根系存在的时间。（这样做也有助于控制杂草，增加玉米产量并提供另一种作物）。与夏季一年生植物相比，冬季一年生植物、多年生植物和覆盖作物延长了生长期。如上所述，当土壤长时间被活体植物覆盖时，趋向于减少被侵蚀，减少硝酸盐的淋洗和地下水污染。

表11.1　轮作的比较：根系活跃期占比和物种数量

轮作	年数	根系活跃期占比/%	物种数量
玉米-大豆	2	32	2
干豆-冬小麦	2	57	2
干豆-冬小麦/覆盖层	2	92	3
干豆-冬小麦-玉米	3	72	3
玉米-干豆-冬小麦/覆盖层	3	76	4
甜菜-豆类-小麦/覆盖层-玉米	4	65	5

　　注：资料源自Cavigelli等（1998）。

11.5　轮作与水质和氮素气态的损失

　　与非常简单的轮作相比，多样化的轮作提供了许多好处。例如，南达科他州的一项实验将简单的玉米-大豆轮作与四年玉米田豌豆-冬小麦-大豆轮作进行了比较。研究发现，与玉米-大豆轮作相比，四年轮作中的大豆产量更高，土壤中积累的有机物更多，向大气中损失的温室气体一氧化二氮（N_2O）更少。当在春天种植一年生作物时，全年里土壤有相对较长的时间没有活体植物。这意味着在一年大部分时间里，没有活的植物能吸收从土壤中淋溶出的养分，特别是硝酸盐。美国中西部和东北地区尤其如此，这里许多土地都有暗渠排水系统，会加重硝酸盐含量高的水向河流里排放。不生长植物除了不吸收养分外，土壤更潮湿，更容易产生径流、侵蚀和淋溶。因此，在轮作体系中包含多年生牧草和冬季谷物有助于维持或提高地下水和地表水的质量。而且，虽然种植覆盖作物可以帮助提高水质，但覆盖作物不应作为经济作物轮作的替代品。好的轮作结合覆盖作物可以大幅度改善土壤的物理、化学和生物特性。

11.6　农场劳动力和经济学

在讨论合适的轮作之前，让我们先考虑一下对农场劳动力和财务的可能影响。如果您只种植1～2种作物，在种植和收获季节则必须花相当长的时间工作，在其他时间的工作没有那么多。种植饲料干草作物和较早收获的作物，以及传统的秋季收获的作物，可以让您的劳动力分散在不同生长季节，农场更容易由家庭劳动力来管理。此外，当您种植种类更加多样化的作物时，即使其中有一到两种作物价格产生波动，农场受到的影响也较小。这可能会提高全年的收入和年度财务的稳定性。另一方面，即使不改变轮作，也可以通过种植不需要收获或售卖的覆盖作物来增加农场的多样性（参见第十章）。

轮作有许多好处，但也存在一些成本或复杂的因素，在寻找多样化的同时，仔细考虑农场的劳动力、管理能力、市场等因素至关重要。您可能需要更多的设备来种植不同的作物；不同作物之间的劳动力需求可能存在冲突。例如在收获干草的同时需要除草和对玉米侧施氮肥。此外，一些工作，如收割干草（割草、打捆和储存）可能需要相当多的劳动力，但劳动力可能并不总是空闲可用。总之，农场越多样化，空闲的时间就越少。

对于许多农民来说，解决方案是进一步多样化并将牲畜带入农场。种畜一体化、多品种放牧，对专用设备的需求较少，放牧期间牲畜可以自己吃喝拉撒，节省人力。它还使农场收入多样化，在总体上有助于农场养分和碳的循环。

轮作与植物病害

精心安排的轮作，特别是当谷物和宽叶覆盖作物交替时能极大地帮助控制植物病害和线虫。有时土壤一年的休耕期就足以控制病害，而另一些病害则需要数年种植非寄主作物来充分降低病源密度。轮作中加入豆类（pulse crops）作物可以刺激有益生物，降低谷物根系病害的严重程度。小麦和大麦常见根腐病的严重程度可以通过多年种植宽叶覆盖作物来降低。对于宿主范围相当窄的病害和线虫，通过轮作很容易控制；但有些病害或线虫的寄主范围很广，在发展或改变轮作时需要更小心。此外，有些病害通过受感染的种子进入田地，而另一些病害，如小麦叶锈病，可以随风传播很长的距离。除轮作外，还需要其他策略来应对此类病害。

——Krupinsky 等（2002）

11.7　一般原则

在计划新的轮作时，应该尽量考虑以下原则：

1.紧随豆类饲料作物如三叶草或苜蓿之后，种植对氮素需求高的作物如玉米，以利用氮源。

2.在豆类覆盖作物后的第二年或第三年，种植需氮量较少的作物，如燕麦、大麦和小麦。

3.如果可能的话，同一种一年生植物只种一年，以避免昆虫、病害和线虫问题。（注：多年来玉米与大豆的交替种植有效地控制了西方玉米根虫。最近，在一些零星地区，有着较长休眠期的根蠕虫种群已经扩散开了，它们能够在非常简单的两年轮作中存活下来。）

4.避免相近物种一起轮作，因为昆虫、病害和线虫的问题往往容易在相近物种间传播。

5.针对特定的线虫危害，应考虑种植几年非寄主植物，如用粮食作物应对根结线虫，以减少线虫密度，再种植易感的作物，如胡萝卜或生菜。植物寄生线虫的数量多也会影响覆盖作物的选择（关于覆盖作物的讨论见第十章）。

6.调整作物种植顺序来促进作物健康生长。有些作物似乎在特定作物之后种植表现良好（例如洋葱之后种植卷心菜，玉米之后种植土豆）。前一种植作物可能会对后一种植作物产生不利影响，比如在种植豌豆或燕麦之后种植的土豆会有更多的结痂。

7.将牲畜视为轮作系统的一部分。多年生饲料作物有很多好处，当牲畜在牧场放牧时，这些好处会得到加强。事实上，在作物轮作中可将动物轮作纳入轮作放牧系统。

8.使用有助于控制杂草的轮作顺序。小粒谷物与杂草竞争激烈，可抑制杂草种子的发芽，行栽作物可以在季节中期种植，定期收割或用于密集放牧的草皮作物有助于控制一年生杂草。此外，包括冷季作物和暖季作物在内的轮作可能有助于减少杂草数量。随着杂草对更多杀虫剂产生抗药性，探索作物种植顺序以提供更多机会来抑制它们变得越来越重要。

9.在坡地和侵蚀性很强的土壤上，种植生长期长的多年生作物，如豆类牧草。采用良好的保护措施，如免耕种植、大面积覆盖种植或条播（结合轮作和侵蚀控制的措施），可放宽遵循这一准则的要求。

10.尝试在轮作中种植深根作物，如苜蓿、红花或向日葵。这些作物吸收底层土中的营养和水分，腐烂的根系留下的通道可以促进水分渗透。

11.种植一些能留下大量残留物的作物，例如收获谷物的高粱或玉米等，为减少耕作系统提供表面覆盖物，覆盖物与它们的根一起保持或增加有机质水平。

12.许多直销的蔬菜农场种植多种作物时，试着根据植物科属、作物的时间安排（例如，所有早熟作物安排在一起）、作物类型（块根类、果蔬类、叶菜类）或种植措施（灌溉、使用地膜）将作物分为若干区域。

13.在降雨量少的地区，作物需水量可能是一个棘手的问题，种植时的土壤水量可以决定是否种植特定作物，种植需水多的作物，如干草、向日葵和红花，土壤可能无法为下一茬作物的轮作留下足够水分。

14.良好的轮作具有足够的灵活性，能够适应每年的气候和作物价格变化，以及土壤病原菌和植物寄生线虫的发生。例如，大平原地区引入了旱地轮作，取代小麦-休耕种植体系，从而更好地利用水资源，减少土壤侵蚀（据估计，在中部高平原的十四个月休耕期间，只有不到25%的降雨可供下一茬冬小麦作物使用。）（见下方文本框"灵活的种植系统"和表11.2，了解关于灵活或动态的种植讨论和信息。）根据天气和农场的需要，可以轮换种植适合的冬季小谷物。冬季谷物可以作为覆盖作物（在春季杀青，但仍处于营养生长期状态），如果需要饲料，可以在春季放牧，或者，如果春季非常潮湿，则可以让它成熟并收获谷物。

表11.2　单一栽培、固定顺序轮作和动态种植系统的比较

	单作	固定顺序轮作	动态种植系统
作物的数量和类型	单一作物	多种作物；数量取决于区域适应性物种、经济、农民知识、基础设施	多种作物；数量取决于区域适应性物种、经济、农民知识和基础设施
作物多样性	不适用	多样性取决于固定序列时间的长短	由于生长条件和营销机会的年度变化以及生产商目标的变化，多样性高
作物的适应性	不适用	没有，尽管固定序列的种植系统结合机会作物（opportunity crops）增加了灵活性	高。从本质上讲，所有作物都是机会作物
生物学与生态学知识	农学基础知识	一些有关作物交互作用的知识是必要的	对复杂、多年作物和作物-环境交互作用的扩展知识
管理复杂性	一般较低，但依作物类型而异	复杂度随固定序列时间的长短和种植作物的多样性而变化	由于生长条件、市场和生产商目标的年度变化，复杂性本来就高

注：改编自Hanson等（2007）。

11.8 轮作示例

在不同情况下，推荐具体的轮作方式是不现实的。每一个农场都有其独特的土壤和气候以及人力、牲畜和机器资源组合。每个地区、每个农场的经济条件和需求也各不相同。参考过去或现在的重要轮作措施，可能会得到有用的启示。

20世纪上半叶，在中西部的北部地区和东北部的农牧综合农场，五至七年为一轮的轮作较为常见。这种轮作的一个例子如下：

第1年　玉米

第2年　燕麦（豆科 - 禾本科干草混合种植）

第3、4和5年　混合草 - 豆科干草

第6年和第7年　牧草

最需要氮的作物是玉米，其次是牧草，每五到七年只收获两次谷物。第二年，当禾本科类 - 豆类干草播种时，选择种植需氮量较低的燕麦作为"覆盖作物"（nurse crop），谷子作为动物饲料，燕麦秸秆用作牛栏垫草；两者最终都作为动物肥料返还土壤。这种轮作在许多情况下保持了土壤有机质水平，或者至少没有使其大量减少。在草原土壤中，即使有机质的初始含量很高，土壤有机质含量仍会随轮作的进行而降低。

灵活的种植系统

正如"一般原则"中第14点所讨论的，对许多农民来说，最好是适应更灵活的作物轮作顺序，而不是严格遵守特定的顺序。许多事情每年都在变化，包括作物价格、虫害压力和气候问题。许多农民确实偏离了计划，在某一具体地块改种其他作物，例如，春天干旱时在比较湿润的地块，菜农改种早熟作物，从而提高了该田地的作物多样性。这个问题对大平原等缺水地区的旱作农民尤为重要。在旱地农业中，水资源有效性低通常是限制作物生长的最大因素。在这些地区，种植作物所需的大部分水储存在土壤中，如果第一年降雨量充足，接连种植两种需水量大的作物还可以应付；但如果降雨量很低，在种植需水量大的作物（如向日葵或玉米）后，需要种植需水量较小的作物（如干豌豆或扁豆），只有这样好好利用土壤中的储水加上生长期间的降雨，才能获得合理的作物产量。

在中西部的玉米带地区，很容易购买到杀虫剂和化肥，动物在大型饲养场而不是在农牧一体化农场饲养，粮食出口市场得到发展，轮作发生了变化。农牧结合的农场

一旦成为粮食作物种植农场或作物+养猪农场，就无需种植牧草作物。此外，政府的商品价格支持计划无意地鼓励了农民将生产范围缩小到两种饲料谷物：玉米和大豆。玉米-大豆两年轮作优于单一种植，但存在侵蚀、地下水被硝酸盐和除草剂污染、土壤有机质流失等问题，在某些情况下还会增加病虫害问题。大豆的残留量却很小，但研究表明，大豆-玉米轮作中玉米粒产量高，可能会有足够的残留物来维持有机质。

多年来，爱荷华州的汤普森农牧综合农场（猪和牛）实行了一种替代性的五年一轮的玉米带轮作，类似于我们描述的第一种轮作方法：玉米/大豆/玉米/燕麦（混合/禾本科类干草种植）/干草。对于肉牛放牧的田地，汤普森八年轮作如下：

第1年　玉米（谷物黑麦/毛苕子覆盖作物）
第2年　大豆
第3年　燕麦（混合/草籽播种）
第4到8年　牧草

有机质是通过使用粪肥和城市污泥、覆盖作物（种植燕麦和黑麦之后玉米套种大豆，大豆套种毛苕子）、作物残留物和轮作作物等多种措施来维持的。与相邻农田相比，这些措施让土壤疏松多孔，其侵蚀程度显著较低，有机质含量较高，并且保有更多的蚯蚓数量。

弗吉尼亚州研究的四年为一轮的轮作方法主要采用免耕法，如下所示：

第1年　在玉米、免耕玉米茬上种植冬小麦
第2年　收割冬小麦后放牧肉牛，免耕麦茬上种植狐尾粟，用于制成干草或放牧，秋季免耕种植苜蓿
第3年　收割苜蓿和放牧
第4年　苜蓿在秋天之前像往常一样收割和放牧，然后大量放牧以削弱苜蓿生长，以便在来年种植玉米

这种轮作遵循本章前面讨论的许多原则，它是由研究人员、推广专家和农民设计的，类似于前面描述的传统轮作，但有一些不同点：这种轮作时间较短；使用苜蓿代替三叶草或三叶-草类混种；并且在免耕实践中尽量减少农药的使用。苜蓿（第4年）种植后再种植玉米时出现了杂草控制的问题，调查人员因此使用了秋耕，并采用覆盖作物冬黑麦和毛苕子混种。通过在春季用耙（与滚筒/卷曲机的效果相似）碾压覆盖作物，再用改良的免耕播种机在地面残茬上种植玉米，取得了一定的抑制效果。地面厚厚一层的秸秆覆盖为玉米提供了良好的杂草控制条件。

大平原地区和西北部半干旱地区的传统小麦种植模式通常包括一年的休耕，以便

储存水分和更多有机氮的矿化，供下一茬小麦的利用。然而，这种两年小麦休耕制度存在一些问题，因为在休耕年里没有作物残留物返还土壤；除非额外提供粪肥或其他外源有机物，否则土壤有机质会逐渐减少。在休耕年间，渗透到根系层以下的水将盐分集中到农田的低洼处。在这些低洼地带，浅层地下水会渗回地表，形成"盐水渗漏"（saline seeps），导致产量下降。休耕年间，风或水引起的土壤侵蚀增加会导致有机质减少（在一次试验中，每年以约2%的速度减少）。在这种小麦单一栽培体系中，杂草如山羊草和旱雀麦容易丛生，这表明作物多样化是必要的。

在旱地地区，当农民试图发展更可持续的种植体系时，应该考虑在更加多样化的轮作中选用包括深根作物的一些物种。这将增加土壤中残留物的数量，保护性耕作需求，并减少或免去休耕期（见"灵活的种植系统"阅读框）。在20世纪70年代，一些农民开始从两年的小麦休耕制度转向三年轮作，通常是冬小麦-高粱（或玉米）休耕。当这种轮作与免耕相结合时，累积的地表残留物有助于保持较高的土壤水分含量。在科罗拉多州进行的四年小麦-玉米-小米-休耕的轮作制度评估中发现，该制度优于传统的小麦-休耕的轮作制度。这种轮作方式的小麦产量比单一栽培的小麦产量高，玉米和小米的额外残留物也有助于增加土壤有机质。

许多农民将向日葵（一种深根作物）添加到小麦-玉米-向日葵-休耕的轮作制度中。向日葵也在俄勒冈州作为小麦轮作的一部分进行了评估。

北达科他州半干旱大平原的另一种轮作方法是将作物和畜牧业结合起来；它使用多品种轮作代替硬红春小麦的连续种植。这个五年轮作只包括两种经济作物（小麦和向日葵）和三年的放牧作物：

第1年　9月小麦收获后种植硬红春小麦（经济作物），和冬季小黑麦和多毛野豌豆

第2年　6月收获黑麦草干草后，尽快播种由7到13种作物混合组成的覆盖作物，然后放牧奶牛或一岁公牛

第3年　在"领头羊"放牧计划中，首先种植青贮玉米品种，放牧一岁公牛，然后放牧奶牛

第4年　在豌豆-牧草大麦混合物放牧一岁公牛

第5年　向日葵（经济作物）

在半干旱地区有时会发现钠渗漏和地下钠黏土层，这可能会限制作物的生长。（有关盐碱土的讨论，请参见第六章，有关它们的开垦，请参见第二十章）。在上述多作轮作的覆盖作物种植年份，包括具有主根的适应作物类型，如耕作萝卜、向日葵、红花、芥末和油菜，以及耐钠作物如大麦，在农场所有的面积中，不同作物轮作相结合，有助于修复有问题的土壤。

种植大量作物的菜农发现最好的办法是进行大面积地轮作，每一种作物都来自同一个科属，或者具有类似的生产计划或种植方法。许多农民现在使用覆盖作物来帮助"生产自身的氮肥"（grow their own nitrogen），从中利用可能在生长季结束时存在的额外氮素，并通过覆盖作物向土壤中添加有机物。四到五年为一轮的蔬菜轮作方式如下：

第1年 甜玉米，随后种植毛苕子/冬季黑麦覆盖作物

第2年 南瓜、冬瓜、西葫芦，随后种植黑麦或燕麦覆盖作物

第3年 番茄、土豆、辣椒，随后种植麦草/谷物黑麦覆盖作物

第4年 十字花科植物、蔬菜、豆类、胡萝卜、洋葱和其他蔬菜，随后种植谷物黑麦覆盖作物

第5年 （如果土地可用的话）燕麦、红三叶草或荞麦，随后种植一种毛苕子/谷物黑麦覆盖作物

有机农场的作物轮作

轮作一直是个好方式，良好的轮作在有机农场中是必不可少的。在有机农场中，使农作物免于病虫害基本不可能，通过良好的轮作体系来预防病虫害更为重要。同样，杂草管理需要多年的轮作。由于有机作物生产所需的营养元素主要来自土壤、粪肥、堆肥和覆盖作物中的有机质释放，保持定期有机物质输入和大量有效土壤有机质的作物轮作至关重要。

为了从多种作物轮作中获益并充分利用经济市场，有机农场主通常会种植多种多样的作物。因此，有机地块作物生产商通常种植5到10种作物，新鲜市场蔬菜种植者则会种植30种或更多。但由于作物种植面积变化较大，以及天气和市场需求的变化，作物组合经常发生变化，在高度多样化的农场上规划作物轮作是困难的。许多有机农场主不会遵循任何定期轮作计划，而是根据所在地的种植历史及其物理和生物特征（例如排水、最近的有机物输入、杂草胁迫），在单个田地（或部分田地）上开展作物种植。熟练的有机种植者通常会提前考虑来年的经济作物和一些中间的覆盖作物，但他们发现提前计划通常是毫无意义的，因为长期计划经常会改变。

虽然在种植多种作物的农场上很少能遵循精确的长期轮作计划，但一些有经验的有机农场主会遵循一个普遍性的重复组合，即将特定作物通过上述专门的方法种植。例如，一些蔬菜经营者每隔一年种植经济作物，间隔的这一年则种植一系列覆盖作物。许多大田作物生产商定期种植几年干草替代轮作顺序中的玉米、大豆和小谷物，而一些蔬菜种植者同样也用几年的蔬菜和两至三年的干草进行轮

作。这些干草或覆盖作物在休整期间构建土壤结构，让土传病害和杂草种子有时间减少，并为随后种植的高营养需求作物（heavy-feeding crops）提供了氮养分。一些蔬菜种植者以相对规则的顺序交替种植一些作物，但当需要较少种植面积的作物出现在该顺序上时，这通常需要用部分土地在几年内种植一些覆盖作物。在所有这些广义的轮作方案中，占用特定位置的特定作物由上述特别过程决定。将这些选择和一般的轮作方案结合在一起，显著简化了决策过程。

　　将农场划分为许多小的、永久性的管理单位，也极大地促进了每年田间作物布局的有效性。通过这种方式，每块田地的每个部分都可以很容易地维持其精确的种植历史。此外，对于存在问题的地块，特别是高产地块，可以很容易地找到问题所在和当地的适种植物。

——Charles Mohler，康奈尔大学

　　蔬菜种植者的另一种轮作方式是使用2～3年的苜蓿作为6～8年一轮轮作的一部分。在这种情况下，苜蓿之后是氮需求量大的作物，如玉米或南瓜，其次是卷心菜或西红柿，到最后两年，可以种植需要良好苗床的作物，如生菜、洋葱或胡萝卜。这种轮作中的一年生杂草通过多次收割苜蓿来控制，多年生杂草通过轮作的中耕阶段（row-crop phase）的耕作来减少。

　　大多数菜农没有足够的土地或市场在他们的大部分土地上多年种植干草。在这种情况下，积极使用覆盖作物有助于保持土壤有机质水平。每年或隔年还应施用粪肥、堆肥或其他来源的有机物，如树叶，以帮助维持土壤有机质和肥力。

　　棉花与花生交替种植是东南沿海地区常见的简单轮作方式。这个地区的土壤往往是沙质的，肥力和保水能力较差，底土存在压实层。正如中西部的玉米-大豆交替模式一样，从多方面来看，一个更复杂的轮作系统是非常可取的。一个包含多年生饲料作物的轮作，至少实践几年后，可以为棉花-花生系统带来许多好处。在棉花-花生系统中种植两年巴伊亚草的研究表明，此系统中棉花根系生长旺盛，土壤有机质和蚯蚓较多，水分下渗和储存能力较好。

　　受到全球对玉米和大豆等谷物作物需求增加的强烈推动，南美洲，特别是巴西和阿根廷的农业迅速扩张和集约化，这一地域的许多地区旱季也在延长，通过使用免耕和种植大豆和玉米，可以使其种植体系在生态上更具可持续性。在旱季之后，像臂形草这样的热带草被播种到玉米中并放牧肉牛，这降低了玉米-大豆系统的破坏性，这些国家作物生产供给全球，已经造成重要热带森林的消失，也让生活在这些森林中的人们大量失去他们的家园。

11.9 复合农林系统

复合农林系统是将树木和灌木整合到作物和动物养殖系统中。这个想法是通过集中管理一个集成和交互系统来获得环境、经济和社会效益。在这里，树木不仅作为未经管理的林地，而且直接或间接地使农场的农作物和动物受益。在大多数情况下，农林业通过收入多样化、更有利的小气候（遮阴或躲避强风）以及提供野生动物栖息地使农场受益。此外，在许多情况下，它可以改善不适合作物生产的边缘土地。然而，发展农林业需要长时间的坚持，这是因为树木通常在几年内不会产生任何收入，甚至有些木材种类几十年也不产生收入。

11.9.1 植物篱农作

植物篱农作包括以较宽的间距种植一排排树木，并在两排之间的植物篱中种植伴生作物。通常这样做是为了使农业收入多样化，但它也可以提高作物产量并为作物提供保护和养护作用。在美国，这些系统通常包括种植在高价值木材、果树或坚果树之间的植物篱中的谷物、中耕作物、干草或蔬菜作物（图11.3）。核桃和橡树等高价值硬木，甚至是木质装饰花卉或圣诞树等观赏树，都是很好的树种，可以提供长期收入，而短期收益则来自种植在植物篱中的伴生作物。如果树排需要的话，山核桃树和栗树是生产坚果的好树种。

当您在植物篱中种植农作物时，尤其是在高纬度地区，树木对光的拦截是一个问题。（当植物篱种植作物耐阴时，这不是一个问题，如某些草药和草料）。有几种方法可以减少这种影响：

图11.3 植物篱农作涉及核桃树和小麦
照片由美国农业部自然资源局供图

- 更广泛地间隔树行。
- 将树木排成东西向，这样可以最大限度地阻挡光线，因为树木遮挡主要发生在太阳处于高强度时。这可能需要与其他目标相平衡，例如拦截风，这通常需要南北方向。
- 使用叶子细密且树冠密度较小的树木，以便为伴生作物提供更多的光线。
- 使用晚出叶或早落叶的树种。例如，晚叶树不会在早季为冬小麦拦截光线。

● 削薄和修剪（矮林）以控制大树冠并提高木材质量。例如，晚叶树不会在早季为冬小麦拦截光线。

● 削薄和修剪（矮林）以控制大树冠并提高木材质量。

农民应根据物种和产品的类型调整树木布局。在行内间隔较远的单行树木往往需要更长的时间来闭合树冠，但也会形成更多分枝的树冠，这对于某些树木作物（如坚果树）是可取的。单排或双排的密集树木鼓励更多的天然整枝修剪和直树干发育，这有利于形成优质木材。有时，更高和更短的树类型可以一起种植。

在热带环境中，植物篱农作引起的与光拦截相关的问题较少，因为太阳通常更强烈，在天空中更高，并且生长季节更长。此外，在许多热带国家，包括化肥在内的作物投入成本较高，而劳动力成本和机械化成本较低。这为使用散布在作物中的热带豆科植物创造了更大的机会，以增加作物有机氮、动物饲料以及用于烹饪和取暖的木柴的可用性（图11.4）。

图11.4　热带植物篱农作的例子

左图：用于种植蔬菜种子荚和草药的辣木树，以及用于饲料或土壤改良的高粱。照片由斯图尔特·韦斯供图。右图：Gliricidia豆科植物，新的生长受到定期收获芽的抑制，芽用于动物饲料或玉米的有机肥料（注意：玉米尚未种植在山脊上）

尽管植物篱农作可以提供优势，但应该了解一些挑战。与其他形式的多作种植一样，植物篱农作需要更密集的技术管理技能和营销知识，还可能需要专门的树木管理设备。它还从年度作物生产中移除了可能在几年内无法提供财务回报的土地。如果树木的排列没有仔细规划和设计，它们可能会成为作物种植的障碍。这些树木还可能通过争夺阳光、水分和养分而导致小巷中生长的伴生作物的产量损失，并且在某些情况下，从作物中飘出的除草剂可能会损害树木。

11.9.2　其他农林业实践

林下种植

林下种植不像植物篱农作那样将土地分成不同的生长区，而是在已建立的森林（天然林或木材种植）内种植林下作物。在这个系统中，树木的阴影实际上是一种理想的品质，因为种植的或野生的林下作物在这样的环境中茁壮成长。典型的例子是人参等药材、某些类型的蘑菇、接骨木等水果以及杜鹃花和苔藓等观赏植物。许多这些林下作物的经济效益十分可观。

图11.5　在森林牧场系统中放牧的动物
美国农业部国家农林业中心供图

林牧复合系统

林牧复合系统涉及在同一块土地上整合树木和放牧牲畜操作（图11.5）。它们提供可收获的林产品和动物饲料，提供短期和长期收入来源。在温带气候条件下，适合凉爽季节的草在一年中较热的时候生长得更好，这是因为树木可以提供部分遮阴，而在落叶后关键的早期生长才受到影响。在较热的气候下，树木有助于使放牧的动物保持凉爽。林牧复合系统仍然需要使用农艺原理，如适当选择饲料、施肥和轮作

放牧系统，以最大限度地提高植物的生长和收获。正如第十四章所讨论的，林牧系统可以稳定易发生滑坡的斜坡上的土壤（见图14.12）。

金合欢是一种热带豆科植物，在季节性干燥的气候中茁壮成长，可用于林牧系统和小巷种植系统。它的叶子像羽毛一样，因此它的树冠不会过于茂密，可允许光线穿透玉米或牧草等作物。此外，它有很深的主根，在其他牧草来源有限的旱季长出叶子。金合欢在旱季结束时开花，从而为蜜蜂提供食物。它的种荚是牲畜或野味的饲料，木质部分是很好的燃料。

河岸缓冲系统

河岸缓冲系统包括沿着溪流、河流、湖泊和河口种植的树木或灌木，以帮助过滤上游农业或城市土地的径流。它们还稳定河岸，并为水生动物提供栖息地和阴凉处。尽管主要用作保护实践，但最近人们对利用缓冲区进行收入生产产生了兴趣，包括种植柳树的生物能源作物、装饰性木本花卉作物以及水果和坚果作物。同样，防风林和防护林通常是出于保护目的而种植的，例如减少风蚀、改善小气候和促进景观生物多

样性（另见第十四章），但由于树木本身的潜在收入，它们越来越受到重视。

过渡系统

随着树木的成熟，过渡系统利用增加的阴影来改变小气候。例如，土地所有者最初可能使用小巷种植系统，在幼树之间种植一年生作物，然后过渡到林地继而形成森林或果园。或者，他们可能会决定修剪树木，并继续在小巷种植。

11.10　总结

通过轮作和农林业来增加特定农场的作物多样性实际上有几十种方法，具体措施的选择取决于当地的气候和土壤、农民的专业知识水平、农场或附近是否有牲畜、设备，以及劳动力的可用性、家庭生活质量的考量以及财务状况（虽然努力从每种作物中获得相对较好的回报——潜在价格减去生产成本——种植蔬菜的农民有时会在轮作中加入低回报作物，因为客户希望在农场摊位或农贸市场找到这类品种）。从生态学的角度来看，较长时间和更复杂的轮作模式比短时间的轮作更为可取，并且种植树木可以提供稳定的长期生态效益。牲畜通常有利于土壤健康。一旦设备就位，保持灵活性而不是刻板的轮作也很关键。如果您已经准备好应对市场的快速变化、劳动力供应的变化、农作物病虫害的暴发或不寻常的天气模式，在继续维持一个复杂和多样化轮作的同时，您将在经济上处于一个更有利的位置。

参考文献

Anderson, S. H., C. J. Gantzer and J. R. Brown. 1990. Soil physical properties after 100 years of continuous cultivation. *Journal of Soil and Water Conservation* 45: 117-121.

Baldock, J. O. and R. B. Musgrave. 1980. Manure and mineral fertilizer effects in continuous and rotational crop sequences in central New York. *Agronomy Journal* 72: 511-518.

Barber, S. A. 1979. Corn residue management and soil organic matter. *Agronomy Journal* 71: 625-627.

Cavigelli, M. A., S. R. Deming, L. K. Probyn and R. R. Harwood, eds. 1998. *Michigan Field Crop Ecology: Managing Biological Processes for Productivity and Environmental Quality*. Extension Bulletin E-2646. Michigan State University: East Lansing, MI.

Coleman, E. 1989. *The New Organic Grower*. Chelsea Green: Chelsea, VT. See this reference for the vegetable rotation.

Francis, C. A. and M. D. Clegg. 1990. Crop rotations in sustainable production systems. In *Sustainable*

Agricultural Systems, ed. C.A. Edwards, R. Lal, P. Madden, R.H. Miller and G. House. Ankeny, IA: Soil and Water Conservation Society.

Gantzer, C. J., S. H. Anderson, A. L. Thompson and J. R. Brown. 1991. Evaluation of soil loss after 100 years of soil and crop management. *Agronomy Journal* 83: 74-77. This source describes the long-term cropping experiment in Missouri.

Gold, M., H. Hemmelgarn, G. Ormsby-Mori and C. Todds (Eds) . 2018. *Training Manual for Applied Agroforestry Practices—2018 Edition*. University of Missouri Center for Agroforestry.

Grubinger, V. P. 1999. *Sustainable Vegetable Production: From Start-Up to Market.* Natural Resource and Agricultural Engineering Service: Ithaca, NY.

Hanson, J. D., M. A. Liebig, S. D. Merrill, D. L. Tanaka, J. M. Krupinsky and D. E. Stott. 2007. Dynamic cropping systems: Increasing adaptability amid an uncertain future. *Agronomy Journal* 99: 939-943.

Havlin, J. L., D. E. Kissel, L. D. Maddux, M. M. Claassen and J. H. Long. 1990. Crop rotation and tillage effects on soil organic carbon and nitrogen. *Soil Science Society of America Journal* 54: 448-452.

Hunt, N. D., M. Liebman, S. K. Thakrar and J. D. Hill. 2020. Fossil Energy Use, Climate Change Impacts, and Air Quality-Related Human Health Damages of Conventional and Diversified Cropping Systems in Iowa, USA. *Environmental Science & Technology*. DOI: 10.1021/acs.est.9b06929

Karlen, D. L., E. G. Hurley, S. S. Andrews, C. A. Cambardella, D. W. Meek, M. D. Duffy and A.P. Mallarino. 2006. Crop rotation effects on soil quality at three northern corn/soybean belt locations. *Agronomy Journal* 98: 484-495.

Katsvairo, T. W., D. L. Wright, J. J. Marois, D. L. Hartzog, K. B. Balkcom, P. P. Wiatrak and J.R. Rich. 2007. Cotton roots, earthworms, and infiltration characteristics in sod-peanut-cotton cropping systems. *Agronomy Journal* 99: 390-398.

Krupinsky, M. J., K. L. Bailey, M. P. McMullen, B. D. Gossen and T. K. Turkington. 2002. Managing plant disease risk in diversified cropping systems. *Agronomy Journal* 94: 198-209.

Lehman, R. M., S. L. Osborne and S. Duke. 2017. Diversified No-Till Crop Rotation Reduces Nitrous Oxide Emissions, Increases Soybean Yields, and Promotes Soil Carbon Accrual, *Soil Science Society of America Journal* 81 (1) : 76-83.

Luna, J. M., V. G. Allen, W. L. Daniels, J. F. Fontenot, P. G. Sullivan, C. A. Lamb, N. D. Stone, D. V. Vaughan, E. S. Hagood and D. B. Taylor. 1991. Low-input crop and livestock systems in the southeastern United States. In *Sustainable Agriculture Research and Education in the Field*, pp. 183-205. Proceedings of a conference, April 3-4, 1990, Board on Agriculture, National Research Council. National Academy Press: Washington, DC. This is the reference for the rotation experiment in Virginia.

MacFarland, K. 2017. Alley Cropping: An Agroforestry Practice. USDA National Agroforestry Center. https://www.fs.usda.gov/ nac/assets/documents/agroforestrynotes/an12ac01.pdf.

Mallarino, A. P. and E. Ortiz-Torres. 2006. A long-term look at crop rotation effects on corn yield and response to nitrogen fertilization. In *2006 Integrated Crop Management Conference*, Iowa State University, pp. 209-217.

McDaniel, M., L. Tiemann and A. Grandy. 2014. Does agricultural crop diversity enhance soil microbial biomass and organic matter dynamics? A meta-analysis. *Ecological Applications* 24 (3) : 560-570.

Merrill, S. D., D. L. Tanaka, J. M. Krupinsky, M. A. Liebig and J. D. Hanson. 2007. Soil water depletion and recharge under ten crop species and applications to the principles of dynamic cropping systems. *Agronomy Journal* 99: 931-938.

Meyer-Aurich, A., A. Weersink, K. Janovicek and B. Deen. 2006. Cost efficient rotation and tillage options to sequester carbon and mitigate GHG emissions from agriculture in eastern Canada. Agriculture, *Ecosystems and Environment* 117: 119-127.

Mohler, C. L. and S. E. Johnson. 2009. Crop Rotation on Organic Farms: A Planning Manual. No. 177. Natural Resource, Agriculture, and Engineering Service: Ithaca, NY.

National Research Council. 1989. *Alternative Agriculture*. National Academy Press: Washington, DC. This is the reference for the rotation used on the Thompson farm.

Peterson, G. A. and D. G. Westfall. 1990. Sustainable dryland agroecosystems. In *Conservation Tillage: Proceedings of the Great Plains Conservation Tillage System Symposium*, August 21-23, 1990, Bismark, ND. Great Plains Agricultural Council Bulletin No. 131. See this reference for the wheat-corn-millet-fallow rotation under evaluation in Colorado.

Rasmussen, P. E., H. P. Collins and R. W. Smiley. 1989. *Long-Term Management Effects on Soil Productivity and Crop Yield in Semi-Arid Regions of Eastern Oregon*. USDA Agricultural Research Service and Oregon State University Agricultural Experiment Station, Columbia Basin Agricultural Research Center: Pendleton, OR. This describes the Oregon study of sunflowers as part of a wheat cropping sequence.

Schlegel. A., Y. Assefa, L. Haag, C. Thompson and L. Stone. 2019. Soil Water and Water Use in Long-Term Dryland Crop Rotations. *Agronomy Journal* 111: 2590-2599.

Tsonkova, P., Böhm, C., Quinkenstein, A. and D. Freese. 2012. Ecological benefits provided by alley cropping systems for production of woody biomass in the temperate region: a review. *Agroforestry Systems* 85 (1) : 133-152.

Werner, M. R. and D. L. Dindal. 1990. Effects of conversion to organic agricultural practices on soil biota. *American Journal of Alternative Agriculture* 5 (1) : 24-32.

Wolz, K. J. and E. H. DeLucia. 2018. Alley cropping: Global patterns of species composition and function. *Agriculture, Ecosystems and Environment* 252: 61-68.

案例研究

Celia Barss

佐治亚州雅典

　　当西莉亚·巴斯（Celia Barss）成为林地花园有机农场（Woodland Gardens Organic Farm）的农场经理时，她知道从一开始，覆盖作物将成为轮作的重要组成部分，她为自己坚持了这个决定而感动。"我们慢慢建立起来，"她说，"即使是空地，我们也只是种植覆盖作物，直到我们有时间开始生产经济作物。在我们开始种植之前，一些田地必须进行三年覆盖。"

　　覆盖作物在使12英亩的轮作多样化方面发挥了关键作用，该轮作现在包括80多种不同类型的水果和蔬菜以及切花，这些农产品出售给亚特兰大的餐馆和当地的农贸市场或通过他们的社区支持农业（CSA）消费掉。覆盖作物也在温室和箍屋中进行，它们占其8英亩可耕地中的1.5英亩。剩余的种植面积为多年生植物，包括蓝莓、无花果、麝香葡萄（一种原生葡萄藤）和芦笋。多年生植物生长在单独的大斜坡上，在它们之间种植草以保护土壤而不是覆盖作物。

　　巴斯使用覆盖作物主要是为了增加土壤有机质，气候和耕作导致这些有机质正在"燃烧"。她解释说，她开展耕种是因为农场密集的种植计划和紧凑的作物间距，但她正在两个最早种植的空地上尝试免耕。由于重黏土和潮湿的泉水，巴斯觉得在这些条件下耕作会造成太大的损害，她决定创建苗床，让其休耕两个月，然后在生产前用青贮油布覆盖它们一个月。虽然让土壤裸露对她来说是生产上的一种妥协，但在拉下青贮防水布后，她对田地的准备程度印象深刻。由于夏季土地裸露时间比巴斯自己预期的时间长，她还确保在这些田地上进行大量夏季覆盖作物的种植。其他地方都是在经济作物之间种植覆盖作物。

　　覆盖作物也是应对一些生产挑战的关键，主要是杂草和线虫。苋菜已成为该农场夏季杂草最大的挑战，而巴斯也在利用景观织物来帮助抑制杂草。"杂草就是让您优先考虑在农场做事的方式，"她说，"时间就是一切，保证留出时间或田地除草或种植覆盖作物，不要让杂草播种。"

　　另一方面，线虫是一种多年来缓慢蔓延的挑战。在他们的固定房中，巴斯在第十年左右就发现了线虫的问题。所有这些固定房都有不同程度的线虫压力：新建的压力小，先建的压力大。巴斯承认这个问题是由于在固定房内没有长时间种植非寄主作物的结果。为了通过轮作减少线虫，她将无法在六个月内种植经济作物，因为这些经济作物都是线虫的寄主，她解释说。

为了帮助对抗线虫，佐治亚大学的推广植物病理学家 Elizabeth Little 建议他们尝试将具有杀线虫特性的晒麻作为覆盖作物。但是巴斯只能在房子里种植经济作物之前让晒麻生长和分解三个月，她意识到这还不够长，无法打破生命周期。她也一直在种植晒麻，这有助于在足够长的时间内抑制线虫对番茄的影响，但在番茄和大多数夏季作物之后，线虫数量已经恢复到足以损害秋季作物的程度。

虽然巴斯很乐意在农场中种植更多的覆盖作物，因为它们在土壤耕性方面产生了效应——"当我们种植覆盖作物时，这种差异是惊人的，"她说——农场无法承受生产时间超过三个月。相反，她正在从给土壤晒太阳转为熏蒸土，这样她就可以种植覆盖作物并治疗线虫。这种方法仍然可以让她种更多的覆盖作物，因为晒太阳需要六周，但熏蒸只需要半小时。"我可以快速开展覆盖作物，然后在进入经济作物之前进行熏蒸，而不是在覆盖作物之外进行日晒，"巴斯解释道。但是土壤熏蒸需要大量能量，并且可能是一项巨大的财务投资，因此当其他选项不可用时，它被认为是一种替代方法。

除了晒麻之外，巴斯在夏天还大量使用豇豆和高粱-苏丹草，因为它们在高温下表现良好。在种植窗口期较短时，比如六周，她会用小米或荞麦代替，因为没有足够的时间让豇豆和高粱-苏丹草生长。在冬季和较凉爽的季节，她将使用黑麦、毛苕子和奥地利冬豌豆种植覆盖时间更长的田地。在她需要提前种植或在春季和秋季间隔时间较短时，可以种植较容易收获的燕麦。

在春天种植芸薹作物可能较晚时，也可以种植燕麦。巴斯说，与箍屋不同的是，在大田不同科的作物可以进行3～4年轮作，芸薹属作用非常重要。"芸薹作物推动了轮作体系，归益于轮作，我发现自己比我想做的要少。"她的轮作因田地而异，因为春天时土壤太湿了，有些轮作她必须迟些时候才能开展。但典型的轮作可能包括早春的芸薹属植物，紧接着是在田块中各占50%豌豆和西瓜，然后是一个覆盖作物的2个周期。

例如，巴斯将高粱-苏丹草修剪到大约1英尺并让它们重新生长，这样可以尽可能地从覆盖作物中获益。这种方式不仅延长了覆盖作物的生长期，也能防止形成种子。"我们的目标是让覆盖作物尽可能长时间地在地面覆盖，因为我们有一个漫长的夏天，"她说。当需要终止它们时，割草并将其翻入土壤中。

她对覆盖作物种植的关注得到了回报。巴斯说最初她不想在有些田地里种植某些作物，因为她认为土壤质量不够好。相反，她会种植一种不需要大量养分的作物，例如豌豆，然后专注于种植覆盖作物。现在她可以在这些田地里种植任何作物，她说："看到种植覆盖作物10年后土壤发生的巨大变化很令人振奋。""老实说，我把一切都归功于覆盖作物，因为它提高了土壤质量，"巴斯说。"我可以种植很多作物，但我无法像现在开展覆盖作物轮作种植。强迫自己坚持那些好理念，坚持轮作种植，而不仅仅是试图种植很多作物。仅仅种植作物开始的时候很容易，但是后期您肯定会观察到土壤质量开始下降。"

林地花园有机农场轮作

场地	季节	2019季	2020季
2	冬天 春天 夏天 秋天	草莓、洋葱、鲜花 草莓、洋葱、鲜花 草莓、洋葱、鲜花 覆盖作物	覆盖作物（黑麦/豌豆/野豌豆）， 覆盖作物（高粱-苏丹草/豇豆） 芸薹
5	冬天 春天 夏天 秋天	覆盖作物 草药 草药 草药	草药 草药 草药 覆盖作物
6	冬天 春天 夏天 秋天	覆盖作物 覆盖作物 覆盖作物 芸薹	覆盖作物 覆盖作物 豆类/甜菜/花卉 豆类/甜菜/花卉
7-A	冬天 春天 夏天 秋天	覆盖作物 覆盖作物 洋姜、毛豆、鲜花 覆盖作物	覆盖作物 西红柿/花 西红柿/花 覆盖作物
7-B	冬天 春天 夏天 秋天	覆盖作物 辣椒、茄子 辣椒、茄子 覆盖作物	覆盖作物 覆盖作物 覆盖作物 芸薹
8-A	冬天 春天 夏天 秋天	覆盖作物 覆盖作物 西瓜、鲜花、豆类、黄瓜 覆盖作物	覆盖作物 辣椒、茄子、香草 辣椒、茄子、香草 覆盖作物、草药
8-B	冬天 春天 夏天 秋天	覆盖作物 芸薹、大葱、甜菜 南瓜、豆类 覆盖作物	覆盖作物 花/覆盖作物 —— 覆盖作物
9-A	冬天 春天 夏天 秋天	覆盖作物 土豆 覆盖作物 草莓、洋葱、鲜花	草莓/洋葱/鲜花/豆类覆盖作物 草莓/洋葱/鲜花/豆类覆盖作物 覆盖作物 覆盖作物
9-B	冬天 春天 夏天 秋天	覆盖作物 覆盖作物 覆盖作物 覆盖作物	覆盖作物 覆盖作物 覆盖作物 芸薹

场地	季节	2019季	2020季
9-C	冬天 春天 夏天 秋天	覆盖作物 覆盖作物 覆盖作物 覆盖作物	覆盖作物 覆盖作物 覆盖作物 芸薹
10	冬天 春天 夏天 秋天	覆盖作物 鲜花、瓜类、玉米、黄瓜 覆盖作物 苗床（为春天作物准备）	覆盖作物 土豆 覆盖作物 覆盖作物
11	冬天 春天 夏天 秋天	覆盖作物 覆盖作物 覆盖作物 芸薹、豌豆、西瓜	覆盖作物 覆盖作物 玉米、豆类、南瓜 覆盖作物
12	冬天 春天 夏天 秋天	覆盖作物 覆盖作物 覆盖作物 芸薹、菊苣	覆盖作物 覆盖作物 田间豌豆/花 覆盖作物
13	冬天 春天 夏天 秋天	大蒜、覆盖作物 大蒜、覆盖作物 覆盖作物 为春天做准备	休耕 芸薹、大葱、生菜 南瓜、玉米 覆盖作物
14	冬天 春天 夏天 秋天	覆盖作物 覆盖作物 晚香玉、豌豆覆盖作物 大蒜、覆盖作物	大蒜，覆盖作物 大蒜，覆盖作物 覆盖作物 覆盖作物/准备春季
15	冬天 春天 夏天 秋天	覆盖作物 覆盖作物 红薯、瓜类 覆盖作物	覆盖作物 南瓜、玉米 覆盖作物 大蒜、覆盖作物
17-A	冬天 春天 夏天 秋天	覆盖作物、草药 辣椒、香草 辣椒、覆盖作物 覆盖作物、芸薹	覆盖作物 红薯、晚香玉 红薯、晚香玉 覆盖作物
17-B	冬天 春天 夏天 秋天	覆盖作物 南瓜、玉米、豆类 覆盖作物 为早春做准备	休耕 芸薹 豌豆、西瓜 覆盖作物
18	冬天 春天 夏天 秋天	覆盖作物 覆盖作物 西红柿、秋葵、鲜花 覆盖作物	覆盖作物 黄瓜、瓜类、冬瓜 黄瓜、瓜类、冬瓜 芸薹
19	冬天 春天 夏天 秋天	覆盖作物 覆盖作物 冬南瓜、玉米、豆类、夏南瓜 芸薹	覆盖作物 覆盖作物 瓜类、西瓜、毛豆、秋葵、豆类、晚香玉 覆盖作物

第十二章　农牧结合

——Edwin Remsburg供图

> 修复贫瘠土壤的一种最快的方法是实行奶牛养殖、种植饲料作
> 物和购买……富含蛋白质的谷物，妥善处理粪肥，并及时回馈土壤。
> ——J. L. Hills，C. H. Jones 和 C. Cutler，1908 年

农民倾向专注于种植几种作物或只饲养一种牲畜，这是有充分理由的，这样做能形成规模经济，并以其支持的基础设施和成熟的营销渠道融入区域农业系统。美国的很大一部分家禽、牛肉和生猪是在大型工厂规模的经营（集中动物饲养经营或CAFO）中饲养的，但这些系统存在许多问题。大多数这样的农场需要购入部分或全部饲料，有时是从很远的地方购买，这就要求种植作物的农场施用大量的化肥来代替输出到动物养殖场的养分。同时，动物农场上积累的大量粪肥可能导致施用的粪肥数量高于作

物所需的养分，引发地面和/或地表水的污染（有关养分进出农场模式的讨论，请参见第七章"养分循环和流动"）。储存大量粪肥以进行定期撒播（如CAFO上发生的情况）会产生潜在的污染问题，并在某些条件下直接造成地表水的污染。2018年9月佛罗伦斯的飓风在北卡罗来纳州引发的洪水并不是该州第一次由猪粪潟湖引发的地表水污染。

当给动物喂饲农作物时，饲料中所含的大部分氮、磷和钾作为动物废物排出体外。因此，当动物产品是农场的主要销售产品时，离开农场的营养物质（相对于动物所吃的食物）相对较少。与此同时，专门生产一年生谷物作物（如玉米、大豆、小麦和高粱，甚至蔬菜）的农场，会输出作物中需要的大量营养物质。另一个问题是，专注于一年生作物生产的种植农场通常没有理由在轮作中加入多年生饲草作物，因为需要额外的设备来管理饲草作物，而且销售体积庞大的草料有时很困难。有时当地可能对干草有需求，但最常见的是，在广阔的一年生作物种植地区，干草几乎没有市场。仅种植一年生植物，尤其是仅种植一两种作物的农场，杂草控制非常具有挑战性，且缺乏种植多年生草和豆类提升土壤健康的措施，导致病虫害猖獗，并且需要大量的氮肥施用于大多数作物。农牧结合可以使其更具可持续性，但也使其更加复杂。如果实施不当，它也会增加环境问题。

12.1　农牧结合的类型

种养一体化的农场有两种类型，一种是所有或者几乎所有的饲草都在自己农场种植。有些主要销售动物产品，并将动物数量与土地的承载能力相匹配。他们自己生产农场动物所需的全部或几乎全部饲料。这些农场的例子包括牛场，牛场有牧场放牧和农场储存的干草（"草饲"）；养猪场，牧场上有动物和农场生产的补充饲料；奶牛场，能生产所有需要的谷物和草料，其中一些依靠牧场来满足季节性草料的需求。

另一种是多元化的农场。这种农场生产自己农场动物所有的饲料，但也出售一系列农产品和动物产品。将牲畜饲养和多样作物种植相结合和整合的农场具有许多优势。农场生产出的多种适销产品可以在一定程度上防止单一产品的季节性滞销和降低市场价格波动带来的风险。

各种类型的农牧结合的农场在改善土壤健康方面具有先天优势。作物可以喂给动物，粪肥可以返回土壤，从而持续供应有机材料。对于许多畜牧业而言，多年生草料作物是种植系统不可或缺的一部分，可减少土壤侵蚀，有助于维持或增加土壤有机质，同时改善土壤的物理和生物特性。在奶牛场进行的土壤测试显示大多数土壤健康良好，尽管压实仍然是一个问题。然而，农牧结合的农场也面临挑战。青贮收获不会留下太多作物残留物，需要通过施肥或覆盖作物来补偿。尽量减少耕作也很重要，可以通过注入粪肥或用曝气机或耙轻轻地将其混合，而不是开展耕作。通过减少二次耕作、使用条耕或分区耕作（zone tillage）以及使用免耕播种机和播种机种植作物，可以最大限度地减少对土壤结构的破坏。此外，许多牲畜农场使用多年生草料种植行作物，并使用带状种植来减少侵蚀。

畜牧养殖场需要特别注意养分管理，以确保有机养分资源在农场周围得到最佳利用，并且不会对环境产生负面影响。这需要全面了解农场的所有养分流动，找到最有效地利用它们的方法，并防止出现过度营养问题。它还需要将牲畜的数量与土地情况和特定的种植模式相匹配。

12.2　粪肥

二战后，廉价肥料被广泛使用，许多农民、推广人员和科学家们就开始对粪肥嗤之以鼻。人们更多地考虑如何摆脱粪肥，而不是如何好好利用它。事实上，一些科学家试图找出在不降低作物产量的情况下每英亩粪肥的绝对最大施用量。有些农民不想施用粪肥，就把它堆在小溪边，希望来年春天的洪水能把它冲走。我们现在知道，粪肥和金钱一样，最好分散在各处，而不是集中在一些地方。农场里粪肥的经济价值是相当可观的，在全美国范围内，1亿头牛、1.2亿头猪和90亿只鸡的粪肥中含有大约2300万吨氮（这还不包括来自3.24亿只蛋鸡和2.5亿只火鸡的粪肥），以每磅50美分的价格计算，仅动物粪肥中的氮（N）就相当于250亿美元。一个100头奶牛场粪肥中的养分价值每年可能超过20000美元；100头猪仔从出生到育成成猪的粪肥价值大约16000美元；20000只肉鸡养殖场的粪肥价值约为6000美元。土壤有机质提升有利于土壤结构改善以及土壤生物多样性和活性的提高，这可使粪肥的价值翻一番。如果您没有从农场的粪肥中获得更多肥力效益，那么您就正在浪费金钱。

粪肥类型

动物粪肥的特性可能非常不同，具体取决于动物种类、饲料、垫料、处理和粪肥储存方式。粪肥中可供作物利用的养分含量还取决于一年中在何时施肥以及施入土壤的频度。此外，粪肥对土壤有机质和植物生长的作用受土壤类型的影响。换句话说，不可能就粪肥施用给出一揽子建议，需要针对每种情况进行定制。

我们讨论粪肥是管理良好、综合性牲畜耕种系统的重要组成部分，但我们也将研究输入大量饲料和土地不足，无法以生态良好的方式利用所有粪肥的养畜场所发生的问题。我们将从牲口棚和饲养场等狭窄空间中的奶牛粪肥开始讨论，但还将提供有关其他动物粪肥以及放牧系统的处理、特性和用途的信息。

12.3　粪肥处理系统

12.3.1　固体、液体或堆肥

　　奶牛粪肥处理方式主要取决于农场农舍及附近建筑物的牲口棚类型。奶牛粪肥中含有相当数量的垫草，通常含有20%或更高的固态干物质，这在有栏杆或拴养牛栏中的农场中最为常见。奶牛场中的液体粪肥处理系统是一种常见的动物粪肥处理方式，将动物饲养在"开放式牛栏"的牲口棚中，并向粪肥上添加些许垫草。液体粪肥的干物质含量通常为2%至12%（水含量为88%或更多），如果从小通道冲洗水并通过固液分离器或有大量径流进入到储存装置，则会导致粪肥中的干物质含量降低。具有固体和液体特性的粪肥中的干物质含量介于12%至20%之间，通常称为半固体粪肥，牧场牛粪未与水或垫料混合，属于这一类型。

　　动物粪肥堆肥正成为农民越来越普遍的粪肥处理选择。通过粪肥堆肥，有助于稳定养分（虽然在这个过程中通常会损失大量的铵），只有少量的物质挥发出来，但能生产更多有用的资源——即便邻居抱怨粪肥堆肥的气味。虽然将处理过的粪肥作为固体肥料进行堆肥比较容易，但要使新鲜粪肥的固体含量达到20%，需要添加很多固体垫料。一些农民会对粪肥中的固液进行分离，将分离出的液体用于农业灌溉，固体用于堆肥处理。其中一些是在产甲烷的消化过程中进行固液分离，甲烷气体可用作燃料以产生电或热。通过固液分离处理，固体可直接进行堆肥而不需要添加任何材料，同时固体粪肥还便于运输、出售或应用到偏远的田地上。有关堆肥的更详细讨论，请参见第十三章。

　　一些农民在奶牛场建造了类似堆肥的"堆肥畜棚"。但这些畜棚并不是用来堆肥，这种类似于散养栏圈的畜棚设置，其垫床和粪肥在冬天不断堆积，在春天或秋天才能清理干净。然而，在"堆肥畜棚"中，使用耕作农机在滑移装载机或小型拖拉机上将粪肥搅拌或翻动两次，搅拌深度为8至10英寸；在翻堆过程中，使用吊扇进行通风和粪肥干燥。有些农民每天补充一些垫层，有些农民每周补充一次，也有每两到五周补充一次。在春季和秋季，部分或所有的垫层将直接移除和摊开，或者用在传统的堆肥堆中进行腐熟。总体上，农民能够接受这种粪肥处理系统，只是担心系统中木屑和锯末在垫层中的持续可用性问题。最近，有一种处理奶牛粪肥的方法，那就是在堆肥中加入蚯蚓，通过蚯蚓消化粪肥中的有机质，可提供一种高质量的土壤改良剂（请参见第十三章）。

猪粪也可以用不同的方式进行处理。规模相对较小的养猪场，通常使用放在田里的圈养房，地上本身就有垫层。混有垫料的粪肥可以作为一种固体肥料直接施用或直接进行堆肥。规模较大的养猪场很少甚至不用垫料，在粪坑上方铺有板条地板，并通过日常清洗地板来保持动物清洁。将产生的液态粪肥储存在储存池中可随时供农业生产使用，主要在春天作物种植前和秋天作物收获后使用。家禽粪肥的处理可采用垫料（尤其是肉鸡生产）或少量甚至不用垫料（工业规模的鸡蛋生产）。

12.3.2　粪肥的储存

研究人员一直在研究如何最好地处理、储存和利用动物粪肥，以减少每年粪肥扩散带来的环境问题。粪肥储存使农民有机会在最适合的作物和适当的天气条件下施用粪肥，这可减少由田间水径流或淋溶和气体损失引起的粪肥中的养分损失。然而，储存的粪肥也可能会引起养分的大量流失。一项研究发现，在一年中未覆盖的粪肥堆中奶牛粪肥会损失3%的固体、10%的氮、3%的磷和20%的钾。覆盖堆肥或用底部牢固的容器装载液体粪肥，往往会使其表面形成一层结皮，比未覆盖方式能更好地保护营养并减少固体的损失。家禽粪肥中含有大量的铵，由于氨气挥发，除非采取预防措施来保存氮，否则在储存过程中可能会有50%的氮损失。无论采用哪种储存方法，都要了解潜在养分损失是如何发生的，以便选择一种能够将环境影响降至最低的储存方法和储存位置。

厌氧消化器有时用于处理大型畜牧场的粪肥并产生沼气，主要是甲烷。这种气体在农场用于供热和发电，或者在农场外用作商用或市政车辆的燃料。此外，厌氧消化池可以减少温室气体排放、气味和病原体，并改善空气和水质。它们是农场的主要资本投资，为了使它们盈利，农民通常需要充分利用能源、碳汇、外部有机废物的消费以及粪肥固体的副产品。如果没有补贴，许多沼气池可能不经济。消化器将液体和固体粪肥分开，这样就可以将固液单独施用，但通常不会改变整体养分含量。因此，厌氧消化器提供了一些好处，但通常不能解决涉及营养过剩或径流的问题。

12.4　粪肥的化学特性

饲料中高比例的养分直接通过动物体内的吸收和消化，最终进入动物粪肥中。根据饲料配给和动物类型，超过70%的氮、60%的磷和80%的钾可能通过动物粪肥排出，这些养分可在农田中进行循环利用。除了表12.1中给出的氮（N）、磷（P）和钾（K）的贡献外，动物粪肥还含有大量其他养分，如钙（Ca）、镁（Mg）和硫（S）。例如在缺乏微量元素锌（Zn）的地区，在定期施用粪肥的土壤上就很少会出现作物缺锌现象。

表12.1　典型粪肥特性

成分			奶牛	肉牛	鸡	猪
干物质含量/%	固体		26	23	55	9
	液体（新鲜，稀释）		7	8	17	6
总营养含量（近似值）	氮	磅/吨	10	14	25	10
		磅/1000加仑	25	39	70	28
	磷酸盐，如P_2O_5	磅/吨	6	9	25	6
		磅/1000加仑	9	25	70	9
	钾盐，如K_2O	磅/吨	7	11	12	9
		磅/1000加仑	20	31	33	34
	对于特定动物种类，提供100磅N的固体和液体肥料的量[①]	固体肥料（吨）	10	7	4	10
		液体肥料（加仑）	4000	2500	1500	3600

① 提供相近数量的营养。
注：从不同来源的资料整编。

必须谨慎看待表12.1中给出的值，因为即便是同一类型动物，在不同农场之间，动物粪肥特性也可能存在很大差异。由于饲料、矿物质补充剂、铺垫材料和储存系统的差异导致动物粪肥的分析结果变化很大。总的来说，当农场的饲养方式、铺垫和储存方式保持相对稳定时，动物粪肥的养分特性通常较为相似。然而，降雨量的年度差异，对动物粪肥产生或多或少的稀释作用从而影响到储存的粪肥特性。

粪肥因牲畜而异，主要是由于饲料的差异。牛粪通常以铵/尿素与有机氮形式为主，而猪粪中的氮主要以容易获得的铵/尿素形式存在，家禽粪肥的氮和磷含量明显高于其他粪肥类型。家禽粪肥中干物质所占比例相对较高，这也是在湿吨基础上某些养分分析值较高的原因。

粪肥中氮的形态

粪肥中的氮主要有三种形式：铵（NH_4^+）、尿素（一种可溶的有机形式，易转化为铵）和固体有机氮。铵很容易被植物吸收，尿素在土壤中很快转化为铵。然而，当铵（NH_4^+）和尿素置于干燥的土壤表面时，铵（NH_4^+）和尿素都会以氨气的形式损失，施到土壤表面后数小时内即可发生重大损失。有些粪肥中可能有一半或四分之三的氮是植物有效态，而有些粪肥中氮的植物有效态可能只有20%或更少。粪肥分析报告通常同时包括铵（NH_4^+）和总氮（差别主要是有机氮），这能显示出有多少氮是植物有效的，但如果处理不当这些植物有效态氮也容易损失。

可以简单地评估粪肥特性，大多数土壤检测实验室也可以分析粪肥特性。粪肥分析对于常规粪肥使用至关重要，应该成为动物农场养分管理计划的常规部分。例如，每1000加仑液态牛粪平均氮含量约为25磅，但也可能是每1000加仑液态牛粪含10磅氮（N）或更少，或是含40磅氮（N）或更多。最近一项关于奶牛对养分有效利用的研究发现，通过改善饲料配给量，N和P的摄入量通常可以减少多达25%，而不会降低生产力，这将有利于减少农场的营养过剩。

12.5 施肥对土壤的影响

对有机质的影响

当考虑到任何残留物或有机物质对土壤有机质的影响时，有一个关键问题要问：有多少固体物质被回馈到土壤中。等量不同类型的粪肥对土壤有机质水平的影响不同。奶牛和肉牛的粪肥中含有部分未消化的饲料（碳含量高），可能含有大量的垫料。因此，它们含有大量复杂物质，如木质素，在土壤中不易分解。使用这类粪肥对土壤有机质的长期影响要比不使用垫料的家禽或猪粪大得多。固体粪肥通常比液体粪肥更多用于土壤中，因为它们通常包括大量的垫料。奶牛养殖有一些新趋势，这些趋势意味着，粪肥中的有机物质可能比过去少。一种是利用沙子作为散养栏圈的铺垫材料，这些材料大部分被回收利用。另一种是采用固液分离的处理方法，固体部分用来出售或将固体部分消解后用作垫层。在这两种情况下，回馈给田地的有机固体物质要少得多。另一方面，垫料堆（或堆肥棚）确实可以生产有机固体含量高的粪肥。

在常规耕作中种植青贮玉米等作物时，其整个地上部分植株都可以收获利用。研究表明，为了保持土壤有机质平衡，每年每英亩需要施用20至30吨固体型奶牛粪肥（表12.2）。如上所述，需要氮多的作物如玉米，可以吸收利用完20到30吨粪肥中的所有氮。如果仅仅收割谷物而将更多的植株秸秆残留物返还给土壤，施用较低量的粪肥就足以维持或提高土壤有机质。

表12.2　施用粪肥11年对土壤性质的影响

指标	施用量/（吨/英亩/年）				
	初始水平	未施用	10吨	20吨	30吨
有机质	5.2	4.3	4.8	5.2	5.5
CEC/（me/100g）	19.8	15.8	17	178	18.9
pH	6.4	6	6.2	6.3	6.4
P/（μg/g）[①]	4	6	7	14	17
K/（μg/g）[①]	129	121	159	191	232
总孔隙（%）	ND	44	45	47	50

① 每年施用20吨和30吨粪肥的P和K水平远高于作物需求（见表21.3a）。

注：ND=未检测。资料源自Magdoff和Amadon（1980年）；Magdoff和Villamil（1977年）。

　　图12.1给出了添加粪肥如何平衡土壤有机质年损失的示例。一头荷斯坦牛一年大约产生20吨粪肥，20吨的其他物质会让人感觉很多，但奶牛粪肥的固体量很少。如果20吨粪肥中含有约5200磅的固体材料，将它施用在一英亩的土壤表面上，并与6英寸厚土壤（200万磅）混合，土壤有机质含量会增加约0.3%。但在一年中大部分粪肥会分解，因此对土壤有机质的净影响将更小。假设75%的固体物质在第一年分解，碳最终形成大气中的二氧化碳（CO_2）。在第二年年初，原来的5200磅只剩下其中的25%（1300磅）在土壤中，净效应是土壤有机质增加0.065%［计算值为（1300/2000000）×100］，虽然这看起来不像是添加了太多的有机质。假设土壤中的有机质含量为2.17%，种植期间年分解率为3%，则年损失可被添加的0.065%（5200磅）的粪肥抵消。所以垫料较少的粪肥，虽说有助于维持有机质并增加其活性（"死的"）部分，但其效果不如含有大量垫料的粪肥。

　　总的来说，很难准确确定粪肥的好处，因为接收粪肥的田地也往往种植不同的作物（奶牛农场中多年生草料所施用的粪肥比种植谷物的农场更多）。尽管如此，对来自

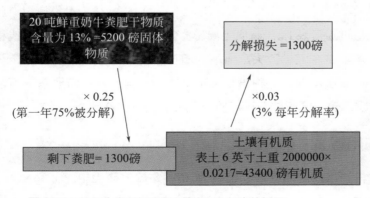

图12.1　添加牛粪刚好平衡土壤有机物损失的例子

纽约不同农场的300个样本的分析表明，与经济谷物作物（玉米、大豆、小麦）相比，施用粪肥的奶牛农场的土壤有机质平均高0.5%。

粪肥对土壤性质的影响

施用粪肥会引起许多土壤生物、化学和物理变化。表12.2显示了这些土壤性质的变化，其中包含了在佛蒙特州黏土土壤上连续种植青贮玉米的长期试验结果。粪肥抵消了单一种植系统的许多负面影响，如返还土壤的作物残体少的问题。每年施用20吨牛粪（湿重，包括相当于约8000磅固体垫料）的土壤保持了有机质和CEC水平，其酸碱度接近原始pH值（尽管也使用了生理酸性氮肥）。来自奶牛场和家禽的粪肥可发挥石灰效应，抵消土壤的酸化。（注：如果使用液体代替固体粪肥为作物提供氮和其他养分，则不会对土壤有机质、CEC和孔隙空间产生如此大的有益影响。）

大量粪肥施用会引起磷和钾的大量积累，与未施用粪肥的地块相比，施用过粪肥的地块土壤团聚性能更好、密度更低，因此具有更大的孔隙空间。

12.6 粪肥施用

与其他容易分解并迅速释放养分的有机残体一样，粪肥通常被用于土壤，其施用量控制在能够为当年种植的作物提供足够的氮（N）即可。施用更大量的粪肥对土壤有机质的构建和维护可能会更好，但这样做可能会导致叶菜类作物硝酸盐的积累和过量的硝酸盐淋溶至地下水。叶菜中的高硝酸盐（NO_3^-）含量对人体健康不利，而含氮过高的叶子更容易吸引昆虫。此外，大量施用粪肥也会对作物带来盐害，尤其是在降雨或灌溉导致淋溶量不足时（还有像温室等地面被覆盖的情形）。大量施用粪肥可在数年间导致土壤磷含量过高（表12.2）。向土壤中添加不必要的养分是浪费金钱和资源的，这些养分只会因淋溶或径流而流失，而不会增加作物的营养。在磷含量显著高于最佳水平的土壤上——表明磷的输入输出长期不平衡——施肥可能需要基于满足作物对磷而不是对氮的需求。这可能意味着可以防止土壤磷进一步增加。

12.6.1 施用量

通常每英亩奶牛粪肥的施用量是10至30吨新鲜固体粪肥，或4000至11000加仑液体肥料。假设固体粪肥中稻草或锯末的含量不太高，土壤氮被固定需要一些时间，这个施用量将为每英亩土壤提供大约 50 至 150 磅的有效氮（不是全氮量）（参见下面关于估计 N 可用性的讨论）。如果种植的作物不需要那么多的氮，比如小粒谷物，那么每英亩 10 到 15 吨（大约 4000 到 6000 加仑）的固体粪肥就可以提供足够的氮。对于需要大量氮的作物，如玉米，每英亩可能需要 20 至 30 吨（约 8000 至 12000 加仑）固体粪肥，以满足植株生长对氮的需求。在草类种植和作物种植的轮作地块中，建议低施每英亩 10 吨（约 4000 加仑）的固体粪肥。但从总量来说，轮作草类植物至少需要和玉米一样多的施氮量。关于将粪肥应用于豆科植物，已经有过一些讨论。这种做法是不可取的，因为一旦豆科植物使用了粪肥中的氮，那么会使其从大气中固定的氮含量变得少得多；但这种做法在集约化的氮含量超标的动物养殖场是有意义的，尽管种植牧草施用粪肥是一个更好的选择。

12.6.2 施用方法

为了使作物获得最大的氮效益，春季时将粪肥撒施在地表后立即被翻入土壤中。奶牛粪肥中约一半氮来自尿液中的尿素，这些尿素会迅速转化为铵。这些铵几乎代表了牛粪中所有有效氮。土壤表面含有尿素或铵时会在干燥环境下被转化为氨气（也会引起气味问题），并向大气中流失，一天后损失 25%，4 天后损失 45%，但这 45% 占有效氮的 70% 左右。如果在施用粪肥后不久有半英寸或更多的降雨，在雨水的作用下将粪肥中的铵淋溶到土壤中，这个问题就会大大减轻。将粪肥留在土壤表面也是一个问题，因为径流会从田里带走大量的养分，这样，作物从施用的粪肥中获益将变少，同时地表水也会受到污染。一些固体含量低的液体肥料能更深入地渗入土壤中，当以正常的用量施用时，这些肥料不会因为表面干燥而失去氨，但在湿润地区，如果在秋季没有作物生长的情况下施用粪肥，粪肥中的铵（NH_4^+）会发生流失。秋季喷施液肥，而不是在地表撒播，然后翻土或翻耕，可以大大减少氨氮的损失。

其他养分。除氮外，粪肥中所含的其他养分对土壤肥力也有重要贡献。粪肥中磷和钾的有效性与商业肥料中的相似。（然而，一些施肥推荐系统认为粪肥中只有大约 50% 的磷和 90% 的钾是有效的。）20 吨奶牛粪肥中的磷和钾的贡献大约相当于 30 ~ 50 磷的磷酸盐和 180 ~ 200 磅的钾肥。粪肥中含有硫和多种微量元素，如前面提到的锌，从而增加了这类资源的肥力价值。

液态粪肥中一半的氮和几乎所有的磷都在固体物质中，所以当使用液体粪肥而没有搅拌时，较高的养分仍留在底部的沉积物中。如果在目标区域内应用相似用量的固体物质和养分，建议搅拌均匀后再使用。允许大量水渗透排泄的粪肥系统，例如有良好铺垫的奶牛场或肉牛场的堆肥栈区，会失去大量的钾，因为钾是可溶性的。上述堆放的奶牛粪肥中钾的浸出损失为 20%，主要是因为在粪肥中的钾都溶解在液体里。

12.6.3　施用时间

粪肥最好在土壤耕作前一次性施用于一年生作物，如玉米、小粒谷物和蔬菜（除非使用大量的垫层，这可能会在一段时间内固定住土壤的氮，见第九章中的碳氮比的讨论）。如果粪肥是表面施用，则可以通过犁、凿子、耙、圆盘或曝气机快速掺入。如果注入，可能不需要进一步耕作，但在接近种植时间时施用仍然是最好的，因为径流和侵蚀造成损失的可能性降低了。也可以在生长季节开始之前或作为中耕作物侧施时注入液体肥料。即使是在一年生的行栽作物（如玉米）上施用粪肥，也可能会有相当大的氮损失。在潮湿气候下秋季施肥可以将铵转化为硝酸盐，然后在氮可用于明年的作物之前进行浸出和反硝化。纽约的一项为期三年研究表明，与春季施用的玉米青贮液体肥料相比，秋季施用的N浸出损失大约是春季施用时的两倍，当土壤仍然温暖且允许粪肥分解时，秋季施用的损失最大。

如果不添加任何氮，多年生牧草干草作物就会出现缺氮现象。在早春和每次收获后施用适量的粪肥（约50～75磅）是施肥的最佳时期。春季施用量可更高一些，但早春的湿土不太适合施用粪肥，以免造成土壤显著压实情况。在草地表面施肥（当均匀施用时）硝酸盐浸出的风险非常低，但除非使用圆盘喷射器或尖齿曝气器，否则氨损失会更高。

虽然粪肥的最佳使用时间是在作物需要养分时，但有时由于时间和劳动力管理或粪肥储存能力不足，会导致农民在其他时候施用。在秋天，粪肥可以用于长势差的草地，也可以用于翻耕或种植冬季覆盖作物的耕地。尽管在大多数州都是合法的，但当地面结冰或被雪覆盖时使用粪肥并不是一个好的做法。冬季施用粪肥的径流可能造成养分损失，这既是农场的经济损失，也是环境问题。通常，只有在紧急情况下才能在冬季时的土壤表面施肥。然而，在土壤具有2～4英寸厚的浅冻层（霜耕；参见第十六章）期间，有机会加入和注入肥料。寒冷气候下农民可以利用这些时间段在冬季（无需担心径流）注入粪肥，并缓解春季施肥的紧迫性（图12.2）。

图12.2　向浅层冻土中注入液态肥料，消除了压实问题，减少了春季施用量

Eleanor Jacobs 供图

12.7　粪肥中的有效养分

施用粪肥时，养分管理具有挑战性，因为很难平衡农艺和环境目标，氮素尤其如此，因为它是最具活性的养分，很容易随雨水流失，而且很难预测它从粪肥中的可用性。相反，P、K 和大多数其他养分留在土壤中，可以通过土壤测试进行评估。

大学和政府机构提供了估算粪肥有效 N 的指导方针，但人们普遍认为，虽然它们对规划目的很有用，但它们并不精确。表 12.3 显示了美国东北部的估计有效氮的因子。它们反映了以下模式：

● 春季施肥比秋季或冬季施肥更有效。后者会造成相当大的损失，因为美国东北部的冬季潮湿，会造成氮损失。（这也适用于西海岸和东南部，但由于冬季干燥，美国中西部和西部的情况较少。）

表12.3　美国东北部粪肥中有效氮

施用季节	目标作物	施用时间段	有效氮系数[①]		
			禽粪	猪粪	其他粪肥
春天或夏天	所有作物	即时	0.75	0.7	0.5
		1 天	0.5	0.6	0.4
		2～4 天	0.45	0.4	0.35
		5～7 天	0.3	0.3	0.3
		＞7 天或没有	0.15	0.2	0.2
初秋	冬春作物	＜2 天	0.5	0.45	0.4
		3～7 天	0.3	0.15	0.3
		＞7 天或没有	0.2	0.3	0.2
	覆盖作物后的夏季作物	＜2 天	0.45	0.25	0.15
		3～7 天	0.4	0.25	0.2
		＞7 天或没有	0.35	0.25	0.2
	没有覆盖作物的夏季作物	所有方法	0.15	0.2	0.2
深秋或冬季	冬春作物	所有情况	0.5	0.45	0.4
	夏粮	没有覆盖作物	0.15	0.15	0.2
		收获的覆盖作物	0.2	0.2	0.2
		作为绿肥覆盖作物	0.5	0.45	0.4

① 有效氮系数指的是每磅粪肥 N 相当于化肥氮的数量。
注：源自宾夕法尼亚大学（表格中简化了有机来源的，仅仅用于展示）。

● 粪肥的类型对有效氮的影响不大。

● 立即与延迟掺入对作物氮的有效性有很大影响，因为当粪肥在土壤表面时会损失大量氨。这种影响对于家禽和猪粪尤其显著，因为它们比反刍动物粪含有更多的铵和尿素。

● 覆盖作物对秋冬季施肥后保存粪肥N有很大的好处。当肥料可用时，它们会吸收肥料N，将其储存在根和芽生物量中，并在它们停止种植下一季作物时将其返回土壤。

表12.3中估计的有效N的数值基于粪肥N总量，但如果粪肥分析将氨氮与有机N分开，则需要修正这些数值。如果前几年开展了施肥，也应考虑这部分输入的N。

大多数农民考虑到养分管理条例，会遵循这些指导方针。然而，如果分析不是基于实际存在多少N的粪肥分析，这些估算是不精确的。即使与粪肥的实验室分析相结合，这些指南也不准确，因为它们没有考虑天气因素。换句话说，它们是合理施肥的工具，但考虑到气候和管理措施的变化，实际有效氮可能存在很大变化。因此，建议开展后续监测，如测定土壤硝酸盐、施用基于气候的模拟模型、卫星、飞机或无人机图像以及田间作物传感器（在第十八章中讨论）。这些监测手段可以对作物的氮营养状况进行当季评估，可以更准确地调整氮的供应需求。

12.8 放牧

我们主要讨论了使用牲畜的粪肥，牲畜被限制圈养在地块或牲口棚中，并从田间带入草料。在牧场动物自己吃饲料，这种饲养方式对能消化饲料的反刍动物（牛、绵羊、山羊等）最适合，鸡和猪等非反刍动物也可以在牧场上饲养，但它们从田间获得的饲料很少，需要提供额外的饲料，如谷物。好处主要是为了动物福利和健康，以及感知食品质量的改善，而不是优化饲料和营养管理，许多消费者愿意为此买单。

多年来，动物被大面积放牧，在牧场或农场，在放牧季节它们可能在两个牧场之间切换。奶农通常使用一两个"夜间牧场"，奶牛在晚上挤奶后出现。但是这些不断放牧或很少轮换的牧场产量很低，因为动物一次又一次地吃掉刚长出来的草，抑制了植物生长，植物需要生长到一定的大小，才能充分补充根系储备，不间断地放牧时早期枝条的再生会耗尽根系储备，使植物在放牧后难以再生。有一种放牧方法有时被称为管理密集型放牧（MIG），在这种方法中，动物在许多牧场中轮换放牧，在植物充分再生之前不会重新围场放牧，使用这种放牧方式已经显示出牧场生产力和动物健康的巨大改善。根据季节和天气，轮换周期可短至一周或10天，长至6～8周。对于使用MIG的奶牛场，每次挤奶后，奶牛都会被转移到新鲜的围场（图12.3）。其他动物可能会每天或每隔几天转移到一个新的牧场。

管理良好的放牧系统具有固有的效率，因为收割和施肥不需要（或有限的）设备和人力。对于关心动物福利的人来说，它也很有吸引力，因为它更符合大多数农场动物的自然生活环境。一个常见相反的观点是，与圈养动物相比，牧场上的动物在觅食上消耗更多的能量（减少肉类或牛奶产量），而产量最高的生物质作物，如玉米和高粱，不适合放牧。但在大多数情况下，如果您考虑到清洁牲口棚、撒肥、收割庄稼、将动物运送到牲口棚并喂养它们等任务所需的劳动力少、机械需求较低，那么在高质量、集约化管理的牧场上放牧的奶牛会降低生产成本。使用新型栅栏和电动栅栏充电器可以很容易地快速建立新的放牧围场，一旦奶牛或肉牛接受了电栅栏训练，单股电动内部栅栏就足以将它们包含在围场中。

对于崎岖地形、不适合集约化作物生产的边际土地，放牧绵羊和山羊等小型反刍动物，可保持生产力。事实上，美国东北部的大部分山坡在1800年代都是放养绵羊的牧场，但由于农业和劳动力市场的转变，随后重新造林。但在其他国家，山坡仍然作为牧场进行高效管理（图12.4）。

图12.3 适用于短期放养密度相对较高的奶牛的轮牧系统
背景中的白线是围场分隔线

管理良好的牧场可以促进良好的土壤健康，因为它们结合了三种有益的措施：多年生草料作物、免耕和定期添加肥料。一项涉及纽约广泛种植系统的土壤健康研究证实，牧场在土壤有机质含量、活性炭、蛋白质、呼吸作用、可用水容量和聚集体稳定性方面的得分远高于其他种植系统。

其他放牧系统。除了管理永久性牧场的集约化放牧外，还有其他放牧系统。有时，集约放牧通过群体放牧达到极端水平，在极短的时间内（8～12小时）使用极高的放养密度（每英亩100000磅动物）。这种方法被用作土壤改良技术，动物抑制或杀死劣质植物物种，并用它们的蹄子帮助在围场重新种植更多产的物种。在某些情况下，动物可以在更大的牧场上漫游，但可在夜间密集放养。白天收集的碳、养分和种子被排泄到较小的区域，显著促进土壤

图12.4 放牧允许对边际土地进行生产性利用（新西兰）

肥力和植被恢复［如第七章中的"厚熟表层（plaggen）土壤"所述］。然而，总的来说，牧场的管理需要仔细考虑土地的生物量生产潜力，这通常由降雨量、温度和土壤质量决定。当农民在降雨量少的年份保持过大的畜群规模时，就会发生过度放牧，这通常基于正常或良好的生长条件。这会导致牧草植物过度觅食、变弱或死亡，进而导致土壤退化和生产力进一步丧失。

使用管理集约化放牧的农民通常只出售动物产品，而不出售农作物。北美大平原等传统草原的干旱地区越来越多地将农作物和动物产品以商业形式销售的综合农牧系统。在同一个农场可能存在并使用多个系统：

● 一年生作物残茬放牧与一年生行作物系统一起工作，在该系统中收获谷物并在秋季、冬季或旱季的休眠期放牧残茬。虽然这不能满足每年的饲料需求，但它降低了饲料成本并改善了养分和碳循环。在大平原地区常见的是在冬季放牧牛，牛吃玉米残体，已被证明可以增加土壤健康和作物产量。在某些情况下，农民还会留下一些未收获的粮食（例如玉米或向日葵），即使在厚厚的积雪情况下，也可以在冬季为放牧动物提供草料。

图12.5　大平原北部冬季牧草的条带放牧
West-Central Forage Association 供图

图12.6　用于放牧的混合冬季覆盖作物（华盛顿州）
Bill Wavrin 供图

● 条带放牧涉及秋季收割的一年生作物，如大麦和小黑麦。它们被成排放牧，主要用于肉牛（图12.5）。放牧通常通过临时围栏来控制。条带放牧通过将草料集中并堆放在狭窄的条带中，提高了草料的可及性，尤其是在积雪较深的情况下更是如此。

● 放牧一年生草料包括牲畜在一年生或短季作物上放牧，这些作物也可以作为覆盖作物。冷季作物（冬小麦、黑麦或小黑麦）可在秋季种植以供春季放牧，或在春季种植（燕麦、大麦、小麦）以供晚春和初夏放牧。萝卜、羽衣甘蓝等芸薹和草豆等豆科植物经常混入其中。暖季一年生草类如高粱和小米可在晚春种植，以供秋季放牧。这些系统可以在放牧后与经济作物相匹配，如图12.6中的田地（这张照片拍摄于4月份。）覆盖作物的有控制地放牧可以显著提高优质草料，并可作为终止覆盖作物的一种手段。

● 作为作物-畜牧综合农场轮作一部分的多年生草料作物的放牧涉及饲养草料，通常为2至10年，可用于干草或放牧。综合作物-牲畜农场的一大优势是它们为种植多年生草料提供了很好的理由，这大大提高了土壤健康。

即使是反刍动物，完全依靠牧场来提供所有的动物饲料需求通常是不可行的。在干燥或寒冷的季节，牧场总是出现生长期有限的情况，因此需要额外的饲料。有时，牧场也"囤积"饲料（即不进行放牧或不堆积干草），以供农作物不生长时使用。在许多情况下，成捆的干草需要从其他来源提供。大多数动物饲养还需要额外的谷物才能实现最佳生长。在干旱、大雪或冰冻等异常天气事件期间，可能需要紧急饲料。

12.9 粪肥施用的潜在问题

众所周知，好事过犹不及。施用过多的粪肥可能会导致植物生长问题，特别重要的是不要使用过多的家禽粪肥，因为家禽粪肥的可溶性盐分含量高，会损害植物。当在作物种植前向土壤施用大量的新鲜粪肥时，植物生长有时会受到阻碍。如果让新鲜粪肥在土壤中先分解几周，则可避免出现这类问题，施用已经堆沤了一年或更长时间的固体粪肥也可避免植物生长受抑制的问题。在潮湿年份或排水不良的土壤上使用液态粪肥有时还会带来问题，如过量的水分和微生物对氧气的消耗会导致植物根系缺氧，同时也可能发生反硝化作用导致植物可用硝酸盐的损失。

12.9.1 营养失衡和积累

当粪肥定期施用于农田为玉米等作物提供足够的氮时，土壤中磷和钾含量可能会超过作物的需求（见表12.2）。人们常常错误地认为这是由粪肥养分比例与作物吸收需求（尤其是更多的磷）不平衡造成的。大多数肥料的养分比（表12.1）实际上相当于作物的需要（氮和磷的比例大约为2∶1）。如果通过良好的施肥时期和施用方法保存了大部分氮——在生长季节之前立即施用或在立茬作物中施用，并注入或掺入——满足作物氮需求所需的粪肥率可以显著降低，并且磷的积累和土壤中的K减少了！

富含磷的表土侵蚀导致沉积物和磷对溪流和湖泊造成污染，污染地表水。当土壤磷水平已经积累，并且根据一些养分管理计划的要求，根据允许的磷添加量限制施肥时，氮素保护管理意味着将需要更少的肥料氮。当土壤磷的积累很高时，应将粪肥应用到其他田地或使用严格的土壤保护措施避免沉积物进入河流。种植不需要施氮肥的轮作作物如苜蓿将粪肥施用到谷物作物积累的磷"降下来"（但是，这可能意味着要找到另一个粪肥施用场所。有关氮和磷管理的更详细讨论，请参见第十九章。）当磷的积累成为一个问题时，磷指数是一种用于评估磷从农田转移到地表水的潜力的工具，它考虑了土壤和景观特征以及个别田地的土壤保持和磷管理实践，这些包括所谓的源因素，例如土壤测试磷、土壤总磷和施用率、施磷的方法和时间，它还考虑了运输因素，如沉积物输送、流域中的相对现场位置、土壤保持措施、降水、径流和暗管水流/地下排水，这让营养规划者能够估计磷移动风险是低、中还是高，并提出适当的缓解措施。

大肠杆菌O157：H7

人们食用受大肠杆菌O157：H7菌株污染的肉类或蔬菜后，会导致多种严重的疾病暴发——洗生菜的水可被动物粪肥污染，或是种植在养牛场附近的菠菜亦可遭受污染。这种特殊的细菌寄生于奶牛的消化系统中，它对奶牛无害，但是因为在饲养牛的过程中，通常会喂饲低剂量的抗生素，导致它对人类常用的一些抗生素出现抗药性。这个问题只是强化粪肥使用的常识性方法，当使用尚未完全腐熟的有机肥种植供人类直接食用的作物时，尤其是贴近地面生长的莴苣等这类多叶作物和胡萝卜、土豆等这类根茎作物，应特别小心。若在种植作物之前，在种植和收获之间留出三个月的间隔时间，便可避免这个问题，对于生长期短的作物，在种植前应早点将粪肥翻入土壤中。虽然还没有确认过大肠杆菌O157：H7或其他疾病生物因土壤中的粪肥施入而污染蔬菜的案例，但出于安全考虑应谨慎使用粪肥。

12.9.2　养分的输入与输出

在综合性种养农场，通常可以生产所有或几乎所有牲畜的饲料需求。这有助于保持养分输入输出接近平衡，这是综合农场的优势之一。但是种植和牲畜有不同的组合。一种极端情况是农场为动物输入所有饲料，然后不得不以某种方式清除积累的粪肥。更常见的是，农场生产了大部分饲料，但若动物所需饲料超过了农场土地能承担的饲料产量，这些农民购买了额外的动物饲料，可能有太多的粪肥，无法安全地利用自己土地上的所有养分，农民通常没有意识到这一点，额外购买的饲料带入了大量的营养物质，这些养分作为粪肥留在了农场。如果他们在有限的土地上施用所有这些养分，养分开始积累，地下水和地表水的养分污染就更有可能发生，最好和邻居一起使用掉多余的粪肥；另一种选择是，如果当地有销售点，可将粪肥进行堆肥（见第十三章），出售给菜农、花园中心、景观设计师，或者直接出售给家庭园丁。即使粪肥从农场输出，如果特定地区的粪肥过多，长途运输将使成本非常高。新的粪肥处理方式（如不同类型的干燥和减少质量的方法），可能提供使其更易于运输到营养和碳缺乏地区的途径。

家禽和猪定期喂食的金属元素，例如铜和砷，以刺激动物的生长。但是，大多数金属元素最终都留在粪肥中。此外，奶农通常使用硫酸铜溶液来保护奶牛足部健康，用过的硫酸铜溶液会流入到粪坑中。从1992年到2000年初，佛蒙特州奶牛场液体粪肥的铜含量平均增加了大约5倍，以干物质计其浓度从$60\mu g/g$增加到$300\mu g/g$以上，因为越来越多的农民使用硫酸铜进行消毒，硫酸铜废液进入液态粪肥中。尽管关于动物粪肥施用对植物或动物产生重金属毒害的报道很少，但如果多年来大量施用金属元素含量高的粪肥，则应通过土壤监测来跟踪重金属的累积情况。

另一个潜在的问题是发现植物可以吸收土壤粪肥中的抗生素，动物养殖过程中，添加的抗生素大约有70%最终会进入动物粪肥中。虽然植物吸收的抗生素量很小，但施用含有大量抗生素的动物集约化养殖设施的粪肥时，这个问题值得引起关注。

12.9.3　放牧造成的养分损失

在放牧系统中，动物粪肥直接沉积在表面上（对于牛的场合，通俗地称为"牛馅饼"）。随着粪肥干燥，一些铵/尿素会流失到大气中，类似于来自封闭动物系统中的没有掺入土壤中的粪肥。总体而言，这减少了对氮肥浸出的担忧，并且由于牧场上的植被覆盖率高，径流往往较低。但由于这些"牛馅饼"分布不均，它们产生的小区域养分集中，而"馅饼"之间的区域养分较少，仍可能受益于额外的肥料。出于这个原因，硝酸盐浸出可能仍然是集中管理和额外施肥的奶牛牧场的一个问题。

12.10　总结

有多种方法可以将农牧结合到农业经营中，如果实施得当，这样做通常会有很多好处。当农场经营的目的是销售多种农产品和动物产品时，尤其如此，这种多样性在一定程度上保证了经济效益。另一个优势是在建立牧场（永久性或作为轮作的一部分）和种植干草作物时改善土壤健康。集约化管理的放牧系统是一种将牲畜和农作物结合在一起的通用系统，非常有效，产出高，并通过多年生覆盖作物和施肥改善土壤健康。有关农牧结合很好的例子，请参阅第十章之后的案例研究——Gabe Brown的介绍。

农牧结合的另一个优势是动物粪肥，这有助于提升土壤健康并将养分转移到最需要养分的田地。粪肥富含植物所需的营养，它们有助于构建和维持土壤有机质水平。不同的粪肥性质各异，即使来自同一种动物，也取决于饲喂、垫料和粪肥处理措施，重要的是分析粪肥以更准确地判断所需的施用量。但是一些主营动物养殖的农场造成了很大的环境问题，这些农场未充分考虑养分循环和施肥后养分可能的损失。在使用粪肥时，重要的是要牢记潜在的局限性：如生吃的蔬菜作物可能有病原体污染；某些粪肥的大量施用可能导致潜在有毒重金属在土壤中的积累；过量施用动物粪肥会导致土壤氮或磷超负荷，土壤测试和作物吸收量的估算已证实了这一问题。

参考文献

Cimitile, M. 2009. Crops absorb livestock antibiotics, science shows. *Environmental Health News*. http://www.environmentalhealthnews. org/ehs/news/antibiotics-in-crops.

Di, H.J. and K. Cameron. 2007. *Nitrate Leaching Losses and Pasture Yields as Affected* by Different Rates of Animal Urine Nitrogen Returns and Application of a Nitrification Inhibitor— A Lysimeter Study. Nutrient Cycling in Agroecosystems 79(3) : 281-290.

Elliott, L. F. and F. J. Stevenson, eds. 1977. *Soils for Management of Organic Wastes and Waste-waters*. Soil Science Society of America: Madison, WI.

Endres, M. I. and K. A. Janni. Undated. *Compost Bedded Pack Barns for Dairy Cows*. http://www.extension.umn.edu/dairy/ Publications/CompostBarnSummaryArticle.pdf.

Harrison, E., J. Bonhotal and M. Schwarz. 2008. *Using Manure Solids as Bedding*. Report prepared by the Cornell Waste Management Institute(Ithaca, NY) for the New York State Energy Research and Development Authority.

Kumar, S., H. Sieverding, et al. 2019. Facilitating Crop-Livestock Reintegration in the Northern Great Plains. *Agronomy Journal* 111: 2141-2156.

Madison, F., K. Kelling, J. Peterson, T. Daniel, G. Jackson and L. Massie. 1986. *Guidelines for Applying Manure to Pasture and Cropland in Wisconsin*. Agricultural Bulletin A3392. Madison, WI.

Magdoff, F. R. and J. F. Amadon. 1980. Yield trends and soil chemical changes resulting from N and manure application to continuous corn. *Agronomy Journal* 72: 161-164. See this reference for dairy manure needed to maintain or increase organic matter and soil chemical changes under continuous cropping for silage corn.

Magdoff, F. R., J. F. Amadon, S. P. Goldberg and G. D. Wells. 1977. Runoff from a low-cost manure storage facility. *Transactions of the American Society of Agricultural Engineers* 20: 658-660, 665. This is the reference for the nutrient loss that can occur from uncovered manure stacks.

Magdoff, F. R. and R. J. Villamil, Jr. 1977. *The Potential of Champlain Valley Clay Soils for Waste Disposal*. Proceedings of the Lake Champlain Environmental Conference, Chazy, NY, July 15, 1976.

Penn State Extension. 2019. *The Agronomy Guide*. https://extension.psu.edu/the-penn-state-agronomy-guide.

Pimentel, D., S. Williamson, C. E. Alexander, O. Gonzalez-Pagan, C. Kontak and S.E. Mulkey. 2008. Reducing energy inputs in the US food system. *Human Ecology* 36: 459-471.

van Es, H. M., A. T. DeGaetano and D. S. Wilks. 1998. Space-time upscaling of plot-based research information: Frost tillage. *Nutrient Cycling in Agroecosystems* 50: 85-90.

van Es, H. M., J. M. Sogbedji and R. R. Schindelbeck. 2006. *Nitrate Leaching under Maize and Grass as Affected by Manure Application Timing and Soil Type*. J. Environmental Quality 35: 670-679.

案例研究

Darrell Parks
堪萨斯州 曼哈顿

尽管 Darrell Parks 不喜欢养猪，他仍在堪萨斯州弗林特山 600 英亩的农场里开展了养猪计划，其目的是将动物粪肥用在他的土壤肥力计划中一个关键环节。Parks 的农场每年从饲养的 40 头母猪中得到大约 500 头生猪仔，同时还生产玉米、高粱、小麦、大豆和苜蓿。他将自己的生猪卖给 Organic Valley 合作社，并在当地农贸市场出售切块猪肉。

Parks 用猪粪处理他的土地，给需要提升肥力的土壤补充养分。他喜欢用重施粪肥的措施来解决土壤问题，改善微量营养缺乏症。Parks 说："来自生猪的粪肥不能满足所有的肥力需求，但随着覆盖作物和有机肥的增加，现在我已经能够保持可观的产量。"Parks 得到了美国农业部可持续农业研究和教育部的资助，用于试验在农田里施用粪肥的方法。他在这方面取得了成功，自 1996 年以来，他的农田获得了有机认证。

Parks 的作物主要开展两种轮作。一种轮作方式是，先种植三年苜蓿，再各种植一年玉米和大豆，然后再返回种植苜蓿。而在另一种轮作中，他在收获小麦后的当年晚秋种植奥地利冬季豌豆，春天将豌豆压青，种植经济作物穗芦粟或大豆，之后在秋季或春季种植小麦作物。

为了确保小麦作物有充足的养分，Parks 通常在每英亩麦田中施用 660 加仑液态粪肥。他把这些粪肥收集在一个混凝土做的储存池里，旁边是一座建筑物，母猪在繁殖期间或出售时都会在此短暂圈养。通常，他不对液态粪肥进行营养成分分析，"这种粪肥混入大量的雨水，养分浓度相当低——充其量算是高能量的水，"他说，"尽量避免在潮湿的时候施用，在小麦还长得不太高时（3 月或 4 月），我尽量选择在干旱无风的日子将液体粪肥施用到小麦地里。"

Parks 有时在他的一些农场里放牧老母猪，老母猪在其中随意排泄。不过，他告诫人们不要在苜蓿上放牧小猪。"您以为它们会更好地平衡自己的进食量，"他说，"但它们不会——它们会吃得过多。"

> 猪粪并不能满足我所有的肥力需求，但现在有了覆盖作物和有机肥源，我已经能够保持可观的产量。

Parks 养的猪一生中大部分时间都是在一块10英亩的土地上生长的，他在剩下的5英亩地种上玉米，玉米收获后，他就把猪和畜栏移到玉米茬的"干净地"上。他说："像这样来回变动似乎能很好地控制虫子。"他还说，猪粪里约有每英亩50～60磅的氮，有助于每年在这片土地上种植出"相当好的玉米"。

Parks 指出，他依靠耕作制度来控制有机系统中的杂草，这使得维持和改善土壤有机质含量尤其具有挑战性。这就是为什么他仍然致力于在他的农场中整合使用动物性肥料和"绿色"粪肥的原因。

为了应对有机谷物和燃料价格的飙升，他最近决定将养猪的数量从60头减少到45头。为了实现经济可持续性，他不断权衡利弊，自给自足种植可用于猪饲料的作物，而不是仅仅考虑有机谷物的收益。"这是一个艰难的决定，"他说，"现在，如果我减少猪的数量，也许在经济上效益会更好。但是，一旦我完全不养猪后，再想要重新养猪就不容易了。"

就目前而言，他认为从长远来看，他最好还是继续养猪。在常规操作中，"很多人有不爱养猪的想法，"他说，"我们正在满足一个正在成长的新兴市场的需求，这种需求肯定会不断增长。"

第十三章　堆肥制作和施用

> 我们这样处理各种土壤和物质的堆肥的原因，不仅是为了使它们能改善和变好，并且还使它们摆脱原有的有害物质……在堆肥之前，它们容易滋生害虫、杂草和真菌……而不能生产出完全适合餐桌上有益健康的植物、水果和根茎。
>
> ——J. Evelyn，17世纪

在我们周围的森林和田野里，随时进行着有机物质的自然降解。堆肥是将可利用的有机废弃物组合在一起经微生物分解成均匀、稳定的成品的一门艺术和科学；堆肥是土壤极好的有机改良剂；堆肥可以减少有机物料的体积，稳定可溶性养分，加速腐殖质的形成。大多数有机物料都可以堆肥，这个过程提供了一个双赢的机会：减少浪费和改善土壤。

在某些方面，堆肥是微生物养殖。如果成分以适当的比例结合起来提供食物（碳和氮）、水分、氧气和庇护所，那么多样化的生物群将有效地处理原料。这些微生物在具有充足氧气和水分的高温下表现出色。它们涵盖了中温（嗜温）到高温（嗜热）条件的范围。高温温度43.33℃到71.1℃有助于杀死杂草种子和病菌，这使堆肥与其他分解过程区分开来。温度低于110 ℉（43.33℃）时，中温生物大量繁殖，堆肥速度再次减慢，尤其当堆肥垛温度下降到周围环境温度时，这一过程称为"熟化"。在另一个极端情况下，堆肥垛中的温度可能会超过160 ℉（71.1℃），这种过热会杀死大多数生物并可能导致极度干燥，从而减慢了堆肥过程。堆体高温加上环境温度高和曝气，也会导致牲口棚和堆肥设施自燃。一般来说，堆肥过程会因任何阻碍良好通风或维持足够高的温度和足够的水分而减慢。已经发现，中温温度可能更有效地分解某些药物。

堆肥类型

有些人谈论"低温"式堆肥，包括"床式蚯蚓堆肥"、小型堆肥和"高温"堆肥。我们通常说的"堆肥"是指在高温条件下发生的有机物料快速分解过程。

甚至鸟类也会堆肥

澳大利亚雄性毛刷火鸡用收集的树叶、小树枝、苔藓和其他垃圾构建一个大约3英尺高、5英尺宽的土堆。然后反复在土堆中挖洞填充以利于碎片的碎裂和混合，最后用一层树枝和细枝覆盖。当外界温度约18.3℃时，堆肥垛内温度可达37.8℃，雌性毛刷火鸡产卵于堆肥垛孔中，但不必孵蛋而是利用堆肥过程中产生的热量孵化出小火鸡。

——R. S. Seymour（1991）

13.1　制作堆肥

13.1.1　常见和不常见的原料

将农场内外的废物和有机残留物进行堆肥已成为一种更普遍的做法。农民、市政当局和社区堆肥厂接收许多有机残留物，通常收取小费以抵消管理这些物资的成本。

堆肥的原材料种类很多，可以是活体或者死亡的植物或动物。例如作物残留物；

食品加工残留物；牲畜尸体；宠物、动物园和人类粪肥；砍伐的树木；混在一起的各种叶子和庭院残渣；路上被轧死的动物；蛋壳；葡萄糖废液；啤酒厂废料；销毁文件产生的纸张；面包店的剩余物；花卉和切花生产废料；咖啡/茶渣；不合规格的人类食品；鱼类罐头厂和屠宰场的残留物；家禽羽毛；家畜被毛；屠夫废料；鱼场废料；水草；生物炭；蛋白质粉和其他奶制品；脂肪/油/油脂；甘蔗渣（从甘蔗中压碎和提取液体后留下的浆状残渣）；石膏板；未经处理的小块木头。

　　这些原料不能随便乱扔；它们需要一个配方，以提供适当的物理条件（例如，允许空气流动和处理的正确质地）和大量可供微生物赖以生存的碳和氮。通常，堆垛由这些材料逐层交替堆叠而成，并通过翻动对物料进行混合。高氮材料与高碳材料混合，最容易形成堆肥，材料的平均C：N为每份氮配比约25～40份碳（有关C：N的讨论，请参见第九章）。因此，与稻草、木屑或树皮与粪肥混合后可以直接堆肥，因为它具有正确的C：N平衡。木片或树皮还提供气流和处理所需的粗结构基质（骨架），堆后可从堆肥成品中筛分出来，回收供下一轮堆肥使用。粪肥和锯末也可以提供良好的C：N混合物，但锯末的质地太细，空气无法有效流动。

　　堆肥时要避免使用某些材料，例如煤灰，特别是来自压力处理过的木材的木屑。应尽量少用宠物粪肥或大量脂肪、油或蜡作为堆肥材料，这类材料要么难以做堆肥，要么可能造成堆肥含有可能危害作物或人类的化学物质。材料组合方式太多，无法就每种材料的混合量给出一揽子建议，说明每种材料混合多少才能使水分含量和C：N达到合理的范围，从而能顺畅堆肥。"后院堆肥的示例配方"文本框中给出了一个示例。有一些公式可以帮助您估计堆肥中可能要使用的特定材料的比例（请参阅康奈尔大学的网站http://compost.css.cornell.edu）。结果算出来有时表明堆垛过于潮湿，或碳氮比过低（即N含量高），或碳氮比过高（即N含量低），为了平衡堆垛物料成分，需要添加其他物料或者改变原有物料的配比。前两种情况可加入干木屑，第三种情况可加入氮肥。如果原料过于干燥，可用水管或洒水系统增加水分。

　　有一点需要注意，堆肥中微生物对碳源的利用率与碳源类型有关。木质素不容易降解（我们在第四章讨论土壤生物时提到了这一点，在第九章讨论各种残留物对土壤的不同影响时也提到了这一点）。尽管一些木质素在堆肥过程中会分解，这可能取决于木质素的类型和水分含量等因素，木质素有大量的碳，但并非所有的碳都可用于快速堆肥。这意味着有效C：N可能比基于总碳的预期低很多（表13.1）。对于有些物料，用总碳量和可生物降解碳计算的碳氮比差别并不大。

表13.1　总碳量与可生物降解碳及估算碳氮比

材料	碳/%	C∶N	碳/%	C∶N	木质素/%	细胞壁/%	氮/%
	（总计）		（可生物降解）				
新闻纸	39	115	18	54	21	97	0.34
麦秸	51	88	34	58	23	95	0.58
家禽粪肥	43	10	42	9	2	38	4.51
枫树木屑	50	51	44	45	13	32	0.97

注：资料源自 T. Richard（1996a）。

后院堆肥的示例配方

从以下内容开始：

● 剪草（77%水分、45%C和2.4%N）
● 叶片（35%水分、50%C和0.75%N）
● 食物残渣（80%水分、42%C和5.0%N）

获取水分含量60%和碳氮比30∶1的状态所需材料的比例是：100磅草、130磅树叶和80磅食物残渣。

——T. Richard（1996b）

13.1.2　堆肥位置和尺寸

堆肥场地应位于适当的位置，要便于设备操作，并且由于会自然渗漏（尤其是在潮湿气候下），因此需要远离水道、污水坑、洪泛区、季节性渗漏区、水井和其他排水不良的区域。此外，根据原料不同，堆肥可能会产生不良气味，因此最好远离居民区。后院堆肥可以堆成一堆或在容器中进行，最好选择在远离儿童和宠物的安全位置。

堆垛或料堆（图13.1）是一个大型的自然对流结构，类似于许多彼此相邻的烟囱。氧气进入堆垛，二氧化碳、水分和热量从中逸出，堆垛中物料的组合方式能够让氧气自由流动；另一方面，同样重要的

图13.1　农场内的堆肥设施，用防水布控制湿度和温度

图片中的堆肥正处在熟化阶段

是保证堆垛不会轻易散失太多热量。如果使用的有机物料粒径太小，则需要添加"填充剂"以确保有充足的空气可以进入料堆。干树叶、刨花/木片和切碎的干草或稻草经常用作填充剂，切割成合适的尺寸，这些原料就不会被压实而减缓堆肥进程。当使用大颗粒时，堆肥需要更长的时间，尤其是那些像大木屑这样抗腐烂的颗粒，而像锯末这样的过细颗粒分解得很好，但会导致堆体变得太密，无法进行空气流动。

13.1.3　水分

堆肥垛的水分含量很重要。如果料垫不能轻易地将雨水排出堆垛，就不能在湿润气候条件下保证堆垛的好氧环境。另一方面，如果堆肥在料棚内或在干燥的气候条件下进行，当堆垛的水分含量不足时，微生物亦不能正常工作。在堆肥的活跃阶段水分容易流失，需要向堆垛中加水。事实上，即使是在湿润的地区，如果使用干燥的物料进行堆肥，一开始也要用水弄湿堆垛中的物料。但是，如果使用液体粪肥作为高氮材料，就有足够的水分来启动堆肥过程。理想的堆肥物料水分含量约为40%至60%，湿度类似于拧干的海绵。如果堆肥垛过于干燥——水分含量低于35%——氨将以气体形态挥发损失，并且当温度回升后有益微生物也不会重新生长。非常干燥、多尘的堆肥容易长出霉菌而不是我们需要的有益发酵菌群。

动物尸体堆肥

农场中死亡的动物难以处理，可以用它们进行堆肥。鸡甚至牛的尸体都有成功堆肥的案例。Cam Tabb是西弗吉尼亚州的一个农畜业农场主，他将已经开膛放置一天的动物尸体放在3～4英尺铺满木屑和马粪且具有良好隔离材料的堆肥床上，大型动物堆肥开始了（图13.2）。然后其上覆盖3～4英尺高的木屑和马粪。尽管可以连续几个月不翻（康奈尔废物管理研究所建议静置四到六个月），在堆肥进行三或四个月后进行了堆肥翻堆。翻堆之后，再次在表面覆盖更多的锯末和马粪直至腐烂动物完全覆盖。其他可供微生物利用的能源材料，如青贮玉米饲料等，用作垫料或者堆体覆盖物有助于分解。堆肥的形状应为便于排水的金字塔形，当将动物放置在堆肥中时，动物尸体与堆肥外侧之间应至少有2英尺的基础材料。

13.1.4　监控和翻堆

堆体进行翻堆后可让所有物料都暴露在堆体中心的高温条件下，热量直冲料堆上部（图13.3）。通常料堆底部的物料不易发酵，翻堆可重新进行物料分布并构建新的料堆中心。现在可以使用设备在大型堆肥设施中快速翻转长条堆体（图13.3）。还提供为

水、热和二氧化碳

氧气　　　　　　　　　　　　　　　　　　　氧气

a) 堆肥的早期阶段（堆高约 5 英尺，底部堆积 8 至 10 英尺）

b) 第一次翻堆时（覆盖其中的一部分，顶部和侧面使用的堆肥材料）

c) 第一次翻堆后（堆肥材料覆盖堆体）

d) 堆肥完成（堆体小于早期阶段）

图13.2　堆垛尺寸和翻堆技术
Vic Kulihin 绘图

图13.3　在商业设施中翻堆堆肥
Alison Jack 供图

农场堆肥而设计的拖拉机驱动的堆肥翻车机，一些农民使用撒肥机来构筑堆条。堆条的监测主要通过温度检查来完成。堆条内部温度会影响分解速率以及病原菌、真菌和杂草种子的减少程度。堆条的最有效温度范围通常在40 ～ 60℃之间，但是堆肥的温度可以高达77℃。自燃可能是个问题。另一方面，如果温度过高，则会不分青红皂白地杀死有益生物和病原生物，从而导致温度下降。

堆体温度取决于微生物产生的热量和通过曝气或表面冷却损失的程度。在极端寒冷的天气条件下，堆体体积需要比平时更大，以尽量减少表面冷却。随着分解减慢，温度将逐渐下降并保持在环境空气温度的几摄氏度范围内。带有长探头和数据记录器的温度计可用于监控过程。氧气测量也可看出堆肥过程的进展情况。对于静态堆体，重要的是通过使用蓬松含碳材料来保持高氧含量。理想情况下，氧气水平应保持在5% ～ 14%。如果每次内部达到并在约60℃的温度下稳定几天时轻轻翻动堆体，水分和通风的所有其他因素都处于最佳状态，则几个月内完成可完成堆肥过程，另一方面，如果只是偶尔翻动堆体，则可能需要更长的时间才能完成，尤其是在它已经压实的情况下。

虽然翻堆可以加速堆肥过程，但频率过高会使堆料变干燥，氮素和有机物损失增大。如果堆料过于干燥，可以在雨天进行翻堆以增加水分。如果堆料非常潮湿，可在晴天进行翻堆，或者在堆垛上覆盖防潮材料，比如切碎的稻草（如茅草屋顶）或堆肥毛布，这是一种现在广泛使用的能透气的覆盖物。非常频繁的转动可能没有好处，因为它会加快用于自然通风的重要结构材料的物理分解。翻堆适宜次数取决于多种因素，如通风状况、水分含量和堆垛温度。翻堆可以避免堆垛中心出现湿、冷现象，打散团块；在堆肥使用或销售之前，通过敲碎结块物料确保堆料更加均匀。如果堆垛只是温温的，应避免在寒冷多风的天气进行翻堆，因为如此操作容易造成堆肥温度降低而无法再次升温变热。

最后，不应在所有情况下主动翻堆。在堆沤动物尸体或道路动物残骸时，将它们放在堆体中间（并用长矛刺穿以避免腹胀），再覆盖2英尺高的堆沤材料，然后静置4～6个月而不翻堆让尸体残骸完全降解（参见本章末的案例研究）。

最小翻堆技术

翻堆一到两次就可以生产出农用级别的堆肥。建造一个尺寸合适的小型堆料——使用具有良好孔隙的材料并使之混合均匀，确保料堆充足湿润。均匀加热使得堆料有充足的空气进行降解，因此不需要翻动。随着热量的损失，堆料变得过于紧密导致空气不足，需要翻堆。一个很好的例子是在木屑中将死去的动物做成堆肥，堆体变热，尸体降解，无需翻堆。

13.1.5 控制病原体

病原体是堆肥的一个大问题，尤其是当它们涉及粪肥和尸体时。不同的堆肥方法去除病原体的程度不同，翻过的堆体将堆材移动到堆体中心，以便所有堆材都暴露在高温下。

不同的管理部门-温度要求来满足某些需要。例如，美国环境保护署列出了进一步减少病原体的过程，要求温度在55℃到76.7℃之间。为了符合标准，使用容器堆肥或静态曝气堆系统的堆肥操作必须将温度保持在该范围内至少三天。使用条堆堆肥系统的堆肥操作必须将温度保持在该范围内至少15天，在此期间材料必须翻转五次。该协议旨在确保在堆肥应用时病原体水平较低。与容器堆肥或翻转堆肥相比，在被动通风的条堆中杀死病原体可能需要更长的时间。来自具有潜在危险病原体的原料的堆肥将比原始来源材料更安全，但仍应谨慎行事。不应追施在直接供人类食用的农作物上，堆肥者和施肥者需要为自己的健康采取预防措施，如戴口罩和穿防护服。

13.1.6　腐熟阶段

高温堆肥后，堆料需要放置一到三个月的时间进行腐熟。通常情况下，一旦堆料温度冷却至40.6℃，且在翻动后高温不会再次出现，则说明腐熟阶段已完成。如果堆肥过程中物料有效（热）过程短或管理不善，则仍需要进行腐熟。由于堆肥中最大分解阶段已经结束，腐熟过程可减少翻堆次数，并且当降解速度较慢时，堆料中心对空气的需要明显减少。但是，如果堆体体积很大或堆肥不完全，则在腐熟阶段仍需要翻堆，有时难以确认堆肥完成时间，但堆体若能重新升温则说明料堆还没有完成堆肥（Solvita将测量堆肥中的二氧化碳损失，作为确定堆肥成熟度的一种方法。）堆肥腐熟可进一步促进难降解化学物质和较大颗粒的好氧降解。在腐熟阶段，常见的有益土壤微生物在堆体中繁殖，pH接近中性，铵转化为硝酸盐，若堆体在室外且降雨量大，可溶性盐会从堆体中淋溶出来。保持堆体含水量（腐熟阶段含水量不超过50%）有助于有益微生物群落的发展。通常认为，在堆肥腐熟过程的早期，腐熟反应可以抑制堆肥物料中某些有害病菌的存在。另一方面，有益微生物需要有碳源和氮源作为食物来维持生长，如果堆肥腐熟阶段时间过长——所有可利用的碳源和氮源耗尽——则有益微生物抑制病菌的能力下降并最终消失。

13.2　其他堆肥技术

大多数堆肥是堆垛或长条的高温（嗜热），但其他方法也有使用。在发展中国家小农场主通常通过挖坑方式进行堆肥（图13.4），尤其在干燥和炎热气候条件下，一般不制作肥堆。用土壤覆盖这些堆肥坑可以防止动物进入并且能更好地保持堆垛中物料水分含量。许多家庭堆肥更喜欢使用容器来堆肥，以便翻动堆体，更好地控制温度和湿度条件，并防止啮齿动物进入。但这些系统对于大规模的商业运营通常并不经济。

蚯蚓堆肥

蚯蚓堆肥是利用蚯蚓（通常是红虫）来完成分解过程。在某种程度上，这种方法仍然主要基于细菌，但分解过程发

图13.4　一个地下堆肥坑的例子，热带国家的小农场主在土壤排水良好的情况下经常使用

生在蚯蚓的肠道中。最终产物是表面覆盖着黏液的蚯蚓粪。黏液由多糖组成并成为稳定的团聚体。蚯蚓堆肥系统需要用报纸条、纸板、干草等类似材料制成培养床，这些材料是模仿蚯蚓在自然栖息地中找到的腐烂干树叶。蚯蚓堆肥过程快速有效，蚯蚓一天可以处理自身一半重量的有机物料。蚯蚓堆肥产品有较好的品质和气味，消费者喜欢使用这类堆肥产品。

蚯蚓堆肥最常用于处理厨房垃圾，可以在室内的小垃圾箱中进行。蚯蚓堆肥方法也用于大型商业运营。主要有两种方法：长条饲养床或高架床。长条饲养床，在饲养床的一侧添加新的物料，大约60天后从另一侧开始收获堆肥产品。高架床或容器养殖是在较冷气候下的室内操作的首选，顶部加入物料，蚯蚓粪在底部取出。一些蚯蚓堆肥业务与牲畜农场相连，以加工粪肥，将农场多余的营养物质作为增值产品输出。

发酵堆肥

发酵堆肥，或叫伯卡西（Bokashi），是韩国和日本开发的一种厌氧堆肥方法。有机原料接种乳酸杆菌，在厌氧条件下产生发酵过程，将一部分碳水化合物转化为乳酸。这个过程类似于青贮饲料和发酵食品（如泡菜和酸菜）的制作。厌氧堆肥规模较小，以食物残渣为主要原料并使用密封容器，但一些大型发酵堆肥是用紧密覆盖的堆垛完成的。几周后可以将发酵物用于土壤或储存以备后用。发酵过程还释放了一些原料的水分，这些水分含量很高。发酵堆肥工艺的优点是速度快，产生的气味少，温室气体排放量少。缺点是需要密封容器和收集液体排放物的方法、购买发酵细菌以及需要将堆肥埋入土壤中（即不用作追肥）。

13.3 堆肥的应用

堆肥有助于减少有机废物，如果以适当的比例施用并管理得当，对土壤普遍有益。它们可用于草坪、花园、树木以及蔬菜和农作物。堆肥可以散布在地表上，也可以通过翻耕或旋耕将其埋入土壤中。堆肥也用于种植温室作物，一些盆栽土壤混合物的主要成分就是堆肥。堆肥不应每年以大量施用，否则土壤营养容易过剩（见第七章的讨论）。

堆肥通过提供养分、增强生物过程和改善物理结构使土壤受益。有机农民特别热衷于使用堆肥来补充作物提取的养分（因为他们不能使用合成肥料）。虽然他们可以通过豆类轮作和覆盖作物来"种植"自己的氮，但大多数其他营养物质需要用外来的有机材料补充。好的堆肥是理想的土壤改良剂，因为它含有保持土壤健康的养分和碳，而且堆肥通常可以抑制病原体。

> 我生产堆肥不是因为堆肥让我感觉很好，而是因为堆肥是我在农业生产中看到的唯一一个低成本、省时、高产、省钱的措施。
>
> ——西弗吉尼亚州的 Cam Tab，肉牛和农作物农场主

常规农民，尤其是种植高附加值作物的农民，也喜欢使用堆肥作为土壤改良方法，以提高作物产量并减少病虫害压力和环境影响（例如改善水渗透）。堆肥还广泛用于景观美化和园艺，因为城市土壤经常受到建筑活动和繁忙交通的影响（参见第二十二章的城市环境）。大面积种植的作物上很少大量使用堆肥，因为成本通常太高，施用不起（动物粪肥应用更为常见）。公路部门最近的一个趋势是将在公路上被车撞死的动物进行堆肥，并施用于路边树木促进其生长。

做好的堆肥产品提供的有效养分相对较少。在堆肥过程中，尽管钾和磷的有效性保持不变，但在堆肥过程中，大部分氮转化成更稳定的有机态。然而，应该记住，不同堆肥产品成分变化大，有些已经成熟的堆肥可能含有高量的硝酸盐。尽管单位堆肥产品能够提供的有效氮素有限，但仍可提供其他大量以有效态存在的养分，并通过增加土壤有机质含量和缓慢释放有效养分的能力，很好地改善土壤肥力。堆肥的原料检测可在选定的商用农业和环境实验室中进行，原料检测对于肥料认证非常重要。

在某些情况下，重复使用堆肥，特别是在一些有机农场，可能会导致某些营养物质的积累。例如，如果为了满足作物的氮需求而施用大量堆肥（请记住，堆肥中的有效氮含量相对较低），那么磷和钾等养分就会过量施用，并会在土壤中积累。此外，如果没有足够的降雨冲走土壤中的盐分（例如在高棚温室和玻璃暖房中），盐分可能会积聚。建议定期进行土壤测试监测土壤，并相应地改变肥力策略（例如，使用豆类覆盖作物作为氮源并减少堆肥施用）。

堆肥抑制病害

俄亥俄州立大学的 Harry Hoitink 及其同事的研究表明，堆肥可以抑制植物根叶病害。其机理是（施用堆肥的）植物通常更健康（微生物作用能够产生植物激素和释放土壤微量元素），因此能够更好地抵抗病原菌感染。有益微生物与致病菌竞争养分，或者直接吃掉病原菌，亦或者产生杀死病原菌的抗生素。根据 Hoitink 的说法，有些生物，如弹跳虫和螨类，"实际上是在土壤中寻找病原菌进行繁殖并将其吞噬"。此外，Hoitink 发现，盆栽试验施入"富含可生物降解有机物料"的堆肥可以促进植物有益微生物生长，从而诱导植物体产生系统抗性来抵御植物体免受病虫害入侵，这些植物具有较高水平的生化活性，可有效提高根、叶对病害的抗性。

实际上，对于富含有效态氮的堆肥可能会刺激某些病害的产生，如大豆上的疫霉根腐病，以及其他作物的镰刀菌枯萎病和火疫病。在种植前的几个月施用堆肥，堆肥中的盐分易于流失，若在施用前将堆肥与低氮堆肥混合，可降低产生病害的风险。

堆肥过程也可以将表土覆盖物的有机物料——例如树皮覆盖物——从刺激病虫害产生转变为抑制病虫害的发生。

保护饮用水供应

在为城市提供饮用水的流域中，粪肥的堆肥尤为重要，例如为纽约供水的流域。蓝氏贾第鞭毛虫（海狸热）和小隐孢子虫（隐孢子虫）可引起人体疾病并通过动物粪肥，尤其是幼畜排泄传播。这些病原菌在环境中具有很强的抗性，不易被氯化物杀死。然而，粪肥堆肥是杀死病原菌和保护饮用水的一种经济选择。

13.4　堆肥的优点

堆肥材料比原始原料体积更小，因此运输成本更低，更易于处理，处理起来更便利。在堆肥过程中，二氧化碳和水分会发生损失进入空气中，使得堆肥垛体积减少30%～60%。此外，堆肥垛中的高温环境可杀死许多杂草种子和病原菌，同时也消除刺激性气味。

苍蝇是粪肥和其他有机废物的常见问题，而对于堆肥，这个问题要小得多。有机物料（如木屑或农作物秸秆）直接施到土壤时，通常会出现土壤氮素含量不足的问题，而堆肥却可减少或消除这种氮素缺乏的问题。如上所述，堆肥应用还可以降低植物根和叶病害的发生率。此外，堆肥中的螯合物和直接存在的类激素化学物质通常会进一步刺激健康植物的生长。堆肥还通过改善土壤有机质对土壤物理特性产生的积极影响（图13.5和图13.6）。

堆肥过程还帮助解决了我们在第七章中讨论过的有关养分流动的问题。当农作物在农场外出售时，有时会被长途运输，我们会从田地中带走碳和营养物质，而这些碳和营养物质在许多情况下基于经济原因而没有得到回收。堆肥使我们能够利用废料中的碳和养分，并以安全且具有成本效益的方式将其施用于土壤，从而减少我们农业系统中现在固有的养分流失和过剩问题。当然，我们无法回收来自爱荷华州农场的玉米

图13.5 左图：压实的土壤；右图：混合和种植前的堆肥应用
康奈尔大学城市园艺研究所供图

图13.6 不使用堆肥（左）和使用堆肥（右）的三年树木生长
康奈尔大学城市园艺研究所供图

或大豆中的碳和营养物质，这些农场中的养分最终变成了加利福尼亚的牛肉或中国的猪粪——物流具有抑制性。但是，将粪肥堆肥可以使养分更轻松、更经济地离开养分过剩的农场，并利用当地有机资源帮助改善附近的田地、花园和景观，否则这些资源大多会令人讨厌。

如果您有大量有机废物但土地不多，堆肥可是个好帮手，并且可能会创造出有价值的商业产品，从而提高农场的盈利能力。此外，由于堆肥会降低营养物质的溶解度，因此堆肥可能有助于减少溪流、湖泊和地下水的污染。在许多家禽养殖场和肉牛饲养场，有限土地上的大量动物种群可能使粪肥应用成为潜在的环境问题，堆肥可能是处理废物和去除多余营养物质的最佳方法。堆肥材料的体积和重量约为粪肥的一半，具有更高的商业价值，可以经济地远距离运输到需要养分的地方。此外，堆肥过程中的高温和生物活性有助于降低粪肥中的抗生素含量，这些抗生素被肥沃土地作物吸收。堆肥也比堆肥前散乱的原料更容易储存，可以选择在土壤和气候适宜的条件下进行施用。

尽管堆肥的好处不容否定，通常也有理由直接向土壤中添加有机物料而不进行堆肥。与新鲜残留物相比，堆肥不会刺激产生大量有助于将聚集体结合在一起的黏性树胶。此外，一些未堆肥的材料比堆肥更容易为植物提供营养。如果土壤肥力极度匮乏，植物需要从残留物中获取现成的养分。由于堆肥的氮磷比相对较低，定期施用堆肥作为氮源会导致土壤磷水平较高。最后，与简单的直接使用未经发酵的有机物料相比，有机物料堆肥通常需要更多的劳动力和能源。一般来说，堆肥在以下情况下最有意义：① 原料材料难以处理、在开放环境中不安全或有气味问题（如牲畜尸体或食品加工废物）；② 废料不能在当地使用并且需要在应用于田地之前进行远距离运输（如城市树叶）；③ 存在病原体问题（如宠物、动物园或人类排泄物）；④ 堆肥有良好市场（如城市附近的农场）。

13.5　总结

堆肥帮助我们使用有机废料来造福土壤并促进植物生长。通过堆肥，产品变得安全且可运输，有助于减少局部碳和营养物质过量和缺乏的问题。在将有机残留物施用于土壤之前将其堆肥是一种久经考验的做法，如果做好，可以消除植物病害生物、杂草种子和许多（但不是全部）潜在的有毒或不良化学物质。堆肥可增加土壤持水能力，可使N肥缓慢释放，并可能有助于抑制许多植物病害生物体，并增强植物抵御病虫害的能力。良好堆肥的关键是① 碳（棕色，干）和氮（绿色或彩色，湿）的良好平衡；② 良好的通风；③ 潮湿的条件；④ 能维持高温条件的足够大的堆垛尺寸——4～5立方英尺左右。此外，最好能翻动堆垛或堆条，以确保所有的有机物料都能进行高温发酵。

参考文献

Aldrich, B. and J. Bonhotal. 2006. Aerobic composting affects manure's nutrient content. *Northeast Dairy Business* 8 (3) : 18.

Bonhotal, J., E. Stahr and M. Schwartz. 2008. A how-to on livestock composting. *Northeast Dairy Business* 10 (11) : 18-19.

Brown, N. 2012. Worker protection at composting sites. *Biocycle* 53 (1) : 47. Cornell Waste Management Institute. 2020. http://cwmi.css.cornell.edu/.

Epstein, E. 1997. *The Science of Composting.* Tech-nomic Publishing Company: Lancaster, PA.

Hoitink, H. A. J., D. Y. Han, A. G. Stone, M. S. Krause, W. Zhang and W. A. Dick. 1997. Natural suppression. *American Nurseryman* (October 1) : 90-97.

Martin, D. L. and G. Gershuny, eds. 1992. *The Rodale Book of Composting: Easy Methods for Every Gardener*. Rodale Press: Emmaus, PA.

Millner, P. D., C. E. Ringer and J. L. Maas. 2004. Suppression of strawberry root disease with animal manure composts. *Compost Science and Utilization* 12: 298-307.

Natural Rendering: Composting Livestock Mortality and Butcher Waste. Cornell Waste Management Institute. http://compost.css.cornell.edu/naturalrenderingFS.pdf.

Richard, T. 1996a. The effect of lignin on biodegradability. http:// compost.css.cornell.edu/calc/lignin. html.

Richard, T. 1996b. Solving the moisture and carbon-nitrogen equations simultaneously. http://compost. css.cornell.edu/calc/ simultaneous.html.

Rothenberger, R. R. and P. L. Sell. Undated. *Making and Using Compost.* Extension Leaflet (File: Hort 72/76/20M) . University of Missouri: Columbia, MO.

Rynk, R., ed. 1992. *On Farm Composting.* NRAES-54. Northeast Regional Agricultural Engineering Service: Ithaca, NY.

Staff of Compost Science. 1981. *Composting: Theory and Practice for City, Industry, and Farm.* JG Press: Emmaus, PA.

Seymour, R. S. 1991. The brush turkey. *Scientific American* (December) .

Weil, R. R., D. B. Friedman, J. B. Gruver, K. R. Islam and M. A. Stine. Soil Quality Research at Maryland: An Integrated Approach to Assessment and Management. Paper presented at the 1998 ASA/ CSSA/SSSA meetings, Baltimore. This is the source of the quote from Cam Tabb.

案例研究

Cam Tabb

西弗吉尼亚州卡尼斯维尔

在2006年、2007年和2010年这几个干旱年份，西弗吉尼亚州的肉牛农场主Cam Tabb的作物产量超过了这个地区的平均水平。有时邻居们都想知道Tabb家的农场是否享受着某种神奇的小气候，因为他的农场能度过干旱期，且受到的影响似乎微乎其微。

Tabb笑着说："邻居们责备我占用了更多的水源，因为我的玉米看起来更好。"

他在西弗吉尼亚州查尔斯镇附近的1900英亩土地上饲养了500头安格斯肉牛，使用免耕法种植小粒谷物、干草和作为谷物和青贮饲料的玉米。Tabb将自己的丰产归功于他自20世纪70年代初以来一直在实施的免耕措施，以及在他30年来一直在自己的土地上施用马、奶牛和肉牛的粪肥制作的堆肥。"我的植物更健康，根系更发达，因为我的土壤结构更好，"他说，"雨水都进到了地里。"

Tabb在堆肥方面的努力，加上每年的土壤检测和轮作，已经不仅仅改善了他的土壤和作物产量；事实上，堆肥已经成为农场最重要的收入来源之一。

Tabb习惯将粪肥堆在硬土地上并看着它在冬日结冰，他已经这样操作很长时间了。"以前，我把粪肥当作废物处理，而不是资源，"他说，"那是在我意识到我闻到的是氮以氨的形式挥发到空气中之前，我以为只有闻起来很臭才是好东西。"

受到西弗吉尼亚大学研究员有关后院堆肥的演讲启发，Tabb意识到他需要在肥料中添加点碳源，并翻动料堆让它通气。从他开始将马厩的木屑混入、翻动堆料开始，他就走在成为堆肥大师的路上了。他的收入来自忠实的客户，包括几个市政当局、当地的鱼苗孵化场、养马者和邻居——从他们那里购买和运走各种可堆肥的材料。这些客户只是通过口口相传而发展起来的。这些材料包括动物粪便、动物尸体、树桩、暴风雨遗留下来的碎片、废木材、草垫子、食物垃圾、树叶和草屑。"人们可以支付我将垃圾拖走所需成本的一半，"他说，"然后，我们将垃圾加工并销售。"

Tabb的堆肥操作的独创性在于找到了从这些"废料"中多次赚钱的方法。例如，他把从家里的建筑工地运来的废木头削成碎片，然后把这些木屑作为垫料卖给马匹经营者。他把集装箱租给马主，用来存放用过的垫料，然后把它们运回农场，进行堆肥和筛分，接着生产出高质量的堆肥产品。他要么出售，要么在农场里自用。他估计他每年至少将29878立方米的马粪进行堆肥。

Tabb把从联邦鱼类孵化设施接收到的鱼类废料，与锯末和马粪堆肥。他说："这很快就形成了一种很好的堆肥，每吨含氮量为15～16磅，几乎是我们一般堆肥产品含氮量的两倍。"

Tabb还将集装箱出租给承包商，以清理土地上的树木和树桩。他说："当我们得到原木时，我们把它们放在一边，它们更适合（转销为）柴火。"从废料和劈开的树桩中除去土壤和石块后，这些木材就被出售给苗圃用作苗圃覆盖。树桩土（他称之为"大约85%的土和15%的堆肥）经过筛选，创造出一种类似表土的产品，他将其销售给承包商用于景观美化。"我们出售的表土都不是来自我们自己的农场，"他说，"这一切都来自我们带来的回收材料。"曾经是树桩清除服务的副产品的表土现在是他最畅销的产品之一，现在他拥有将石块和异物筛出的设备。

虽然最初"作物高产和厩肥体积减少"让Tabb对堆肥感到兴奋，但如今他对堆肥在确保农场经济可持续性方面发挥的主要作用特别感兴趣。他说："在农场里有一个好的（堆肥）供应是值得的。除了增加有机质和确保植物健康的长期利益外，它比传统肥料更具成本效益。"

他的堆肥的保水性和缓慢的养分释放特性在作物生长良好的年份提高了农场的产量，并在作物生长不佳的年份缓解了他的运营成本。有一年，他记录到一英亩施了堆肥的玉米产量比同样面积的对照高80蒲式耳（即5380公斤/公顷，或359公斤/亩）。

根据土壤检测结果，Tabb向他的农田施用每英亩10到12吨堆肥，每三年一次。他的堆肥每吨提供9磅、12磅和15磅的氮肥、磷肥和钾肥，除了氮以外，还为他的谷物和干草作物提供了足够的营养。他施用的堆肥堆置时间从来都不少于一年。随着时间的推移，他重点关注有机质含量为2%～3%的区域，而不是那些已经达到5%～7%的区域。

Tabb的长条料堆，"它们比你见过的任何东西都大，"他说，长100英尺，宽20～25英尺，高15英尺。他在农场的八个不同位置设置了堆料，这减少了拖拉机的行驶次数、成本和摊铺时土壤被压实的风险。由于用于堆肥的材料通过卡车运到农场，他将它们聚集在他最终将使用堆肥的土地附近。

在制作堆肥时他依靠经验和观察，而不是严守规则。"农场周围的每个人都知道在翻堆时观察什么，"他说。一旦肥堆加热到60℃以上，嗜热真菌就会受刺激释放孢子，在堆料冷却时形成蘑菇。他解释说："我们等到温度低于54.4℃时，当我们看到脆弱的蘑菇时，就把堆翻过来。"他补充道，"我们绝不会在温度还会不断上升时翻堆，"这样料堆就能达到足以杀死病原体和杂草种子的温度。Tabb使用前端装载机进行翻堆，可自行减少堆料的体积。翻堆也会促进更快速和彻底地分解堆中的物质，使温度升高到足以杀死杂草种子和病害。根据他的经验，Tabb 建议在堆肥堆中保持较大比例的堆过的堆肥，这样可以确保新鲜材料释放的水分会被较干燥、堆过的堆肥吸收，从而防止渗滤液的形成，并加快了堆料的整体接种和分解速度。

　　Tabb 对在他的农场长期施用堆肥和免耕的结果感到满意，土壤变得松软，有着海绵状的感觉，蚯蚓变得更加丰富。他还发现堆肥处理过的农田几乎没有径流。他说："我们的土地成了一个完整的小流域，我们的泉水为联邦鱼类孵化场供水。如果水里有任何不良的径流，那便是我们的责任，我们会从下游的人们那里听到。"

　　Tabb 的几个邻居对他的结果印象深刻，近年来开始制作并传播自己的"黑料金"。Tabb 说："几乎任何一个农民都能理解我的所作所为。""我没有意识到我是一个实践中的环保主义者，但几乎每个农民都是。这年头，你不能不这样做。"

第十四章　减少径流和侵蚀

这么久才真正认识你，

沙尘又刮入了我的家园，

只能背井离乡而去。

——WoodyGuthrie[1]，1940年

　　20世纪30年代，袭击美国大平原的沙尘暴导致了美国历史上一次大移民潮，沙尘暴集中在俄克拉荷马州、堪萨斯州和德克萨斯州北部的部分地区。正如Woody Guthrie在他的歌词中指出的那样，严重的水土流失致使人们除了放弃自己的农场而别无选择。

---

[1]　伍迪·格思里（Woody Guthrie，1912—1967），美国民歌手、作曲家。作品有《这是你的国土》《这么久才真正认识你》（So Long，It's Been Good To Know You）等，本词句来自《这么久才真正认识你》。——译者注

为了寻找工作，他们迁徙到这个国家的其他地方。尽管气候条件变化和农业实践对这种现象有一段时间内的改善，但在20世纪70年代和80年代，又进入了另一个加速风蚀和水蚀的时期。（具有讽刺意味的是，当奥加拉拉含水层被用于农业灌溉时，沙尘暴期间受灾最严重的一些地区现在又开始生产农作物，尽管地下水将在几十年内耗尽）。

　　在许多其他地区也出现了土地退化的现象，使得当地农民被迫离开自己的农场来到城市，或者迫使他们在热带雨林这样的原始区域开发出新的土地。洪都拉斯南部斜坡上的肥沃土壤现在受到严重侵蚀（图14.1）。大部分土地变成牧场或被遗弃，人口因此变得稀少。

图14.1　中美洲陡峭土地的侵蚀
去除细小的表土后，大部分都是巨石。由于缺少降雨和土壤保水能力低，高粱植物表现出干旱胁迫

侵蚀是一个自然过程，但是……

　　岩石和土壤的侵蚀是一个自然过程，在漫长的岁月中导致了山脉的降低以及河谷和三角洲的形成。随着水、冰和风对岩石和土壤的影响，自然侵蚀一直在发生。这种侵蚀的一个戏剧性例子是非洲撒哈拉沙漠（从沙漠过渡到大草原的萨赫勒地区）以南的风卷起的灰尘，经过大约3000英里到达南美洲和加勒比地区，偶尔会到达美国东南部。这种灰尘被认为是亚马逊河流域磷的主要来源，平衡了那里发生的损失。农业土壤的问题使侵蚀大大加速，当土壤裸露、没有活植物以及它们的根或残留覆盖物保护时尤其严重。此外，通过耕作分解土壤团聚体会减少降雨渗入土壤，从而加剧径流和侵蚀。

　　气候和土壤类型是影响侵蚀的重要因素。强烈或长时间的暴雨是造成水蚀和滑坡的主要原因，而干旱和强风是引起风蚀的关键因素。因此，气候变化导致的更多极端天气条件增加了对水蚀和风蚀的担忧。土壤类型很重要，因为它影响土壤侵蚀的敏感性以及在不损失生产力的情况下能承受的土壤侵蚀量。在第六章中，我们讨论了团聚性差的土壤（尤其是粉土）比团聚性好的土壤更易受外界影响，这将反映在土壤可蚀性评级中，土壤保护者亦可根据土壤类型来制定控制措施。

14.1 "可容忍"的土壤流失

土壤侵蚀是一个地质过程，一些土壤流失总是存在。另一方面，有一些办法可以控制耕作和其他耕作方式造成的加速损失。我们的目标应该是尽量减少农业经营造成的侵蚀。

每年因侵蚀而可容许的最大土壤流失量被称为容许土壤流失量或 T 值。此概念用于符合美国农业部自然资源保护局（NRCS）成本分摊计划的农场实践。采用的措施是估计的土壤流失应低于农场土壤估计的"容忍"值。对于生根深度大于 5 英尺的深层土壤，T 值为 11 吨/公顷/年。尽管如此，5 吨等于大约 0.03 英寸（大约 0.08 厘米）的土壤深度，如果土壤流失继续以这个速度进行，在 33 年大约会流失 1 英寸。这种"可容忍"的土壤流失率本质上是一种妥协，并不能完全防止土壤退化。在有机质管理良好的深层土壤上，需要很多年才能看到明显的影响，这是令人担忧的一部分：遵循这些准则可能会降低长期生产力。

对于生根深度较浅的土壤，土壤流失"容忍"量减小，当生根深度小于 10 英寸时，土壤流失的容许率相当于每年流失 0.006 英寸，相当于 167 年流失 1 英寸。当然，在农田上，土壤流失并不是均匀分布在田地中，径流水聚集并持续流动的地区会发生更大的流失（图 14.2）。从长远来看，当土壤流失量大于容许值时，生产力会受到影响。许多田块每年每英亩损失 10 ～ 15 吨土壤或更多。在极端情况下，如热带气候下陡坡上的农田，损失可能增加 5 到 10 倍。

除了减少土壤流失外，还可以通过结合具有许多其他积极影响的措施来最大程度地减少侵蚀。这些措施包括尽量少耕、使用覆盖作物和更好的轮作。农民创造性地使用根据他们的条件定制的这种措施，即使发生少量侵蚀，也可以在中长期保持土壤生产力，只要在土壤流失的同时迅速创造新的表土，估计每公顷约 1 吨。

图 14.2　春雨过后，中西部玉米地的水流冲刷出一条沟渠

Andrew Phillips 供图

14.2 异位效应

从田间流失的土壤也会对农场外的环境产生重大负面影响，因为沉积物会在溪流、河流、水库和河口中堆积，或者扬起的灰尘会到达城镇。事实上，沉积物仍然是世界上大多数水域的第一大污染物，它还经常携带其他污染物，如营养物质、杀虫剂和其他化学物质。仅仅从经济效益来看，影响渔业、娱乐和工业的水土流失的场外成本可能高于对农田生产力的损失效益，这尤其发生在很多人共享水域时。许多环保主义者认为，任何侵蚀量都是不可接受的，即使损失小于T，这是一个很好的观点，因为少量土壤会对水和空气质量产生巨大影响，这意味着小于T的土壤损失就农业生产力而言可能是可以容忍的，但在环境质量方面则不能容忍。在处理黏粒含量高的土壤时尤其如此，其中颗粒以胶体形式悬浮在径流水中。颗粒不会沉淀在池塘或过滤带中，可以与营养物和杀虫剂一起从源头远距离运输（图6.2右图）。同样，悬浮在空气中的黏粒和粉粒可以长距离运输，并可能导致呼吸问题。

每蒲式耳作物的侵蚀成本

查看侵蚀量的一种方法是将其与种植的作物数量进行比较。例如，据估计，爱荷华州农场的平均年土壤流失量约为每英亩5.5吨。爱荷华州的平均产量约为每英亩180蒲式耳玉米和60蒲式耳大豆。使用这些值并假设每年土壤流失5.5吨，每生产一磅玉米大约会损失1磅土壤，每生产一磅大豆大约会损失3.3磅土壤。我们之前讨论了从农场输出的营养物质，这些营养物质是所售作物的组成部分，但这是养分相对大量从农场移走的另一条损失途径。

侵蚀：短期记忆问题？

最严重的侵蚀经常发生在罕见的天气事件和极端气候条件下，因此人类很难充分认识到侵蚀的破坏潜力。在20世纪30年代沙尘暴时期，十年的极度干旱引起的土壤风蚀极具破坏性，在30年的时间内，约有三分之一的水蚀破坏是由单一的极端降雨事件造成的。像股市崩溃和地震一样，灾难性的侵蚀事件虽然罕见，但影响巨大。我们必须尽最大努力了解风险，避免自满情绪，充分保护我们的土壤免受极端气候的影响。

14.3　应对径流和侵蚀问题

　　管理实践有助于减少径流和土壤流失。例如，俄亥俄州的一项对常规耕作和免耕玉米地的径流进行连续监测的试验表明，在四年的时间里，常规耕作的径流平均每年约为7英寸，而免耕种植系统的径流不到0.1英寸。华盛顿州的研究人员发现，当轮作中包括草皮植物时，冬小麦田的侵蚀量约为每英亩4吨，而不包括时约为15吨。

　　在不影响作物生产力的情况下，采取有效措施控制径流和侵蚀是能够实现的，但这需要一种新的思维方式、大量的投资或不同的管理方法。控制土壤和水的众多方法可以归纳为两种通用方法：结构措施和农艺措施。构建减少侵蚀的土壤构造物主要采取工程技术，包括修建梯田、引水沟、排水系统等。农艺措施侧重于土壤和作物管理的变化以及使用植物解决方案，例如少耕、覆盖作物和在关键区域种植植被。适宜的保护方法因田块和农场而异，但最近有一个共同的趋势，即偏爱农艺措施而较少采取工程措施，主要原因如下：

- 农艺管理措施不仅有助于控制侵蚀，还能够改善土壤健康和作物生产力。
- 轮作和覆盖作物的保护性耕作系统，其配套的农业机械和方法取得了重大进展。
- 工程措施主要侧重于侵蚀开始阶段控制径流和沉积物，而农艺措施则力图通过减少地表径流潜力来防止侵蚀的产生。
- 工程措施的建造和维护成本通常比农艺措施更昂贵（前期费用很高），而且效果也往往较差。

　　因此，水土保持管理措施更有利于实现作物生产力长期的可持续性，也是控制径流和侵蚀的首选方法。工程措施可作为农艺措施减少侵蚀的辅助方法。减少土壤侵蚀的工作原理主要是减少径流和风的剪切力，或者在一定程度上保持土壤不易发生侵蚀，实际上，众多保护措施均是通过这两种方法来减少土壤侵蚀。通常可遵循以下良好原则：

- 保持土壤覆盖：水蚀和风蚀几乎只发生在土壤暴露时，活植物是保护土壤和促进土壤健康的最佳方式。
- 促进土壤团聚作用和提高渗透性。
- 在无土壤覆盖时减少松土。松散、裸露的土壤比稳定的土壤更易侵蚀，就像在免耕系统中一样。松动最初可能会降低径流潜力，但这种影响通常是短暂的，因为土壤会沉淀。如果需要耕作以减少压实，请使扰动有限的工具（例如，开沟机或条耕机）。土壤扰动也是造成耕作侵蚀的最大原因。

● 景观设计方法辅助侵蚀控制。主要集中在径流水集中的高风险地区，并最大限度利用低成本的生物学方法，如在水道和过滤带中种草。

● 聚焦侵蚀关键时期。例如，在温带地区，冬季休耕后土壤最易受侵蚀影响；而在半干旱地区，干燥期后暴雨开始时，由于地表覆盖物很少，土壤最为脆弱。在某些地区，季风季节和飓风带来的强降雨时期也是土壤侵蚀最易发生的时间。

● 评估可侵蚀土地区域是否可以不进行农业生产。有时，田间产量模式的经济分析（例如，使用产量监测数据）表明，这些田地或部分田地的产量不足以克服投入成本。如果这些地区没有盈利，作为保护区或预留计划的一部分，政府支付的款项比生产的收益来得多。

14.3.1 少耕

在过去的十年中，有一点已经很清楚，就是减少侵蚀的最佳方法是保持土壤覆盖，而保持强团聚体的最佳方法是尽可能少地扰动土壤。因此，过渡到增加地表覆盖和减少干扰的耕作系统（图14.3）是减少侵蚀的最有效的方法。顺便说一下，少耕通常也比常规耕作提供更好的经济回报。通过将作物残茬留在未耕种的土壤上并用根固定土壤，也大大减少了风对表层土壤的影响。这些措施促进了降水下渗，从而减少了径流并增加了植物的可用水

图14.3 大豆长在覆盖着玉米渣的免耕田地上

量。在需要耕作的情况下，降低耕作强度并在土壤表面留下一些植株残留物，可最大限度地减少土壤有机质和团聚体的损失。通过减少二次耕作，留下更粗糙的土壤表面，可以节省大量的劳动时间以及减少农机的磨损，它还通过防止强降雨造成的团聚体分散和地表密封来显著减少径流和侵蚀损失（见图6.11）。少耕或免耕还可以降低耕作侵蚀，防止发生土壤向下坡方向移动。在许多情况下，上坡方向的土壤会发生径流和侵蚀而逐渐损失，底土裸露，会进一步加剧径流和侵蚀现象的发生。我们将在第十六章进一步讨论耕作措施问题。

14.3.2 植物残体的意义及其他用途

保护性耕作和免耕的措施可减少土壤扰动并在地表留下大量作物植株残留物。土壤表面植株残留物在减缓土壤侵蚀方面十分重要，可拦截雨滴并能起到减缓流过土壤

表面的水流速度的作用。铧式犁耕作后，土壤表面残留物可能少于5%，而在连续免耕种植体系中仍有90%或更多土壤表面被作物残留物覆盖。其他保护性耕作的方法，如凿耕和圆盘耙耕（作为主要的耕作方式），通常仍有30%以上的地表被作物残留物覆盖。研究表明，大部分农田的径流和侵蚀可通过土壤的完全覆盖来消除，甚至30%的土壤覆盖就能减少70%的侵蚀。

正如第九章所讨论的，作物残留物还有很多其他竞争性的用途，例如作为燃料和建筑材料等。不幸的是，永久清除大量农作物残留物将对土壤健康和土壤抵御水和风侵蚀的能力产生不利影响，尤其是在有机物质无法作为粪肥回田的情况下。

14.3.3 覆盖作物

覆盖作物可通过多种方式减少土壤侵蚀并增强土壤对水的渗透能力。向土壤中添加有机残留物，有助于保持土壤团聚性和提高有机质水平。覆盖作物可以种植于土壤特别容易受到侵蚀的季节，如温带气候下的冬季和早春，或半干旱气候下的旱季初期。植物根系与土壤的结合有助于土壤固定，当雨滴落到叶片上流向地面时，会失去大部分能量，能够减轻土壤板结的发生。覆盖作物如果被收割后用于覆盖或滚动和压弯，而不是翻耕入土，在减少侵蚀方面特别有效。理想情况下，在覆盖作物几乎成熟时（通常是灌浆期）进行收割，此时覆盖作物有些木质化，但种子还未完全成熟，C：N尚未高达固定养分的限值。近年来，世界多个地区的创新性农民研发了覆盖种植、覆盖和免耕作物生产的新方法，通常这些新方法被统称为保护性农业（图14.4；另见本章末的农民案例研究）。这种做法已经彻底改变了南美洲温带部分地区的农业，近年来得到了迅速和广泛的采用。事实证明，它确实可以消除径流和侵蚀，而且在保

图**14.4** 南美黑燕麦覆盖作物覆盖层上的田间和大豆特写图

Rolf Derpsch 供图

湿、氮循环、杂草控制、降低燃料消耗和节省时间方面也有很大的好处，这些都可以显著提高农场的盈利能力。关于覆盖作物的更多信息，请参阅第十章。

14.3.4 多年生轮作作物

草类和豆类牧草作物可以帮助减少侵蚀，因为它们全年覆盖大部分土壤表面。大量的根系可以固定土壤。当它们与一年生行作物轮作时，可提高土壤健康，有助于在作物周期内保持较低的侵蚀和径流率。当这种轮作与一年生作物的少耕和免耕措施相结合时，效益最大。苜蓿和草类等多年生作物通常与行栽作物一起轮作，这种轮作方式很容易与条播结合起来（图14.5）。在这样一个种植体系中，多年生草皮和行栽种植的作物交替进行，当雨水到达条带草皮时，行栽作物冲刷出来的土壤侵蚀得到了过滤和阻挡。这种保护系统在中等侵蚀潜力的农田和同时使用行栽作物和草皮植物（例如，奶牛农场）的农业生产中非常有效。每种作物可以在种植条带上种植2到5年，然后换种另一轮作作物。

图14.5 玉米和苜蓿通过交替的条带轮流生长
美国农业部-NRCS的Tim McCabe供图

牧场通常都种植着草皮，虽然在极端气候条件下也可能会发生滑坡，但对于位于陡峭地形的土壤或其他容易被侵蚀的土壤来说，种植草皮是一个很好的选择，尽管塌陷和滑坡可能是极度陡坡的一个问题。

14.3.5 添加有机物质

保持良好的土壤有机质水平有助于将表土固定。通常有机质含量较高的土壤具有较好的土壤团聚性和较少的表面板结，确保更多的水能够渗入土壤而不是带着泥土流

图14.6 对土壤扰动最小的施肥设备

图14.7 中美洲的山坡沟渠将径流水引至斜坡边的水道（不可见）

坡上边缘有一条狭窄的过滤带，以清除沉积物

图14.8 中西部玉米地中的一条带草的水道安全地引导和过滤径流水

爱荷华州学习农场 Ann Staudt 供图

出田地。当田里积累了有机质时，雨水更容易进入土壤，有助于控制侵蚀。少耕和使用覆盖作物有助于增加土壤有机质含量，但定期提供外源性有机物料，如堆肥和粪肥，刺激蚯蚓活动，能促进更大、更稳定的土壤团聚体的形成。牲畜养殖农场对免耕措施的采用率低于粮食和纤维种植。为了更好地利用氮养分、防止径流并控制刺激性气味，粪肥需要施入土壤中。此外，由于在非常潮湿的土壤上使用了重型的粪肥撒施机，需要通过耕作来减轻严重的土壤压实。在分区耕作（zone-till）或免耕系统中直接注入液态有机物料是一种方法，这种方法可以减少对土壤的扰动，使得粪肥产生径流和恶臭气味的问题变得微乎其微（图14.6）。

14.3.6 水土保持的其他措施和工程措施

构建土壤覆盖管理措施是控制径流和侵蚀的首要方法，但工程措施仍然需要。例如，导流沟是在斜坡上修建的沟渠或截水沟，可将斜坡上的水引至水道或池塘（图14.7），其主要目的是将上坡区域的水引走，防止下坡径流积聚而增加冲刷产生沟壑。

植草水道是减少径流积水区域冲刷的一种简单而有效的方法，它们还通过过滤径流中的沉积物来帮助防止地表水污染（图14.8）。水道占用的土地面积小，在美国中西部粮食生产区域有广泛应用，那里长而缓的斜坡很常见。

丘陵地区的梯田是一种高成本的劳动密集型耕作方式，但同时也是一种能使坡度更为平缓、侵蚀减少的耕作方式。构建并维护良好的梯田可以使用很长时间。在免耕制度和覆盖种植制度得到广泛采用之前，政府的土壤保护计划为梯田建设提供大量的资金支持。

等高耕作和种植是一种有助于控制侵蚀的简单方法。无需设备投资即可帮助控制侵蚀。因此，它是20世纪30年代沙尘暴之后最早推广的保护措施之一。当沿着等高线工作而不是上下坡耕作时，由犁、耙子或播种机造成的轮轨和洼地将径流保留在小水坑中，使其慢慢渗入土壤。然而，这种措施在耕种陡峭的可侵蚀土地时并不十分有效，也不能消除耕作侵蚀。

还有许多其他的方法，虽然对减少土壤径流和侵蚀、提升土壤健康方面作用效果不显著，但可以减少河道侵蚀和泥沙流失，减轻土壤侵蚀的田外环境的影响。在径流水进入沟渠和溪流之前，可以通过过滤带（filter strips）去除沉积物和养分（图14.9）。许多农业地区都修建了泥沙控制池（sediment control basins）以便在河水进一步排放之前让泥沙沉淀下来，在常规土壤管理后依然产生大量侵蚀的地区会采用这种方法（图14.10）。对于这两种做法，它们的有效性取决于一年中的时间（冬季和雨季沉降较少）以及土壤颗粒是否容易从径流水中沉降（黏土比沙质土壤沉降少）。

保持土壤覆盖和增加土壤团聚性的措施既可以控制水蚀，也可以减少风蚀，比如少耕或免耕、覆盖作物种植和多年生轮

图14.9 场边过滤带控制河流中的沉积物损失
USDA-NRCS供图

图14.10 左图：中欧地区的一个沉积物控制池，在那里广泛使用常规耕作；右图：沉积物定期填满盆地，需要疏浚

作作物。此外，增加土壤表面粗糙度的措施能降低风蚀的影响，粗糙的表面增加了地表附近的湍流空气运动，降低了风的剪切力和将土壤物质吹入空气的能力。因此，如果田块进行了耕作，也没有种植覆盖作物，那么在作物不生长时将土壤保持在粗耕状态是有意义的。此外，垂直于主风向的固定间距种植的防护林带可以起到防风的作用，有助于减少由干燥风引起的蒸发（图14.11）。最近，防护带受到了许多关注，作为农业景观中的生态廊道，增加了景观生物多样性，并且可能符合植物篱农作种植的原则（第十一章）。

最后，说说滑坡。滑坡很难控制，在不稳定的陡坡上最好保持森林覆盖。大多数发达国家通常都是这种情况，但有时在世界贫困的农业地区也会在陡坡开展种植。一个折中的解决方案是使用宽间距的树木，这样可以通过根部来稳定土壤，但又能为牧场或作物留下足够的阳光（图14.12），这是我们在第十一章中也讨论过的一种造林形式。在某些情况下，在关键区域安装排水管以便解决降雨期间排水和水分过饱和问题，但排水管的安装通常成本很高，常用于城市地区和陡坡滑坡危险很大的道路沿线。

图14.11　农田防护林减少了风蚀和水分蒸发，增加了景观生物多样性

图14.12　在新西兰牧场种植大间距杨树以降低滑坡风险的试验

参考文献

American Society of Agricultural Engineers. 1985. *Erosion and Soil Productivity.* Proceedings of the national symposium on erosion and soil productivity, December 10-11, 1984, New Orleans. American Society of Agricultural Engineers Publication 8-85. Author: St. Joseph, MI.

Edwards, W. M. 1992. Soil structure: Processes and management. In *Soil Management for Sustainability*, ed. R. Lal and F.J. Pierce, pp. 7-14. Soil and Water Conservation Society: Ankeny, IA. This is the reference for the Ohio experiment on the monitoring of runoff.

Lal, R. and F. J. Pierce, eds. 1991. *Soil Management for Sustainability*. Soil and Water Conservation Society: Ankeny, IA.

Ontario Ministry of Agriculture, Food, and Rural Affairs. 1997. *Soil Management*. Best Management Practices Series. Available from the Ontario Federation of Agriculture, Toronto, Ontario, Canada.

Reganold, J. P., L. F. Elliott and Y. L. Unger. 1987. Long-term effects of organic and conventional farming on soil erosion. *Nature* 330: 370-372. This is the reference for the Washington State study of erosion.

Smith, P. R. and M. A. Smith. 1998. Strip intercropping corn and alfalfa. *Journal of Production Agriculture* 10: 345-353.

Soil and Water Conservation Society. 1991. *Crop Residue Management for Conservation*. Proceedings of national conference, August 8-9, Lexington, KY. Author: Ankeny, IA.

United States Department of Agriculture. 1989. *The Second RCA Appraisal: Soil Water, and Related Resources on Nonfederal Land in the United States, Analysis of Conditions and Trends*. Government Printing Office: Washington, DC.

第十五章　土壤压实

过湿耕作会对土壤造成永久性的伤害。

——S. L. Dana，1842 年

　　我们已经讨论了覆盖作物、轮作、保护性耕作和添加有机物对改善土壤结构的作用。但是，除非采取特定措施，农业机械和不适当的定期作业所造成的重负荷影响会产生土壤压实现象。第六章讨论了压实的原因，本章将讨论预防和减轻土壤压实的方法。如果没有采取措施去疏松被严重压实的土壤，产量损失可能很大。美国上中西部的一项研究估计，在收获时被车轮严重压实的土地上，玉米和大豆的减产中值为21%。城市地区也经常遇到土壤压实的大问题，我们将在第二十二章中单独讨论。

15.1 不同压实类型的诊断

第一步是确定压实情况是否严重，以及哪种压实类型影响土壤。表15.1总结了土壤压实现象、补救措施和预防措施。

表15.1 压实类型及其补救措施

土壤压实类型	现象	解决措施
表面结皮	表面团聚体的崩解和表面密封 出苗不良 加速径流和侵蚀	免耕或少耕 表面覆盖最大化：留下残留物 地表种植覆盖作物 添加有机质
耕作层	深轮辙印 长时间饱和或积水 根系生长不良，病害症状较多 不易挖掘，对硬度计有抗力 耕作后泥泞	使用条耕机或带式耕耘机打破压实，尽量减少土壤干扰 种植可以破坏压实土壤的覆盖作物或轮作作物 添加有机质 使用更好的负载分配设备 控制轮迹 不要在潮湿的土壤上运作设备 改善土壤排水 使用条耕机打破压实，尽量减少土壤干扰 种植可以破坏压实土壤的覆盖作物或轮作作物
底土	根不能穿透下层土壤 在较深的土壤存在压实	不要在潮湿的土壤上运作设备 改善土壤排水 用条耕机或带式耕耘机深耕 种植能穿透底土的覆盖作物或轮作作物 使用负载分布更均匀的设备

15.1.1 地表封闭和结皮

当土壤暴露在外时，立即会在土壤表面形成压实。在作物生长初期，尤其是耕作过的土壤上，在夏季作物收获后的秋季和春季，大雨过后，土壤表面可能会出现结皮和地表封闭（图15.1）。某些土壤类型，如砂壤土和粉壤土，特别容易形成结皮，它们的团聚体通常不太稳定，一旦被分解，小颗粒会填充大颗粒之间的孔隙空间，形成非常致密的结皮。

在种植后和作物出苗期间，如果发生暴雨，土壤最容易受到雨滴影响时，表层结皮的情况最严重。请记住，这种情况不可能每年都会发生。表面坚硬的结皮会延迟幼

图15.1 降雨破坏脆弱的土壤团聚体，形成封闭的表面，增加径流风险

照片是华盛顿州帕卢斯地区小麦种植区的土壤。当土壤变干时，表层封闭变成坚硬的结皮，阻碍出苗

图15.2 耕作后的大土块表明土壤紧实，团聚性差

图15.3 来自耕层压实的玉米根系，根系粗、弯曲，缺乏细根和根毛

苗的出苗和生长，直到下一场雨使结皮软化。如果没有这种后续阵雨，作物生长可能会大幅度延缓。土壤表面结皮和封闭也降低了水的渗透能力，增加了径流和侵蚀，减少了作物的可用水量。

15.1.2 表层压实

在大田里，通常可以直接观察到表土层下的土层压实情况，包括深深的车辙印、长时间的水分饱和、雨后和灌溉后出现积水。在耕作时被压实的犁层往往呈现出大块状（图15.2）。野外硬度测量计（field penetrometer）是评价土壤压实度的极好工具（你也可以将一个简单的铁丝旗推进土里），我们将在第二十三章中更详细地讨论。用一把简单的铲子挖土就可以目视评估土壤结构和根系生长情况，以及了解土壤质量。这些观察最好在作物早期发育阶段进行，而不是在根系已经建立之后。结构良好的土壤具有良好的团聚结构，易于挖掘。当你把一铲土扔到地上时，它会碎裂成颗粒状。如果根系密集，细根很多并很好地穿透到底土，说明土壤没有压实问题。相反，压实土层中的根系通常较短，且鲜有根毛（图15.3）。这些根系曲径生长，试图找到压实程度减弱的区域。通过比较车辙碾压处及附近区域土壤和根系的差异，可以观察到压实对土壤结构和植物生长行为的影响。需要注意的是，最近耕作的土壤可能会给人一种压实的假象：它们在耕作最初是松散的，但在生长季节后期可能会压实。与耕作土壤相比，未耕作的土壤通常较坚硬，但具有结构性较好，并含有土壤中蠕虫活动产生的大孔隙。

通过观察作物生长也可以识别压实问题。大雨过后，结构不良的表层土壤会形成致密的团块，用于气体交换的大孔隙很少。如果土壤持续潮湿，就会出现厌氧情况，导致作物生长减慢和反硝化损失（表现为叶片变黄），特别是在排水不畅的区域。此外，如果大雨之后出现干燥期，这些结构不良的土壤可能会发生"硬化"现象。处于早期生长阶段的作物很容易受到这些问题的影响（因为根部仍然较浅）。在压实土壤上，通常植物生长明显迟缓。

压实导致作物植株矮小会影响作物抵御病虫害和杂草的能力，作物生长不良会让这些现象变得更加明显。例如，在潮湿时期，透气性差的致密土壤更容易受到真菌根系病害的侵扰，如疫霉菌（*Phytophora*）、菌核菌（*Sclerotinia*）、镰刀菌（*Fusarium*）、腐霉（*Pythium*）、丝核菌（*Rhizoctonia*）、松材线虫（*Thieviopsis*）和北方根结一类的植物寄生线虫，这些问题可以通过观察用水清洗过的根系来识别。健康的根是浅色的，而患病的根是黑色的或出现病状。在许多情况下，土壤压实加上不良的灭菌方式以及缺乏轮作，会增加作物对过量化学投入品的依赖性。

15.1.3　底土压实

底土压实很难诊断，因为从表面看不到底层土壤。最简单的评估深层土壤压实度的方法是使用紧实度仪，紧实度仪应在土壤湿润（不太湿，也不太干）时进行。令人惊讶的是，当工具到达犁底层（通常为6～8英寸）时，你会发现工具会遇到更高的阻力，即使它实际上已经有一段时间没有耕种过。根系生长也是诊断底土压实的一个良好指标，前提是您愿意花费一些精力挖掘到该深度。重度犁盘下方的底土几乎完全没有根系，通常在犁盘上方水平生长（见图6.8）。然而，需要注意的是，菠菜和一些草类的浅根作物，不一定会遇到底土压实的问题。

一些土壤在密集种植时自然容易形成致密底土。当土壤团聚体因有机质的流失而变弱时，淤泥和黏粒颗粒会被冲下并沉积在底土孔隙中，从而形成致密层。尤其是含有等量砂粒、粉粒和黏粒的土壤，以及黏土矿物为非膨胀1：1类型的土壤。此外，热带氧化土天然具有高黏粒含量和非常强的团聚体，但当它们被石灰化时，pH值升高导致黏粒颗粒分散，并冲刷到下层土壤的孔隙中。

造成土壤压实的农作物

有些作物管理尤其易造成土壤压实：

● 根茎和块茎作物（如土豆）需要密集耕作，且收获时扰动大；同时，返还

土壤的残留物少。

- 青贮玉米饲料和大豆的残留物量少。
- 许多蔬菜作物需要及时收割，即使土壤太湿，也会进行田间机械作业。

因此需要特别注意消除这类作物的负面影响。应对措施可能包括选择有助于土壤改良的作物来填补轮作、广泛使用覆盖作物、控制机械作业，以及额外添加粪肥和堆肥等有机物料。施用奶牛粪便对维持良好的土壤结构非常重要。众所周知，纽约和缅因州的一些马铃薯种植户与奶农进行轮作，奶农将其转化为改土苜蓿和草。在佛蒙特州一项11年的实验中，我们发现奶牛粪肥的施用有助于保持良好的土壤结构。每年每英亩施用0吨、10吨、20吨和30吨（湿重）的奶牛粪肥，土壤孔隙度分别为土壤体积的44%、45%、47%和50%。

15.2　缓解和防止压实

避免或减轻土壤压实问题通常需要一种系统的、长期的方法，土壤健康问题难以快速取得实效。任何一块田地的压实都有多种原因，解决方法通常取决于土壤类型、气候条件和耕作制度。除特例外，以下是解决土壤压实问题的一般性原则。

减少地表密封和结皮

结皮是土壤团聚体分解后的一个症状，尤其是在精耕细作和平整的土壤中更为显著。作为一个短期的解决方案，农民有时使用旋转锄头之类的工具来打破结皮。最好的长期方法是降低耕作强度（或完全取消耕作），在土壤表面留下作物残留物或覆盖物，并通过添加有机质提高土壤团聚体的稳定性。即使作物残留物覆盖率低至30%，也将显著减少结皮，增加水分的渗入。好的重型保护播种机是一种非常有效的工具，它坚固的犁刀刀片可以使作物植株行间的土壤松动，叉齿轮可以去除行中的表面残留物，并且可以精确地播种种子，因此它可以成功地种植农作物而无需大量耕作（参见第十六章）。减少耕作和保持大量的地表残留物不仅可以防止结皮，而且可以通过增加团聚体来重建土壤。团聚体稳定性非常低的土壤，尤其是钠含量高的土壤，有时表施石膏（硫酸钙）会从中获益，添加的钙和土壤水中较高浓度的盐分离子会促进团聚作用。

通过适当使用耕作减少表层压实

耕作可以造成土壤压实问题，也能减轻压实问题。长期反复的集约化耕作减少了土壤的团聚作用，造成土壤长期紧实，导致土壤的侵蚀和流失，并可能导致犁底磐的形成。另一方面，耕作可以疏松土壤、为空气和水分运动以及根系生长创造空间来减轻压实。但如果土壤管理和机械作业模式持续保持不佳状态，这种缓解措施的效果只是暂时的，在之后的生长季节，农民不得不经常使用更密集的耕作来抵消与犁层压实有关的土壤结块问题，这就让他们陷入了一个下行周期，应该避免这种情况的发生。

　　解决这些问题的长期方案是消除或显著减少耕作，更好地管理土壤有机质（见下文），但不一定立即停止耕作。压实的土壤通常会更多地依赖耕作，而一下子彻底转变为免耕可能无法解决问题，在土壤表面进行轻微扰动的土壤松动措施可能有助于从耕作向不耕作管理系统的转变。大型旋耕机（图15.4）具有旋转尖头，可以在质密的表层中提供缓冲，对耕作造成的损害最小，在旋耕时尤其有效。旋耕机械也可用来混合有机肥，这样也能最小化土壤旋耕的损害。条状耕作（6～8英寸深）使用狭窄的杆，仅在狭窄的种植条带中扰动土壤（图15.4），对促进根系增生特别有效。这种措施是向更纯粹的免耕的良好过渡，但许多农民发现条播耕作是一种很好的长期策略，可以获得与免耕相似的好处，且压实的问题不大。在几乎没有地表扰动的情况下约曼的犁达到了类似的效果。

图15.4　以最小的土壤干扰提供压实缓解的工具：曝气机（左图）和条耕机（中间图和右图）
右图由 Georgi Mitev 提供

　　另一种方法可能是将有机质添加物（堆肥、肥料等）与减少耕作强度相结合，并使用播种机，以确保在最少二次耕作的情况下播种良好。这样的土壤管理系统可以长期积累有机质。一般来说，免耕的好处需要2～5年才能实现，但使用覆盖作物有助于更快实现。

通过深耕减轻底土压实

　　对于已形成犁底层或其他深层压实的土壤，深耕可能是有益的。只要打碎这个犁底层根系就可以进行更下扎生长。这个方法只有在整个耕层深度土壤足够干燥，且土壤处于易碎状态时才能达到效果，否则会污染土壤。

　　深耕（深松）可以减轻6至8英寸深的土壤压实现象，通常使用重型开沟机（图15.5）和大型拖拉机。人们常常错误地认为深层耕作可解决所有类型的土壤压实问题，但它对解决由团聚体破碎引起的耕作层的压实作用比较小。深耕底土成本较高、能耗较高，很难长期使用。此外，大型裂土器通常会造成不必须的土壤扰动，分区耕作和深层条耕（图15.4）的措施也会使犁层下面的土壤变松，分区耕作所用的狭窄的杆对土壤的干扰较小，并在表面留下作物残留物（图15.5）。

图15.5 左图：底土柄缓解深度压实（翼尖进行横向粉碎）。右图：分区耕作缓解压实、有利于生根与最小化地表干扰
右图由 George Abawi 提供

深耕对粗质地土壤（砂、砾石）更有效，因为这些土壤上种植的作物对深根反应更好。对于质地细密的土壤，整个底土往往具有较高的强度，深耕的效果不明显。在某些情况下，深耕甚至可能对这些土壤有损害，尤其是当底土潮湿且弥散时进行深耕，可能会产生排水难的问题。在进行深耕后，重要的是要避免土壤的后续再压实，应使田块远离重负荷机械操作，并在土壤湿度合适时耕作，否则效益很短。对那些由于细颗粒的冲刷易于自然形成压实的土壤，可能需要重复的深耕。

> 减少和防止土壤压实对改善土壤健康非常重要。具体方法应符合以下标准：
> - 应根据出现压实问题的位置（底土、犁层或表面）选择合适的方法。
> - 必须综合考虑土壤类型、耕作制度及在物理上的可操作性和经济效益上的可行性。
> - 应结合其他措施，如耕作制度和有机物改良剂的使用。

更加注重土壤操作和机械作业。犁底层或底土的压实通常是当土壤过湿时在田地上操作或机械作业的结果（图15.6）。为了避免这种情况，可对农业机械进行改装，并安排不同的时间进行现场操作。第一步是评估一年中田间要开展的所有土壤操作和机械作业情况，并确定哪些操作可能是最具破坏性的。主要标准应为：
- 机械作业时的土壤水分状况；

图15.6　湿（塑）土条件下的压实和涂抹：车轮通行（左图）、犁耕（中间图）、分区耕作留有开口和弥散缝隙（右图）

● 各种类型田间作业机械的相对压实效应（主要由设备重量和负荷分布确定）。

例如，对于后期种植的作物，耕作和种植期间土壤水分条件一般较为干燥，这种情况发生的压实破坏性最小。同样，中期栽培通常不会造成什么损害，因为田间通常是干燥的，设备负荷往往较轻。但是，如果作物是在湿润条件下进行收割，重型收割机械和不受控制的卡车运输将作物运出田间，会造成严重的压实损坏。在这种情况下，应重点改进收割操作。在另一种情况下，高塑性黏壤土往往在春天犁耕，田间仍然太湿，许多压实破坏可能发生在这个阶段，应该优先考虑耕作的替代方法和作业时间。

较好的农业机械负荷分配。改进农业机械设计有助于通过更好地分配车辆荷载来减少压实问题。分散荷载的最佳例子是使用轨道（图15.7），这将极大降低底土压实的可能性。但要注意，当土壤太湿时，人们往往忍不住使用履带式车辆，尽管有较好的漂浮性和牵引性，但履带式仍有可能造成压实破坏，特别是在履带下土壤弥散。利用漂浮胎或降低轮胎充气压力，也可以降低犁层压实度。经验法则：当承载同等的设备负荷时，将轮胎充气压力减半，使轮胎的尺寸增加一倍，土壤的接触压力会减半。

使用多轴减少了单个车轮和轮胎承载的负荷，尽管使用更多的轮胎增加了车辙，但土壤压实度还是会显著降低（大多数压实发生在第一个轮胎上，随后的轮胎几乎不会造成额外的损坏）。使用具有低充气压力的大宽轮胎也有助于通过将设备负荷分配到更大的土壤表面积来减少潜在的土壤压实。使用双轮同样可以通过增加占地面积来降

图15.7　通过改变设备负荷分布减少土壤压实度

左图：拖拉机上的履带；中间图：拖拉机上的双轮，也可以增加牵引力；右图：液体有机肥撒布机上的多轴和浮动轮胎

低压实度，尽管这种载荷分布对于降低底土压实度的效果较小，因为相邻轮胎的压力锥（见图6.12）会在较浅的深度合并。双车轮可以增加牵引力，但在相对潮湿的条件下进行田间作业还是容易引起压实。由于存在较大的占地面积，因此不建议在拖拉机上使用双车轮进行播种和种植作业（另请参见下面有关控制田间作业的讨论）。

改善土壤排水。农田排水不及时往往会导致更严重的压实问题，在这类田地里，湿润的状态持续存在，而有的田间耕作在土壤太湿时也不得不进行。有时当犁层底部仍然太湿时，犁地导致土壤弥散并形成犁盘。对于排水不良的土壤，改善排水系统对防止和减轻压实问题有很大的效果。地下（暗渠）排水能够提高现场作业的及时性，有助于干燥底土，从而减少深层的压实。对于需要紧密排水间距的重黏土，地下排水成本较高，表面引流和采用鼠道是很有效的方法。排水在第十七章中有更详细的讨论。

黏土在排水和压实方面通常会带来更多其他挑战，因为在湿润条件下黏土干燥后会长期处于塑性状态。一旦土壤表层的上部逐渐干涸，就会形成一个屏障，阻止水分进一步蒸发，这通常被称为自幂作用（self-mulching）。这种屏障将土壤保持在塑性状态，故需要防止在田间机械作业时可能的过度弥散和压实损坏。因此，出于这个原因，农民经常翻耕黏性土壤。然而，一个更好的方法是在春天使用冬季覆盖作物来干燥土壤。例如谷类黑麦等作物在春天会快速生长，根系会有效地从土壤底土层中吸水，使土壤从塑性状态转变为易碎状态（图15.8）。这些土壤具有很高的保湿能力，因此覆盖作物消耗掉的水分对耕种作物的生长不会造成影响。

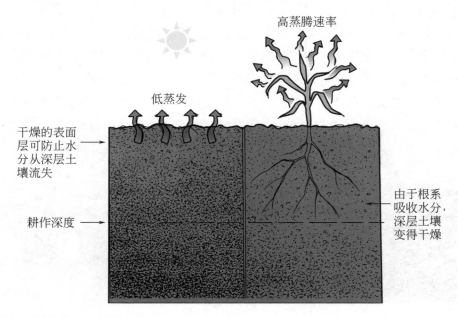

图15.8 覆盖作物可以让黏土干燥

没有覆盖作物（左图），地表干燥后蒸发损失很低；对于覆盖作物（右图），由于根系吸收和植物叶片的蒸腾作用，土壤深处的水分被去除，从而导致更好的耕作和机械作业条件

覆盖和轮作作物。覆盖和轮作作物可以通过在土壤中创造稳定较大的空隙，使水和空气更好的流动，并为微生物提供食物，可以显著降低土壤压实度，作物的选择应根据气候、种植制度、营养需求和土壤压实类型来确定。多年生作物通常在生长季节早期具有活跃的根系，并且在湿润和相对松软土壤条件下可进入压实层。草通常具有浅、密、纤维状的根系，对减轻土壤压实具有非常有益的作用，特别是减轻表层土壤压实，但这类浅根植物并不能帮助改善底土压实。对于具有较深直根的作物，如紫花苜蓿，其表面根系较少，但直根可以渗透到压实的底土层。如第十章所述，饲料萝卜根可以深入土壤并在土壤中形成垂直的"钻孔"（图10.6）。在许多情况下，覆盖作物与浅根和深根系统的组合可有效避免或减轻土壤压实现象（图15.9）。其实，这类作物是轮作系统中的一部分，通常用于反刍牲畜养殖场。

种植覆盖作物、轮作作物需要视地点而定。如果土壤已经严重压实，结合种植覆盖作物和轮作，通过耕作可使土壤疏松，这种情况发生在作为牧草生产的草皮植物上，有时进行机械作业时土壤仍然比较湿润。覆盖和耕作的结合也促进了氮的快速矿化。与翻耕草皮植物相比，在免耕或分区耕作下进行收割和覆盖会降低养分利用率，不会使土壤疏松。但在土壤表面铺一层厚厚的保护垫，可以有效地控制杂草生长，改善水分渗入和滞留。一些农民成功地使用了包括"侵略"作物、高覆盖作物或轮作作物（如黑麦和苏丹草）在内的切割和覆盖系统。

添加有机物料。定期添加动物粪肥、堆肥或污水污泥有助于减轻表土层压实，这些材料施入土壤可以提供表土层有机物和土壤聚集胶黏剂。相比于土壤压实，使用这些物料的长期效益非常好，但在许多情况下，施用有机物料本身是压实的主要原因。湿润地区的畜牧场通常使用重型撒布机（通常机械负荷分布不佳）湿润或在稍干的土壤上施用肥料，导致表土层和下层土壤严重压实。通常，添加有机物料时应小心谨慎，以获得生物和化学效益，而不是加重土壤压实问题。

控制机械作业和永久栽培垄。减少土壤压实最有效的做法之一是使用受控车道，把所有现场作业都限制在同一车道上，从而防止在其他区域造成土壤压实。

图15.9　深苜蓿根和浅而密的草根相结合有助于解决不同深度的压实问题

控制轮迹的主要好处在于使其他大部分场地减少了土壤压实，仅小部分区域受到影响。由于土壤压实度不一定随每台设备的通过而加重（大部分压实发生在最重的荷载下，在该荷载范围内不会增加土壤压实），与无受控车道相比，受控车道对土壤压实的影响不会更严重。实际上，受控车道的优势在于，加固后的土壤能够承受更大的地上荷载能力，从而更好地促进现场机械作业。通过建立沿现场边界的农用卡车指示和使用规划的进场道路，也会显著降低压实度，而不是让车辆随机地在地里行走。

控制机械作业系统需要调整现场农业机械设备，以确保所有车轮在同一条车道上行驶；同时还需要对机械作业人员提出操作规范和要求。例如，播种机和联合收割机的宽度需要兼容（尽管不一定相同），并且可能需要扩大轮距（图15.10）。受控制的机械作业系统最容易在分区耕作、垄作和免耕系统进行实施（不需要在整个田间耕作；见第十六章），因为作物种植带和行车道年复一年地保持清晰可见。

图15.10 具有宽轮距以适应控制轮迹系统的拖拉机

随着实时动态卫星导航系统（RTK）和自动转向技术的出现，近年来控制轮迹的方法得到了广泛采用。有了这些先进的全球定位系统，农场上的单个参考站可以提供高精度的实时校正，这有助于现场设备的精确转向。因此，可实现前所未有的精度布置受控车道，以及水（例如滴灌）和营养元素可以精确地施加于作物上（图15.11）。

图15.11 精确卫星导航控制轮迹农业

左图：12行玉米-大豆带，从带边到第四排和第五排之间有车道（爱荷华州；请注意，当前和上一年收获的作物行仍然可见）。右图：在有滴灌的覆盖垄上的西葫芦（澳大利亚昆士兰）

垄耕要求控制交通，因为车轮不应穿过垄。永久栽培垄系统是改良版的控制轮迹，它增加了土地整地来改善栽培垄的物理条件（图15.11，右图）。垄成型后就不能通行了。在很难避免机械作业的湿地上（例如某些新鲜蔬菜作物或水稻生产），以及需要安装设备（如灌溉管道）时，这种栽培垄系统尤其具有吸引力。

15.3　总结

农民经常不重视土壤压实问题，但土壤压实会导致产量下降或对绿化产生负面影响。有许多方法可以避免土壤压实的发生，其中最重要的是保持设备远离湿土，排水、使用受控车道和使用永久性路基（不行驶）都可以避免土壤压实问题。此外，可以通过保护性耕作、添加有机物料，使土壤表面不易受到团聚体分解和结皮的影响，地表覆盖和日常种植覆盖作物也有同样的效果。一旦发生土壤压实，就要减少压实度，包括使用能够突破地下压实层的覆盖作物，以及使用诸如深松机和分区耕作等设备来破坏压实的下层土。

参考文献

Gugino, B. K., Idowu, O. J., Schindelbeck, R.R., van Es, H.M., Wolfe, D.W., Thies, J.E., et al. 2007. *Cornell Soil Health Assessment Training Manual* (Version 1.2) . Geneva, NY: Cornell University.

Hoorman, J. J., J. C. M. Sa and R. Reeder. 2011. The biology of soil compaction. *Leading Edge* 30: 583-587. Soc. Exploration Geophysicists.

Kok, H., R. K. Taylor, R. E. Lamond, and S. Kessen. 1996. *Soil Compaction: Problems and Solutions*. Cooperative Extension Service Publication AF 115. Manhattan: Kansas State University.

Moebius, B. N., H. M. van Es, J. O. Idowu, R. R. Schindelbeck, D. J.Clune, D. W. Wolfe, G. S. Abawi, J. E. Thies, B. K. Gugino, and R. Lucey. 2008. Long-term removal of maize residue for bioenergy:Will it affect soil quality? *Soil Science Society of America Journal* 72: 960-969.

Ontario Ministry of Agriculture, Food, and Rural Affairs. 1997. *Soil Management*. Best Management Practices Series. Available from the Ontario Federation of Agriculture, Toronto, Ontario, Canada.

第十六章　保护性耕作

　　我们迫切需要的是一种与自然界土壤相类似的表土。为达到这一目标，我们需要使用一种工具，且这种工具不会将其碰到的垃圾掩埋，换句话说，便是使用除了犁以外的任何工具。❶

——E.H.Faulkner，1943 年

　　尽管耕作是一种古老的措施，但哪种耕作制度最适合某一特定的田块或农场还是很难回答。但是对土壤扰动通常不利于土壤的长期健康。在讨论不同的耕作方式之前，

---

❶ 出自于爱德华·福克纳的《农夫的愚蠢》（Plowman's Folly）（1943年）。爱德华·福克纳（E. H. Faulkner），他质疑倒置犁法的智慧，并解释了土壤耕种的破坏性质，这是保护性农业实践发展的一个重要里程碑。——译者注

让我们先思考一下人们为什么开始耕种土地。如果我们知道耕作对土壤有害，为什么耕作还会得到如此广泛的应用？

最初西亚（新月沃土）、欧洲和北非地区的农民为种植小麦、黑麦和大麦等小谷粒作物，开始实施耕作。最初开展耕作的主要原因，是与在不耕作的土壤上直接撒施种子相比，耕作可以创造一个精细的、干净的苗床，从而大大提高发芽率；同时耕作可使作物在新一轮杂草泛滥之前占领先机，从而抑制杂草，同时促进有机态养分的矿化作用，为植物生长提供有效养分。早期疏松土壤采用的是一种简单的刮地犁，在几个方向上松动土壤。松散的土壤还具有较好的生根环境，有利于苗木成活和植物生长。耕作一整片田地所需要的功率和能量常常远超出人类的能力范围，因此人们采用了动物拉犁（耕牛、马等）来完成这项艰苦的任务。

在生长季结束时，整株作物都被收割，秸秆在作为动物垫料、屋顶茅草、制砖和燃料方面具有相当大的经济价值。有时为了清除剩余的作物残渣和控制病虫害，在作物收获后（农民）会焚烧田地。尽管这样的作物系统持续了几个世纪，但它导致土壤过度侵蚀、有机质流失、养分耗竭，特别是在地中海地区，这种耕作制度导致土壤大面积退化；随着气候变干旱，最终该地区出现大面积土地的沙漠化。

与此相反，美洲的古代农业系统没有牛或马来实施艰苦的耕作。所以有趣的是，在当前减少耕作的背景下，前哥伦比亚时代的美国种植户并没有使用全幅耕作来生产作物。相反，早期的美国人大多数使用种植棒直接播种，或用锄头来起垄培土（hilling）。这些措施很适合玉米、豆类和南瓜等主要作物的种植，这些作物种子粒径大，种植密度低于旧世界（欧亚非洲）。在温带或湿润地区，土堆较高，为作物提供了温度和水分优势。与单一种植的谷物系统（小麦、黑麦、大麦、水稻）相比，这些田块通常间作两种或三种同时生长的植物，如北美三姐妹种植体系——玉米、大豆和南瓜。因此，美国种植户很早就采用了免耕和间作，而欧洲入侵者带来的“改良”技术长期使用后却对土地造成了伤害（图16.1）。

第三种古老的耕作制度是南亚和东亚水稻栽培的一部分，稻田被翻耕以控制杂草；同时土壤泥浆化后形成一个致密层，以限制水分通过土壤向下流失。当土壤为塑性或液态的均匀湿润状态时，就会发生泥浆化过程（见第六章），这个过程会破坏土壤团聚体结构。这一系统的设计是为了水稻在淹水条件下苗壮成长，特别是在与杂草的竞争中能处于优势。土壤侵蚀很小，因为稻苗必须在平地或梯田上种植，同时径流作为作物栽培过程中的一部分而得到控制。最近的研究工作集中在减少泥浆化和积水，以保护土壤健康和节约用水。

图16.1 艺术家描绘了前哥伦比亚时期的美国农民使用种植棒（左图）和在欧洲入侵后的耕种（右图）
迭戈·里维拉绘画，墨西哥城，国家宫殿

为减少耕作需求开展的技术

- 除草剂
- 针对性去压实的新型条耕工具
- 新型种植机和移栽机
- 覆盖作物管理的新方法

　　更为普遍的耕作是在大块农田开展的全幅耕作，因为其更适合机械化农业，并且随着时间的推移，一些传统的起垄作物如玉米和豆类也变成了行栽作物。铧式犁是2500年前中国人发明的，到18世纪被英国人重新设计成一种更高效的工具，由铁匠约翰迪尔改良后用以美国的土地开发，其通过完全翻耕作物残体、生长的杂草和草种以控制杂草。人们从一开始就对铧式犁感兴趣，因为它提供了更稳定的粮食供应，也促进了荒地的开垦。大马力拖拉机的发展使耕作变得更容易（有些人说耕地是一种娱乐活动），但也导致土壤扰动更强烈，最终引起土壤退化。裸露的耕地更容易遭受土壤侵蚀、有机质分解、养分流失和土壤碳含量下降，而这些都是土壤健康的重要要素。

杰瑟罗·塔尔和耕作：毁誉参半与一个重要的教训

　　杰瑟罗·塔尔（Jethro Tull）（1674—1741）是一位英国的早期农业实验学家，他撰写的书《马力中耕农法：论耕作与植物的原理》（*The New Horse Hoeing Husbandry: An Essay on the Principles of Tillage and Vegetation*）于1731年出版。这

是该领域的第一本教科书，并为下个世纪的土壤和作物管理制定了标准（该书现在作为核心历史数字档案的一部分在线提供；见本章末的"资料来源"）。在某种程度上，塔尔的其他出版物是这本书的前身，因为它讨论了肥料、轮作、根系、杂草控制、豆类、耕作、垄沟和播种。

塔尔注意到，传统谷物的撒播方法发芽率低，杂草难以控制。他设计了一种带有旋转槽纹滚筒（现在称为犁刀）的钻孔机，将种子导向犁沟，然后覆土，以保证种子和土壤的良好接触。这种机械播种方式还可以种植杂草，因此作为这本书的书名。这是一项具有历史意义的发明，因为直播机（seed drills）和插秧机（planters）现在是保护性农业和土壤培育的关键组成部分。但是，成行种植作物的概念要归功于中国人，他们早在公元前6世纪就使用过这种方法。

塔尔认为养分是由土壤小颗粒提供的，高强度的耕作才能保持种子与土壤的良好接触，并为植物提供养分。在没有添加粪肥的情况下，他曾连续种植小麦13年，这种种植基本上是通过耗竭土壤中的养分来实现的，而养分则从反复的粉碎土壤中释放出来。因此，塔尔倡导集约化耕作，但我们现在都知道这会带来长期的负面影响。也许这对农民和农学家来说是一个重要的教训：短期内看似获益的做法可能在长期使用后变得有害。

不断增加的耕作和土壤侵蚀已经使许多农业土壤退化到一定程度，以至于人们认为必须通过耕作来暂时缓解土壤压实的威胁。随着土壤团聚体被破坏，结皮和压实会使土壤更"依赖于"耕作。新技术的应用减少了耕作的必要性，除草剂的发展降低了土壤翻耕作为杂草控制方法的需要。就像一年生和多年生作物轮作可以控制杂草一样，覆盖作物同样有利于抑制杂草的生长。即使覆盖作物在被镇压过且没有预先准备好苗床的条件下，新的播种机也能实现精确位置的播种。土壤改良剂，如菌肥和液态粪肥，可以直接注射施用或条施。现在甚至有蔬菜移栽机，在免耕系统中提供良好的土壤-根的接触。除了因为不使用除草剂而需要大量耕作的大多数有机农产品之外，少耕或免耕的作物比传统耕作系统生产的作物能产生更好的经济回报。

16.1　耕作制度

耕作制度通常是根据土壤表面植物残体量来分类的。例如保护性耕作规定30%以上的土壤表面要覆盖作物残体，这一地表覆盖量可以减少50%以上的土壤侵蚀（图16.2、图16.3）。

当然，覆盖量还取决于收获后残体的数量和质量，在不同的作物和收获方法中可能有很大的差异（玉米作为谷物还是青贮饲料来收获就是一个例子）。尽管残体覆盖对土壤侵蚀潜力影响很大，但土壤侵蚀还受地表粗糙度和土壤疏松度等因素的影响。

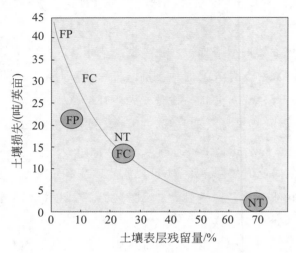

图中显示：

- 地表残体减少侵蚀
- 与耕作相比，保护性耕作（凿耕和免耕）留下更多的残体，并减少侵蚀
- 玉米（圆圈）比大豆返还更多的残体

图16.2　土壤侵蚀随地表覆盖率的增加而急剧减少

FP表示秋耕，FC表示秋凿耕，NT表示免耕；圆圈表示玉米，无圆圈表示大豆

修改自Manuring（1979）

　　耕作制度的另一个划分是全幅耕作还是限制性耕作。前者对整个农田的土壤都造成了干扰，而限制性耕作将对土壤不同程度的松动限制在作物种植行的狭窄区域。表16.1比较了各种耕作方式的利与弊。

图16.3　保护性耕作在土壤表面留下30%或更多的残留物

照片由USDA-NRCS中心提供

　　耕作工具每一次经过地面都会带走一些残体，导致用以减少地表径流和侵蚀的地表残体的数量不断减少。表16.2显示了不同耕作方式对残留在土壤表面残体百分数的影响。在一次次的耕作后剩余的残体量可以利用乘法来进行估计。例如，在玉米收获后，80%的残渣覆盖土壤进行越冬，经过以下四种耕作操作①直犁，②串联圆盘，③田间栽种机，④行播种机，剩余残体量的计算公式为：

表16.1　各种耕作制度的优点和局限性

	耕作系统	好处	局限性	经济和环境
全幅耕作	铧式犁（moldboard plow）	易于掺入肥料和改良剂；掩埋表面杂草种子；土壤快速干燥；暂时减少压实；土壤裸露，易于播种	破环天然团聚体并加速有机物的损失；常常导致表面结皮和加速侵蚀；形成犁底磐；需要二次耕作	人力和燃料高消耗；能耗高；设备磨损高；对水体质量和数量，以及CO_2排放的离场影响高
	凿犁（chisel plow）	与上述相同，但是会在地表留下一些残体；耕作深度目残体残留量可灵活操作	与上述相同，但对土壤结构的破环性较小，对土壤结皮影响皮底磐，没有犁底磐	与铧式犁相比，耗能，费用和耗能影响较低，但高于限制性耕作
	圆盘耙（disk harrow）	同上。但重复操作后，对耕作的好处有限	同上。但在耙的深度区域可能形成限制性犁底层	同上
限制性耕作	免耕	几乎没有土壤干扰；田间仅几次进车；地表残体覆盖面积最大，保护土壤免受径流和侵蚀损失；度过免耕早期后作作物产量增加	没有特殊农机设备，会导致对硬土和温度改良剂更加困难；需要专门的农机以应对土壤湿土干燥时和回温缓慢；除非春季温土干燥采用覆盖作物，否则免耕不能缓解土壤压实；农户采纳免耕技术存在较大的学习曲线，尤其是土质细到的农户；转型为免耕初期可能产量下降	低能耗；节约劳动力；与全幅耕作相比，长远上更加经济；促进固碳和养分积累；提高土壤生物活性；节约用水；对场外的水质和水量的影响低，可能存在较高的营养物质和杀虫剂优先流向暗管
	条耕（分区耕作）	同上。一般来说是压实和土质细土壤上是很好的替代耕作方式；允许在较深土壤施肥；土壤疏松深度灵活	同上。在种子播撒区可以缓解土壤压实，对根系生长和种子萌发较好	同上。但在某种程度上，费用和耗能较高
	垄耕和苗床	易于掺入肥料和改良剂；起垄后可提供给一些杂草的种子区更快变干并变暖使垄和苗床上的种子区更快速变干并变暖；固定的机械道降低总压实	在轮作体系中有草皮型作物或宽行作物时很难使用；需要固定机械道，调整轮距以便在垄间移动	费用和耗能取决于垄和苗床的强度；对环境的影响介于犁和免耕之间水平

表16.2　田间作业后作物残体存留量的估计水平①

田间作业	玉米或者谷物收获后	大豆收获后
收获后（after harvest）	90%～95%	60%～80%
越冬降解（over-winter decomposition）	80%～95%	70%～80%
铧式犁耕作（moldboard plow）	0%～10%	0%～5%
凿犁（弯曲点）[chisel（twisted points）]	50%～70%	30%～40%
凿犁（垂直点）[chisel（straight points）]	60%～80%	40%～60%
圆盘耙（disk plow）	40%～70%	25%～40%
圆盘耙串联圆盘（disk，tandem-finishing）	30%～60%	20%～40%
田间种植（field cultivator）	60%～90%	35%～75%
行栽种植机（row-crop planter）	85%～95%	60%～70%

① 速度、深度和土壤湿度都会影响产量。
注：源自 USDA-NRCS。

0.8（80%）×0.7（70%）×0.45（45%）×0.75（75%）≈0.19，即大约有19%的残体留在地表，因此不符合保护性耕作的要求。如果不采用串联圆盘，并保持土壤稍微粗糙些，残体量将达到42%。

16.1.1　常规耕作

　　一个全幅耕作可以均匀地管理整个地块表面的土壤。这种耕作系统的代表性特点是首先使用大型耕作工具来松散土壤，并将材料（肥料、改良剂、杂草等放置到土壤表面，然后再进行一次或多次的二次耕作，形成一个合适的苗床。大型耕作的工具通常有铧式犁（见图16.4左图）、凿子犁（图16.4右图）和重型圆盘犁（图16.5左图），而二次耕作是通过精整圆盘犁（图16.5右图）、齿或齿耙、滚筒、封隔器、牵引器等完成的。这些耕作系统建立了一个均一的且通常是整个田块表面都是细团聚体的苗床，

图16.4　左图：铧式犁翻转草皮，表土层得不到保护；右图：凿子犁把犁柄铲到土里，土壤表面留有一些残茬

这为种子萌发和作物生长创造了良好的条件。在农业机械化之前，农民会先用手撒播种子，然后使用耙，现在这项任务改用机械播种机来完成了。在准备一个好的苗床后，播种机就不再需要特殊的附属机械来处理土壤表面的残体或硬块土。

但铧式犁耕作属于能源集约型耕作，在土壤表面留下的残体很少，往往导致有机物（碳）损失高，需要二次耕作（表16.1）。它也容易在犁耕深度（通常6到8英寸深）以下形成密集的耕作磐压实层。然而，铧式犁耕作是传统上一种可靠的耕作方式，而且几乎总是能让作物生长良好。凿子犁通常达到类似于铧式犁的效果，但需要能量较少，速度快且在土壤表面可留下更多的残体。凿子犁在耕作深度上具有更大的灵活性，耕作深度通常从5到12英寸，还可以使用一些专门设计的工具进行更深的耕作，有利于打破土壤压实层。

圆盘犁是一种重型犁，作为一种主要的耕作工具，通常有6到8英寸深；轻型圆盘犁可以开展较浅层的耕作并在地表留下残体（图16.5）。人们关注圆盘犁在耕层底部形成的犁底层。圆盘犁有时被用作初次耕作和二次耕作工具，不断反复粉碎土壤。这种操作限制了对圆盘犁的直接投资，由于对土壤干扰很大，从长远来看也是一种不可持续的耕作工具。

尽管全幅耕作系统有明显的缺点，但其可以帮助克服某些土壤问题，如土壤表土压实（至少暂时的，但随着时间推移，土壤压实更严重），存在杂草多，以及种植完前茬作物后的留茬或覆盖作物残体的问题。尽管对一些有机作物种植体系可以选择免耕，有机农场主经常把铧式犁耕作作为控制杂草数量（解决有机农业不使用除草剂的巨大挑战）和促进豆类作物氮素释放的必要措施。以养殖为主的农场主通常使用犁将粪肥翻入土壤，并实现从牧草向行栽作物轮作的过渡。

除了可将地表残体翻入土壤外，二次耕作强度大的全幅耕作系统还会粉碎天然的土壤团聚体，促进了原本被保护在土壤内部但现在可被土壤生物接触到的有机物的分

图16.5　左图：可用于一次和二次耕作的重型圆盘犁；右图：光面的圆盘犁

Mark Brooks 供图

解。一些自然保护主义者认为用犁来翻土是违背自然的。在自然状态下土壤并不会被翻动，不会倒置，也不会掩埋地表的植物残体（蚯蚓和其他生物这样做，但它们不会使整个土壤倒置）。犁耕作后被粉碎的土壤不能很好地吸收强降雨，缺乏地表残体覆盖会导致土壤封闭，从而产生径流和侵蚀，并在干燥后形成坚硬的板结层。集约型耕作的土壤，在中到大雨后也会沉降，干燥后可能会"变硬，"从而限制根系生长。

减少二次耕作也有助于减少全幅耕作的负面影响。压实的土壤经耕作后呈块状，人们为了建好苗床，需要进行更强力的耙土和镇压。这种额外的耕作造成了土壤的进一步退化以及土壤密集耕作的恶性循环。现代的保护性播种机通常可以减少二次耕作，它可以在种子周围形成一个精细的团聚化区域，而不需要将整个土块粉碎。二次耕作最重要的是要有一个好的播种工具，它既能减少土壤与种子的接触不良，又不破坏整个田块土壤表面的团聚体。减少二次耕作的一个附带好处是，较粗糙的土壤通常具有更高的水渗透率，能减少降雨后沉降和硬化。

垂直耕作是一种整合了一系列耕作工具的概念，这些工具不会将土壤从一侧翻到另一侧，而是在有限压实下垂直移动土壤。这种机械工具通常包括带有大型波纹或波浪型犁刀的工具以及与移动方向一致的刀片，可以切割作物残渣或将其推入土壤。有时它们与田间耕作机、轻型凿子式工具、修整尖或滚动篮子相结合，以平整地面。它们也可以与施肥机一起使用。

在较为集约化的园艺系统中，经常使用动力耕作工具，由拖拉机输出动力系统带动旋转（图16.6）。用旋转式耕作机（旋耕机、旋转碎土器）进行高强度的土壤混合，形成细土后对小种子或对压实敏感的园艺作物有利，但长期下去会损害土壤，所以只有当土壤能定期施以有机物料，如覆盖作物残渣、堆肥或粪肥时，才应考虑使用这些机械。机铲也是一种主动旋转的耕作工具，但小机铲与园艺工具类似，耕作时强度会比旋转碎土器更轻一些，在地表会留下更多的残体或有机物。

图16.6 用于园艺作物的动力耕作工具：旋耕机（左）和机铲（右）

16.1.2　限制性耕作制度

限制性耕作系统基于这样一个理念：耕作仅限于作物周围的区域，不必干扰整个农田。有几种耕作系统包括免耕、条带耕作（类似于分区耕作）、垄耕，都符合这个理念。

免耕制度。免耕系统是基于只要能实现良好的播种和杂草控制，就不需要土壤扰动这一概念而发展起来的。播种机只在种子周围的一个很窄很浅的区域松散土壤。这种局部干扰通常是通过免耕播种机（用于行栽作物；图16.7）或播种机（用于在

图16.7　用于保护性耕作的现代中耕作物播种机
机器前方的犁刀和后面的关闭车轮允许在不整理土壤时进行播种；设备定位由GPS系统控制；种子深度由水力学控制；种子通过真空输送；种子的播种位置也由数字监控。拉里萨·史密斯供图

窄行种植的作物；图16.8）完成的。该系统颠覆性地改变了常规耕作系统，对防止水土流失，有机质积累、维持土壤健康最有效。

免耕制度已成功地应用于不同气候条件下的许多类型的土壤。土壤表面的植物残体可保护土壤免受水蚀和风蚀（图14.3），并通过增加生物活性保护土壤免受极端气候和高温的影响。土壤地表残体也会减少水分蒸发，再加上深层生根也会降低对干旱的敏感性。这种耕作制度特别适用于粗质地土壤（砂和砾石）和排水良好的土壤，因为这样的土壤往往较松软，不易压实。在从传统耕作过渡到免耕的初期，免耕作物产量有时低于传统耕作，但在土壤生态系统完全适应后，免耕作物产量往往会超过传统耕作。造成这种情况的原因是，在免耕早期，氮素有效性较低，土壤活性低，需要通过

图16.8　左图：免耕播种机不需要为窄行作物或覆盖作物进行耕作及苗床准备。右图：用于免耕播种机的十字槽开沟器
圆盘将土壤切成薄片，倒置的T形叶片将种子和肥料放置在圆盘的两端，镇压轮（右侧）将苗床封好并固定

蚯蚓活动和覆盖作物种植等自然生物学过程来克服土壤压实。知道了这一点，你就可以通过在过渡时期增加氮（豆类、粪肥、堆肥）来补偿作物产量损失。

从传统耕作到免耕的彻底转变可能具有挑战性，因为免耕对一向需要松动的土壤系统是一个巨大的冲击。如果开始免耕前土壤已经发生退化和压实，从常规耕作到免耕的彻底转变可能会失败，最好先采用增施有机物料、覆盖作物和条带耕作（分区耕作）的方式修复退化土壤如下一节所述。在不耕作的情况下，播种、压实和杂草防治变得更加重要。免耕栽苗机和播种机（图16.7和图16.8）是一种先进的工程技术，但需要适应不同的土壤条件，同时也能够在特定的深度开展精确播种。自杰瑟罗·塔尔（Jethro Tull）发明了早期播种机以来，这项技术已经取得了长足的进步。

如表16.3所示，免耕土壤的质量随着时间的推移而提升。表16.3比较了一个在纽约开展的试验中耕作和免耕32年后表征土壤健康的物理、化学和生物指标。免耕的好处在物理指标上是相当一致的，特别是在团聚体稳定性方面。生物指标也类似，免耕土壤有机质含量比犁耕高35%。免耕对土壤化学性质的影响不太明显，但免耕pH值略好于耕作，且在前期硝态氮浓度高达50%。其他实验也表明，长期免耕可增加有机质中氮素有效性，这可能会节省大量肥料。

表16.3　32年犁耕和免耕对玉米生产土壤健康指标的影响

	土壤健康指标	犁耕	免耕
物理性质	团聚体稳定性/%	22	50
	*容重/（g/cm³）	1.39	1.32
	*穿透抗性/（lb/in）	140	156
	透水率/（mm/h）	2.1	2.4
	植物可利用的水容量/%	29.1	35.7
	渗透能力/（mm/h）	1.58	1.63
化学性质	早期硝酸盐氮/（lb/acre）	13	20
	磷/（lb/acre）	20	21
	钾/（lb/acre）	88	95
	镁/（lb/acre）	310	414
	钙/（lb/acre）	7172	7152
	*pH	8	7.8
生物性质	有机质含量/%	4	5.4
	纤维素分解率/（%/周）	3	8.9
	潜在可矿化的氮/[μg/（g·周）]	1.5	1.7
	土壤总蛋白/（mg/g）	4.3	6.6

注：标有星号的参数的数值越低越好，其他参数的数值越高表示健康状况越好。本表源自Moebius等（2008）。

条带耕作（分区耕作）和垄耕。这些耕作制度适合于行耕作物。这个方法是沿着作物种植行的一个狭窄条带翻动土壤，而使大部分土壤表面保持未破坏的原状。分层耕作使用分层生成器和犁刀（图16.8），形成一个可延伸到底土6到16英寸的松土带。在从常规耕作转变为条带耕作后的头几年，较深层的耕作可能合适些，这可以促进根系深扎和水分运移。在土壤健康得到改善后，可以使用较浅层的耕作条带，节省能源（图16.9）。在条形耕作之后，常常紧跟着在机械前面安装带有犁架的播种机，它可以处理很多的土壤耕作条件（图16.7）。类似于免耕，条带耕作可以改善土壤质量，但较为耗能。对于存在压实问题的土壤（例如，施用液态有机肥的田地或在土壤潮湿时收获作物造成压实），排水能力差的土壤或气候潮湿、寒冷的耕地，采用条带耕作比严格的免耕制度要好。在这种情况下，清除植物残体、略微抬高条带和行内松动土壤，有利于土壤干燥、升温和生根。在温带气候带，带状耕作和带状种植通常在春季种植成行作物之前进行，便于土壤沉降。有些农民在耕作过程中注入肥料，从而减少了在田间通行的次数。

在转换为免耕之前需要考虑的事情

　　一位俄亥俄州的农民问本书的一位作者，几年前他将低有机质和低肥力的紧实土地改为免耕种植，他能做点什么。很明显，应该在改变耕作之前增加土壤有机质含量和提高养分水平，还需先缓解土壤压实。一旦你改为免耕，你就失去了轻松快速地改变土壤肥力或物理性质的机会（种植覆盖作物除外，其可以减少压实）。建议要修建果园或葡萄园这样的多年生作物的种植户，同样需要考虑这个问题。在改为免耕之前，先构建好土壤并解决压实问题，不然随后会吃很多苦头。

　　分区耕作采用与条带耕作相同的方法：将松动土壤限制在沿作物行较窄的区域内。它使用一根细杆松动土壤（图15.5，右图），并依靠播种机上的凹槽来形成一个无残体的条状土壤。最终结果与条带耕作相似。

图16.9 左图：带倾斜圆盘和滚动篮的可条带耕作的工具，用于构建疏松土壤层；右图：玉米收获后的条形耕作导致一个狭窄的耕作区域，使大部分土壤表面保持原状

Georgi Mitev 供图

垄作耕作结合了有限耕作和垄作作业，需要控制交通。这种耕作方式特别适合寒冷和潮湿的土壤，因为垄沟为幼苗提供了一个温暖和更好的排水环境。略微升高的垄（通常只有几英寸）可以使幼苗免受早期潮湿阶段的水分影响。垄作可以与机械除草结合，并允许带状施用除草剂，因此降低了控制化学杂草的成本，减少了大约三分之二的除草剂的用量。

在蔬菜种植中，通常会使用凸起的苗床——主要是垄起的宽脊，这可以提供更好的排水和更高的温度。以土豆为例，土豆需要在高垄上种植，以促进新的块茎生长，并保持覆盖。在一些非洲地区，等高线垄作是一种很流行的土壤保护方法。

耕作和覆盖作物。免耕与覆盖作物的结合有利于维持土壤健康。它还为有机作物的生产提供了机会，因为在有机农业中，抑制杂草是个大挑战，这也是采用耕作的一个重要原因。宾夕法尼亚州罗代尔研究所的研究人员开发了新型覆盖作物管理设备，有助于在免耕系统中种植行栽作物。采用一种特别设计的重型滚筒卷压机来滚动压倒一年生或冬季的一年生覆盖作物，这样形成一个抑制杂草的覆盖层，可以在覆盖层上播种或播撒种子（图16.10左图）或栽植。为了充分发挥最佳作用，在卷压前覆盖作物要长得大，以便其被压实后可以很好地抑制杂草的生长。对覆盖作物生长的要求是作物生长达到早期繁殖阶段，以便滚筒卷压机能杀死它们，但又不能完全成熟，以避免存活的覆盖作物的种子变成下一茬作物的杂草。

类似的方法可以应用于很多种类的覆盖作物混合，甚至适用于非有机农业系统中开展的多年生轮作体系。"种植绿色"是指将行栽作物免耕种植到旺盛生长的覆盖作物中（图16.10右图），这样可以延长覆盖作物的生长期，而不是在种植前2～3周就将其杀死，这种方式可以使覆盖作物的效益最大化，特别适合较寒冷的气候条件。"种植绿色"仍然是一种相对较新的措施，但要注意覆盖作物生长停止的时期和播种机械的细节，这样才能达到良好的效益。

图16.10　通过覆盖作物垫层播种或移植
左图：黑麦草被卷筒压平播种行栽作物，Jeff Mitchell供图；右图：将绿色种植到深红色的三叶草覆盖作物中 Heidi Kaye供图

16.2　哪种耕作制度适合您的农场?

　　正确地选择耕作制度取决于气候、土壤、种植制度和农场的生产目标。尽管在某些情况下耕作仍然是适当的,但应尽量最小化耕作的强度和次数,并尽可能在土壤表面留下足够的残体。一个常常未被认识到的因素是:一台良好的保护性播种机(图16.7和图16.8)可能是您最好的耕作工具。它不需要准备一个光滑的苗床就可以直接处理大量的植物残体,并能减少耕作次数或者不用耕作。以下的段落中提供了选择耕作制度的一些通用性指南。

　　传统的谷物和蔬菜农场在采用免耕时有很大的灵活性,因为它们不受重复性施肥(畜牧农场需要)、机械除草或轮作作物管理(有机农场需要)的限制。从长远来看,有限的土壤扰动和残茬覆盖可以改善土壤健康,减少土壤侵蚀,提高作物产量。如前所述,从常规耕作到免耕的过渡时期至关重要,这个时期包括潜在的土壤压实和土壤氮素有效性的问题,以及从一年生杂草到多年生植物的变化,这可能需要在不同时间采用不同的方法来控制杂草。免耕与覆盖作物的结合通常有利于减少杂草。通常杂草的压力在几年后会降低,特别是在多年生植物得到控制的情况下,因为埋在地下的杂草种子不会再被翻耕上来。覆盖作物以及新设计的机械播种机,有助于在残体高的系统中有效控制杂草。

霜冻耕作!

　　来自温带地区的读者可能听说过在初春时节将豆科植物霜冻播种到牧场、草场或与冬小麦作物混种,但可能没有听说过耕翻冻土。这似乎是一个奇怪的概念,但一些农民正在使用霜冻耕作作为一种及时和减少意外耕作损害的方法。在霜进入土壤但是还没有超过5cm之前进行操作,此时土壤水分向上移动到冰冻线同时下面的土壤变得干燥。只要霜层不太厚,这种冰冻状态使土壤可以耕作。由于冻结层可以支撑农机,对土壤压实会降低。由此产生的粗糙表面有利于渗水和防止径流。一些牧民喜欢用霜冻耕作的方法在冬天施肥或注入粪肥,而不用担心重型设备的压实(图12.2)。

农民需要注意免耕可能带来的土壤压实问题。如果在压实土壤上采用严格的免耕系统，特别是在中、细质地土壤上，在第一年可能会出现严重的减产现象。如第六章所述，与未压实土壤相比，致密土壤为植物根系生长提供可用水的范围相对变窄。当紧实的土壤完全干燥时，根系很难扎入土壤，而当土壤潮湿时，根际周围的空气就会减少。在压实土壤上生长的作物生长势弱且易遭受病虫害的影响。在巴西高度风化的热带土壤（氧化土）中，在免耕土壤中的压实层出现了新问题。为校正土壤的酸性问题施用了石灰，土壤pH值的变化导致团聚体中黏粒的分散，黏粒淋洗进入较深的土层，以至土层变得致密，根系无法穿透。

条耕机等工具可以在维持土壤表面原状的同时，缓解行栽作物土壤压实的情况。对于那些已耕作多年、希望减少耕作强度，但同时又不想面临耕作过渡期挑战的种植户来说，它们通常是最好的方法。随着时间的推移，土壤结构会得到改善，除非在其他野外作业中发生二次压实。在不能及时排水的田地上种植的作物往往受益于起垄或苗床，因为起垄可以使幼苗根系生长敏感区在潮湿时期保持有氧状态。这些耕作系统还使用受控的田间作业车道，大大减少了压实问题。见第十五章的讨论，受控作业需要匹配种植和收割机械设备的轮距和轮胎宽度，有时候这是一项具有挑战性的任务。

有机农场面临的两个最大的挑战是杂草和氮素供应。就像农用化学品商业化之前的传统农场一样，在有机农场进行除草、施用粪肥和堆肥需要进行全幅田间耕作，这时保护性耕作就成为挑战。因此，在易受侵蚀的土地上进行有机农业生产可能需要权衡利弊。利用多年生作物轮作，或者较温和的耕作方法，例如使用铲子（图16.6右图）和起垄机以及起好行的不需要多余的二次耕作的现代播种机，可以有效减少侵蚀。有机农场的土壤结构可能更容易维护，因为它们高度依赖大量有机物料的投入来保持肥力。

养殖为主的农场面临着向土壤施用粪肥或堆肥的特殊挑战。为了避免氮的大量挥发损失，以及磷和病原菌在径流中的损失，通常需要采用某种混合形式的耕作方式。通过一些耕作，实现从牧草到行栽作物的转变通常也比较容易。这样的农场仍然可以使用分层耕作和条状耕作的粪肥施用工具，从而在最小化土壤扰动的同时减缓土壤压实。与有机农场一样，畜牧业使用大量的粪肥和堆肥，土壤自然会更健康。

16.2.1 轮作耕作制度

不需要特别严格执行土壤耕作计划。免耕田块有时可能需要一个全幅田间耕作作业道。内布拉斯加州和澳大利亚的最新研究表明，偶尔耕作又称为战略性耕作，对土壤健康没有负面影响。但它仅应用于管理目标明确的行动，如杂草或昆虫控制、施入一些移动性差的土壤改良剂，或者缓解土壤压实（比如在潮湿时期收获后）。

耕作是少有的导致土壤节肢动物数量减少的管理措施之一。这种害虫以许多作物的根毛和幼根为食，并利用大孔隙和通道在土壤中移动（见第8章的阅读框）。在某些情况下，可以通过预先整好的苗床来控制，但我们不鼓励这样做，因为它会对土壤结皮和水分入渗造成不利影响。因此，如果采用战略性耕作，应在非常严格的条件下进行（每5~10年一次），并且最好与保留地表残体的工具一起使用。灵活的耕作方案可能会带来好处，但是人们也需要认识到，任何耕作都很容易破坏通过多年免耕管理建立起来的良好的土壤结构，因此要慎重选择。

16.2.2 现场作业时间安排

耕作制度的成功取决于多种因素。例如，保护性耕作，特别是在从耕作转变为免耕的早期，可能需要更多地关注氮素管理（通常最初需要较高的氮用量，最后氮用量下降），以及杂草、病虫害的控制。此外，耕作制度的效果可能会受到田间作业时间的影响。如果在土壤太湿（含水量超过塑限）时进行耕作或种植，结块的土壤和种子撒播错位可能会导致出苗不好。此外，在塑性土壤中进行的条耕或者分区耕作会导致土壤表面抹平和土壤裂口，以至种子和土壤接触不良。"土球测试"（ball test）（第六章）有助于确定合适的田间土壤条件，这在开展深耕时尤为重要。免耕在节省时间方面有很大的优势，因为在播种前不需要进行预耕作。然而，在寒冷、潮湿的气候下，土壤表面覆盖着大量的植物残体，以及土壤不够疏松导致土壤变干和变暖被减缓，播种也会稍有延迟。

当土壤太干时，也不建议耕作，因为土壤太硬，土块也较大，还可能产生过多的灰尘，尤其是在压实土壤上不建议耕作。理想的耕作通常是在土壤达到田间持水量时进行（土壤需经过几天的自由排干和蒸发，但细质地土壤除外，其还需要再干燥一些；见第十五章）。

由于土壤压实可能影响保护性耕作的成功率，因此需要一个完整的土壤管理系统。例如，只有当重型收割农机被限制在干燥土壤或田间固定车道上时，才能成功开展免耕。如果将重型收割机械在固定田间作业车道上使用，即使是条耕也能发挥较好的作用。

16.3 总结

我们已经知道耕作会对土壤健康造成严重危害。降低耕作强度可以从许多方面改善土壤健康。然而，对于没有定期施用粪肥或堆肥但又需要增加有机质含量和提高土壤健康的土壤，开展耕作就需要慎之又慎。在地表保持较多的植物残体可以减少径流和侵蚀，减少对土壤的扰动，可以通过蚯蚓洞、老根孔隙迅速将强暴雨中的降水渗入土壤。此外，从长远来看，免耕可以提高土壤有机质水平和增加土壤固碳。有很多保护性耕作方案可以供种植户选择，且有大量的新型农机设备可帮助农民完成耕作。种植覆盖作物和保护性耕作（少耕或免耕）的结合是个成功的组合，这种方式能迅速提供土壤表面的覆盖物，并有助于抑制杂草。

参考文献

Blanco-Canqui, H. and C. S. Wortmann. 2020. Does occasional tillage undo the ecosystem services gained with no-till? A review. *Soil & Tillage Res.* 198: 104534.

Cornell Recommendations for Integrated Field Crop Production. 2000. Cornell Cooperative Extension: Ithaca, NY.

Crowley, K. A., H. M. van Es, M. I. Gómez and M. R. Ryan. 2018. Trade-Offs in Cereal Rye Management Strategies Prior to Organically Managed Soybean. *Agron. J.* 110: 1492-1504.

Manuring. 1979. Cooperative Extension Service Publication AY-222. Purdue University: West Lafayette, IN.

Moebius, B. N., H. M. van Es, J. O. Idowu, R. R. Schindelbeck, D. J. Clune, D. W. Wolfe, G. S. Abawi, J. E. Thies, B. K. Gugino and R. Lucey. 2008. Long-term removal of maize residue for bioenergy: Will it affect soil quality? *Soil Science Society of America Journal* 72: 960-969.

Nunes, M., R. R. Schindelbeck, H. M. van Es, A. Ristow and M. Ryan. 2018. Soil Health and Maize Yield Analysis Detects Long-Term Tillage and Cropping Effects. *Geoderma* 328: 30-43.

Nunes, M. R., A. P. da Silva, C. M. P. Vaz, H. M. van Es and J. E. Denardin. 2018. Physico-chemical and structural properties of an Oxisol under the addition of straw and lime. *Soil Sci. Soc. Am.* J. 81: 1328-1339.

Ontario Ministry of Agriculture, Food, and Rural Affairs. 1997. Notill: Making it Work. Available from the Ontario Federation of Agriculture, Toronto, Ontario, Canada. Rodale Institute. *No-Till Revolution*. http://rodaleinstitute.org/no-till_revolution.

Tull, J. 1733. *The Horse-Hoeing Husbandry: Or an Essay on the Principles of Tillage and Vegetation*. Printed by A. Rhames, for R. Gunne, G. Risk, G. Ewing, W. Smith, and Smith and Bruce, Booksellers. Available online through Core Historical Literature of Agriculture, Albert R. Mann Library, Cornell University. http://chla.library.cornell.edu.

USDA-NRCS. 1992. Farming with Crop Residues. www.nrcs.usda. Gov / wps / portal / nrcs / detail / national / technical / nra / rca /?cid=nrcs144p2_027241#guide.

van Es, H. M., A. T. DeGaetano and D. S. Wilks. 1998. Upscaling plot-based research information: Frost tillage. *Nutrient Cycling in Agroecosystems* 50: 85-90.

案例研究

Steve Groff

宾夕法尼亚州兰开斯特县

史蒂夫·格罗夫（Steve Groff）在宾夕法尼亚州兰开斯特县有个215英亩的农场，种植蔬菜、谷物和覆盖作物种子，集约化种植并没有使他的土壤退化。格罗夫开展了独特的免耕种植，将玉米、苜蓿、大豆和西红柿等经济作物与覆盖作物混种在一起，20多年来一部分农场的土地从未用犁翻耕过。

格罗夫说："免耕是对土壤侵蚀、土壤质量和土壤健康问题的一个切实解决办法。"格罗夫在1999年获得了全国免耕奖，"我想让土壤比现在的状态更好。"

格罗夫高中毕业后开始和父亲一起耕种，那时他面对的是一片沟壑起伏的土地。他们经常使用除草剂和农药，每年或每半年耕种一次，很少种植覆盖作物，与兰开斯特县的其他农民一样，他们无视耕作对坡地的影响，每年平均每英亩有9吨的土壤流入切萨皮克湾。

格罗夫厌倦了每次大雨过后在山坡上看到2英尺深的裂缝，开始尝试用免耕方法保护和改良土壤。"我们过去必须填平沟渠才能用机器收割，"格罗夫说，"我认为那是不对的。"

格罗夫强调仅仅改用"免耕"是不够的，他创造了一个新的耕作系统，依靠覆盖作物、轮作和免耕来改良土壤。他相信这些方法有助于提高健康作物的产量，特别在极端天气下可以减少农作物损失风险。

他开创了他喜欢称之为"永久覆盖"的种植体系，当时美国水土保持协会宾夕法尼亚分会购买了一台免耕插秧机，可以将蔬菜幼苗种植到覆盖作物残留物上的狭槽中。格罗夫是第一批尝试这种种植方式的农民之一，这些狭槽刚好够容纳幼小的植物，不会干扰两边的土壤。结果就是：格罗夫可以延长覆盖作物带来的减缓侵蚀效益的时间。他现在拥有三台免耕播种机，一台用于种植番茄，一台用于种植玉米，一台用于种植西葫芦和南瓜，这些播种机都是由在不同设备公司定制的零件和工具加工而成的。

然而，格罗夫强调，仅仅改用"免耕"是不够的。他创造了一个新的耕作系统，依靠覆盖作物、轮作和免耕来改良土壤。他相信这些方法有助于提高健康作物的产量，特别是在极端天气下可以降低农作物损失风险。

格罗夫的免耕制度依赖于全年覆盖在土壤上的覆盖作物及其残留物。他说："我每年用于种植不同覆盖作物的面积是非常主观的，"他不断根据实地观察、天气状况、时间和其他因素调整他的种植计划。在秋天，他用免耕播种机点播黑麦和毛苕子的混合种子（播种量分别为每英亩30磅和25磅）。他喜欢这种组合，因为两者的根系生长模式不同，灭茬后植被在土壤表面留下的残留物也不同。

格罗夫通过马里兰大学在他的农场举办的覆盖作物研究试验引入了饲料萝卜，他对所见印象深刻，并决定将其整合到覆盖作物组合中。他的典型轮作包括在种甜玉米前，组合种植饲料萝卜和燕麦或饲料萝卜和绛三叶；在种植南瓜前，混合种植饲料萝卜、黑麦和毛苕子。

饲料萝卜的好几个特性使之成为农民免耕的一种实用选择。例如，它的主根可以减轻压实问题，所以格罗夫现在更喜欢用萝卜而不是在车道上用深松土机来松土。霜冻过后饲料萝卜完全被冻死，在春季抑制杂草的效果显著，营养循环相对较快，这又增加了饲料萝卜的魅力。

几年前，格罗夫发现当地没有饲料萝卜种子，于是决定自己种植，并将剩余的种子卖给其他农民。为了迎合传统农民对覆盖作物种植"日益浓厚的兴趣，"他每年都增加种子产量。现在，他为美国各地农民提供种子订单。

在春天，格罗夫使用了一种改装的滚动秸秆切碎机，在收获后切碎玉米秸秆，以对越冬的覆盖物杀青。他通常在滚动前用低浓度草甘膦（约280毫升，或每英亩花费1美元）喷洒，以确保杀青彻底。切碎机将覆盖作物碾平并卷起，以形成一层厚厚的覆盖物。一旦压平土地，他就会开着免耕播种机或移栽机再驶过一遍。

该系统在抑制虫害方面产生了非常好的附加利益，这曾经是每年都让人头疼的问题，现在科罗拉多马铃薯甲虫几乎没有再给格罗夫的西红柿带来过任何损失。自从开始种植覆盖作物以来，他大大减少了农药的喷洒，厚厚的覆盖物还可以防止下雨时土壤的飞溅，这是番茄早期枯萎病的主要原因。格罗夫说："与常规的耕作制度相比，我们已经削减了近一半的农药和化肥开支。同时，我们正在让健康表层土再生，而且不会牺牲产量。"

"免耕并不是奇迹，但它对我非常有用，"他说，"它让我保本，让我保护了土壤、减少农药的施用且增加了利润。"他强调，随着处理每个田块的经验积累，免耕管理的优势也慢慢凸显。他知道什么时候远离潮湿的农田，选择合适的作物和覆盖作物轮作，可以帮助刚开始学习免耕的农民避免潜在的压实和肥力问题。他说："我的土壤已经很稳定，可以做以前连想都不敢想的事情。"当你的土壤变得更稳定时，你爱干嘛就干嘛。基本上，游戏规则随着游戏的进行而改变。"

格罗夫确信他的作物比常规管理的土壤生产的作物要好，尤其是在极端天气条件下更是如此。在他的土壤深处培养着大量的蚯蚓和其他活性生物。他每年夏季都在现场展示推广他的系统，吸引了大量的农民，并发布相关信息在他的网站上。

第十七章　水分管理：灌溉和排水

——Judy Brossy 供图

　　但是滋养美索不达米亚农田的灌溉存在隐藏的危机。半干旱地区的地下水中盐分很高……当蒸发率很高时，持续灌溉产生大量的盐分，最终毒害作物。

——David Montgomery[1]，2007 年

　　世界各地的生长季很少有合适的降水量，水资源短缺和过剩是全球农作物生产中最重要的产量限制因素。据估计，全球一半以上的粮食供应依赖于某种类型的水资源

---

[1] 戴维·蒙哥马利（David Montgomery）是西雅图华盛顿大学地球与空间科学教授。主要研究地形的演变以及地貌过程对生态系统和人类社会的影响。著作有《泥土：文明的侵蚀》（*Dirt: The Erosion of Civilization*）、《自然界隐藏的另一半》（*The Hidden Half of Nature*）和《耕作革命：让土壤焕发生机》（*Growing A Revolution—Bring Our Soil Back to Life*）等。——译者注

管理。事实上，当农民开始调控水分时，形成了稳定的产量和粮食供应，产生了第一个主要文明和人口中心。例如美索不达米亚——字面意思是"河流之间的土地"（底格里斯河和幼发拉底河）、尼罗河下游河谷和中国东北部。排水和灌溉地区的作物高产促进了专业贸易的发展，粮食产量盈余因而不再需要每个人自给自足，这就刺激了重要的创新，例如市场、写作和运输等产业发展。此外，新的水管理计划迫使社会组织形成，共同制定灌溉和排水计划，并制定分配水资源的法律。但是，水资源管理的失败也是造成社会崩溃的原因，特别是美索不达米亚灌溉土地的盐碱化，以及驱使人们用沉积物填满沟渠，导致土地肥力下降，无法维持中央政府集权文明。

水资源短缺。据估计，干旱造成的作物产量损失比所有病害的总和还要多。据预测，在未来世界上的许多农业地区将会更加缺水干旱。如今，许多最具生产力的农业生产区都依赖于某种类型的水资源管理。在美国，灌溉农场的小麦平均作物产量比旱地农场高出118%、玉米高出30%。在全球范围内，18%的耕地在使用灌溉，这些土地占世界粮食产量的40%。如果没有灌溉水，美国西部和世界其他干旱气候区的绝大多数农田将无法生产粮食，而且美国大部分园艺作物的种植面积，特别是加利福尼亚州，完全依赖于精心设计的基础灌溉设施。即使在潮湿地区，大多数高值作物都是在干旱期通过灌溉种植的，以确保作物质量和稳定的市场供应。

农田中的水

在同一块田块内土壤条件变异很大，显著影响水分的渗透和运动。强降雨径流通常出现在坡顶或坡肩上，水往往积聚在洼地中。在非常干燥的时期这两个位置的土壤都可能遭受影响，坡顶或坡肩土壤的蓄水量较低，而在洼地的潮湿土壤中种植的植物根系较浅，在干燥期，根系不够深，无法获取底层的水分。在同一块田地内可能同时有两种或两种以上的土壤类型，它们具有不同的物理性质，影响水分的渗透和移动。这些土壤水分变异的程度可能很大。据估计，由土壤水分太少或太多导致每年作物产量不稳定的地区，约占美国中西部地区的四分之一至三分之一，每年可能造成超过5亿美元的经济损失。因此，免耕覆盖种植和洼地排水等做法既能提高产量，又能减少因不同降水模式引起的年际间的产量变化。

水资源过剩。为了解决水资源过剩的问题，美国最好的农田都安装了排水系统，这使得这些农田土壤比其在自然条件下更具有生产力。潮湿农田的排水克服了积水，并延长了生长季节，因为农民可以在早春时进入这些田地，并可以在晚秋时收获，而不会造成土壤的严重压实。排水还可以减少产量损失，甚至防止作物在生长季节初期出现过量降水时完全歉收。

灌溉和排水在解决水资源短缺和过剩方面的好处是显而易见的。它们对保证粮食安全，以及在保护自然的同时养活日益增长的全球人口所需的农业集约化至关重要。由气候变化引起的水分缺乏和和过度降水，将增加更多灌溉和排水的压力。灌溉和排水也需要付出环境代价。排水系统增加了水文运动的通路，引起河流湖泊和水系化学物质的损失。同样，灌溉系统可能导致河流和河口生态系统的急剧变化，以及由盐碱化和钠的积累而引起土地退化，它们都一直是国际冲突的根源。

17.1　灌溉

根据水源、系统大小和用水方法，灌溉系统有几种不同类型，主要包括地表水和地下水两种。此外，在较小规模上，在人口密集的干旱地区还使用循环废水甚至脱盐海水。灌溉系统的规模包括使用当地供水的小型农场，大型灌溉则涉及数千个农场并由政府当局控制的系统。用水方法包括全球大量使用的常规的依靠重力流的大水（沟壑）灌溉。由于水泵安装和使用的便捷性，喷灌和滴灌系统也被广泛采用。

17.1.1　地表水源

溪流、河流和湖泊历来是灌溉水供应的主要来源。历史上对这些水资源的利用方式包括引水和建筑水库。像美国西南部的阿纳齐族人和现在约旦的纳巴特人使用的小规模系统就是由小河流改道并填充成蓄水池。

小型灌溉系统。如今往往直接从溪流或农场池塘中抽水（图17.1）。这些水源通常可满足补充灌溉的需求——在较为潮湿的地区，对于高产或优质作物可能需要额外补充少量水。这些系统通常由一个农场管理，对环境的影响有限。美国大多数州使用此类的灌溉都需要许可证，以确保不会过度使用当地水资源。

图17.1　农场池塘（左）被用作蔬菜农场的行进式高架喷灌系统（右）的水源

    大规模的灌溉计划。在各国政府的大力参与下，世界各地都制定了大规模的灌溉计划。在20世纪30年代，美国政府投资30亿美元在南加州建造了一个复杂的中央河谷项目，该项目得到了百倍的投资回报。该特大灌溉区位于南加州的干燥沙漠中，于20世纪40年代随着科罗拉多河的改道而发展起来。即使在今天，还在启动一些大型灌溉系统，如土耳其东南部的GAP项目（图17.2）。这些项目往往是为了推动该地区的主要经济发展，并成为国家或国际食品或纤维生产的主要来源。然而这些项目也存在负面影响，大型水坝常常会造成人员流离失所、淹没肥力高的农田或重要湿地等。

图17.2　土耳其GAP项目的一部分，阿塔图尔克水电站大坝从幼发拉底河（左图）引水。主河道（中间图）将水输送至哈兰平原，分配至各个田块（右图）

优先考虑土壤改良

    健康的土壤具有良好和稳定的团聚性能，有机质水平高，压实度有限或无压实，这对农场"抗旱"有很大的帮助。此外，保留地表秸秆的保护性耕作也有助于增强水分渗透，减少土壤蒸发损失。覆盖作物虽然也需要水进行生长，然而一旦出现缺水，地表覆盖作物可以起到保水的作用。当然，每磅植物或动物产品需要的水从19加仑到数百加仑或更多（表17.1）（这意味着数百磅的水到1000磅的水才能生产一磅食物）。如果几个星期不下雨，即使是最好土壤上的作物也会开始表现出干旱胁迫。即使在潮湿地区，也可能有持续的干旱天气造成胁迫，以至降低作物产量或质量。因此，灌溉是世界许多地区种植作物的重要组成部分。但是，土壤越健康，所需的灌溉水就越少。

表17.1　食物生产所需的估算水量

产品	生产每磅产品所需水量/加仑	产品	生产每磅产品所需水量/加仑
小麦	150	猪肉	700
水稻	300	家禽	300
玉米	50	蛋	550
土豆	19	牛奶	100
黄豆	275	奶酪	600
牛肉	1800	杏仁	1900

注：资料源自联合国粮农组织。

17.1.2　地下水

当当地存在良好的含水层时，地下水是相对便宜的灌溉水源。一个明显的优势是，它可以在当地抽水，不需要政府对水坝和运河进行大规模投资。尽管从深层地下水层抽水需要能源，但其对区域水文和生态系统的影响较小。随着时间的推移，深层地下水由于通常含有更多的溶解性矿物，存在潜在的盐分积累的风险。通常使用中心旋转高架喷水装置［图17.3（右图）］，单个系统的灌溉面积从120～500英亩，通常使用的水源是从农场的水井中抽取。良好的地下水源对此类系统的成功至关重要，低盐含量对于防止土壤盐碱化尤为重要。美国西部大平原，其中大部分是之前美国黑风暴区的一部分，使用中心旋转灌溉系统从奥加拉蓄水层（174000平方英里）获取相对较浅且可应用的水源［图17.3（左图）］。然而，由于对这些水的消耗速度快于降雨的补充速率，这显然是一种不可持续的做法。挖更深的井需要更多的能源，且能源越来越贵，使得这种开采水的做法越来越受到质疑。有报道称，过去使用单井灌溉的农田现在需要五口井才能满足作物对水分的需求。其他地区也存在类似的问题，特别是印度恒河上游平原，那里的作物生产集约化程度很高（图17.4）。

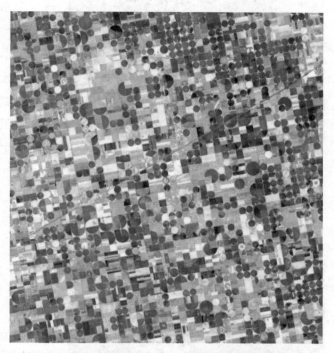

图17.3　左图：堪萨斯州西南部的卫星图像，显示了中心枢纽灌溉系统的作物圈（由美国国家航空航天局供图）；右图：顶部喷灌系统，爱荷华州

图17.4 印度北部用于地下水灌溉的小型泵

图17.5 澳大利亚阿德莱德市的再生废水被泵入一个蔬菜农场的灌溉池
废水输送管被漆成紫色，以区别于饮用水管道

17.1.3 再生废水和脱盐海水

近年来，水资源短缺迫使政府和农民寻找其他灌溉水源。因为农业用水不需要与饮用水具备相同标准的水质，所以再生废水是一种很好的替代方法。它被用于以下地区：① 人口稠密产生大量废水，且靠近灌溉区的地区；② 地表或地下水资源非常有限或需要长距离运输的地区。美国的几个灌溉区正在与市政当局合作，提供安全的再生废水，但仍有一些人担心长期影响。其他农业发达、水资源严重短缺的国家，特别是以色列和澳大利亚，也实施了用于灌溉的再生废水系统（图17.5）。

在世界上的一些地区，水资源短缺已经变得非常严重，甚至利用海水被反渗透脱盐以产生淡水。这种水大部分供人们直接使用，但是越来越多的地区采用这种水进行高值作物生产。这项技术是能源密集型的，但技术的改进使其更加高效和经济。

17.1.4 灌溉方法

漫灌，或沟壑灌溉是一种传统方法，在世界各地仍被广泛使用。基本上是在有限的时间内对田地进行简单的漫灌并使水分渗入土壤中。如果田地已经形成了垄沟，则水沿着沟向下和侧面顺垄渗透（图17.6）。这种系统主要使用重力流，需要近乎平坦的田地。这些系统的安装和使用成本是目前为止最低的，但它们的供水量非常不精确，而且通常不均衡。此外，这些系统与盐碱化问题最为相关，因为它们可以轻易地提高地下水位。淹水灌溉也用于水稻生产系统，田埂用于让田块保持水量。

主要灌溉类型	
● 漫灌或垄沟灌溉	● 喷灌
● 滴灌	● 人工灌溉

图17.6　沟灌通常成本较低，但在用水方面效率较低

左图：灌溉渠，背景为灌溉干草田；右图：多余的尾水从油田的另一端排出。加州帝国谷

　　喷灌系统：通过加压喷头供水，需要管道和泵。常见系统包括立管上的固定式洒水器（图17.7）和移动式高架洒水器（中心轴和侧面；图17.3和图17.1）。这些系统可做到比淹水系统更精确的用水量和更有效地用水，但它们需要更大的前期投资，且水泵需要消耗能源。大型移动式喷头可以有效地将水喷洒到大面积区域，也可用于施用液体肥料。

图17.7　通常用于园艺作物的便携式喷灌系统

　　局部灌溉，特别是对于干旱地区的树木类作物有用，通常可以通过使用小直径"空心管（spaghetti tubing）"和相对较小的泵连接小型洒水器（图17.8）来完成，使系统相对便宜。

图17.8　滴灌

左图：滴水器允许在管路压力下缓慢释放；右图：安装在葡萄藤上

照片由加利福尼亚大学，戴维斯提供

图17.9　豆科植物的滴灌
水分侧向运移到达植物根系可能受到滴灌系统的限制（左）。除非每行作物都有自己的滴水线，使用宽窄行可以减小作物行间距
注意：明显的叶片变色是由太阳角度较低造成的

　　滴灌系统也使用柔性的空心管与小型喷头的组合，它们主要用于种植床或乔木作物，通过使用各种洒水器，或通过点源地下滴灌器直接滴灌于植株附近（图17.8和图17.9）。滴灌的主要优点是节约用水，控制性强。

　　滴灌系统在用于高值作物时相对便宜，但对于大规模粮食或饲料作物生产来说并不经济。滴灌系统安装方便、供水压力低、能耗小。在花园等小型系统中，压力可通过小型平台上水容器的重力液压头实施，甚至可以通过人力踏板泵施压。地下滴灌系统，其中的线路和滴水器是半永久性掩埋，以允许田间作业。这类系统需要注意管道和滴水器的放置位置，它们需要靠近植物根部，因为从侧面细小管道出来的水滴对土壤浸润是有限的。

　　人工灌溉：包括水罐、水桶、花园水管、倒置苏打瓶等，虽然不适合大规模农业，但在不发达国家，人工灌溉仍然广泛应用于花园和小型农场。

　　滴灌：通过喷灌、滴灌等抽水系统向植物施肥是一种有效的方法。原始肥料与灌溉水混合，以提供容易被作物吸收的低剂量液体肥料。这也允许通过多次、小剂量地向作物"填鸭式"施肥，否则将是对管理人员工作的挑战。灌溉肥料需要高质肥料，并配有滴灌系统，避免堵塞排水器。

17.1.5　环境问题和管理措施

　　灌溉有许多优点，但也存在重大的问题。干旱地区对土壤健康的主要威胁是盐分的积累，在某些情况下还包括钠。随着土壤中盐分积累的增加，作物很难获得水分。当钠积累时，团聚体裂解，土壤变得致密，作物难以生长（第六章）。几个世纪以来，由于盐的积累，许多灌溉区已经被废弃。在美国和其他地方，它仍然是一个主要的威胁（图17.10）。盐碱化是灌溉水蒸发的结果，蒸发后会留下盐，这在漫灌系统中尤其普

图17.10 过度灌溉可以提高地下水位（在坑底，左图可见），土耳其Harran pain果园；从浅层地下水向上流经土壤缝隙（非常小的通道）的水在土壤表面蒸发导致盐分积累（右图）

遍。淹水灌溉系统往往会过度用水，并会导致地下水位上升。一旦地下水位接近地表，毛细管虹吸将土壤水输送到地表，水分蒸发并留下盐分。如果管理不当，这会使土壤在几年内失去生产能力。盐的积累也可能发生在其他灌溉方式中，即使是滴灌系统也会出现，尤其是在气候干燥地区，盐不会通过自然降水被淋滤。

　　盐分的去除是困难的，尤其是当土壤下层也含盐分时。干旱地区的灌溉系统应设计成既能供水又能排水，这意味着灌溉应与排水相结合。这似乎是自相矛盾的，但是盐需要通过额外的水来溶解并从土壤中浸出，然后通过排水沟或沟渠去除。由于排水沟的含盐量高，排水可能仍会对下游区域造成影响。尼罗河流域是灌溉农业的长期成功案例之一，它在秋季的洪水期提供灌溉，在冬季和春季水位下降到较低水平后提供自然排水。在某些情况下，深根树木被用来降低区域地下水位，这是在澳大利亚东南部墨累达令盆地的高度盐碱化平原上使用的方法。世界各地的几项大型灌溉工程仅设计了供水部分，而资金没有分配给排水系统，最终导致了盐碱化。

与灌溉有关的问题

- 土壤中盐或钠的积累
- 能源的使用
- 增加养分和农药损失的可能性
- 从自然系统中分流的用水
- 建造大型水坝需要转移人员，可能淹没生产力高的农田、湿地或考古遗址
- 水资源竞争用户：城市地区和下游社区

　　钠的去除可以通过在土壤交换复合体上将钠离子与另一种阳离子交换来完成，这通常是通过石膏的应用来完成的。一般来说，盐度和碱性最好通过良好的水管理来预

防。（有关改良盐土和碱土方面的讨论，请参阅第二十章。）

在潮湿地区，盐分的积累通常不是问题，但过度灌溉引起了人们对这些地区养分和农药浸出损失的担忧。大量施用硝酸盐和农药使其穿过根区，增加地下水污染。大量灌溉引起的土壤水饱和也会造成反硝化损失。

灌溉的一个更大问题是高耗水量和利益竞争，尤其是在区域和全球范围内这个问题更加严重。农业消耗全球约70%的用水，人类每天直接消耗的水不到一加仑，但生产一磅小麦需要大约150加仑水，生产一磅牛肉或杏仁约需要1800加仑水（表17.1）。根据美国地质调查局（U. S. Geological Survey）的数据，美国68%的优质地下水被开采用于灌溉。这是可持续的吗？著名的奥加拉拉含水层主要容纳的是"古代"的水，这些水是在以前更湿润的气候中积累下来的。如上所述，目前的开采量大于补给量，这一有限的资源正在被缓慢耗尽。咸海（Aral Sea）曾是世界第四大内陆淡水水体，有研究试验将河流改道用于灌溉种植的棉花，导致咸海面积减少了90%。咸海还受到农田排水的严重污染。

几大灌溉系统影响着国际关系。当科罗拉多河到达美墨边境和加利福尼亚湾的河口时，对科罗拉多河高额的取水量导致它成了涓涓细流。同样，土耳其决定通过调用幼发拉底河水域促进农业发展，这也造成了与下游国家叙利亚和伊拉克的紧张关系，并增加了它们的政治动荡。

17.1.6　农场层面的灌溉管理

可持续灌溉管理与防止盐和钠的积累需要认真的规划、适当的设备和监测。第一步是培育土壤，从而优化作物的用水量。正如我们在第五章和第六章中所讨论的，有机质含量低和钠含量高的土壤由于团聚体稳定性低带来的表面封闭和结皮，其渗透能力低。高架灌溉系统通常将水作为"暴雨"使用，这会进一步造成地表封闭和结皮问题。

良好的灌溉管理

- 通过增加有机质含量、团聚作用和根系生物量，使土壤更耐板结和干旱。
- 保护性用水：考虑缺水灌溉计划。
- 监测土壤、植物和天气，以精确估计灌溉需求。
- 使用精确的用水量；不要过度灌溉。
- 在可行的情况下，使用储水系统收集雨水。
- 在可行的情况下，使用高质量的再生废水。
- 保护性耕作，地表留下秸秆残茬。

- 使用覆盖物减少表面蒸发。
- 整合水和肥料管理，减少损失。
- 应用盐分管理的基本原则防止盐或钠的积累：定期测试土壤和灌溉水；计算淋洗需求；将盐分滤出根区以外；通过施用石膏降低钠含量；在某些情况下，种植耐盐作物。

健康土壤比压实和耗尽有机质的土壤具有更大的供水能力。据估计，表层土壤每损失1%的有机质，每英亩土壤将减少16500加仑有效水容量。此外，表面压实造成根系健康和密度降低，坚硬的底土限制了根系生长。这些过程也就是我们在第六章中讨论过的最佳水分范围的概念，它表示土壤压实和植物可用水的保持能力低，限制了植物健康生长。因此，生长在这些土壤中的作物用水效率较低，需要额外的灌溉用水。事实上，听说有许多处于潮湿气候的农场，因为土壤变得紧实且有机质被耗竭，已经开始使用补充灌溉。正如我们之前讨论过的，不良的土壤管理往往需要增加投入来补偿。

保护性耕作、添加有机改良剂、防止压实

保护性耕作、添加有机改良剂、防止压实可以增加蓄水量。一项长期试验表明，保护性耕作和作物轮作可使表层有效水容量增加34%（表17.2）。当添加有机物时，稳定的有机质部分主要由"死透了的"（惰性的）物质所组成，如堆肥。它们在土壤中能持久存在，是土壤保水的主要因素。但不要忘记新鲜的残留物［即"死的"（有活性的）］，它们有助于形成新的、稳定的团聚体。增加根系深度，通过扩大可供根系生长的土壤量，极大地提高了植物的水分利用率。当有犁底层存在时，深松底土可让根系触及到可用的水分。分层耕作等措施增加根系深度，长期也可增加土壤有机质和蓄水能力。

表17.2　纽约长期耕作和轮作试验的植物可用有效水容量

耕作试验	植物有效水容量/%		
	犁耕	免耕	增加量
粉壤土-壤土	24.4	28.5	17
粉壤土-壤土	14.9	19.9	34
黏壤土-壤土	16	20.2	26
轮作试验	连续玉米	草后玉米	增加量
壤沙土-沙土	14.5	15.4	6
砂黏土-黏土	17.5	21.3	22

注：源自Moebius等（2008）。

这些措施对湿润地区的影响最为显著。在湿润地区，补充灌溉用于缓解下雨间隔期间干旱期的干旱胁迫。培育健康的土壤将减少灌溉需求和节约用水，因为健康土壤延长植物有效水的时间，将其延长到干旱胁迫开始时，显著降低了胁迫发生的概率。例如，假设带有犁底磐的退化土壤（a）可以在不灌溉的情况下为作物提供8天的充足水分，而带有深层根系的健康土壤（b）可以提供12天的充足水分，且持续12天干旱的可能性要小得多。根据美国东北部的气候数据，7月份发生这类事件的概率为1/100（1%），而发生8天干旱的概率为1/20（5%）。在土壤（a）上生长的作物在5%的年份中7月份会耗尽水分并承受胁迫，而土壤（b）上生长的作物只会在1%的年份中受到胁迫。在许多情况下，健康的土壤可以减少或消除灌溉的需要。

增加地表覆盖物，特别是使用厚覆盖物，可以显著减少土壤表面的蒸发。覆盖作物可以增加土壤有机质并提供地表覆盖物，但应谨慎使用覆盖作物，因为在种植时，它们会消耗大量的水，这些水可能在需要时用来淋溶盐分或供应经济作物生长对水分的需求。

保护性用水可以避免我们上面讨论的许多问题，这可以通过监测土壤、植物或天气指标来实现，并且仅在需要时才供水。土壤传感器，如张力计（图17.11）、湿度计和新的TDR或电容探针，可以评估土壤湿度状况。当土壤湿度达到临界值时，可以开启灌溉系统进行供水，以满足作物的需求而不会过量。作物本身也可以被监测，因为水分胁迫导致叶片温度升高，这可以通过热成像或近红外成像检测到。

另一种方法是利用来自政府气象部门或小型农场气象站的天气信息来估计自然降雨和蒸散之间的平衡。电子设备可用于连续测量天气指标，并且它们可以使用无线或电话通信在远处读取。计算机技术和现场特定的水肥应用设备现在可与大型现代洒水系统一起使用，使农民能够根据当地的水和肥料需求定制灌溉系统。研究人员还证明非充分灌溉（灌溉小于100%蒸散量），可在降低耗水量的同时获得同等产量，并促进作物更加依赖储存在土壤中水分。非充分灌溉已经有目的地应用在如葡萄这一类作物上，通过中等水分胁迫增加提高品质相关的成分如花青素。

许多这样的做法可以有效地结合在一起，例如，澳大利亚的蔬菜种植者使用控制机械操作的栽培陇种植蔬

图17.11 用于灌溉管理中土壤湿度传感的张力计
the Irrometer Company 供图

菜（图17.12）。苏丹高粱覆盖作物在雨季种植，成熟后覆盖，留下浓密的覆盖物。地下滴灌安装在陇上，并在原地保持5年或更长时间（与此相反，传统耕作系统需要每年进行移除和重新安装）。免耕耕作，使用高精度GPS技术种植蔬菜作物，以确保它们在土壤中离滴头几英寸远处生长。

17.2 排水

图17.12　免耕灌溉蔬菜种植在有覆盖作物的畦上
滴灌管放置在1～2英寸深的畦中（图中没有显示）

　　自然排水不良和通风不足的土壤通常有机质含量较高，但排水不良使它们不适合种植大多数作物，除了一些喜欢水的植物，如水稻和小红莓。当这些土壤被人为排水时，它们会变得非常有生产力，因为高有机质含量提供了我们在前面章节中讨论过的所有优良性质。几个世纪以来，人类通过挖掘沟渠和运河，将沼泽地变成了生产性的农业用地，随后还与抽水系统相结合，将低洼地区的水抽走。阿兹特克城市部分靠来自人造湖田（奇南帕❶）食物来支撑，人造湖田是在浅水湖中挖掘运河，用肥沃的泥浆建造凸起的栽培床（该湖后来被西班牙人排干，现在是墨西哥城大都会区）。荷兰和英格兰东部的大片土地使用排水沟排干，以形成牧场和干草地，以支持乳制品农业。多余的水用风车（荷兰标志性景观）通过广泛的沟渠和运河系统排出，随后被蒸汽和油动力泵清除（图17.13）。在19世纪和20世纪初，越来越多的地区安装了黏粒排水砖（图17.14左图），因为黏粒排水砖被埋在地下，不需要用沟渠将田地分开。目前的排水工作主要通过地下柔性波纹PVC管完成，该管安装有激光引导系统（图17.14右图），并且越来越强大的排水犁允许快速安装排水管线。在美国，由于湿地保护法，土地排水工作大大减少，大型政府资助项目也不再启动。但在农场层面上，最近在联合收割机上采用的产量监测仪量化了现有农田排水的经济效益，在美国玉米带和其他地方的许多高产土地上，正在加快安装额外的排水管道。

---

❶ "奇南帕"源于纳瓦特语"木箱"，种植床用芦苇和木桩打底，作为"水下围栏"，之后填充泥土和腐熟的植物，于其上种植。奇南帕种植历史可追溯到1000多年前的玛雅文明，后经阿兹特克人发扬光大。——译者注

图17.13 左图：沃达抽水站是为荷兰弗里斯兰大面积排水而建造的，是有史以来最大的蒸汽抽水站，它现在被列入世界遗产名录；右图：在荷兰新开发的土地（"圩田"）上，一条排水沟清除多余的水并降低地下水位

图17.14 左图：黏粒（瓷砖）管常用于改善排水系统。L. A. Ring 的绘画作品；右图：柔性波纹PVC排水管可快速、耐久性安装，Morin农场排水系统供图

17.2.1 排水的好处

排水通过沟渠或管道减少土壤水分导致地下水位下降（图17.15）。主要好处是创造了更深的土壤空间，可以为普通农作物的生长提供足够的空气。如果种植的作物是浅根作物，如牧草或干草，则无需人工排水，地下水位仍然可以保持在相对靠近地表的位置（图17.15a），或者排水管道可以相隔很远，从而降低安装和维护成本，尤其是在需要抽水的低洼地区。大多数商业作物，如玉米、苜蓿和大豆，都需要一个更深的通气区，地下排水管道需要安装在3到4英尺深的地方，根据土壤特性，间距为20到80英尺（图17.15b、图17.15c）。

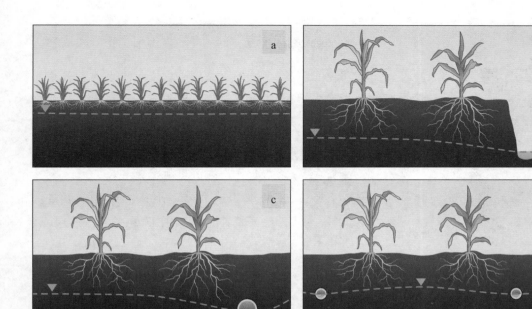

图17.15 排水系统降低地下水位，增加生根量

a：不排水，草场；b：排水沟；c：地下排水管（铺瓦）；d：暗渠。地下水位用倒三角形虚线表示。
Vic Kulihin 供图

　　排水增加了田间作业的及时性，降低了压实损坏的可能性。潮湿地区的农民春季和秋季田间作业的干燥天数有限，排水不足则会在下一次降雨之前阻碍田间作业。通过排水，田间作业下雨后几天内可以开工。正如我们在第六章和第十五章中所讨论的，大多数压实发生在土壤潮湿且处于塑性状态时，排水有助于土壤在干燥期间更快地过渡到易碎状态，但大多数黏粒除外。地下排水也会降低径流潜力，因为去除多余的水会降低压实度和土壤含水量。这使得土壤通过渗透吸收更多的水分。

　　因此，在排水不良的土壤中安装排水沟具有农业和环境效益，因为它可以减少压实和土壤结构的损失。这也解决了排水不足的其他问题，如反硝化造成的高氮损失。反硝化损失的很大一部分是氧化亚氮，这是一种潜在的温室气体。作为一项普遍原则，在生长季节经常处于水饱和状态的农田应该被排干，或者恢复为牧场或自然植被。

17.2.2　排水系统类型

　　通过开沟来对土地进行排水已经有很多个世纪了，但大多数农田现在是通过安装在沟槽并回填的带孔波纹PVC管来排水（图17.14右图）。他们仍然经常被称为排水"瓦管，"这可以追溯到早期黏土管的措施。在现代农业生产中首选的是地下排水管，因为沟渠会干扰田间作业并占据生产用地。排水系统仍然需要在田地边缘修建沟渠，将水从田地输送到湿地、溪流或河流（图17.13右图）。

真的需要排水吗?

图17.16 土壤结构不良而引起的明显排水问题的土壤

地下水位较浅或表层滞水的农田受益于排水,但土壤表面长期积水并不一定表示地下水位较浅,排水不足也可能是由土壤结构不良造成的(图17.16)。集约化使用、有机质流失和压实使土壤在潮湿气候下排水不良。可以得出结论,安装排水管道可以解决这个问题。尽管这可能有助于减少进一步的压实,但正确的管理策略是建立健康的土壤并增加其渗透性。

农业中常用的排水方式

- 沟渠
- 暗渠
- 垄沟排水
- 地下排水管道(瓦管)
- 地面排水

如果整个现场需要排水,且地势平坦,地下管道可以安装在大多数平行线的网格中或"人字形平行花纹"上(图17.17)。在起伏不平的土地上,排水管通常安装在洼地和其他积水的低洼地区,这通常被称为靶向排水。截水管道可安装在斜坡底部,以清除上坡区域多余的水。

细质地土壤比粗质地土壤渗透性差,需要更短的排水间距才能有效。细壤土的排水间距一般为50英尺,而在沙质土壤中,排水管的安装间距可能为100英尺,这大大降低了成本。由于需要紧密的排水间距,在重黏土中安装常规排水管通常过于昂贵,尤其是在发展中国家。但也可以使用替代方法。暗渠是通过在大约2英尺深的土层,在土壤塑性状态下,通过拉动一个类似耕作带有一个"子弹头"工具而形成的(图17.15d和图17.18)。这种工具可以使干燥的表层土壤开裂,从而形成水通道。

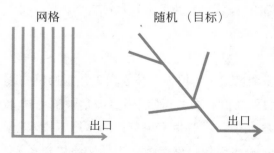

网格　　　　　随机(目标)

出口　　　　　出口

图17.17 平坦土地地下排水管道的网格模式和坡地的"人字形平行花纹"模式

图17.18　黏土（左图）中的暗渠是用"鼹鼠犁"建造的，鼹鼠犁有"子弹头"和侧翼的扩张器（右图）

钻头会形成一个排水孔，侧翼的膨胀机在两侧涂抹，使其更稳定。这种排水沟通常只会在数年内有效果，之后需要重复这一过程。像PVC排水沟一样，暗渠会将水排入农田边缘的排水沟。

　　黏土也可能需要地表排水，这涉及到土地整治，以允许水通过土壤表面排放到农田边缘，在那里可以进入草地水道（图17.19）。土壤整治还用于平整局部洼地，否则水会积聚并长时间保持积水。

　　一个非常合适的排水系统包括使用垄沟，特别是在质地细密的土壤上。这涉及有限的地表整地，其中作物种植行略高

图17.19　加拿大安大略省黏土表面排水。多余的水通过水面流向草地水道

于间隔行。这可能为幼苗提供足够的通风，以在过多的降雨期间存活下来。这些系统还可能与降低耕-垄耕结合，将对土壤的扰动最小化，同时控制机械操作减少压实（第十五章和第十六章）。

17.2.3　排水问题

　　土地的广泛排水引起了人们的关注，许多国家现在正在严格控制新的排水工作。在美国，1985年的《食品安全法》包含了湿地保护条款（Swampbuster Provision），这一条款强烈地反对湿地向农田的转变，并已得到加强。这些法律的主要依据是湿地栖息地和水文景观缓冲区的丧失。

　　大面积的湿地通常位于水和沉积物交汇的区域（如我们在第一章中所讨论的），由

图17.20 地下排水管将水排放到田间沟渠的边缘，将地下水转移到地表水

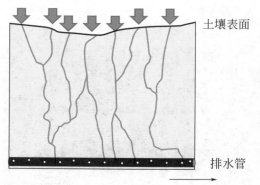

土壤表面

排水管

图17.21 连续大（宏观）孔隙可能导致污染物从土壤表面快速移动到排水管线，未经土壤基质的吸附和过滤

图17.22 施用液体有机肥料后，在强降雨状态下从地下排水管道中采集的水样

从左边看，分别代表了从排水开始每间隔15分钟采集的水样。Larry Geohring 供图

于有机食物来源充足，湿地是最丰富的自然栖息地之一，它们对许多动物至关重要，且在缓冲流域水文方面也发挥着重要作用。在雨季和融雪期，它们将周围地区的径流水填满，而在干旱期，它们将接受在较低景观位置重新出现的地下水。这种水在沼泽中的滞留降低了下游地区洪水泛滥的可能性，水中的营养元素循环被水生植物吸收后作为有机物质储存。当沼泽地被排干时，这些营养元素被有机物质氧化释放，大部分通过排水系统流失到流域。在美国中北部和东北部以及加拿大冰川形成的坑洞沼泽地广泛分布的排水系统，导致这些区域的洪水和流域养分流失显著增加。

排水系统还为渗滤水提供了水文捷径，增加了养分、农药和其他污染物流失的可能性。在自然条件下，水会保留在土壤中并缓慢渗入地下；但现在会被排水系统截留，然后被分流到沟渠、运河、溪流、湖泊和河口（图17.20）。在中等质地和细质地的土壤上，这尤其是一个问题，因为在这些土壤表面施加的化学品，通常能快速运移到地下排水管道（图17.21）。与能有效地过滤渗滤水的砂土不同，质地细密的土壤含有结构裂缝和大孔隙，并延伸至排水管的深度。一般来说，我们认为这是有利的，因为它们有利于水的渗透和通气。然而，当施用化肥、农药或液态肥料后，伴随着大量降水，尤其是会导致短期内表面积水的强降雨时，这些污染物会进入大孔隙，并迅速（有时在一小时内）移动到排水管，在这种情况下，由于未经土壤过滤或吸附，这些高浓度的化学品进入排水沟和地表水（图17.22）。但可实施一些管理措施，以降低此类损失的可能性（见"减少化学物质和有机肥快速淋失至排水管道"阅读框）。

减少化学物质和有机肥快速淋洗至排水管道

● 构建土壤团粒结构以快速吸收雨水并降低表面积水。

● 避免在潮湿土壤（不管有没有人工排水）上或大雨前使用化学品。

● 注入或翻入所施用的材料。即使是适度的翻入也会减少未经土体的水流，增加土壤对这些物质的吸附和过滤。

使用"4R"管理措施优化养分施用时间、施用量、配方和施用位置（见第十八章）。

土壤剖面的人工排水也减少了土壤中储存的水量和作物可利用的水量。当涉及天气时，农民努力确保他们的土地不受影响，当雨水过多时他们把土壤中的水排出去，但在干旱时他们把土壤中的水保留下来。控制性排水具有一定的灵活性，包括通过在农田边的沟渠中使用导流坝来保持土壤系统中的水分。实际上，这使地下水位高于排水沟深度，但如果土壤剖面需要排水，则可以降低溢流堰。在冬季休耕期间，也建议控制排水，以减缓淤泥（有机）土壤中有机物的氧化，减少沙质土壤中硝酸盐的淋溶。

17.3　总结

灌排水可使作物高产，没有灌排可能产生缺水或水分过多的问题。毫无疑问，我们在实践中需要这样的水资源管理方法，以确保为不断增长的人口需求提供足够的粮食，以阻止自然土地被转变为农业用地。一些最具生产力的土地利用排水或灌溉有益于有效的水分管理；然而也可能因此付出环境代价，因为将水从自然状态下分流的同时增加了土壤和水污染的风险。良好的管理措施可以用来减少由于改变水资源分配模式的影响。培育健康土壤是减少灌溉和排水需求，是可持续性土壤和水分管理的一个重要组成部分。此外，其他更合理地使用水和化学品的做法有助于减少其对环境的负面影响。

参考文献

Bowles, Timothy M., Maria Mooshammer, Yvonne Socolar, et al. 2020. Long-Term Evidence Shows that Crop-Rotation Diversification Increases Agricultural Resilience to Adverse Growing Conditions in North

America. *One Earth* 2: 1-10.

Geohring, L. D., O. V. McHugh, M. T. Walter, et al. 2001. Phosphorus transport into subsurface drains by macropores after manure applications: Implications for best manure management practices. *Soil Science* 166: 896-909.

Geohring, L. D., and H. M. van Es. 1994. Soil hydrology and liquid manure applications. In *Liquid Manure Application Systems: Design, Management, and Environmental Assessment*. Publication no. 79. Ithaca, NY: Natural Resource, Agricultural, and Engineering Service.

Hudson, B. E. 1994. Soil organic matter and available water capacity. *Journal of Soil and Water Conservation* 49: 189-194.

McKay, M., and D. S. Wilks. 1995. *Atlas of Short-Duration Precipitation Extremes for the Northeastern United States and Southeastern Canada*. Northeast Regional Climate Center Research Publication RR 95-1, 26 pp.

Martinez-Feria, Rafael A. and Bruno Basso. 2020. "Unstable crop yields reveal opportunities for site-specific adaptations to climate variability." *Science Reports* 10: 2885.

Moebius, B. N., H. M. van Es, J. O. Idowu, R. R. Schindelbeck, D. J. Clune, D. W. Wolfe, G. S. Abawi, J. E. Thies, B. K. Gugino, and R. Lucey. 2008. Long-term removal of maize residue for bioenergy: Will it affect soil quality? *Soil Science Society of America Journal* 72: 960-969.

Montgomery, D. 2007. *Dirt: The Erosion of Civilizations*. Berkeley: University of California Press:s: Berkeley, CA.

Siebert, S., P. Döll, J. Hoogeveen, J-M. Faures, K. Frenken, and S. Feick. 2005. Development and validation of the global map of irrigation areas. *Hydrology and Earth System Sciences* 9: 535-547.

Sullivan, P. 2002. *Drought resistant soil*. Agronomy Technical Note. Appropriate Technology Transfer for Rural Areas. Fayetteville, AR: National Center for Appropriate Technology.

van Es, H. M., T. S. Steenhuis, L. D. Geohring, J. Vermeulen, and J. Boll. 1991. Movement of surface-applied and soil-embodied chemicals to drainage lines in a well-structured soil. In *Preferential Flow*, ed. T. J. Gish and A. Shirmohammadi, pp. 59-67. St. Joseph, MI: American Society of Agricultural Engineering.

第十八章　养分管理：简介

——Dennis Nolan 供图

> 购买植物所需要的食物是一件很重要的事情，但施用肥料却不
> 是万能的，也不能证明其足以成为一个合适的土壤管理的替代方法。
>
> ——J. L. Hills、C. H. Jones 和 C. Cutler，1908 年

　　植物、动物和人类所需的大部分营养物质来自于土壤中风化的矿物。但植物生长所需的碳（C）、氧（O）和氢（H）来自空气和水。豆科植物可以通过根瘤菌固定空气中的氮满足生长需求，但其他植物主要从土壤中吸收氮。在植物所需的17种营养元素中，氮（N）、磷（P）和钾（K）三种元素在土壤中普遍缺乏。缺硫（S）的情况不太普遍，但并不罕见。其他养分，如镁（Mg）、硫（S）、锌（Zn）、硼（B）和锰（Mn）的缺乏会出现在某些特定的区域。硫、镁和一些微量元素的缺乏一般发生在具有高度

风化的地区，如美国东南部各州或降雨量高的地区，如太平洋西北部的部分地区更为常见。在东南沿海平原的沙质土壤中，缺硫特别常见。随着燃煤电厂减少对大气的硫污染，有机质低的地区土壤中缺硫较为常见。在pH值高的石灰性土壤上，尤其是在干燥地区，要注意铁、锌、铜和锰微量元素的缺乏。石灰性土壤上缺磷很常见。相比之下，在土壤相对年轻且含有未被自然过度风化的地区，比如达科他州这样的中低降雨量的冰川地区，缺钾不太常见。

在过去几十年中，环境问题的出现使人们更加重视对氮和磷的管理，这些营养元素对土壤肥力的管理至关重要，但它们也会引起广泛的环境问题。在美国很多地区和其他国家，由于土壤管理不善、过量施用肥料、动物粪便处理不当、污水污泥（生物固体）和堆肥以及过牧（动物养殖量超过土地承载力）造成了地表和地下水污染。大量使用氮和磷对环境产生潜在影响，我们将在第十九章一起讨论。其他营养元素、阳离子交换、土壤酸度（低pH）和石灰施用、干旱和半干旱地区钠、碱度（高pH）与过量盐累积的问题在第二十章中介绍。

18.1　基线：养分与植物健康、病虫害、收益和环境

所有农田管理措施都是相互关联的，关键是要将其放到作物健康和优质农场管理的大链条中。如果土壤有良好的耕性、无犁底层压实、排水良好、水分充足、有机质含量高和有充满活力的生物群落，植物就会很健康，拥有庞大的根系，这会使得植物能够有效地吸收土壤中的养分和水分，获得较高的产量。作物获得高产也会带来间接的效益，可以更多固持大气中的碳和维持更好的水分循环。

做好农场和每一块农田的养分管理工作，对植物整体健康和病虫害的管理至关重要。杂草种子小则本身储存养分少，如果生长季节早期可用的氮太多，就会让杂草疯长，这种早期快速的生长就会导致后期杂草生长超过作物。在整个生长季节，如果养分不能以正确时间、足够的数量和合理的平衡进行施用，作物就长不好。如果养分水平较低，植物可能发育迟缓；相对于其他养分而言，如果氮含量过高，植物就叶子多、果子少。例如，在氮含量过低或过高的情况下，植物生长畸形，不能释放出吸引有益昆虫的足够多的天然化学物质，因此无法防止叶片和果实免受虫害的危害。低钾致使加剧玉米茎腐病和巴慕达草的冬害。另一方面，花生荚腐病与土壤（土壤顶部2～3英寸）花生结实土层过量的钾有关。番茄脐腐病与钙含量低有关，通常在干旱、不规则降雨或灌溉条件差时，脐腐病更严重。

植物长不好，或更容易受到害虫的影响时，就会影响收益。作物产量和质量通常会降低，从而降低农场收益。养分管理不善，对病虫害的控制额外增加了成本；此外，当养分的施用超出了植物需求时，相当于把钱白白扔掉。当土壤中的氮和磷被淋溶到地下水或流入地表水中，整个社区和流域的水质会变差。

养分管理的4Rs原则

合理的养分管理可以降低环境影响和提高作物产量。4R营养管理的概念是一套高效营养管理的原则（最大限度地提高养分利用效率和降低环境影响）。这个管理方法需要因地制宜，最佳做法因当地土壤、气候和管理因素而异。本章讨论4R具体操作管理。

- 正确的肥料品种
- 采用正确的肥料用量
- 正确的施肥时间
- 合理的施肥位置

更进一步的是4R-Plus，其将4R管理措施与保护性措施相结合以提升土壤健康和改善环境。因此，4R和4R-Plus是非常有用的概念，也概括了本书中一些其他方面的概念。

18.2 有机质和养分的有效性

养分管理的最佳策略是提高土壤有机质含量（图18.1），这一点尤其适用于氮和磷元素。土壤有机物以及施用的新鲜残留物都是植物可利用氮的主要来源。然而，正如第九章所述，高C：N的有机残体会在一段时间内降低氮的有效性。

有机质矿化作用也是磷和硫的重要来源。有机质有助于吸附带正电荷的钾离子（K^+）、钙离子（Ca^{2+}）和镁离子（Mg^{2+}）。它还提供天然螯合物，这些物质和微量元素如锌、铜和锰结合，有利于微量元素被植物吸收。此外，良好的土壤物理结构（耕性）和有机质分解过程中产生的促生物质有助于植物产生强大的根系，使其能够从更大范围的土壤中获取养分。同时土壤微生物多样性高也使植物病原菌维持在较低水平。

覆盖作物的根系（活的有机质）有助于养分管理，它们提供能量物质，使土壤生物能更好地生长和活化土壤养分，防止养分淋失或径流，豆科作物还增加土壤N含量，充足的菌根孢子成为下一季作物的良好接种剂，有利于作物吸收土壤养分。

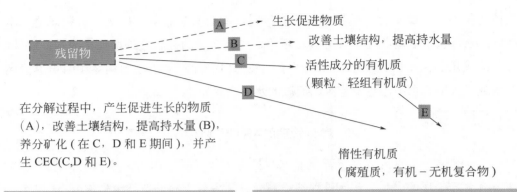

在分解过程中，产生促进生长的物质（A），改善土壤结构，提高持水量 (B)，养分矿化（在 C，D 和 E 期间），并产生 CEC(C,D 和 E)。

对养分供应量的直接影响	对养分供应的间接影响
1) 残留物分解过程中释放的养分。快速分解加先前积累的 POM 或大量添加的残渣相结合会产生相对大量的可用养分矿化。集约耕作，良好的土壤排水，粗糙的质地以及干湿交替的条件都可以促进快速分解。 2) 分解过程中产生的 CEC：增加对土壤阳离子如钾、钙、镁的吸附，有利于作物根系吸收。	1) 促进生长的物质。细菌产生的物质可促进更好的根系生长和更健康的根系，根系延伸到更大的土壤体积并有更大的表面积，以截留养分并使养分流向根系 2) 更好的土壤结构和更高的持水能力。更好的土壤结构可以促进根系发育和延伸（见上文）。良好的土壤结构和丰富的腐殖质含量有助于在下雨或灌溉后增加植物可用水的量。这样可以改善植物的生长和健康状况，并使更多的养分流向根部。 3) 生物多样性高减少根系染病：大量生长的根系可以从土壤中吸收更多养分。

图18.1 土壤残体降解对养分有效性的影响

18.3 改善农场养分循环

基于经济和环境的考虑，在农场尺度上养分高效循环利用非常有意义。目标应包括减少远距离养分流动，以及促进养分在农场"真正"的自循环，养分以作物残茬或粪肥的形式返还到农田里。有许多策略可以帮助农民实现更好的养分循环目标：

● 减少意外损失：通过加强对土壤有机质和物理性质的管理，促进水分渗入和改善根系健康。建立和维持有机质的措施包括增加各种有机物来源，以及通过保护性耕作措施减少有机质损失。正确的灌溉管理包括施用适量的灌溉用水来补充根区水分，过量水分则会导致径流和养分流失。（在干旱气候条件下，偶尔需要额外的水供给，以便通过灌溉使根区积累的盐分淋洗到根区以下。）此外，与玉米和大豆等传统的一年生行作物相比，包括覆盖作物、多年生牧草和豆科作物在内的轮作往往会减少硝酸盐的淋洗和磷的径流损失。

● 提高养分吸收效率：通过科学使用肥料和改良剂以及有效的灌溉措施提高养分吸收效率。正确的施肥位置与养分供应满足植物生长同步需求能提高肥料养分的利用率。有时，改变种植时间或改种其他作物可以更好地匹配养分供应时间与作物需求的关系。

● 发掘当地养分来源：通过寻找当地有机物质物料，如城镇的树叶或草屑、湖泊中的水生杂草、市场和餐馆产生的餐厨垃圾、食品加工废物和清洁的污水污泥（见第九章关于污水污泥的讨论）来作为当地重要的养分原料。尽管其中一些对真正的养分循环没有贡献，但从"废物流"中去除农业可利用的养分原料是有意义的，有助于开发更环保的养分流。

● 促进农产品本地化消费：支持本地市场以及厨余垃圾还田，促进本地生产的食品消费。当人们购买本地生产的食品时，真正的养分循环会更有可能发生。一些社区支持农业（CSA）农场鼓励其成员将农产品废料返回农场用于堆肥，从而完成一个真正的养分循环。

● 减少农产品养分输出：为种植农场引入畜牧养殖企业，减少农产品中养分的外部输出。在农场中引入畜牧养殖企业（尤其是反刍动物）可以减少每英亩土地养分的输出以及更多地利用轮作的豆科作物作为饲料。与直接销售农产品相比，将作物喂给动物并输出动物产品导致离开农场的营养物质少得多。（另一方面，要记住主要依靠购买饲料来饲养牲畜会使农场养分过剩。）

● 平衡农场饲养牲畜的承载量：通过租用或购买更多土地，或种植更高比例的动物饲料和粪肥施用，或限制牲畜数量实现牲畜密度与农场的耕地相匹配。

● 发展地方合作关系，平衡不同类型农场之间的养分流量：正如我们在第九章讨论有机质管理时所指出的，有时邻近的农民在养分管理和轮作方面都进行合作。当饲养牲畜的农民有太多的牲畜，需要购入很高比例的饲料；而邻近的蔬菜或谷物农场需要养分，氮用于轮作（包括豆类饲用作物）的土地量不足时，这种合作会更有好处。通过在养分管理和轮作方面的合作，两家农场均可创造双赢，有时会获得想象不到的双赢（见"合作共赢"阅读框）。技术推广员的促成和协调可以帮助邻近农民制定合作协议。但随着距离增加，这会是一个挑战。

一些营养过剩的畜牧养殖场发现堆肥是处理粪肥的有效方法。在堆肥过程中，粪便体积和重量大大减少（见第十三章），从而减少了物料运输成本。有机农场主总是在寻找价格合理的动物粪便进行堆肥，景观园艺产业也使用了相当数量的堆肥。当地或地区之间的堆肥交换可以帮助减少牲畜产生的高负荷养分，并将其使用到缺乏养分的土壤中。

养分管理基础知识

a. 建立并保持土壤高有机质水平。

b. 在施用肥料或其他改良剂之前，对肥料进行检测并记录其养分成分。

c. 如果可能，尽快将粪肥翻入土壤中，以减少氮的挥发和径流中养分的潜在损失。

d. 定期测试土壤以确定养分状况，以及是否需要粪肥、堆肥或石灰。

e. 平衡养分的进出以保持最佳水平，如果养分水平过高，则允许略微"缩水"。

f. 通过减少土壤压实破坏，增强土壤结构，减少田间径流。

g. 使用饲料豆类或豆类覆盖作物为下季作物提供氮，并形成良好的土壤耕性。

h. 利用覆盖作物在淡季吸收养分，增强土壤结构，减少径流和侵蚀，为微生物提供新鲜的有机质。

i. 将pH值保持在轮作中最敏感作物的最佳生长范围内。

j. 磷和钾非常匮乏时，施入一定量的肥料，以提高土壤肥力水平。

k. 当磷和钾的含量水平在中等范围时，考虑在种植过程中条施肥料是最有效的，尤其是在凉爽气候条件下。

养分管理目标

● 为满足作物产量和品质的养分需求。

● 将过量氮肥或养分不足引起的病虫害胁迫最小化。

● 尽量减少供应养分的环境和经济成本。

● 尽可能使用当地的养分来源。

● 从肥力来源中获得充分的养分价值。

——改编自Omafra（1997）

植物必需养分

改善养分循环的策略

● 减少意外损失。

● 提高养分吸收效率。

● 利用当地的养分来源。

● 促进当地生产的农产品消费。

● 减少农产品中养分的输出。

● 使动物养殖密度与农场的耕地面积配套。

● 发展地方合作关系，平衡不同类型农场之间的养分流量。

18.4　使用肥料和改良剂

施肥时有四个主要问题：

- 需要多少？
- 应使用什么来源的肥料？
- 何时施用肥料或改良剂？
- 如何施用肥料或改良剂？

合作共赢

　　缅因州种植马铃薯的农场主和他养殖奶牛邻居之间的合作为这两种类型的农场带来了更好的土壤和作物质量。正如马铃薯农场主约翰·杜曼所解释的，在与一个奶牛场合作进行轮作和肥料管理之后，"在几年内，农场确实发生了比我想象中更大的变化。"奶牛场农场主鲍勃·格勒认为，与马铃薯农场主的合作使他的家人能够扩大放牧的牛群。他注意到，"我们看到的病虫害更少，玉米品质更好，我们的饲料质量提高了，很难对其估价，因为饲料质量的提升意味着能产更多的牛奶。"

——摘自霍德乳牛场，1999 年 4 月 10 日

　　第二十一章详细介绍了通过土壤检测来确定肥料施用量和施用种类。在这里，我们将讨论如何处理其他三个问题。

18.4.1　养分来源：化肥与有机肥

　　农业生产中通常使用多种肥料和土壤改良剂（有些在表 18.1 中列出）。尿素、重磷酸钙、钾盐（氯化钾）等肥料便于储存和使用，它们也很容易混合，以满足特定田块的养分需求，达到预期效果。这些肥料在土壤中的转化和养分有效性都得到了很好的证实。施用化肥时，养分施用的时间、用量和均匀性易于控制。然而，施用化肥也存在缺点，所有常用的氮肥（含有尿素、氨和铵的材料）都是产酸物质，在当地石灰已风化掉的潮湿地区使用时，需要频繁添加石灰。氮肥的生产也是非常耗能的。据估计，生产氮肥消耗的能量占种植玉米所需能量的25%到30%。此外，当过量的化肥施于种子或植物附近时，养分浓度过高会对幼苗造成伤害。由于化肥的养分有效性较高，在某些情况下化肥单独施用时淋洗到地下水的量高于施用有机肥或有机肥-化肥混施。例如，在沙质土壤中施用硝酸铵肥料后遇到强降雨，硝酸盐损失量会比施用堆肥多。

（另一方面，苜蓿翻压后不久遭遇强降雨也可能造成大量的硝酸盐淋溶到根区以下区域。）施过化肥的农田因侵蚀造成流失的沉积物中，可能比施过有机肥料的农田含有更多的有效养分，从而导致更严重的水污染。当然，不管是无机或有机养分，过量施用都可能成为土壤的污染源。科学地使用化肥或有机肥的关键是，施用的养分不能超过作物需求量，而且施用方式应尽量减少过量养分流失到环境中。

表18.1 植物的必需营养元素

元素		可利用形式	来源
大量元素	碳	CO_2	大气
	氧	O_2，H_2O	大气和土壤孔隙
	氢	H_2O	土壤孔隙水
	氮	NO_3^-，NH_4^+	土壤
	磷	$H_2PO_4^-$，HPO_4^{2-}	土壤
	钾	K^+	土壤
	钙	Ca^{2+}	土壤
	镁	Mg^{2+}	土壤
	硫	SO_4^{2-}	土壤
微量元素	铁	Fe^{2+}，Fe^{3+}	土壤
	锰	Mn^{2+}	土壤
	铜	Cu^+，Cu^{2+}	土壤
	锌	Zn^{2+}	土壤
	硼	H_3BO_3	土壤
	钼	MoO_4^{2-}	土壤
	氯	Cl^-	土壤
	钴	Co^{2+}	土壤
	镍	Ni^{2+}	土壤

注：1.钠被认为是某些植物的必需元素。

2.尽管硒（Se）不被认为是植物的必需元素，但它对动物是必需的，因此植物中的硒含量对动物的养分很重要。另一方面，生长在高硒土壤上的植物（如紫云英、紫菀和盐灌）积累足够的硒，则会对放牧的动物产生毒性。

3.硅（Si）对水稻的正常生长和健康至关重要。

有机肥是否能减少环境影响？视情况而定！

通常认为，使用有机肥会减少环境影响，但前提是要遵循良好的管理措施。例如，在温和气候条件下，翻压的苜蓿会释放大量的有机氮，能够满足玉米生长所需的养分。但是，如果耕作过早，例如在早秋，在接下来几个月里，当土壤仍然温暖时，大部分有机氮会被矿化，然后在冬季和春季通过淋溶或反硝化作用流失。瑞典的一项研究比较了常规管理和有机农业作物的产量，发现硝酸盐淋溶损失都差不多。有机物来源，如粪肥，如果留在地表，可能会造成养分流失问题，或者在秋季施用时造成淋溶问题。因此，即使使用有机养分原料，良好的农艺管理和考虑环境影响因素是必不可少的。

有机肥还有许多其他优点，与仅"供养植物"的化肥相比，有机肥可以"养土壤"。它们也是土壤有机质的来源，为土壤生物提供食物，有助于形成团聚体和腐殖质。有机肥养分释放速率慢，氮素释放量往往会与作物需求更加匹配。粪肥或作物残留物等来源通常含有所需的所有养分，包括微量元素，但对于某些土壤和作物，这些养分的比例可能不合适；因此，定期开展土壤检测很重要。例如，家禽粪便中氮和磷的含量大致相同，但植物吸收的氮量是磷的三到五倍。在堆肥过程中，通常会损失大量的氮，使堆肥中磷相对于氮含量过高。因此，在土壤中施用大量的堆肥可以满足作物的氮需求，但过量的磷会在土壤中富集，导致更大的潜在污染。

有机肥的缺点之一是植物所需的养分释放量的可变性和释放时间的不确定性。粪肥作为一种养分来源的价值取决于动物类型、饮食以及粪肥的处理方式。对于覆盖作物，氮的贡献取决于植物种类、春季的生长量和天气。此外，粪肥通常体积庞大，可能含有较高比例的水分，因此施用粪肥时需要大量人工。养分释放的时间是不确定的，因为它既取决于所用有机肥的类型，也取决于土壤生物的作用，土壤生物的活动随温度和降雨量而变化。最后，某些粪肥的相对养分浓度可能与土壤需求不匹配。例如，当土壤中磷含量较高时，肥料中可能含有过量的氮和磷。

有机农业与有机养分源

我们用"有机来源"这个词来代指作物残留物、粪肥和堆肥中所含的养分。所有农民都使用这些类型的材料——包括"常规"和"有机"。他们使用石灰石和其他一些材料。但表18.2中列出的大部分化肥不允许用于有机生产。有机农场主使用直接来自矿物的产品，例如海绿石砂、花岗岩粉尘和磷矿石，而不是尿素、无水氨、磷酸二铵、过磷酸钙和钾盐。其他有机物来自部分生物体，如骨粉、鱼粉、豆粉和血粉（见表18.3）。

表18.2 各种常用改良剂和商品肥料的组成（%）

原料及肥料		N	P₂O₅	K₂O	Ca	Mg	S	Cl
N的原料	无水氨	82						
	氨水	20						
	硝酸铵	34						
	硫酸铵	21					24	
	硝酸钙	16			19	1		
	尿素	46						
	UAN 溶液（尿素+硝酸铵）	28-32						
P和N+P的原料	过磷酸钙（普通）		20		20		12	
	三重过磷酸钙		46		14		1	
	磷酸二铵（DAP）	18	46					
	磷酸一铵（MAP）	11-13	48-52					
K的原料	氯化钾（钾盐）			60				47
	硫酸钾镁			22		11	23	2
	硫酸钾			50		1	18	2
其他原料	石膏				23		18	
	石灰石，钙质				25-40	0.5-3		
	石灰石、白云石				19-22	6-13		1
	硫酸镁				2	11	14	
	硝酸钾	13		44				
	硫黄						30-99	
	草木灰		2	6	23	2		

18.4.2 商品肥料来源的选择

建议将有机肥纳入养分管理计划的一部分，以维持土壤健康。但在许多农场，仍然需要额外施用化肥来获得高产。全球范围内，农场实施很多更好的措施（使用覆盖作物、合理轮作、保护性耕作、种养一体循环农业等）之前，仍然需要化肥来满足不断增长的人口需求。化肥种类很多，许多在表18.1中给出。当您大量购买化肥时，通常会选择最便宜的产品。当您购买大量复合肥料时，通常不知道使用了什么来源的肥料。您只知道它是一个10-20-20或20-10-10（两者都指可用N、P₂O₅和K₂O的百分比）或另一种比例的肥料。但是，下面是一些您可能不希望应用最便宜肥源的情况：

● 尽管最便宜的氮肥是无水氨，但将其施入含有许多石块的土壤中，或将其施入非常潮湿的黏土中时会使氮元素大量损失，可能需要使用其他氮源代替。

● 如果同时需要氮和磷，磷酸二铵（DAP）是一个很好的选择，因为它的成本和磷含量与浓缩过磷酸钙差不多，而且还含有18%的氮。

● 尽管钾盐（氯化钾）是最便宜的钾源，但在某些情况下可能不是最佳选择。如果您还需要镁，而不需要使用石灰，硫酸钾镁肥将是一个更好的选择。

表18.3　有机种植者用于供应养分的产品

产品名称	N/%	P_2O_5/%	K_2O/%
苜蓿草颗粒	2.7	0.5	2.8
血粉	13	2	—
骨粉	3	20	0.5
可可壳	1	1	3
胶磷矿粉	—	18	—
堆肥	1	0.4	3
棉籽粕	6	2	2
鱼粉	9	7	—
花岗岩粉尘	—	—	5
海绿石砂	—	—	7
蹄和角粉	11	2	—
亚麻籽粉	5	2	1
磷矿石	—	30	—
海藻	1	0.2	2
豆粕	6	1.4	4
废肉渣	6.5	14.5	—

注：1. P_2O_5和K_2O的值代表养分总量。对于表18.1中列出的肥料，数字是速效养分的含量。

2.有机种植者也使用硫酸钾镁肥、木灰、石灰石和石膏（见表18.1），尽管有些人只使用堆肥，其他人则使用熟化的粪肥（见第十二章）。此外，还有许多商品化有机产品，其商标多种多样。

资料来源：R. Parnes（1990）。

18.4.3　使用方法和时间

施肥的时间通常与所选择的施肥方法有关，因此在本节中，我们将一起讨论撒施、局部施肥这两种措施。

撒施，即肥料均匀地施用在整个土壤表面，然后在耕作过程中翻耕入土，是提高土壤养分水平的最佳方法。当磷和钾的含量值很低时，此方法特别有用。撒施并翻耕通常在秋季或春季耕作前进行。对于种植密度较大的作物，如小麦或牧草，追肥时通常是施氮，特别是大量施用改良剂，如石灰和石膏，也会在翻入土壤之前撒施。

局部施肥的方法有很多，种植时在种子的侧边或下方条施少量肥料是一种常用的方法。对生长在较冷的土壤条件下的行作物特别有用，例如在生长季早期，在土壤表面有大量残留物的情况下，在免耕管理条件下或在春季缓慢升温的潮湿土壤上尤其适用。它也适用于磷和钾检测值从低到中（甚至更高）的土壤上。条施是在种植时在种子附近放置肥料（通常称为底肥）。在较温暖气候下，并且种植较早，天气仍然很凉爽，根系生长减缓，有机物中释放养分也缓慢时，条施是个好方法。氮能刺激根系生长，底肥部分含氮有助于根系更有效地利用磷肥。对于肥力极低的土壤，底肥通常还含有其他养分，如硫、锌、硼或锰。

氮肥分次施用是一种良好的管理措施，尤其是在砂质土壤中硝酸盐容易淋失，或在重壤土和黏土中硝酸盐可能因反硝化作用而流失。种植前施用或条施氮肥，其余氮肥在生长季节用追肥或侧施的方法追肥。有时还建议对有机质含量较低的砂质土壤，特别是当降雨量太大会使钾渗入底土时，应分次施用钾肥。不幸的是，如果天气太潮湿而不能施肥（而且您没有施够底肥），或者施肥后太干，则肥料停留在表面而不能与根系接触，那么靠追施氮肥反而可能导致减产。

一旦土壤养分达到最佳状况，就要设法平衡农场养分的进出。当养分水平（特别是磷）处于较高或非常高的范围时，停止施用并尝试保持或将其"降低"到合理水平。通常在种植作物数年后不适用磷肥才会使土壤磷水平下降到土壤最佳水平。

作物收益、肥料成本和施肥量

氮肥的成本与能源成本直接相关，因为生产和运输过程中消耗大量能源。其他肥料的成本对波动的能源价格虽然不太敏感，但却一直在增加。尽管如此，全球化肥使用量的增加和储备减少，加上燃料和其他生产投入成本的增加，导致了肥料价格的大幅上涨。

很多大面积种植的作物投入成本约为每英亩400至1000美元，肥料可能占成本的30%至40%。因此，如果你多施100磅过量的氮肥，那大概每英亩浪费了65美元，可能占总收入的10%或更多。几年前，本书原著作者之一和两个兄弟合作在佛蒙特州北部经营一个奶牛场，土壤检测中显示氮、磷和钾的含量很高。尽管建议不需要施用肥料，但他们还是遵循常规做法，当时氮、磷和钾的肥料价值为70美元/英亩（20世纪80年代的价格），一共种植了200英亩玉米。他们在每一块地上留下的40英尺宽没有施肥的对照种植带，其产量和施肥的地方是一样的，所以他们在肥料上浪费了1.4万美元。

种植每英亩价值数千美元的水果或蔬菜作物时，化肥约占作物价值的1%和成本的2%。但是，当种植每英亩价值超过10000美元的特种作物（草药、某些直接销售的有机蔬菜）时，化肥成本与其他成本（如人工）相比就显得微不足道。如果在这些作物中浪费65美元/英亩不需要的养分，那么只要保持养分之间的合理平衡，就可以最小化经济损失，但出于环境原因，要避免施用过多的肥料。

18.4.4 耕作与肥力管理：要合并还是不合并？

有了耕作工具，如铧式犁和耙子、圆盘耙、凿子犁、分层耕作和垄耕，就可以加入混合的肥料和改良剂。然而，当选择免耕种植体系时，在根系特别活跃的那部分土壤中，不可能通过混合材料均匀地提高土壤的肥力水平。

肥料品级：氧化物还是元素形式?

当谈论肥料里磷或钾时，通常假定为氧化物形式。这在所有推荐和购买化肥时都会用到"磷酸盐"（P_2O_5）和"钾盐"（K_2O）这两个术语。长期以来都被用来指肥料中的磷和钾。当您每英亩施用100磅钾肥时，您实际上施用100磅K_2O，相当于83磅元素钾。当然，您真正使用的不是钾，而是像氯化钾这样的物质。类似的情况也适用于磷酸盐——每英亩100磅的P_2O_5相当于44磅的磷——而您真正使用的是像浓缩过的磷酸钙（含有一种形式的磷酸钙）或磷酸铵这样的肥料。然而，在日常处理化肥时，您需要考虑氮、磷和钾盐，不要担心购买或使用的元素磷或钾的实际数量。

混合施用肥料和改良剂有很多好处，当最常用的固体氮肥尿素留在土壤表面时，造成大量的氨挥发损失。此外，施肥后留在表面的养分在降雨后更容易通过径流损失掉。尽管保护性耕作的径流量通常低于常规耕作，但径流中养分的浓度可能会高一些。

如果您打算将常规耕作改为免耕或其他形式的保护性耕作，可以考虑在进行转换之前施入所需的石灰、磷酸盐和钾肥，以及粪肥和其他有机残留物。这是最后一次容易改变表层8～9英寸土壤肥力的机会。

土壤检测

土壤检测是养分管理关键的工具之一，在第二十一章中进行了详细讨论。

参考文献

Gregory, D. L. and B. L. Bumb. 2006. Factors Affecting Supply of Fertilizer in Sub-Saharan Africa. Agric. Rural Develp. Disc. Paper 24.World Bank.

Mikkelsen, R. and T. K. Hartz. 2008. Nitrogen sources for organic crop production. *Better Crops* 92(4): 16-19.

OMAFRA (Ontario Ministry of Agriculture, Food, and Rural Affairs). 1997. *Nutrient Management*. Best Management Practices Series. Available from the Ontario Federation of Agriculture,Toronto, Ontario, Canada.

Parnes, R. 1990. *Fertile Soil: A Grower's Guide to Organic and Inorganic Fertilizers*. agAccess: Davis, CA.

The Fertilizer Institute. 2020.What are the 4Rs? https://nutrient-stewardship.org/4rs/.

Torstensson,G., H. Aronsson and L. Bergstrom. 2006. Nutrient use efficiencies and leaching of organic and conventional cropping systems in Sweden. *Agronomy Journal* 98: 603-615.

van Es, H. M., K. J. Czymmek and Q. M. Ketterings. 2002. Management effects on N leaching and guidelines for an N leaching index in New York. *Journal of Soil and Water Conservation* 57(6): 499-504

第十九章　氮磷管理

—— Dennis Nolan 供图

化肥的经济使用方式要求它们只是作为土壤中自然供给的补充，作物所需的大部分养分仍然来源于自然。

——T. L. Lyon[1] 和 E. O. Fippin，1909 年

　　氮（N）和磷（P）都是植物大量需要的营养元素，但当它们过量时，就会对环境造成危害。在本章中，我们讨论氮磷元素过量时会产生的问题。因为我们既要关注好作物对氮磷的需求问题，又要关注氮磷过量的问题。氮素流失对农民是一个严重的经

---

[1] 托马斯·莱特尔顿·里昂（Thomas Lyttleton Lyon，1869—1938）是一位美国土壤学家。1907—1909年，他担任美国农艺学会秘书长。他是美国科学促进协会会员，也是美国化学学会会员。与 E. O. Fippin 共著的《土壤管理原理》（*The Principles of Soil Management*）共有 10 个版本。——译者注

济问题：如果管理不当，会损失部分氮肥（在某些情况下高达一半），而不是被作物利用。氮（N）造成的环境问题包括土壤硝酸盐淋溶到地下水、径流中过量的氮（N），以及以氧化亚氮（N_2O）（一种强烈的温室气体）的形态损失。对磷（P）来说，主要问题是淡水水体的流失。

硝酸盐含量高的地下水会影响婴儿和幼小动物的健康，因为人体内的硝酸盐可以降低血液输送氧气的能力。此外，硝酸盐可以刺激藻类和水生植物生长，就像它能够促进作物生长一样。在许多微咸水河口和咸水环境中，植物生长会受到氮缺乏的限制。当硝酸盐从土壤中滤出、从地表流出，随着河流最终到达墨西哥湾或切萨皮克湾等水体时，不良微生物就会大量繁殖。此外，含过量氮（N）和磷（P）的水体导致藻类大量繁殖，挡住了水下草丛的阳光，而这些草丛是许多幼鱼、螃蟹和其他底栖动物的家园。更令人担忧的是，沉积在河口底部的死亡藻类和其他水生植物，它们分解消耗大量水体中的溶解氧。而在缺氧的环境中，鱼类和其他水生动物无法生存，这是许多河口所面临的严重环境问题。

反硝化是一种微生物过程，主要发生在土壤被水饱和的表层。土壤细菌将硝酸盐转化为氧化亚氮（N_2O）和氮气（N_2），虽然氮气（N_2）（两个氮原子结合在一起）是大气中最丰富的气体，不涉及环境问题，但氧化亚氮（N_2O）分子——主要是由反硝化作用产生的，部分来自硝化作用——对全球变暖的影响大约是二氧化碳的300倍。

与土壤中的磷（P）含量相比，农场磷损失量通常较小。然而，少量磷流失对水质有很大影响，因为磷是淡水水生杂草和藻类生长所需养分。当人类活动（农业、农村家庭化粪池、城市污水和街道径流）将过量磷（P）流入到湖泊中时，会产生严重的环境问题。大量磷（P）元素会促进藻类生长（富营养化），致使捕鱼、游泳和划船活动都变得几乎不可能。当大量水生生物死亡时，残体分解会过量消耗水中的氧气（O_2），导致鱼类缺氧死亡。

出于经济和环境原因，所有农场都应努力实现最佳的氮磷管理计划，这在易受杂草或藻类加速生长影响的水体附近尤为重要。然而，更重要的是，来自中西部农场的养分流失正在导致1000英里之外的墨西哥湾出现问题。

氮（N）和磷（P）在土壤中的行为有很大差异（图19.1，表19.1），当然，氮和磷都可以用化肥来供应。除此之外，豆科植物可以通过根瘤菌进行固氮，农作物能从有机物质分解中获得氮。植物从有机质和土壤矿物中获取磷。硝酸盐是植物从土壤中吸收氮的主要形式，氮在土壤中具有很强的流动性，而磷在土壤中的移动非常有限。

土壤大部分氮损失发生在硝酸盐淋溶，通过反硝化作用转化为气体，或表面氨挥发。砂质土壤中主要发生硝酸盐淋溶，而反硝化作用通常在重壤土和黏土中更常见。另一方面，土壤中的大部分非预期磷的损失是通过径流或田里、建筑工地和其他暴露

表19.1 比较土壤N和P

氮	磷
氮可以通过分解土壤有机质而获得	分解土壤中的有机物和矿物质可获得磷
氮主要以硝酸盐（NO_3^-）的形态提供给植物，这种形态在土壤中非常容易转移	磷主要以溶解在土壤水中的磷酸盐的形式提供，但即使在肥沃的土壤中，溶解态磷含量也很低，并且不能转移
通过淋溶至地下水或转化为气体（N_2，N_2O），硝酸盐很容易大量流失	磷主要通过径流和侵蚀从土壤中流失。在结构良好的土壤上和在有瓦管排水的土壤上施用液体肥料也会导致磷流失到排水系统中
氮可以通过生物固氮（豆类）增添到土壤中	尽管许多细菌和某些真菌可以促进植物吸收磷，但是没有等效反应可以向土壤中添加新的磷

土壤被侵蚀的沉积物带走的（有关氮和磷损失的相对路径比较，请参见图19.1）。在人工排水的农田中，磷的淋溶是一个令人担忧的问题。随着多年的过量施用有机肥或堆肥，土壤中饱和的磷（通常是在磷吸附能力较低的砂土中）通过渗透水淋溶出磷，并经过排水管或沟渠排放。此外，液态肥料可以通过流动路径（虫洞、根洞、裂缝等，尤其是在黏土中）直接进入地下排水管道，污染沟渠中的水，然后排入溪流和湖泊（另见第十七章）。

使用过量氮肥的问题

不应该对作物过量施氮的原因很多，氮肥价格昂贵，许多农民对施用量控制很审慎。然而，过量施氮还存在着其他一些问题：① 地下水和地表水被硝酸盐污染；② 土壤反硝化过程中产生了更多的氧化亚氮（N_2O）（一种温室气体和臭氧消耗源）；③ 生产氮肥消耗大量的能量，因此浪费氮肥等同于浪费能量；④ 过量施用氮肥会加速土壤有机质的分解和流失；⑤ 过量施用氮肥经常与病虫害的暴发有关。对于许多

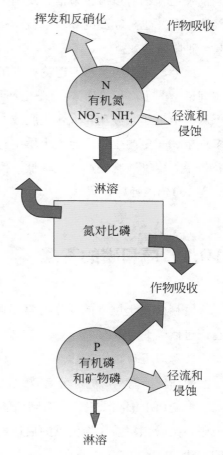

图19.1 土壤氮磷损失的不同途径（箭头宽度表示相对量）

基于宾夕法尼亚州立大学 D. Beegle 未发表的图表

农民来说，挑战在于了解他们的作物在特定生长季节的正确氮肥用量。由于这种不确定性以及施肥不足导致产量损失的风险，他们往往会在多年内施用超过需要的量。良好的氮管理工具可以帮助解决这个问题。

除了来自大量施用有机肥的田地，健康草原的磷损失（主要是径流水中溶解的磷）很少，因为径流和沉积物中的磷都很少。豆科植物根系和一些自由生活的细菌进行的生物固氮会给土壤增加新的氮源，但不会新增磷或任何其他养分。改善氮磷管理有助于减少对商品肥料的依赖。一个基于生态的系统——具有良好的轮作、更少的耕作和更有活性的有机质——应该更能提供作物需求的大部分氮和磷。良好的土壤结构和适当的覆盖作物可以减少淋溶、反硝化和径流，从而减少氮和磷的损失。这既是农场的经济效益，也是社会的环境效益。对于基于生态种植系统的农场来说，氮有效性较高是一种附带的效益。

此外，氮肥的生产、运输和应用都是能源密集型。在生产玉米所需能源中（包括田间设备的生产和操作），氮肥生产和应用大约占30%。尽管多年来能源成本已经相对低廉，但近年来波动较大，化肥成本也波动较大，预计在未来会相对较高。因此，更多地依赖于氮的生物固定和土壤中有效循环，可以减少不可再生资源消耗，也可以节省资金。尽管磷肥生产能耗较低，但它是一种不可再生资源，预计世界磷矿将在未来50至100年内耗尽。

19.1　氮和磷的管理

氮和磷在土壤中的行为非常不同，但许多管理策略实际上是相同或非常相似的。它们包括以下内容：

1. 考虑所有养分来源。

● 估计所有来源的养分有效性。

● 使用土壤测试来评估可利用的养分。（氮土壤测试并非适用于所有州。有些人根据肥料试验和覆盖作物贡献的估计提出氮肥建议。本章后面将讨论其他提出氮肥建议的方法。）

● 使用粪肥和堆肥测试来确定营养成分。

● 考虑分解作物残留物时的养分（仅适用于N）。

2. 减少损失并提高吸收（使用4R-Plus原则，以正确的比率、在正确的时间、正确的地点、以正确的数量施用肥料，加上保护措施；参见第十八章）。

- 更有效地利用营养来源。
- 尽可能在土壤表面以下局部施肥。
- 如果淋溶或反硝化损失是一个潜在问题（几乎总是只针对N），则分开施肥。
- 在淋溶或径流威胁最小的情况下施用养分。
- 减少耕作。
- 使用覆盖作物。
- 轮作包括多年生草料作物。

3.一旦作物需求得到满足，平衡农场的输入与输出。

　　覆盖作物与少耕或免耕相结合，是一套可以很好协同工作的措施。它们可以改善土壤结构；减少因淋溶、径流和侵蚀而造成的养分损失；减少硝酸盐的反硝化损失；并结合可能导致的N和P通过以有机形式储存这些营养物质，在经济作物之间流失。

19.1.1　评估养分有效性

　　良好的N和P管理实践考虑到来自土壤的大量植物可利用养分，尤其是土壤有机质和任何其他有机来源，如粪肥、堆肥以及轮作作物或覆盖作物。肥料应仅用于补充土壤的供应，以提供完整的植物营养（图19.2）。

　　有机农场农民试图通过土壤来源的养分满足所有需求，因为额外的有机肥料通常非常昂贵。需要通过豆类作物或覆盖作物进行轮作或施入高氮有机营养物来实现。使用有机肥料时，堆肥或其他材料中的N百分比越高，植物可利用的N就越多。如果有机肥料的N含量约为2%或更低（对应于高C∶N），植物将几乎没有N可用。但如果是

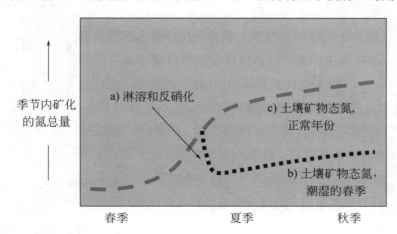

图19.2　土壤中的有效氮取决于最近的天气

在潮湿的春季，由于淋溶和反硝化损失大于氮转化为矿物形态，矿物氮减少。当春天比较干燥时，植物可利用的矿物氮比较多

5%左右，那么有机肥中大约40%的N将可被植物利用。如果是10%或15%（对应于非常低的C：N比），可被利用N则高达70%。在农牧一体化农场，土壤有机N和P来源通常足以满足作物的需求，但并非总是如此。

由于土壤中大多数植物的有效磷被有机物质和黏土矿物紧紧吸附，因此磷的有效性可通过定期土壤检测来评估。将化学土壤溶液提取的磷量与作物反应实验的结果进行比较，可以很好地估计作物对磷肥施用的响应性，我们将在第二十一章讨论。

关于氮肥需求量估算更为复杂，土壤测试通常无法提供所有答案，主要原因是植物可利用的氮（主要是硝酸盐）的量会随着有机物的矿化以及氮通过淋溶或反硝化作用损失而迅速波动，这些过程很大程度上取决于土壤有机质含量、施入的有机物料对氮的贡献以及与天气相关的因素，如土壤温度（较高的温度会增加氮矿化）和土壤湿度（饱和土壤会导致大量的淋溶和反硝化损失）。矿物形态的氮在春季开始在土壤中积累，但在非常潮湿的时期可能会因淋溶和反硝化作用而流失（图19.2）。当植物在春季发芽时，它们需要一段时间才能开始快速生长并吸收大量的N（图19.3）。天气影响所需的补充N量主要有两个方面，在春季天气异常潮湿的年份，可能需要额外的施氮肥（或追肥）来补偿土壤中相对较高的矿物氮损失（图19.3）。一些地区降雨强度的增加使得追施氮肥更加重要。对2015年至2019年明尼苏达州玉米的研究——75%的受评估地点在生长季节有一个月的时间，降雨量为正常降雨量的150%——显示在种植前追施一些氮肥并没有降低产量，反而增加了产量在四分之一的情况下，平均每英亩11蒲式耳（注：相当于49.3公斤/亩）。

另一方面，在干旱年份，尤其是关键授粉期的干旱期，产量会降低，因此氮的吸收和所需的氮肥会减少（图19.3中未显示）。但是，您真的不知道在正常的时间里授粉

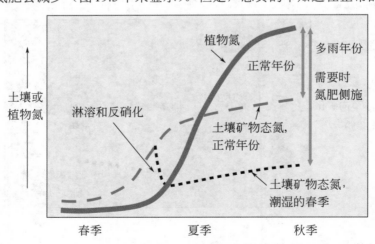

图19.3　是否需要补充氮肥取决于生长早期的天气

注意：随着植物开始快速生长，并以比补充氮更快的速度吸收大量的氮，土壤中的矿质氮实际上会减少（未显示）。图19.2所示的土壤氮是土壤在生长季节有效氮的总量

期间是否会发生干旱，所以没有办法调整。对于具有给定土壤类型和一套管理实践的田地，实际所需的氮量还取决于作物生长模式与天气事件之间复杂而动态的相互作用，而这很难预测。事实上，在美国玉米带中，没有有机改良剂的玉米的最佳氮肥施用量从每英亩0磅到每英亩250磅不等。这些是极端情况，但是，确定最佳经济N比率是一个巨大的挑战。在西北沿海区，冬季大量的降雨通常会导致春季的可用氮含量非常低。由于没有大量的矿物氮逐年结留，并且在凉爽的季节有机物质分解率低，因此确保在春季种植作物的发育幼苗土壤中有一些有效氮尤为重要。

19.1.2　估算作物氮需求的固定和适应性方法

有几种方法用于估计作物氮需求，它们可以分为固定方法和适应性方法。固定（静态）方法假设氮肥需求不会因天气条件而随季节变化而变化，这在较干燥的气候中可能效果很好，但在潮湿的气候中非常不精确。适应性方法意识到，精确的氮肥施肥需要来自田间样本、传感器或计算机模型的额外数据，以修改特定生产环境的氮肥速率。

质量平衡法是一种固定方法，是估算氮肥推荐量最常用的方法。它通常基于产量目标和相关的氮吸收量，减去非肥料氮源（例如来自土壤有机质、前作物和有机改良剂的矿化氮）的份额。然而，研究表明，在潮湿地区，产量和最佳施氮量之间的关系非常弱。虽然更高的产量确实需要更多的氮，但产生更高产量的天气模式也意味着：① 更大更健康的根系可以吸收更多土壤氮；② 天气模式经常促使土壤中存在较高水平的硝酸盐。反过来，非常潮湿的条件导致土壤通气性差、土壤氮含量低，会导致产量下降。

美国几个主要的玉米生产州已经采用了氮的最大回报（MRTN）方法，这是另一种基本上放弃了质量平衡方法的固定方法。它基于广泛的田间试验、模型拟合和经济分析提供了一般性建议，目前仅适用于玉米。多年来农民平均净回报率最高的比率是MRTN，建议因粮食和化肥价格而异。有时鼓励根据实际收益率预期进行调整。MRTN建议基于全面的田间信息，但由于对大面积和多个季节的概括，它没有考虑影响N可用性的土壤和天气因素，因此对于单个田地而言本质上是不精确的。

以下段落中描述的适应性方法试图考虑季节性天气、土壤类型和管理影响，并需要在生长季节进行某种类型的测量或模型估计。

施肥前硝酸盐测试（PSNT）用来测定0～12英寸表层土壤硝酸盐含量，以便根据需要追施氮肥。它隐含地结合了早期季节天气条件的信息（图19.2），并且可成功识别氮素充足的土壤区域，即那些不需要额外施用氮肥的位点。它需要在晚春的短时间窗口期内进行特殊的采样工作，并且对早春的时间和矿化速率很敏感。PSNT在美国中西部通常被称为晚春硝酸盐测试（LSNT）。

种植前硝酸盐和不稳定氮测试（PPLN）是在季节早期测量土壤硝酸盐、土壤硝酸盐加铵或土壤中容易获得的有机氮，以指导种植时的氮肥施用。这些方法在更干燥的气候中更有效，例如在美国大平原，无机形式的氮的季节性增加更容易预测，而淋溶或反硝化作用的损失通常很小。秋季土壤采样可以为冬小麦的氮管理提供有价值的信息，而早春采样更适合评估玉米的氮需求。这些方法不能包含季节性天气影响，因为样品是在生长季节之前进行分析的，与PSNT相比，这从本质上限制了其精度。

作物传感和建模的最新进展允许基于季节性天气和当地土壤变化的自适应方法。用于测量叶子中光传输的叶绿素计和用于确定叶子光反射的卫星、天线、无人机或拖拉机安装的传感器用于评估叶子或冠层氮状态和生物量，然后可以指导侧向氮应用。环境信息系统和动态模拟模型现在也被用于氮管理，并成功应用于小麦和玉米。这种方法利用了日益复杂的环境数据库，例如基于雷达的高分辨率降水估计和详细的土壤数据库，并可用于为计算机模型提供输入信息。我们将在第二十一章进一步讨论。

19.1.3 季末评估

为了评估肥力建议是否正确，农民有时会在种植条带施用不同的氮肥，并在生长季节结束时比较作物产量。这可以用于蔬菜作物以及谷物玉米等作物。另一种选择是在收获后取样测定土壤硝酸盐，有时称为"报告卡"评估，以评估可用氮的残留水平。茎部硝酸盐测试有时也用于在生长季节之后评估玉米氮含量是否大致适量或太低或太高。这些方法既不是固定的也不是适应当年的方法，因为评估是在季节结束时进行的，但它们可以帮助农民在接下来的几年里改变施肥量。因此，适应性管理也可能包括基于农民的试验并因地制宜地调整。

19.2 规划氮和磷管理

虽然氮和磷在土壤中的表现非常不同，但具有通用的管理方法（表19.2）。以下几点对氮和磷的规划管理策略很重要：

将粪肥、轮作作物、腐烂的草皮、覆盖作物和其他有机残体中的养分纳入考虑范围。在施用商业肥料或其他非农养分来源之前，您应该正确地计入各种农田养分来源。在某些情况下，农场来源的肥力足以满足作物的需求。如果在土壤取样之前施肥，则粪肥中大部分磷和所有钾的贡献将反映在土壤测试中。预先侧施硝酸盐检测法（PSNT）可以估计粪肥中的氮含量（见第二十一章对土壤氮试验的描述）。要真正了解某一种粪肥的养分价值，唯一的方法就是在将其施于土壤之前对其进行检测，许多土

表19.2　氮和磷管理实践对比

氮	磷
使用固定费率方法进行规划，并使用自适应方法以提升精度	定期测试土壤（并遵循建议）
测试肥料并计算它们的氮贡献	测试肥料并计算其磷贡献
在轮作和/或豆科植物覆盖作物中使用豆科牧草作物来固定氮以用于后续作物，并将豆科植物氮的贡献适当地计入后续作物	没有等效的实践可用
施氮量尽量接近作物吸收量，施用部位和时间要尽可能减少径流或气体损失	定期施用磷以减少径流损失的可能性
保护性耕作，在地表上留下残留物，并减少径流和侵蚀	保护性耕作，在地表上留下残留物，并减少径流和侵蚀
轮作种植饲料作物，以减少硝酸盐的淋失和径流	轮作种植饲料作物，以减少磷的径流和侵蚀损失
使用饲料作物（例如冬黑麦）截获经济作物后残留的土壤硝酸盐	使用饲料作物（例如黑麦）来保护土壤免遭侵蚀
确保没有过量的氮进入农场（生物固氮＋肥料＋饲料）	在土壤测试处于最佳范围后，平衡农场磷的流量（农场引入的磷不要比输出的多很多）

壤检测实验室也会分析粪肥的肥料价值。（在施用粪肥到土壤后，无需检测粪肥或土壤，即可根据表12.1中的平均肥料值进行估算。）

　　施肥后在短短一两天内可能会发生大量氨氮损失，因此要想不损失，表施粪肥（或尿素）后要尽快将翻入土壤中。粪肥作物的有效氮大部分都是铵态氮，当粪肥置于干燥的土壤表面时，铵态氮会以氨气的形式挥发，从而造成损失。在作物吸收之前提前施用的时间过长，粪肥氮也可能会大量损失。秋季施用粪肥，即使埋入到土壤里，到次年作物需要量最大的时期，其氮养分也会损失一半。

　　豆类，无论是作为轮作的一部分，还是作为覆盖作物，以及管理良好的草皮植物，都可以向土壤中添加氮养分，供下一作物使用（表19.3）。氮肥决策应考虑粪肥、草皮和覆盖作物分解而来的氮量。如果您正确填写土壤样本随附的表格，您收到的建议可能会考虑到这些来源。然而，并不是所有的土壤测试实验室都这样做；大多数甚至不问您是否使用过覆盖作物。如果您不知道如何将有机来源中的养分计入，请看第十章（覆盖作物）、第十一章（种植制度多样化）和第十二章（动物粪肥，作为综合牲畜种植系统的一部分进行讨论）。此外，上面描述的一些自适应模拟模型可以将此类份额纳入建议，同时也考虑到多变的天气条件。有关对粪肥和覆盖作物的营养价值的份额计算的示例，请参阅第二十一章"调整施肥量"部分。

表19.3　前作氮素残留示例①

前作	氮残留（磅/英亩）
玉米和大多数其他农作物	0
大豆②	$0 \sim 40$①
草（管理水平低下）	40
草（集约化管理）	70
2年生红色或白色三叶草	70
3年生紫花苜蓿（豆科植物20%～60%）	70
3年生紫花苜蓿（豆科植物＞60%）	120
有毛苕子覆盖作物（生长良好）	110

① 对于具有大量淋溶潜力的砂质土壤，应有较少的残留。

② 一些实验室对大豆能提供30或40磅氮的残留，而其他实验室没有给出残留量。干旱年份的残留量可能高一些（图19.2）。

依靠豆类作物为后续作物提供氮。氮是唯一可以靠"种植"来供应的营养物质。高产豆类覆盖作物，如紫云英和绛三叶，可以为后续作物提供大部分（如果不是全部）的氮。作为饲料作物（苜蓿、苜蓿/草、三叶草、三叶草/草）轮作种植的豆科植物也可以为行栽作物提供大量（如果不是全部）氮。覆盖作物及其与牧草轮作的氮相关方面参见第十章和第十一章。

农场或附近农场有饲养的动物？ 如果农场或附近的农场有反刍动物，您可以种植饲料作物（也可以使用农场的粪肥），那么实际上消除对氮肥的需求有多种可能的方法。饲料豆类，如紫花苜蓿、红三叶草或白三叶草，或草类豆类混合种植，可为下一作物提供大量氮。通常，作为各种饲料（通常是谷物和豆粕混合物）养分输入到主营畜牧业的农场，这意味着来自动物的粪肥将含有从农场外输入的养分，这减少了购买化肥的需要。在施肥后种植蔬菜作物时，请记住从施肥到收获需要120天的规定（参见第十二章中关于施肥和食品安全问题的讨论）。

没有饲养动物？ 尽管受土地的限制，一些菜农在轮作中种植一年或多年豆类牧草，即使他们不打算出售或将其喂给动物，他们这样做是为了让土壤休养生息，提高土壤的物理和生物学特性，以及营养状况。此外，一些覆盖作物，如在秋季和早春的淡季生长的紫云英，可以为某些需氮量高的夏季一年生作物提供足够的氮。还可以在计划来年种植秋季芸薹属植物中间种植甜三叶草。[如果耕作，可以在来年7月翻压，为秋季作物做（供氮）准备。] 在东南部夏季几个月里种植作为覆盖作物的印度麻和豇豆可以为秋季西兰花提供所需氮的三分之一到二分之一。

19.2.1　减少氮和磷损失

更有效地管理氮肥和磷肥。如果你努力构建和维护土壤有机物质，你应该有大量的有机养分。这些容易分解的碎片在分解时提供氮和磷，减少所需的肥料量。

施肥、耕作和氮损失

当使用一些耕作时，在天气和工作安排得过来的情况下，施用粪肥后尽快翻入土壤里。在免耕的情况下，现在有低干扰的粪肥喷射器将液体肥料放入土壤中，这样让氮损失最小。

化肥的用量和粪肥的施用时间和方法会影响作物的使用效率和从土壤中损失的量，尤其是在湿润气候条件下。一般来说，最好在植物需要养分前后施用，尤其涉及氮肥时，这点很重要。耕作时施肥，化肥和粪肥被翻入土壤中，可以减少养分的损失（即使是少量施用也会有很大帮助）。液态氮肥，尤其是滴施时，会渗入地表，以免以气态的形式损失。通过使用覆盖作物而具有持续活根的免耕土壤往往水渗透更大，肥料径流和气态损失更少。

覆盖作物增强了后续作物磷的有效性

覆盖作物通过菌根和根系微生物组的其他微生物活化并吸收大量的磷。其被降解后，释放的磷可供后续作物使用。虽然这是一种与豆科植物固氮非常不同的机制，但它是作物与微生物一起帮助后续作物获得特定营养的另一个例子。

您种植的作物如果有可靠的季节适应性氮的估算方法，例如PSNT、传感器或计算机模型，就可以推迟施用大部分肥料，直到试验或模型表明作物需要施肥时才侧施或表施。但是，如果土壤非常缺氮（例如，有机质含量较低的沙土），这就需要在种植时使用高于正常施用量的氮肥作为底肥，或在种植前撒施一些氮肥，以提供足够的氮养分，直到土壤测试表明是否需要更多的氮（用作一次追肥或两次追肥）。对于较冷气候下的行栽作物，建议每英亩施用约15至20磅的氮作为底肥（种植时条施）。当一些覆盖作物如谷物黑麦或小黑麦要长到接近成熟时，起始氮要更多。大量的生物质，由于其高C∶N，在覆盖作物灭青后的几周内将会固定土壤氮矿物态氮。当有机农场主使用鱼粉或种子粉为作物提供氮时，他们应该做好计划在整个季节里都能有氮供应，但在鱼粉或种子粉腐烂的前几周很少能奏效。另一方面，羽毛粉中含有的N可能会更快地释放出来。

有时在小麦和其他一些一年生谷物或油籽作物上需要季节性追施氮肥，特别是当潮湿条件导致有效土壤氮的大量损失时更应追施氮肥。如果农民在田地内放置高氮条带，他们以每英亩40～50磅的量施用氮肥，这很有帮助。条带的长度和宽度并不那么重要。条带的目的是看看您是否能分辨出高氮地带的小麦和田地其余部分的小麦之间的区别。如果差异非常明显，建议追施氮肥。

如果土壤缺磷，通常会施用磷肥来提高土壤营养水平。免耕系统不能施磷肥，如果土壤最初缺磷严重，在免耕开始之前应该使用一些磷肥。保护性耕作系统中，如果粪肥或肥料反复表施，表层附近会积累养分。如果开始时土壤磷供应良好，那么在以后的几年中，少量的表面施用磷肥将渗透到深土层。在种植时磷肥可以作为起始肥料条施，也可以注射，使其保持在表面以下。

在具有最佳磷水平的土壤中，仍然建议将一些磷肥与氮肥一起施用于凉爽地区的行栽作物。（在这些情况下，通常也建议使用钾肥。通常，春季土壤足够冷，以减缓根系发育，磷向根部扩散以及有机物中磷的矿化，从而降低了磷对幼苗的可用性。表面残留物丰富的免耕土壤在春季温度较低的时间更长，氮和磷的有效性降低。如果覆盖作物与免耕作物一起使用——这种组合提供了许多好处——土壤将更快地干燥和变暖，从而减轻了对行栽作物早期磷缺乏的担忧。但是，对于在凉爽气候下没有覆盖的免耕作物，即使土壤处于最佳磷土壤测试范围内，也最好对幼苗施用少量磷肥。

使用正确的肥料产品。尿素是最便宜和最常用的固体氮肥，在土壤表面施用尿素，如果不迅速地翻入土壤中，就会以气体的形式流失。如果表施尿素后的几天内降雨量只有四分之一英寸，氮的损失通常小于10%。但是，在某些情况下，损失可能为30%或更多（在pH大于8的石灰性土壤表面施用后，损失可达50%）。尿素用于免耕系统时，可置于地表以下或以化学稳定的尿素形式施用于地表，大大降低氮损失。当氮肥撒施在草地、小麦等谷物或行栽作物上时，稳定的尿素最为经济。尿素和硝酸铵（UAN）的溶液也可用作追肥或在条施带滴灌。〔虽然曾经被广泛使用，但固体硝酸铵肥料价格昂贵，并且由于担心爆炸性而不好购买。但与硝酸铵钙（CAN）一样，它的氮留在表面时通常不会以气体形式流失，因此是一种追肥的好产品。〕

土壤与氮肥的反应

尿素转化为氨（散失到大气中或溶解在水中形成气体形式的铵，或转化为硝酸盐）。氨和铵被硝化为硝酸盐（很容易通过淋溶和/或反硝化作用流失）。

无水氨是最便宜的氮肥来源，但它会让注入带内和周围的土壤pH值发生很大变化，pH值会在几周内升高，许多生物会被杀死，有机物变得更易溶解，最后pH值降下来，土壤生物重新回来。然而，当在太干或太湿的土壤中施用无水氨时，可能会发生显著的氮损失。出于这个原因，仅在玉米带较干旱的西部地区，并且仅在土壤冷却至10℃以下之后，秋季施用无水氨才合算。但由于价格和物流优势，即使在该地区较为潮湿的地区，秋季施用无水氨仍然相对普遍，但这引发了环境问题。

在某些情况下，通过单独的肥料产品单独施用养分，而在其他情况下使用多养分化合物（如磷酸一铵）或混合肥料。一次施用多种养分时，旨在使用与作物营养需求成比例的组合，从而减少不必要的施用和过度施用的养分积累。或者以其他方式将多养分肥料与单一养分产品结合使用以达到正确的比例。

使用提高氮效率的产品。 田间氮损失可能很高，这取决于土壤、使用的措施和生长季节的条件，尤其是天气。使用基于尿素的氮肥和粪肥，如果肥料置于土表，氨会大量流失到大气中，尤其是在施用后条件干燥且土壤pH值高的情况下。市场上的几种产品通过抑制脲酶的活性来减少氨损失，这些脲酶抑制剂通过天然存在的土壤酶减少氨的产生，减少氮的损失以及对空气污染和附近地区不必要的氮沉积的担忧。硝化抑制剂是另一种与氮肥一起使用的产品，它们抑制天然存在的土壤微生物将铵转化为硝酸盐。铵被土壤颗粒上的负电荷（阳离子交换复合物）强烈吸附，不会从土壤中浸出，而带负电荷的硝酸根离子可以在大量降雨时淋溶出土壤，尤其是沙质土壤。此外，在质地较细的土壤中，硝酸盐会在潮湿时期通过反硝化作用以及 N_2 和 N_2O 挥发到空气中而损失。当然，淋溶和气体损失对农场的盈利能力和环境都是有害的。硝化抑制剂的作用是将氮长时间保持在铵态氮中，随着作物的生长缓慢地使硝酸盐供作物使用，从而提高使用效率。第三种产品，类似于硝化抑制剂，侧重于通过在肥料材料上使用涂层来控制释放，使其缓慢溶解并释放氮肥。

玉米氮肥施用的新技术

玉米是一种热带植物，比大多数其他作物能够更有效地利用氮，它每吸收一磅额外的氮，就会产生更多的额外产量，但整体上玉米生产系统的氮肥利用率较低，一般不到50%。环境氮损失（淋溶、反硝化和径流）远高于大豆和小麦等作物，尤其是与苜蓿和草相比，这可以归因于不同的作物生长周期、施肥量、施肥时间表、作物水分、氮吸收时间以及扎根深度。因此，密集型玉米生产区已成为解决诸如地下水污染和河口的地下水污染和缺氧区等环境问题政策辩论的焦点。

玉米的氮素管理仍然主要是在没有认识到季节性天气，特别是降水如何通过淋溶和反硝化作用导致高氮损失的情况下进行。PSNT是解决天气影响的第一种方法，它可以提供更精确的氮肥建议，减少了许多不必要的氮肥施用。尽管如此，

> 许多农民还是喜欢使用额外的"保险肥料",因为他们希望在雨季能确保足够的氮供应。但他们在四个季节中可能只有一个季节需要它,而其他时候,过量的氮肥施用会造成严重的环境损失。
>
> 除了 PSNT 之外,新技术正在出现,使我们能够更精确地管理氮。计算机模型和气候数据库可用于通过考虑天气状况和田间土壤变异性来调整氮的施用建议。此外,受植物中氮营养程度影响的作物光反射率可以使用航空和卫星图像或拖拉机安装的传感器进行测量,然后可用于调整侧施氮肥用量,即使对于一个田块内的小区域(精确管理)。

增效产品的选择取决于施肥策略。当使用未掺入的尿素肥料时,施用脲酶抑制剂是合适的。当在作物吸收之前施用氨/铵基肥料时,考虑添加硝化抑制剂或使用涂层材料。在某些情况下,产品组合是合适的。一般来说,使用这些产品可以减少氮的损失,但这取决于特定生长季节的生产环境。处于"保险"的需要,可以通过减少使用更高水平化肥来防止缺乏氮素在某些年份造成的产量损失,或降低氮肥总用量。

轮作时使用多年生牧草(草皮植物)。正如我们前面讨论过的,包括多年生饲料作物在内的轮作有助于减少径流和侵蚀,改善土壤团聚性,打破有害杂草、病虫害和线虫循环,提升土壤有机质。减少轮作中的行栽作物,增加多年生牧草,也有助于减少硝酸盐的淋溶损失。这主要有两个原因:

1.草皮下水分流失量较少,因为它在整个生长季节使用的水比一年生行栽作物多,一年生作物在春季和秋季收获后土壤裸露。

2.草皮下的硝酸盐浓度很少能达到接近行栽作物的水平。因此,无论轮作包括草类、豆科植物还是豆草混合,地下水的硝酸盐淋溶量通常都会减少。然而,从草皮到行栽作物的转换也很关键。当草皮植物被翻耕,大量的氮被矿化。如果这发生在轮作作物吸收的前几个月,则会发生高硝酸盐淋溶和反硝化损失。在轮作中使用草、豆科植物或草豆牧草混合也有助于磷的管理,因为减少了径流和侵蚀以及对下一季作物土壤结构的影响。

使用覆盖(填闲)作物以防止养分流失。如果干旱导致作物歉收或施入过多的氮肥、粪肥,生长季结束时可能会留下大量的土壤硝酸盐,这时如果在主作物收获后立即播种一种快速生长的覆盖作物(如冬黑麦),可能会大大降低硝酸盐淋失和流失。这种覆盖作物通常被称为"捕获作物",因为它们快速生长的根系可以捕获土壤中剩余的养分并将其储存在它们的生物质中。一种有助于管理氮的方法是使用豆类和草类的组合。毛苕子和冬季黑麦或黑小麦组合在寒冷的温带地区效果很好。当硝酸盐不足时,野豌豆或绛三叶长得比黑麦好，为下一茬作物固定大量的氮；另一方面，当硝酸盐含量充足时，黑麦与毛苕子竞争，固定氮较少（当然，所需氮较少），大部分硝酸盐被固定在黑麦中，储存起来供下一茬作物使用。深红色的三叶草与谷物黑麦或燕麦在南方的效果相似，当土壤硝酸盐缺乏时，三叶草生长得更好并固定更多的氮，而当硝酸盐充足时，谷物黑麦生长得更快。

耕作、养分流失和施肥方法

少耕通常会显著减少地下水和径流中硝酸盐淋溶的损失，径流中的N和P损失也会显著下降。但是，已经发现了少耕系统中播撒氮磷肥的潜在问题，尤其是在免耕系统中更为突出。与注射施用化肥的方法相比，撒播化肥的主要吸引力在于您可以更快地行驶并在较大面积的土壤上施肥——8小时内播撒约500～800英亩，而注射施肥约200英亩。然而有两个复杂的因素需要考虑。

● 如果在表施尿素后不久遭遇强烈暴风雨，则N更有可能通过淋溶而损失，而不是掺入到土壤中。在硝酸盐和尿素通过虫洞和其他通道进入土壤之前，大部分水分会流过免耕土壤的表面，带上硝酸盐和尿素，之后很容易迁移到底土。氮肥最好不要撒施，将其施于免耕的土壤表面，对于尿素来说尤其如此，这是因为地表残留物含有较高水平的脲酶，可将尿素快速转化为氨，氨会作为气体迅速流失。肥料N可在不同阶段施用：种植前施用、种植时与种子一起施用，或作为侧施。与固体肥料相比，使用液态氮作为肥料可以更好地接触土壤。

● 磷会在免耕土壤的表面积累（因为没有将撒施肥料、粪肥、作物残茬或覆盖作物翻入土壤）。尽管免耕径流通常较小、沉积物较少，总磷损失较少，但径流中溶解磷的浓度通常高于常规耕作的土壤。磷应施用于土壤表层下以减少径流损失。

一般来说，在非种植季土壤上种植覆盖作物有助于磷的管理。种植能够快速生长并有助于保护土壤免受侵蚀的覆盖作物将有助于减少磷的损失。

少耕。由于大部分磷因沉积物侵蚀而从农田中流失，对环境无害的磷素管理应包括保护性耕作，将残留物留在表面，保持稳定的土壤团聚作用和大量的大孔隙，有助于水分渗入土壤。当发生径流时，与常规的犁耙耕作相比，保护性耕作随径流携带的泥沙较少。通过减少径流和侵蚀，保护性耕作通常可以减少农田的磷和氮损失。最近的研究也表明，保护性耕作可以促进氮素循环。虽然在常规耕作向保护性耕作过渡的早期，氮肥需求通常略高，但比起常规耕作，长期免耕增加了有机质含量，而且在几年后，每英亩氮肥矿化量增加了30磅（或更多），农场具有显著的经济效益。

19.2.2　养分供需平衡

土壤氮和磷除了包含在出售到农场外的产品中，还存在多种意想不到的流失方式，包括氮和磷的径流、硝酸盐的淋溶（在某些情况下也包括磷）、反硝化作用以及表施尿素和粪肥后产生的挥发氨。尽管采取了一切预防措施，还是会有一些损失。虽然很容易过量施用化肥，但许多牲畜养殖场投入了相当大比例的输入饲料，也会导致氮和磷的用量超过需要量。如果饲料豆科植物（如苜蓿）是轮作的重要组成部分，那么生物固氮与饲料中输入的氮加在一起很可能会超出农场对氮素的需要。对于氮和磷净输入量较大的农场，其合理的目标是尽量减少农场（包括豆类）中这些养分的输入，或增加输出，使之接近平衡点。

在种植作物的农场和单位面积动物数量较少的养殖场，很容易通过适当地计算前茬作物残留磷和来自粪肥的磷来平衡养分的输入和输出。而当耕地上有大量的动物，且饲料依靠输入时，平衡养分的输入和输出是一个更具挑战性的问题。这种情况经常发生在工厂化动物生产设施上，但也可能发生在小型家庭化农场上。在某种程度上，需要考虑扩大农场的耕地或将部分粪肥输出到其他农场。在荷兰，畜牧场的养分积累成为了国家性问题，只能通过立法限制农场动物数量。一种选择是制作堆肥——这使得运输或销售更容易，同时堆肥过程中会损失一些氮——施用前让剩余的氮稳定化。但堆肥对磷的有效性影响不大，这就是为什么大量施用堆肥供应有效磷时常会造成磷素过量。

19.2.3　利用有机磷和钾资源

粪肥和其他有机改良剂常常以估算的量施用于土壤，以满足作物磷素需求，这通常会导致磷和钾超出作物需要量而有剩余。为了满足作物对氮素的需求，连年施用粪肥导致磷钾过量。尽管有许多方法可以解决这个问题，但所有的解决方案都需要减少含磷肥料和有机改良剂的施用。如果这是整个农场的问题，一些粪肥可能需要输出，施用氮肥或种植豆类为粮食作物提供氮养分。有时这只是在不同的田块上分配粪肥的问题，将粪肥运到远离谷仓的农田就可以，将轮作改为如苜蓿等不需要氮肥的作物也会有所帮助。但是，如果在有限的耕地上饲养牲畜，就应该安排在附近的农场使用粪肥，或者将粪肥出售给堆肥厂。

19.2.4　管理高磷土壤

高磷土壤的产生主要是因为施用了大量的粪肥，或过多施用了磷肥。这对于土地面积有限、主要靠购买饲料的畜牧场是一个问题，饲料中养分的输入可能大大超出动物产品中输出的养分。此外，基于作物氮素需求开展的粪肥或堆肥的推荐量，通常在土壤加入了比作物生长所需更多的磷素。降低所有高磷土壤的磷流失潜力可能是一个好办法。但降低高磷土壤对环境造成危害的风险尤其重要，因为高磷土壤也可能产生大量的径流（由于陡坡、质地细密、结构不良或排水不良）。因此，应考虑环境背景。如果农场靠近受田间径流或暗沟排水影响的关键水源，则需要采取积极措施来减少影响。相反，在田地被草堤或小巷包围的平坦地面上的小型蔬菜经营或城市农场的风险要低得多，而且土壤中的高磷水平通常更容易接受。

对于高磷土壤，应遵循以下的一些做法：

第一，控制"前端"并将动物磷摄入量降低到所需的最低水平。不久之前的一项调查发现，美国平均饲养奶牛的饲料比标准局（国家研究委员会，简称NRC）推荐的磷多25%，多到喂养100头牛的奶农们要花费数千美元来补充磷，但动物并不需要这么多磷，最终会成为一种潜在的污染物。

第二，减少或消除额外磷。对于畜牧场，这可能意味着需要更多的土地来种植作物，在更大片的土地上施用粪肥，或与附近没有高磷问题的农场交换田地。对于农场来说，这可能意味着需要种植豆类覆盖作物和饲料作物轮作来供应氮而不添加磷。覆盖作物和饲料作物轮作也有助于建立和保持良好的有机质水平，而无需从农场外输入粪肥、堆肥或其他有机物。缺乏输入的有机养分源（试图减少磷的输入）意味着一个种植户将需要更多创造性地利用作物残留物、轮作和覆盖作物，以保持良好的有机质水平。此外，不要使用高磷源来满足作物对氮素的需求。堆肥有很多好处，但如果用于提供氮肥，长期下来磷会积累。

第三，将径流和侵蚀降低到最低水平。磷通常只有在进入地表水时才会出现问题。任何有利于水分渗透或阻碍水和沉积物离开农田的措施（保护性耕作、沿等高线条带种植、覆盖作物、植草水道、河岸缓冲带等）可以减缓高磷土壤引起的问题。（注：已观察到暗渠排水中的大量磷损失，尤其是在施用大量液态肥料的田地中磷损失更大。）

第四，继续监测土壤磷水平。随着化肥、有机改良剂的施用或饲养的减少和停用，土壤检测磷将随着时间的推移而缓慢下降。无论如何，每两三年应对土壤进行一次检测。因此，记得跟踪土壤磷含量，以确认其含量正在下降。

磷在免耕土壤表面的积累尤其迅速，这些土壤多年来得到了大量的粪肥或肥料，在这种情况下一个管理选项是一次性耕作土壤，将高磷土层翻入土壤中，同时要采取措施防止表层土壤中磷的再次积累，例如在种子附近施些磷肥作为底肥并注射（尤其是液体肥料）而不是撒播施用磷肥。

19.3　总结

　　植物需要大量的氮和磷，当土壤中含有丰富氮磷养分时，过量的氮和磷会危害环境。尽管氮和磷在土壤中的行为不同，但对其中一个养分的全面管理也有益于对另一个养分的管理。使用土壤测试、综合养分管理规划和推荐工具，考虑所有氮磷来源，如土壤有机质、肥料、覆盖作物和腐烂的草皮，可以帮助更好地管理这些养分。保护性耕作、覆盖作物和使用草地作物轮作可减少径流和侵蚀，并在许多其他方面提供帮助，包括更好的氮和磷管理。此外，遵循4R-Plus原则，使用氮稳定剂/抑制剂以及传感器和模型等技术可以提高氮和磷的使用效率，并可以减少对环境的不利影响。

参考文献

Balkcom, K. S., A. M. Blackmer, D. J. Hansen, T. F. Morris and A. P. Mallarino. 2003. Testing soils and cornstalks to evaluate nitrogen management on the watershed scale. *Journal of Environmental Quality* 32: 1015-1024.

Brady, N. C. and R. R. Weil. 2008. *The Nature and Properties of Soils*, 14th ed. Prentice Hall: Upper Saddle River, NJ.

Cassman, K. G., A. Dobermann and D. T. Walters. 2002. Agroecosystems, nitrogen-use efficiency, and nitrogen management. *Ambio* 31: 132-140.

Jokela, B., F. Magdoff, R. Bartlett, S. Bosworth and D. Ross. 1998. Nutrient Recommendations for *Field Crops in Vermont*. University of Vermont, Extension Service: Burlington, VT.

Kay, B. D., A. A. Mahboubi, E. G. Beauchamps and R. S. Dharmakeerthi. 2006. Integrating soil and weather data to describe variability in plant available nitrogen. *Soil Science Society of America Journal* 70: 1210-1221.

Laboski, C. A. M., J. E. Sawyer, D. T. Walters, L. G. Bundy, R. G. Hoeft, G. W. Randall and T. W. Andraski. 2008. Evaluation of the Illinois Soil Nitrogen Test in the North Central region of the United States. *Agronomy Journal* 100: 1070-1076.

Lazicki, P., D. Geisseler and M. Lloyd. 2020. Nitrogen mineralization from organic amendments is variable but predictable. *Journal of Environmental Quality* 49: 483-495.

Magdoff, F. 1991. Understanding the Magdoff pre-sidedress nitrate soil test for corn. *Journal of Production Agriculture* 4: 297-305.

Mitsch, W. J., J. W. Day, J. W. Gilliam, P. M. Groffman, D. L. Hey, G. W. Randall and N. Wang. 2001. Reducing nitrogen loading to the Gulf of Mexico from the Mississippi River basin: Strategies to counter a persistent ecological problem. *BioScience* 51: 373-388.

Morris, T. F., T. Scott Murrell, Douglas B. Beegle, James J. Camberato, Richard B. Ferguson, John Grove, Quirine Ketterings, Peter M. Kyveryga, Carrie A.M. Laboski, Joshua M. McGrath, John J. Meisinger, Jeff Melkonian, Bianca N. Moebius-Clune, Emerson D. Nafziger, Deanna Osmond, John E. Sawyer, Peter C. Scharf, Walter Smith, John T. Spargo, Harold M. van Es and Haishun Yang. 2018. Strengths and Limitations of Nitrogen Rate Recommendations for Corn and Opportunities for Improvement. *Agron.* J. 110: 1-37.

National Research Council. 1988. *Nutrient Requirements of Dairy Cattle*, 6th rev. Ed. National Academy Press: Washington, DC.

Olness, A. E., D. Lopez, J. Cordes, C. Sweeney and W.B. Voorhees. 1998. Predicting nitrogen fertilizer needs using soil and climatic data. In *Procedures of the 11th World Fertilizer Congress*, Gent, Belgium, Sept. 7-13, 1997, ed. A. Vermoesen, pp. 356-364.

International Centre of Fertilizers: Gent, Belgium. Sawyer, J., E. Nafziger, G. Randall, L. Bundy, G. Rehm and B. Joern. 2006. *Concepts and Rationale for Regional Nitrogen Guidelines for Corn*. Iowa State University Extension Publication PM2015, 27 pp.

Sela. S. and H. M. van Es. 2018. Dynamic tools unify fragmented 4Rs into an integrative nitrogen management approach. *J Soil & Water Conserv*. 73: 107A-112A.

Sharpley, A. N. 1996. Myths about P. *Proceedings from the Animal Agriculture and the Environment North American Conference*, Dec. 11-13, Rochester, NY. Northeast Region Agricultural Engineering Service: Ithaca, NY.

Vigil, M. F. and D. E. Kissel. 1991. Equations for estimating the amount of nitrogen mineralized from crop residues. *Soil Science Society of America Journal* 55: 757-761.

Wortmann, C., M. Helmers, A. Mallarino, C. Barden, D. Devlin, G. Pierzynski, J. Lory, R. Massey, J. Holz and C. Shapiro. 2005. *Agricultural Phosphorus Management and Water Quality Protection in the Midwest*. University of Nebraska: Lincoln, NE.

第二十章　其他肥力问题：养分、CEC、酸碱度

——Dennis Nolan 供图

土壤中潜在的可用养分，无论是天然的还是通过粪肥或肥料添加的，都只有部分被植物吸收利用。

——T. I. Lyon[1] 和 E. O. Fippin，1909 年

20.1　其他养分

我们理解农民关注氮和磷，因为通常需要添加这些养分以维持作物生产力，通常大量施用氮和磷后存在潜在的环境问题，但其他的养分和土壤化学问题仍然很重要。

---

[1] 参见第十九章注解。——译者注

通常大多数其他营养元素不会缺乏，但作物缺钾相当普遍。如果土壤中天然无法获得微量元素，或者多年的集约化作物生产减少了大部分土壤对微量元素的供应量，通常需要肥料。在这里我们主要关注对健康植物至关重要的矿物质营养，但一些微量元素包括锌、铁、碘、钙、镁、硒和氟等对动物和人类健康也很重要，这些都需要通过食物链（土壤-植物-动物/人类）或作为营养补充剂添加。

过量施用氮和磷以外的肥料和改良剂很少会影响环境，但可能会浪费金钱并降低产量。过量施用也有动物健康方面的考虑。例如，不产奶的母牛（泌乳期之间的奶牛）饲料中钾含量过高的话会导致代谢问题，而乳牛或肉牛在哺乳早期镁供应不足会导致青草蹒跚病（哺乳期低镁血症）。与我们讨论过的大多数其他问题一样，关注建立和维护土壤有机质管理的方法将有助于解决许多问题，或者至少使它们更容易管理。

在撰写本书时，正在讨论草甘膦除草剂影响微量元素有效性的问题。草甘膦是全世界最常用的除草剂，与土壤有机物一样，具有螯合能力。这是否会对植物微量元素的有效性产生重大影响或影响土壤、植物健康或人类健康，依然是一个争议性的话题。然而，没有确凿的证据表明，它总体上比它所取代的化学物质更有害。

钾（K）是植物大量需要的氮-磷-钾（N-P-K）三大营养元素之一，但在潮湿地区，土壤钾含量往往不足以保证作物最佳产量的需求。与仅收走谷物相比，当整个作物被收获和带走时，缺钾问题更容易发生。与氮和磷不同，钾主要存在于秸秆/稻草中，如果仅仅收获谷物，大部分钾随着茎秆仍留在田里，可为下一茬作物循环利用。钾通常以阳离子形式供给植物吸收，而土壤的阳离子交换容量（CEC）是该元素在特定年份作物中的主要储存库。当施用石灰将土壤的pH值提高1到2个单位时，植物的钾利用率有时会降低。石灰带入的钙，以及pH升高带来的新的阳离子交换位点对钾的"拉力"（注：吸附作用）（参见下一节，"阳离子交换容量管理"），导致钾的有效性降低。钾含量低的问题通常可以通过施用钾盐（氯化钾）、硫酸钾或硫酸钾镁（K-mag，也以Sul-Po-Mag或Trio形式出售）轻松解决。

粪肥中通常也含有大量的钾。一些土壤例如有机质和黏粒含量都低的沙地和沙质壤土CEC较小，但如果黏粒例如在东南部发现的高岭土的CEC较低，低CEC可能会导致无法储存大量有效K供植物利用。如果一次添加大量的K——对于另一种土壤来说可能是合理的数量——在植物可以利用之前，很大一部分可能会被淋溶到根区之下。在这些情况下，可能需要分次施用钾肥。大多数完全有机肥料的钾含量较低，因此土壤CEC较低的有机种植者需要特别注意保持土壤的钾含量。

镁，如果土壤呈酸性，则可以通过使用高镁（白云质）石灰石提高土壤pH值来轻松纠正镁缺乏症（参见"土壤酸度"）。如果钾含量也很低并且土壤不需要石灰，硫酸镁钾是纠正缺镁的最佳选择之一。对于具有足够K且pH值令人满意的土壤，直接的镁源如硫酸镁（泻盐）就可以了。

> 缺硫风险随土壤类型、土壤上种植的作物种类、施用肥料历程和土壤中有机质含量等而不同。酸性沙质土壤、有机质含量低的土壤、施用大量氮肥以及春季寒冷干燥的土壤更容易出现缺硫现象，后者会降低土壤有机质的硫矿化。粪肥是硫的一个重要来源，因此，施过粪肥的农田不太可能缺硫；然而，各种粪肥中硫含量有所不同。
>
> ——S. Place 等（2007）

钙，土壤缺钙通常与土壤低pH和低CEC有关。最佳改善方法通常是施用石灰和提高土壤有机质。但对于一些重要作物，如花生、土豆和苹果，通常需要增施钙。对于碱性土壤或海水泡过的土壤，需要添加钙来缓解土壤结构和营养问题［见"钠（碱）土和盐渍土的修复"］。通常，如果土壤没有太多的钠，已经施用适量的石灰，并且含有一定量有机质，再添加外源钙（如石膏）不会有任何好处。然而，对于土壤团聚体稳定性极差的土壤有时要依赖额外的盐浓度和表施石膏带入的钙，这种情况下的钙元素并不起营养作用，而是石膏盐溶解带来的土壤团聚体稳定作用。土壤有机质较高和地表残留物较多应该能像石膏一样提升土壤团聚体稳定性。

硫，缺硫在有机质含量低、粗质地土壤中很常见，部分原因是它会以氧化态的硫酸盐形式（类似于硝酸盐）被淋溶走。全国各地的一些土壤测试实验室提供土壤硫的测试。（种植大蒜的人应该知道，充足的硫黄供应对于大蒜辛辣风味形成非常重要。）土壤中的大部分硫都是以有机物的形式存在，因此，土壤有机质积累和维持可为植物提供充足的硫营养。以前大气硫污染源于燃烧高硫煤炭（现在它在发电厂的废气洗涤器中被捕获，残留物作为石膏出售）。由于硫污染减少，在某些地区土壤缺硫变得越来越普遍，另一方面，在大平原地区即使土壤缺硫，灌溉水也可能含有足够量的硫来满足作物的需求。一些用于其他用途的肥料，如硫酸钾、硫酸镁钾和硫酸铵，都含有硫。硫酸钙（石膏）也可用于改良低硫土壤。在缺硫土壤上使用的硫量通常为每英亩20至25磅。

锌，在有机质含量低的土壤、沙质土壤、酸碱度在中性及碱性的土壤上，一些作物容易出现缺锌现象。在一段时间内不施用粪肥，青贮玉米有时也会出现缺锌问题。为了沟灌平整土地，挖走农田表层土后，也会造成植物缺锌。寒冷和潮湿的环境可能会导致栽培作物早期缺锌。有时随着土壤温度升高，植物利用有机质来源的养分多，作物能够克服缺锌问题。缺锌在世界其他地区也很常见，特别是非洲撒哈拉以南地区、南亚和东亚以及拉丁美洲的部分地区。纠正缺锌的一种方法是每英亩施用约10磅（注：0.75公斤/亩）的硫酸锌（其中含有约3磅的锌）。如果缺锌是由高pH值引起的，或者如果果园作物缺锌，则通常使用喷施锌肥来补充锌元素。如果果园种植前的土壤测试显示锌含量低，则应施用硫酸锌。

硼， 缺硼常发生在有机质含量低的沙质土壤和碱性/钙质土壤上。当紫花苜蓿生长在存在土壤侵蚀的丘陵地带时，由于表层土壤和有机质的流失，就会出现缺硼现象。在某些天然硼含量较低的地区，如（美国）西北沿海区和世界其他许多地区，硼缺乏很常见。与许多其他作物相比，块根作物似乎需要更高的土壤硼含量。油菜作物、苹果、芹菜和菠菜对低硼含量也很敏感。用于纠正缺硼最常见肥料是四硼酸钠（硼约15%），硼砂（硼约11%）是一种含有硼酸钠的化合物，也可用于纠正硼缺乏症。在有机质含量低的沙质土壤上，可能经常需要施硼，施用量通常是每英亩大约1～2磅（注：75～150克/亩）硼。任何时候每英亩施用的实际硼量不得超过3磅（约27磅硼砂，即2公斤硼砂/亩），土壤硼含量太高对一些植物有毒。

锰， 缺乏通常出现在pH值高的土种植壤上种植的大豆和谷物以及在腐殖质土壤种植的蔬菜上，可通过施用硫酸锰（锰约27%）来改善土壤缺锰状况。每英亩大约10磅的水溶性锰可以满足植物多年的需求。如果在缺锰严重的土壤上撒施水溶性锰，建议每英亩锰的施用量不超过25磅（注：1.87公斤/亩）。天然的以及合成的锰螯合物（锰约5%至10%）通常被用作植物缺锰的叶面喷施剂。

铁， 生长在中高pH值的土壤（尤其是在pH＞6.5）上的蓝莓会出现缺铁现象。在pH值大于7.5的土壤中种植大豆、小麦、高粱和花生也容易出现植株缺铁现象。可用硫酸铁或螯合铁来改善植株缺铁。减少植物胁迫因素，如缓和土壤压实和选择更耐受的作物品种也是降低缺铁对作物造成损害的方法。此外，在明尼苏达州的研究表明，在大豆田里混种少量燕麦（其根部能够活化铁）可以减轻缺铁大豆的缺铁症状。经常通过在叶面施用中添加无机盐来纠正锰和铁的缺乏。

铜， 在高pH值土壤中铜也是作物容易缺乏的另一营养元素，有时有机土壤（有机质质含10%～20%或更高）也会出现缺铜。一些作物，例如西红柿、生菜、甜菜、洋葱和菠菜，对铜的需求量相对较高。许多铜源，如硫酸铜和铜的螯合物，可以用来改善土壤缺铜。

目前已开发出高端肥料材料，将多种宏观和微量元素结合成单一产品，可作为种子包衣剂、叶面喷雾剂（叶面）、直接施用于土壤或通过施肥系统施用，这对产品尤其对高价值作物有重要影响。

20.2 阳离子交换量（CEC）管理

土壤中的CEC来源于充分腐殖化（"死透了的"）的有机质和黏土矿物。土壤中的总CEC是有机质和黏粒吸附离子的总和。在CEC为中、高的黏粒为主导的细质地土壤中，大部分CEC可能源于黏土。相反，在黏粒含量很少的砂壤土中，或在美国东南部某些含低CEC黏土和热带地区的一些土壤中，有机质可能占CEC总量的绝大部分。

有两种实用的方法可以提高土壤对钾、钙、镁和铵等营养阳离子的吸持能力：

● 使用前面章节中讨论的方法添加有机质。

● 如果土壤酸性太强，请使用石灰（参见"pH管理"一节内容）将其pH提高到作物生长所需的范围的上限。

酸性土壤施用石灰的好处之一是增加土壤CEC。随着pH的增加，有机质和一些黏土矿物的CEC也会增加。当腐殖质上的氢离子（H^+）被石灰中和时，原先氢离子附着的位点带有负电荷，可以吸附Ca^{2+}、Mg^{2+}、K^+等。

许多土壤检测实验室可以检测CEC。CEC的检测方法很多，如果土壤pH为7或更高，一些实验室会确定CEC的数值和组成；如果土壤是通过施用石灰达到的当前CEC，会添加酸来中和。这是土壤在碱性条件下的CEC，不是土壤原有的CEC。因此，一些实验室将CEC中实际存在的主要阳离子（$Ca^{2+}+K^++Mg^{2+}$）相加，称之为有效CEC。了解土壤有效CEC（土壤实际的CEC）比在碱性条件下测定的CEC更有用。

估算有机质对土壤CEC的贡献

土壤CEC通常用每100g土壤中负电荷的毫当量的数量（me）来表示。（一个me代表的实际电荷数约为6×10^{20}。）估算有机质贡献CEC的经验法则如下：

pH高于4.5时，100g土壤中每1%的有机质都含有1me的CEC。（别忘了还有黏土导致的CEC。）SOM=土壤有机质。

例1：pH=5.0和3%SOM（5.0-4.5）×3=1.5me/100g

例2：pH=6.0和3%SOM（6.0-4.5）×3=4.5me/100g

例3：pH=7.0和3%SOM（7.0-4.5）×3=7.5me/100g

例4：pH=7.0和4%SOM（7.0-4.5）×4=10.0me/100g

土壤酸度

背景

- pH=7为中性。

- pH值高于7的土壤是碱性；低于7的土壤是酸性。

- pH值越低，土壤酸性越强。

- 潮湿地区的土壤呈酸性；半干旱和干旱地区的土壤呈中性或碱性。

- 酸化是一个自然过程。

- 大多数化学氮肥都是酸性肥料，但许多有机肥不是。

- 作物有不同的酸碱度需求，可能与营养元素的有效性或土壤低pH值条件下铝毒性增加有关。

- 腐殖质上的有机酸和CEC中的铝占土壤中的大部分酸的来源。

管理

- 施用石灰石提高土壤pH值，如果土壤镁含量也很低，则可以使用含镁高的（或白云石质的）石灰石。

- 将石灰充分混合到犁底层中。

- 如有可能，在pH敏感性高的作物种植前充分撒施石灰。

- 如果石灰要求用量很高（有说超过2吨，有说超过4吨）则考虑在两年内分批施用。

- 为嗜酸作物酸化土壤时（使土壤更酸）最好选用元素硫。

20.3　土壤酸度

20.3.1　背景

　　土壤pH值（或酸度状态）是关键的土壤信息，因为它影响养分的化学有效性，并直接影响植物生长。许多土壤在耕种之前呈酸性，特别是在潮湿地区。土壤中盐基淋失，加上有机质分解过程中产生的酸，使得土壤天然呈酸性。伴随着土壤用于农业生产和土壤有机质分解（矿化），形成了更多的酸。此外，最常用的氮肥会使土壤酸化，因为施用的铵要么转化为硝酸盐，要么被植物吸收。通常施到土壤中的每1磅氮肥产生的酸需要用4到7磅的农业用石灰石才能中和。但以硝酸盐形态提供所有氮的肥料不会酸化土壤。事实上，施用硝酸钙或硝酸钾可以稍微提高土壤的pH值。

测定pH值的土壤采样

传统上，根据耕作的深度，土壤的取样深度为6英寸或更深。但是对于使用保护性耕作，尤其是免耕的土壤来说，上层几英寸的土壤可能会变酸，而下层土壤则基本不受影响。随着时间的推移，酸度会越来越高。但重要的是尽早发现pH值的显著下降，因为它很容易纠正。因此，在免耕田中，最好跟踪2或3英寸的表土pH值变化。相反，热带地区存在比较久的土壤在土壤深层通常酸度更高，因此可能需要从土壤深层采集样本。

植物在特定环境条件下的不断适应进化，这也反过来影响到作为农作物的特定需求。例如，苜蓿起源于土壤pH较高的半干旱地区，需要6.5到6.8或更高的pH（常见土壤pH值见图20.1）。在酸性条件下生长的蓝莓，需要较低的酸碱度来提供植株所需的铁（铁在较低的酸碱度下更易溶解）。其他作物，如花生、西瓜和甘薯，在酸碱度为5～6的中等酸性土壤中更利于生长。大多数其他的农作物在pH6到7.5的范围内生长最好。

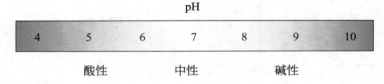

图20.1　土壤酸碱度

注：在pH7.5～8的土壤中，经常含有石灰（碳酸钙）的细颗粒。高于pH8.5～9的土壤通常含有过量的钠（含钠的也称为碱土）

一些问题可能导致酸性敏感植物在低pH土壤中生长不良。以下是常见的三个问题：
- 铝和锰更易溶解，对植物有毒；
- 钙、镁、钾、磷或钼（尤其是豆类固氮所需）可能缺乏；
- 土壤有机质分解缓慢，导致氮矿化减少。

如果土壤有机质供应充足，由土壤酸度引起的问题通常表现并不严重，作物生长的最佳pH值也较低。有机质有助于降低铝的毒性，当然，腐殖质会增加土壤CEC。在有机质含量高的土壤中，土壤酸碱度变化不会那么快。土壤酸化是由氮肥在土壤中产酸而加速的自然过程。土壤中充足的有机质能减缓土壤酸化过程，缓冲土壤酸碱度，因为土壤有机质可以紧紧地吸附氢离子。因此，当土壤有大量有机质存在时，需要更多的酸来降低一定量的酸碱度。反之亦然，对于有机质高的土壤，要提高一定量的酸碱度需要施用更多的石灰（见"土壤酸度"阅读框）。

石灰石的施用在许多方面有助于为酸敏感植物创造更适宜的土壤环境，如：

- 中和酸；
- 大量添加钙（因为石灰石是碳酸钙，$CaCO_3$）；
- 如果使用白云石质的石灰石（含有钙和镁的碳酸盐），则可补充大量镁；
- 提高钼和磷的有效性；
- 帮助施用的磷以有效态形式存在；
- 增强细菌活性，包括在豆类中固氮的根瘤菌；
- 降低铝和锰的可溶性。

酸性土壤中几乎所有的酸都保留在矿质颗粒上，只有极少量的酸在土壤溶液中。如果我们需要中和的酸只是土壤溶液中的酸，那么即使是在非常酸的土壤中，每英亩撒几把石灰也足以达到目的。然而，实际每英亩需要几吨石灰来提高土壤pH，因为土壤几乎所有需要中和的酸都是吸附在有机质或存在于活性铝中的"储备的酸"。随着酸（H^+）从有机物中去除，新的CEC位点就会产生，从而提高土壤吸持钙和钾等阳离子的能力。（当土壤发生酸化时，它也会反过来起作用：H^+强烈地附着在CEC的位置上，从而失去了对钙、镁、钾和铵的吸附能力。）

> 土壤检测实验室通常通过你提供的种植目的，并在建议石灰石施用量时将这三个问题（见前面"pH管理"一节中的讨论）整合起来。各州销售的石灰石质量受法律监管。土壤检测实验室根据满足最低国家标准的细磨石灰石粉的使用提出相应建议。

20.3.2　酸性土壤改良

提高酸性土壤的pH值通常是通过施用磨碎的石灰石来完成。以下三条信息用于确定所需的石灰量：

1.土壤酸碱度是多少？知道这一点以及您种植的作物需求将确定是否需要石灰，以及目标pH值。如果土壤酸碱度远远低于作物适宜pH，就需要使用石灰。但土壤pH值并不能告诉您需要多少石灰。

2.将pH值提升到目标pH值所需的石灰量是多少？（石灰量是中和氢离子、活性铝以及与吸附在有机质上的氢离子所需要的量。）土壤检测实验室使用许多不同的试验来估计土壤所需石灰的量。大多数情况下，为达到理想的pH值，会给出建议每英亩所需添加的农业级石灰石的量。

3.使用的石灰石和土壤检测报告中假设的石灰石差别大吗？碳酸盐的细度和含量决定着石灰石的有效性，即它能多大程度地提高土壤pH值。如果使用的石灰的有效碳酸钙当量与报告中的石灰差别很大，则使用量需要上调（如果石灰非常粗或杂质含量高）或下调（如果石灰非常细，则为镁含量高，杂质少）。

黏土和有机质较多的土壤需要更多的石灰来改变其pH值（见图20.2）。有机质可以缓冲土壤酸碱度的降低，但若试图用石灰石提高土壤pH值时，石灰石也能缓冲土壤pH值升高。大多数州建议只将种植敏感作物（如苜蓿）的土壤pH值调整为6.8左右，而对许多种植三叶草的土壤pH值只需在6.2到6.5左右。如上所述，大多数常见的作物在pH6.0到7.5的范围内生长良好。

除石灰石外，还有其他石灰材料。在美国的一些地方，一种常用的材料是木灰。来自现代密闭式木材燃烧炉产生的木灰含有相当高的碳酸钙含量（80%或更高）。然而，黑色的灰烬表明含有未完全燃烧的木材，可能只有40%的有效碳酸钙当量。另一方面，炭可能对土壤有其他好处（见第二章中对生物炭的讨论）。在某些地方可以使用来源于废水处理厂和粉煤灰的石灰污泥。通常，这个来源量很小，在当地的数量不足以满足一个地区的石灰需求，而且它们可能会将污染物携带到农场里。请确保通过认可的实验室测试任何新的石灰副产品来源，以检测微量元素以及金属和其他潜在毒素。

石灰施用和土壤结构。将碳酸钙应用于镁含量相对较高的土壤时，土壤团聚性能可能会有所改善。钙离子强度比镁高，更能将黏粒颗粒结合在一起。相反，当使用白云质石灰石时，添加的镁可能会产生相反的效果（如果镁缺乏，这可能对作物有益）。

但在巴西的热带高草草原（稀树草原）酸性土壤中，石灰施用与免耕相结合引起了人们的担忧，巴西已成为全球大豆、牛肉和家禽的主要出口国。在这些深度风化和高度氧化的土壤中，结构退化可能特别明显，因为这些土壤天然pH低，团聚体是由高浓度的Al^{3+}（具有高离子强度）和分散的有机物质形成的。有机物的负电荷与氧化物的正电荷结合，铝离子在有机物和矿物质之间形成桥梁。然而，施用石灰会提高土壤的pH值，从而导致土壤颗粒带负电荷并相互排斥。此外，高浓度的钙盐会从土壤中带负电荷的位置去除Al^{3+}，这会降低植物毒性，但也会导致黏粒进一步分散和团聚性能损失。在免耕条件下，分散的黏粒可以随水移动到较低的层，并形成致密而坚硬的土壤。

"过度"（超量施石灰的）伤害。土壤施用石灰有时也会带来问题，特别是当强酸性土壤很快被提升到较高pH值时。"施用过量石灰"的伤害影响作物生长，通常与磷、钾或硼的利用率降低有关，在酸性沙质土壤施用石灰也可能导致锌、铜和锰缺乏。如果长期使用莠去津等三嗪类除草剂，石灰处理可能会释放这些化学物质并杀死敏感作物。

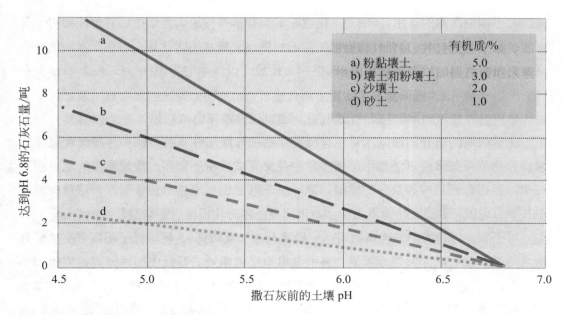

图20.2 达到pH6.8大致所需石灰量的示例

改编自Peech（1961）

需要降低土壤pH吗？ 当种植需要低pH值的植物时，可能需要在土壤中添加酸性物质。这对蓝莓来说是经济可行的，用元素硫就可以轻易实现，元素硫会在几个月内被土壤微生物转化为硫酸（取决于所用材料的细度）。如图20.2所示，将pH降低一个单位所需的S元素含量，对粉黏土大约是每英亩0.75吨（即123.6公斤/亩），壤土和粉壤土每英亩0.5吨（即82.4公斤/亩），砂壤土每英亩600磅（即44.9公斤/亩），砂土每英亩300磅（即22.5公斤/亩）。在种植蓝莓前一年应该施加元素硫。明矾（硫酸铝）也可用于酸化土壤。要达到相同的pH变化，明矾的用量要比单质硫多6倍。如果土壤是石灰质的，通常其pH超过7.5，并且天然含有碳酸钙，就不要试图进行降低土壤pH值。酸性物质对土壤pH值的改变不会持久，因为它会被土壤的石灰完全中和。

20.4　碱土和盐土的修复

第六章末尾讨论了盐土和碱土的起源和特征。有很多方法可以处理没有浅层含盐地下水的盐土。一是保持土壤持续湿润，例如使用低盐水滴灌加上表面覆盖物，含盐量不会像土壤干燥时浓缩得那样高；另一种方法是种植对土壤盐分耐受性更强的作物品种。耐盐植物包括大麦、狗牙根、橡树、迷迭香和柳树。然而，除盐的唯一方法是加入足够的水将土壤盐分淋洗到根区下面。如果底土排水不畅，可能需要安装排水管来清除土壤中淋溶的盐水。（然而，这意味着高盐水被排放到沟渠中，并可能损害下游水质。另见第十七章。）进行此操作所需的水量与灌溉水的含盐量［用灌溉水的电导率（ECw）表示］以及相应排水中所期望的含盐量［以排水的导电率（ECdw）表示］有关。所需水量可用以下公式计算：

$$所需水量=（土壤饱和所需水量）\times（ECw/ECdw）$$

洗盐所需的额外的灌溉水量也与所种作物的盐敏感性有关。例如，洋葱和草莓等敏感作物的灌溉水量可能是中等敏感作物花椰菜或番茄的两倍。滴灌使用的水量相对较少，因此即使是中等盐分的灌溉水源，缺乏淋溶也可能导致盐分积累。这意味着在生长季节可能需要进行土壤淋溶洗盐，但需要注意防止根区以下硝酸盐的淋溶。

对于碱土，通常添加含钙物质，一般是石膏（硫酸钙）。钙取代了阳离子交换容量所含的钠，然后对土壤进行灌溉，将钠淋溶到土壤深处。石膏中的钙很容易取代CEC上的钠，因此所需石膏量可估算如下：替换1英尺厚土壤的1当量钠，每英亩需要2吨左右的农业级石膏。石膏不是源自石灰，实际上可能会降低碱土的高pH值（通常pH值8.4或更高）。如果土壤经过适当的石灰处理，向非碱性土壤中添加石膏对土壤物理性质没有帮助，除非土壤含有易分散黏土且有机质含量低。

对于钠质土壤，添加钙源——通常是石膏（硫酸钙）。钙取代了阳离子交换容量所保持的钠。然后灌溉土壤，使钠可以渗入土壤深处。由于石膏中的钙很容易取代CEC上的钠，因此所需的石膏量可估算如下：每1英尺需要更换毫当量的钠，每英亩大约需要2吨农业级石膏。如果土壤经过适当的石灰处理，将石膏添加到非钠质土壤中对物理特性没有帮助，但那些含有易分散黏粒且有机质含量低的土壤除外。在发生重大沿海洪水事件后，土壤可能变成碱土，因为海水会冲刷大量氯化钠到被泡过的土壤中。在飓风（台风）、海啸或其他异常风暴潮之后，这一点尤其值得关注。在这些情况下，添加石膏（或当土壤呈天然酸性时添加石灰）的相同修复方法有助于恢复土壤。

参考文献

Hanson, B. R., S. R. Grattan and A. Fulton. 1993. *Agricultural Salinity and Drainage*. Publication 3375. University of California, Division of Agriculture and Natural Resources: Oakland, CA.

Havlin, J. L., J. D. Beaton, S. L. Tisdale and W. I. Nelson. 2005. *Soil Fertility and Fertilizers*. Pearson/Prentice Hall: Upper Saddle River, NJ.

Kaiser, D. E. and P. R. Bloom. Managing Iron Deficiency Chlorosis in Soybean, University of Minnesota Extension. Accessed December 4, 2019 at https://extension.umn.edu/crop-specific-needs/ managing-iron-deficiency-chlorosis-soybean#reduce-plant-stre ss-1074262.

Magdoff, F. R. and R. J. Bartlett. 1985. Soil pH buffering revisited. *Soil Science Society of America Journal* 49: 145-148.

Nunes, M. R., A. P. da Silva, C. M. P. Vaz, H. M. van Es and J. E. Denardin. 2018. Physico-chemical and structural properties of an Oxisol under the addition of straw and lime. *Soil Sci. Soc. Am. J.* 81: 1328-1339.

Peech, M. 1961. Lime Requirement vs. *Soil pH Curves for Soils of New York State.* Mimeographed. Cornell University Agronomy Department: Ithaca, NY.

Pettygrove, G. S., S. R. Grattan, T. K. Hartz, L. E. Jackson, T. R. Lockhart, K. F. Schulbach and R. Smith. 1998. *Production Guide: Nitrogen and Water Management for Coastal Cool-Season Vegetables.* Publication 21581. University of California, Division of Agriculture and Natural Resources: Oakland, CA.

Place, S., T. Kilcer, Q. Ketterings, D. Cherney and J. Cherney. 2007. *Sulfur for Field Crops.* Agronomy Fact Sheet Series no. 34. Cornell University Cooperative Extension: Ithaca, NY.

Rehm, G. 1994. *Soil Cation Ratios for Crop Production.* North Central Regional Extension Publication 533. University of Minnesota Extension Service: St. Paul, MN.

第二十一章 最大化利用常规土壤和植物分析结果

——Dena Leibman 供图

人们惯常的想法仍然认为肥料是灵丹妙药。

——J. L. Hills、C. H. Jones 和 C. Cutler，1908 年

  虽然肥料和从农场外购买的其他改良剂不是解决所有土壤问题的灵丹妙药，但它们在保持土壤生产力方面发挥着重要作用。土壤检测是农民确定需要哪些改良剂和肥料，以及施用量的途径。

  土壤检测报告提供了土壤的养分含量和pH、有机质含量、阳离子交换容量（CEC）以及干旱气候条件下的盐和钠含量。大多数报告都附有养分施用建议和调整方法，这些建议基于土壤养分水平、以往的种植历史和有机肥施用情况，应该是您计划种植作物的一个定制的推荐方案。

土壤检测以及对监测结果的正确解释是制定农场养分管理计划的重要依据。然而，决定施用多少肥料或者各种来源所提供的全部营养元素的量，是科学、哲学与艺术的结合。了解土壤检测以及如何解释检测结果可以帮助农民更好地运用测试所提供的建议。在本章中，我们将仔细分析土壤检测结果的困惑难点，讨论氮、磷、其他养分和有机质的土壤检测；然后分析一些土壤检测报告，以了解它们提供的信息从而帮助农民进行施肥。

21.1　土样采集

通常在生长季节开始前的秋季或春季采集土壤样本进行一般的肥力评估，分析这些土壤样品的pH、石灰需要量以及磷、钾、钙和镁，一些实验室还定期分析有机质和其他养分，如硼、锌、硫和锰，而其他实验室则将这些微量元素作为测试菜单的一部分，用户可以自行适当选择。无论是在秋季还是在早春采集某个特定土层的土壤样本，均要保持样本的均一性，并在一年中大约相同的时间进行样品的重复采集，并在同一实验室进行分析。请记住，在评估作物氮需求时，采集土样的时间和深度存在差异（见下面内容）。通过下面的阅读您将明白，这样的分析有助于您对不同年份间的测试结果进行比较。

土壤采样指南

1. 采集样本时的成本和一致性对于获得准确信息至关重要。选取合适的采样时间及方法，并确保有足够的时间正确取样。

2. 不要推延到最后一刻才采样。一般土壤检测的最佳取样时间通常在秋季，春季取样应尽早进行，以便及时获得结果，从而为作物生产季节制定养分管理计划。

3. 在现场随机抽取至少15到20个点的土壤，以获得具有代表性的样品。为单个样品采集多个点位的土壤样品的目的是获得有价值的土壤试验结果，这与场地或区域的大小无关。一个样本的代表范围不应超过10至20英亩。对于精准管理区或网格肥力管理区域，样本区域应为1至5英亩。

4. 在行间进行采样。避免在旧的围栏、犁沟和其他不能代表整个地块的地方采样。

5. 遇到有问题的区域要单独处理，建议单独进行采样。

6. 土壤是非均质的，养分水平随种植历史或地形的不同而变化很大。有时不

同的土壤颜色是不同营养成分的标志，考虑分别对一些区域进行采样，即使产量与其他区域没有明显差异。

7. 对于作物进行分区处理（按植物科、生长期、作物类型）的多样化蔬菜农场，除了有明显差别的田地，例如条状种植或作为轮作的田块外，还应按不同的管理区域取样。

8. 在耕地中，样品采到耕作深度。

9. 从免耕地采集两个样品：一个深度至6英寸，用于石灰和肥料方面的建议；一个深度至2英寸，用于监测表层土壤pH值。

10. 永久性牧场的样本深度为3或4英寸。

11. 样品收集于干净的容器里。

12. 混合土样，除去根和石头等杂质，并进行混合土壤样品风干。

13. 将土壤检测样品打包邮寄。

14. 填写信息表，提供所有表上要求的信息。请记住，信息准确，才能提供更好的施肥建议。

15. 至少每三年采样一次，每次都在同一季节采样。在经济作物上，每年的土壤检测可以进行养分管理微调，并减少化肥的使用。

——修改自宾夕法尼亚州农学指南（2007—2008）

21.2 测土施肥的准确性

土壤检测及其建议虽然是养分管理计划的关键组成部分，但并非100%准确。土壤检测只是一种重要工具，农民和农场顾问都需要依据这些测试结果，并综合其他信息，以便对肥料用量或土壤改良做出最佳决定。

土壤检测是基于一个土壤小样本测试结果来对植物生长需要的少数几个养分元素的估计，该样本理论上代表好几英亩地块的养分含量。土壤检测的结果并不是我们想象的那样准确。土壤检测显示某一特定营养元素水平较低，表明需要通过添加该营养元素来提高产量。然而，添加养分未必一定能提高作物产量。这是因为检测结果可能未与特定土壤进行良好的校准（尽管检测到某营养元素水平较低，但土壤仍有足够的作物有效养分），或者因排水不畅或土壤紧实，也可能发生这种情况。有时在检测的土壤样品中养分含量高的土壤上进行施肥还会增加产量，这是因为天气条件可能使养分的有效性低于土壤试验所显示的水平。因此，在解释土壤试验结果时，重要的是要综合考虑一些常识性影响因素。

询问植物的"想法"

实际上，有各种各样几乎是无数的液态化学浸提剂，您可以把土壤样本放入其中，摇动，过滤和分析，以确定溶液中有多少营养物质。但是，我们如何才能确信，土壤检测显示的养分测定值就意味着当您施用这种养分后，就可能会提高作物产量呢？在高于某一检测值后，施用这种养分来提高产量的可能性会很小？

研究人员考虑到了植物的需求。他们通过在该州或地区的许多不同田块进行多年的试验来做到这一点。首先采集土壤样本，然后布置地块，在不同的地块上施用不同水平的养分（比如磷），且布置实验时始终包括未添加磷的地块。在每个地块收获作物时，可能可以确定植物对土壤测定值的"想法"。如果植物不能在对照区获得足够的养分，那么在对照区和施磷区之间就会有增产。

如果不进行这些试验，评估在不同土壤检测水平下添加肥料的增产效果，就无法知道什么是"合适"的土壤检测。有时，人们会提出新的土壤检测方法，在农场管理上引发一定反响。但是，在对不同土壤和不同天气条件下的作物响应开展多年相关试验之前，不可能知道该检测是否有用。关于土壤检测质量的总结陈词是，作物是否会按照土壤检测值显示的水平对添加的肥料做出响应。

此外，这种类型的研究通常在所开展研究农场的小块土地上首先进行预试验，然后在商业农场再进行验证。

21.3　土壤检测的困惑

人们很容易对土壤测试中的细节感到困惑，特别是当他们得到不同实验室给出的土壤检测报告结果时更是如此。原因有很多，包括：
- 实验室使用的检测程序各不相同；
- 实验室报告结果不同；
- 根据土壤检测结果，采用不同的方法提出建议。

21.3.1　不同的实验室程序

利用土壤检测结果来确定养分需求存在一个问题，就是世界各地的土壤检测实验室所采用的方法不同，实验室之间的主要区别在于用来提取土壤养分的溶液不同。有些人用一种溶液提取所有成分；而另一些人则用一种溶液提取钾、镁和钙，另一种溶液提取磷，第三种溶液提取微量元素。不同的提取液化学成分不同，因此，实验室A提取的某种养分的量可能不同于实验室B提取的量。然而，实验室通常有足够的理由使用某种特定的溶液来提取土壤养分。例如，对于干旱和半干旱地区高pH值土壤，采用Olsen法检测磷（见表21.1），这种方法比通常在较潮湿地区使用的各种用酸性提取溶液更准确。无论实验室采用什么测定方法，土壤检测水平都会根据作物对添加养分的响应进行校准。例如，在磷检测结果低的土壤中添加磷，产量就会增加吗？答案是不一定的。一般来说，特定地区的大学和州立实验室使用相同或类似的方法，这些检测方法已经根据当地土壤和气候进行了校准。

21.3.2　以不同的方式给出土壤检测报告

遗憾的是，土壤检测报告没有标准化，不同实验室以不同的方式报告结果。一些实验室使用百万分率（μg/g）；一些实验室使用"磅/英亩"或"公斤/公顷"（通常2μg/g，因为1英亩到6英寸深的土壤重约200万磅）；还有一些实验室使用指数（例如，所有养分都以1到100的比例表示）。有些实验报告中钙、镁和钾的单位为100克/毫克当量数（me）。此外，一些实验室报告中磷和钾用的是元素形式，而其他使用的是氧化物形式，P_2O_5 和 K_2O。

大多数检测实验室的结果报告有一个数量和一个级别，如低、中、最佳、高和非常高。这也许是报告结果的一种更合适的方式，因为土壤检测水平和产量响应之间的相关性受到土壤变异性和季节性生长条件的影响，而这些宽泛的划分给人的感觉更贴近实际，在开展推荐施肥以增加作物产量时，更易理解。大多数实验室认为含量高指的是高出所需数量（高于最佳级别），但有些实验室将"最佳"定义为"高"。（高，甚至非常高，并不意味着该营养元素存在毒害量；这些类别只表明，如果供应这种养分，增产的可能性很小。关于磷，磷非常高表明径流中可能损失更多的磷，从而导致地表水的环境问题。）如果报告中没有明确说明不同类别的区别，一定要问清楚。实验室针对每种土壤检测类别应该提供加入化肥获得产量响应的可能性。

21.3.3　不同的推荐系统

即使实验室使用相同的程序，如大多数中西部地区那样，但不同推荐方法也会给出不同的肥料施用量。在土壤检测基础上，有三种不同的系统可提出施肥建议：① 养分充足水平系统；② 培育和保育系统；③ 基础阳离子饱和比系统（仅用于Ca、Mg和K）。

养分充足水平系统表明，土壤测试存在一个充足性或临界土壤检测值，超过该值，作物对添加养分的反应可能很小。该系统的目标不是每年生产最高的产量，而是通过使用化肥达到最高的生产平均回报率。将施用肥料的增产量与土壤检测水平联系起来的试验为支持该方法提供了大量的依据。随着土壤试验检测由最佳（或中等）增加到高，不施肥料的产量接近增施肥料获得的最大产量（图21.1）。当土壤检测表明需要施用肥料时（图21.1，对于钾检测结果非常低的土壤施用钾），产量会增加到最高产量，当添加的肥料超过所谓的最适农艺率时，产量不会进一步增加。农民的目标不应是最大产量，应该以最大经济产量为目标，最大经济产量略低于通过农艺最佳产量获得的最高可能产量。如果试验土壤比图21.1所示的土壤中的钾量高，比如说低钾而不是极低钾，那么增加钾的增产幅度会更小，建议使用更少的肥料。

培育和保育系统要求将土壤培育到高肥力水平，然后通过施用足够的肥料来弥补因收获作物而带走的养分，从而保持土壤肥力。随着施肥量的增加，这种方法建议的施肥量通常比养分充足系统建议的要高，这个方法主要是推荐施用磷、钾和镁；在低CEC土壤上种植高价值蔬菜时，这个系统也可以用于钙的推荐。但是采用这种方法，在高值作物上使用钙肥基础上，磷和钾的施用可能需要做一些调整，因为：①（化肥）额外成本占总成本的比例很小；② 当天气不理想时（例如凉爽和潮湿），这种方法有时会带来更高的产量，这将超过肥料的额外费用。农民也可能希望在价格好的年份培育土壤肥力，以缓冲未来几年的经济下行。如果使用这种方法，就应该注意磷的含量；当磷的含量已经达到最佳水平时再施磷会造成环境污染风险。

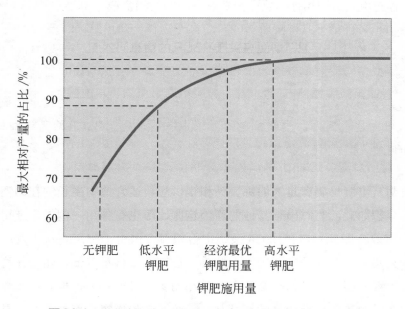

图21.1　对土壤施用不同量钾肥所获得的最大相对产量百分比

　　基础盐基离子饱和比系统（BCSR，也称为盐基比系统）是一种估算钙、镁和钾需要量的方法，主要基于以下原理：当CEC上的钙、镁和钾离子（这些离子通常是CEC的主要阳离子）处于特定平衡状态时，作物产量最佳。该系统在20世纪40年代和20世纪50年代由新泽西州Firman E. Bear和他的同事们研发的，后来密苏里州William A. Albrecht继续开展了这方面的工作。

　　尽管缺乏现代研究的支持，但已被许多农民接受（见"盐基离子饱和比系统"）。大学检测实验室很少使用这一系统，但许多私人实验室会使用这一系统。该系统要求钙占CEC的60%～80%，镁占10%～20%，钾占2%～5%。该系统是基于这样一种观点，即如果CEC的比例均衡，那么养分就足够支持作物的最佳生长。在使用BCSR时，必须认识到它在实际应用中的缺陷和理论缺陷。其一，即使养分的比例在推荐的作物养分需求内，也可能存在低的CEC（例如有机质含量很低的砂土），其含量不能满足种植作物的需求。例如，如果土壤的CEC仅为每100克土壤2毫克当量，那么这三种元素平衡很完美，即Ca（70%）、Mg（12.5%）和K（3.5%），但在6英寸土壤深度内，每英亩土壤中却只含有560磅Ca、60磅Mg和53磅K。因此，尽管不同元素之间的比例很好，但它们中的任何一种元素的含量都不足以维持植物生长。这种土壤的主要问题是CEC低；补救方法是在几年内添加大量有机质，如果pH值低，则应进行石灰处理。

　　相反的情况也同样需要注意，当在具有较高CEC和令人满意的pH值的土壤上种植作物时，即使土壤中含有足量的特定养分，BCSR还是会建议增加施用相应的肥料。这在土壤自身镁含量偏高的情况下可能是个问题，施肥建议可能在根本不需要钙和钾肥的情况下推荐施用大量钙和钾，反而浪费农民的时间和金钱。

想了解更多关于BSCR的信息吗？

　　多数研究形成的共识表明，农户试图去构建固持在CEC上的"理想"的阳离子比例根本不存在。同时，基准饱和度百分比对农民没有实际用处。如果您想进一步深入研究这个问题，本章末尾的附录中有一个关于BSCR的更详细的讨论，以及它如何使人们对CEC和基础饱和产生误解。

　　研究表明，土壤只要有足够的钾、钙和镁供应，适合植物生长的在阳离子比值范围很宽泛。尽管如此，有时出于其他的原因这些比值也有作用。例如，施用石灰有时会导致钾的有效性降低，这在BSCR系统中很明显，但由于施用石灰土壤中的钾含量较低，养分充足系统也会要求添加钾。此外，在有机质含量较低、团聚体稳定性较差的土壤中，当镁占据CEC的50%以上时，使用石膏（硫酸钙）可能有助于恢复团聚体结构，因为有多余的钙以及较高的溶解盐。然而，这与作物营养无关，而是由于较高

的钙电荷密度形成了较好的团聚性。

21.3.4 植物组织检测

土壤检测是评估作物肥力需求最常用的方法，但植物组织检测尤其适用于多年生作物如苹果、蓝莓、桃、柑橘、葡萄的营养管理。对于大多数一年生植物，包括农作物和蔬菜作物，植物组织检测虽然没有广泛应用，但可以诊断当下的土壤问题。然而，由于植物需要的大量肥料（除氮外）通常无法在生长季节内运输到作物，因此植物组织营养检测最好与土壤检测结合使用。大多数一年生植物空闲的采样时间很短，一旦作物种植后就无法有效地进行施肥（除了早期生长阶段的氮肥），这限制了一年生植物组织分析的实用性。然而，有时在马铃薯和甜菜上进行叶柄硝酸盐检测，有助于季节性微调施肥。叶柄硝酸盐检测也有助于棉花的氮素管理和灌溉条件下的蔬菜管理，特别是在从营养生长向生殖生长过渡期间。对于灌溉作物，特别是使用滴灌系统时，在作物生长期间，可以有效地将肥料输送到生根区。

为了估计CEC的各种阳离子的百分比，需要用电荷量来表示。一些实验室通过重量（μg/g）和电荷（me/100g）给出浓度。如果你想从μg/g转换为me/100g，可以按如下方式进行：

（Ca μg/g）/200=Ca me/100g

（Mg μg/g）/120=Mg me/100g

（K μg/g）/390=K me/100g

如第二十章所述，将钙、镁和钾的电荷量加起来，对于大多数pH值高于5.5的土壤，能很好地估算出CEC。

21.3.5 您应该怎么做?

阅读以上讨论后，您可能会对测试的不同方法和结果的展示方式以及不同的推荐方法感到有些困惑。针对这些复杂问题，我们的建议如下：

1.把您的土壤样本送到实验室，实验室会对您所在州或地区的土壤和作物进行评估。继续使用同一个实验室或使用相同检测方法的其他实验室。

2.如果您种植的是价值低的作物（小麦、玉米、大豆等），请确保您使用的推荐系统是基于养分供应充足的方法。这种系统通常会给出低价值作物以较低肥料使用量和较高的经济效益。（要找出实验室使用的系统并不容易。坚持不懈，您会找到一个能回答您问题的人。）

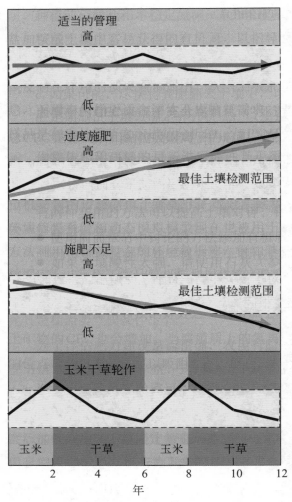

图21.2　不同肥力管理制度下磷、钾变化趋势的土壤测试

修改自宾夕法尼亚州农学指南（2019—2020）

3.把一个样品分成两份，然后送到两个实验室进行检测，检测结果可能会让您困惑。您可能会得到不同的建议，而且很难找出哪一个对您更好，除非您愿意对这些建议进行比较。在大多数情况下，您最好持续跟进同一个可信的实验室，学习如何微调对于农场的建议。但是，如果您愿意进行实验，您可以将重复的样本发送到两个不同的实验室，其中一个送去您所在的州测试实验室。一般来说，州测试实验室所建议的化肥较少，但也可满足作物生长。如果您大面积地种植作物，设置一个田间示范或试验田，将每个实验室不同的推荐肥料在同一田块分不同区域施用，看看是否有产量差异。粮食作物的产量监测系统在这方面非常有用。如果您以前从未设置过田间实验，那么应该向您的农业技术推广研究员寻求帮助。您还可以找到SARE的读物网站下载或订购图书，了解如何对您的农场或牧场进行研究。

4.保存每个田地的土壤检测记录，以便跟踪多年检测结果的变化（图21.2）（但是，确保使用相同的实验室来保持结果的可比性）。如果记录显示养分积累到高水平，则可以减少养分施用。如果养分水平太低，就应该开始施用化肥或农场外的有机营养源。在一些轮作中，如图21.2底部所示的两年玉米-四年干草轮作中，有必要在玉米阶段提高养分水平，并在干草阶段降低养分供给。

推荐制度的比较

大多数大学检测实验室使用的是养分充足水平系统，但有些实验室考虑到CEC上养分所占的比例，通过修正充足系统来提出钾或镁的施用建议。一些州立大学实验室和许多商业实验室都采用了 BCSR。研究者在内布拉斯加州对农作物施肥建议的不同方法进行了广泛评估，发现相比 BCSR，充足水平系统会给出较少的肥料用量，经济回报较高。肯塔基州、俄亥俄州和威斯康星州的研究表明，充足系统优于 BCSR 和盐基离子饱和比系统。

21.4　土壤氮素检测

正如第 19 章中所讨论的，氮素管理带来了特殊的挑战，因为这种养分的得失受其在土壤、作物管理决策和天气因素中的复杂相互作用的影响。氮有效性的动态性很高，因此很难估计作物所需的氮有多少来自土壤。用于氮检测的土壤样本通常在不同的时间采样并使用不同检测方法，其他养分检测通常在秋季或春季按耕作深度采样。

在美国的潮湿地区，20 世纪 80 年代中期之前没有可靠的土壤氮有效性检测，在 20 世纪 80 年代佛蒙特州开发了针对潮湿地区玉米的硝酸盐检测。它通常被称为预先侧施硝酸盐检测法（PSNT），在中西部地区也被称晚春硝酸盐检测法（LSNT）。在本试验中，当玉米的高度达到 6 英寸到 1 英尺之间时，土壤取样深度为 1 英尺。检测的最初想法是在取样前尽可能延长等待时间，因为生长季节早期的土壤和天气条件可能会降低或增加作物在季节后期氮的有效性。当玉米长到 1 英尺高时，很难将样品送至实验室并及时得到需要侧施的氮肥用量。PSNT 法现在被广泛用于田间玉米、甜玉米、南瓜和卷心菜，但在某些情况下，如美国南部诸州（Deep South）❶ 的滨海平原沙地，其结果精度并不高。

不同农场使用 PSNT 法的目标不一样。一般来说，土壤检测可以让农民避免施用过量的"保险肥料"。以下提供两个对比的例子：

● 对于使用豆科牧草轮作和定期施用动物粪肥的农场（存在大量活性土壤有机质），使用检测结果的最佳方法是仅施用满足植物生长所需氮量的有机肥量。PSNT 将显示农民是否需要额外的氮肥侧施。这也将反映出农民是否估算了来自粪肥中有效氮。

● 对于不种植豆类覆盖作物而只种植经济谷物的农场，最好在种植前施用保守量的氮肥，然后利用土壤检测判断是否需要更多的肥料。这在不能依靠降雨快速将肥料运送至植物根系的地区尤为重要。PSNT 检测提供了一个备选方案，使农民能够更保守地施用种植前的肥料，以填补之后可能出现的土壤肥力不足。请注意，如果田地在种

❶ Deep South 美国南部诸州特别是乔治亚州、阿拉巴马州、密西西比州、路易斯安那州和南卡罗来纳州。——译者注

植前肥料是条施的（如无水氨），测试结果可能会因是否从条施带中采集土壤样品而变异很大。

其他土壤的氮检测。在湿润地区，没有其他可以广泛使用的土壤氮素有效性检测方法。中西部的一些州提供的植物种植前硝酸盐检测，要求在春季取样2英尺。多年来，伊利诺伊州的土壤氮素检测（illinois soil nitrogen test，ISNT）引起了人们的广泛关注，ISNT测定的是土壤氨基糖中的氮，不幸的是这个方法并不可靠，不能用来预测植物是否需要额外的氮。在中西部六个州进行的一项评估得出的结论是，不能精确推荐氮肥。另一项检测涉及将可溶有机氮和可溶性碳与土壤再变湿时产生的二氧化碳结合起来。这些试验，不论单独或联合进行，尚未被广泛用于预测田间条件下的氮需求。

在美国较干燥的地区，在没有土壤测试的情况下，许多赠地大学实验室使用有机质含量来帮助调整氮肥肥料推荐量。自20世纪60年代以来，已成功地进行了一次硝酸盐土壤检测，要求采样深度达到2英尺或2英尺以上。这种深层土壤样品的采集可在种植季来临之前的秋天或早春进行，因为此时淋溶和反硝化损失都很低，活性有机质含量也很低（几乎没有有机质矿化来的硝酸盐）。此时可同时采集用于其他养分和pH检测的土壤样品。

21.5 传感和建模检测氮缺乏

由于氮肥管理对许多常见作物（玉米、小麦、水稻、油菜等）来说是一项挑战，也是一项昂贵的投入，因此开展了大量的新技术的研究，使农民或顾问能够评估作物在该季节的氮素状况。通常使用四种类型的方法：

● 叶绿素仪是一种手持设备，可间接估算作物叶片中的叶绿素含量，这是作物氮素状况的指标（图21.3，左图）。它需要实地考察和足够的叶片取样来代表田间的不同区域。它们主要用于谷物的最终肥料施用，特别是针对特定蛋白质含量的肥料施用。

● 树冠反射传感器可以是手持或安装在其他装置上的设备，在不接触树叶的情况下测量反射率（图21.3，右图）。两者都能在近红外和红色（或红色边缘）波段感知作物冠层的光反射特性，这可能与作物生长和氮吸收有关。安装设备时，允许在整个现场进行便携式调整氮施用量，在大多数情况下，还需要在现场建立高氮参考条，用于校准传感器。这些传感器没有成像；换句话说，它们不创建像素地图，但可以将它们与GPS连接在地里绘制图表。

图21.3　用于测量叶片和冠层氮状况的田间传感器

左图：叶片叶绿素（SPAD）传感器。柯尼卡美能供图；右图：近端树冠传感器。Trimble农业公司供图

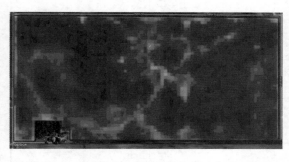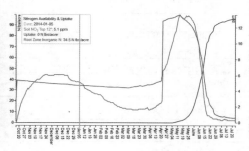

图21.4　左图：基于卫星的作物氮状况传感图像（在雨季，绿色区域比蓝色区域需要更多的氮）；右图：使用模型监测土壤氮状况

Yara International 供图

● 卫星、飞机或无人机图像可用于提取与作物氮状态相关的反射率信息（图21.4，左图），通常也使用近红外和红色/红色边缘带，分辨率在10～30米（30～90英尺）范围内。

● 计算机模型模拟农田的氮素动态，并允许每天估算土壤和作物的氮素状况（图21.4，右图）。

作为推动作物生产数字化技术的一部分，这些工具正在不断发展中。每种技术都有其优点和缺点，具有不同的精度水平。计算机模型的使用相对便宜且可在不同尺度扩展。它允许日常监测，并善于将其他数据源整合到施肥建议中，但不涉及直接的实地观察。卫星图像通常每隔几天就提供一次，但受到云层的高度影响，云层可能会在施肥关键决策时期阻碍场地观测。飞机和无人机成像可以避免云层问题，但成本更高。叶绿素仪是一种现场测量，与PSNT一样，可在大田重复测量，但相对来说劳动密集且成本高昂（但在小面积田块，种植高价值作物时更具吸引力）。冠层反射传感器通常在施氮季节使用一次或两次，但不用于连续监测。

21.6   土壤磷检测

磷的土壤测试程序不同于氮。进行磷含量检测时，通常会在秋季或早春耕作前进行耕层土壤取样，并对样品进行磷、钾，有时还有其他养分（如钙、镁和微量元素）和pH值分析。有效磷的测试方法因地区而异，有时因州而异（表21.1）。对于同一土壤不同的土壤检测结果其相对检测值通常是相似的（例如，通过一种方法检测出土壤含磷量高，另一方法也会得到同样的结果），但实际的绝对数值可能不同（表21.2）。

表21.1   美国不同地区的土壤磷测试

地区	土壤磷的测试方法
干旱和半干旱的中西部、西部和西北部	Olsen
	AB-DTPA
潮湿的中西部，大西洋中部，加拿大东南部和东部	Mehlich 3 Bray 1（也称为 Bray P-1 或 Bray-Kurtz P）
中北部和中西部	Bray 1（也称为 Bray P-1 或 Bray-Kurtz P）
华盛顿和俄勒冈州	酸性土壤 Bray 1 碱性土壤 Olsen
东南大西洋中部	Mehlich 1
东北（纽约和新英格兰大部分地区），爱达荷州和华盛顿的一些实验室	Morgan 或者修正的 Morgan，Mehlich 3

注：修改自 Allen、Johnson 和 Unruh 等（1994）。

表21.2   不同土壤磷测试方法的解释范围[1]

土壤磷的测试方法	低和中	最佳	高
Olsen	0 ~ 11	11 ~ 16[2]	> 16
Morgan	0 ~ 4	4 ~ 10	> 10
Bray 1（Bray P-1）	0 ~ 25	25 ~ 45	> 45
Mehlich 1	0 ~ 20	20 ~ 40	> 40
Mehlich 3	0 ~ 30	30 ~ 50	> 50
AB-DTPA（用于灌溉作物）	0 ~ 8	8 ~ 11	> 12

[1] 个别实验室可能对这些类别使用不同的范围或使用不同的分类名称。另请注意：单位为 μg/g，建议使用的范围因州而异；低和中表示通过添加磷肥提高产量的可能性从高到中等；优化结果表明，增施磷肥增产的可能性较低；土壤测试水平高表明径流中磷污染的可能性增加。一些实验室还列出了"很高"的分类栏。

[2] 如果土壤是钙质的（土壤中含有游离碳酸钙），Olsen 土壤试验"最佳"范围将更高，当土壤测试磷含量超过 25μg/g 时，可不施用磷肥。

磷的各种土壤检测方法中包含新近施用的粪肥中所含的大部分有效磷以及土壤矿物中有效磷的量。但是，如果土壤中有大量来自于前几年的作物残留物或粪肥添加的活性有机质，那么植物可利用的有效磷可能比土壤检测值要高。（尽管没有类似氮测定的季节内磷检测的方法，PSNT反映了有机质分解所带来的有效氮含量。）

21.7　土壤有机质检测

将土壤检测有机质含量与本书中讨论的有机质含量进行比较时，需要注意的是，如果您报告中的有机质测定方法为高温下"重量损失"（减重）所测定的数值，这个数值会高于用传统的湿化学法所测的值。当用湿化学法测定土壤有机质含量为3%时，用"减重"法测定的数值在4%～5%之间。大多数实验室使用减重法测得数据后用一个修正系数得到与湿化学法接近的近似值。虽然这两种方法都可以用来跟踪土壤有机质的变化，但是当比较不同实验室中样品的土壤有机质时，最好确保采用相同的测定方法。不幸的是，尽管评估有机质很重要，但其测定方法的标准化程度仍然很低，不同实验室间的变异性仍然很高。因此，如果您想评估田块中有机质的变化，最好每年都在同一个实验室进行测试。

现在实验室可以测定土壤中各种各样的活性生物。虽然它比传统的养分或有机质检测要贵很多，但通过检测可以获得土壤中真菌和细菌的数量（重量），并获得其他生物的分析结果。（除基本土壤肥力分析外，还进行其他检测的实验室见"资源"部分。）

21.8　土壤pH值、石灰需求量的检测

第20章讨论了土壤pH值及其变化方式。如果土壤pH值较低，表明其为酸性，确定施用石灰量的常用方法之一是将土壤样品置于化学缓冲液中，并测量酸性土壤能够降低缓冲液pH值的量。请记住，这与土壤pH值不同，土壤pH值指示是否需要施用石灰。缓冲液pH值的变化程度表明需要施用多少石灰才能将土壤pH值提高到所需水平。

21.9　土壤检测结果解释

下面是五个土壤检测实例，讨论了检测结果告诉了我们什么，以及农民应采取哪些措施以满足这些土壤上生长的植物的营养需求，同时为常规种植农民和有机生产者

提供建议。这些只是建议——还有其他令人满意的方法来满足作物在土壤上生长的需要。这些土壤检测案例来自美国各地,采用了不同的检测方法。在本章末尾给出了与一般肥力类别相关的常用土壤检测数值的解释(见表21.3和表21.4)。许多实验室评估了在pH=7(甚至更高)时的阳离子交换量。因为我们认为土壤当下的CEC最有意思(见第二十章),CEC是通过交换性盐基的加和来估计的。土壤酸性越强,当下的CEC和接近pH=7时的CEC之间的差异就越大。

表21.3　各种提取液的土壤检测类别

A. 修订的 Morgan 溶液(佛蒙特州)

类别	非常低	低	最佳	高	过量
对添加养分的响应概率	非常高	高	低	非常低	
有效磷(μg/g)	0～2	2.1～4.0	4.1～7	7.1～20	
K(μg/g)	0～50	51～100	101～130	131～160	>160
Mg(μg/g)	0～35	36～50	51～100	>100	

B. Mehlich 1 溶液(阿拉巴马州)[①]

类别	非常低	低	最佳	高	过量
对添加养分的响应概率	非常高	高	低	非常低	
有效磷(lbs/A)	0～6	7～12	13～25	26～50	>50
K(lbs/A)	0～22	23～45	160～90	>90	
Mg(lbs/A)[②]		0～25	>50		
番茄需求的 Ca(lbs/A)[③]	0～150	151～250	>500		

　　① 壤土(CEC值为4.6～9),来自:阿拉巴马州农业实验站。2012阿拉巴马州作物营养推荐表。农学和土壤系列第324B号。
　　② 针对CEC大于4.6me/100g的土壤上生长的玉米、豆类和蔬菜。
　　③ 针对CEC范围为4.6～9.0me/100g的土壤上生长的玉米、豆类和蔬菜。

C. Mehlich 3 溶液(北卡罗来纳州)[①]

类别	非常低	低	最佳	高	过量
对添加养分的响应概率	非常高	高	低	非常低	
有效磷(μg/g)	0～12	13～25	26～50	51～125	>125
K(μg/g)	0～43	44～87	88～174	>174	
Mg(μg/g)[②]	0～25	0～25	>25		

　　① 摘自 Hanlon(1998)。
　　② CEC的百分比也是一个考虑因素。

D. K和Mg采用中性乙酸铵溶液、P采用Olsen或Bray-1（内布拉斯加州[P和K]，明尼苏达州[Mg]）

类别	非常低	低	最佳	高	过量
对添加养分的响应概率	非常高	高	低	非常低	
P（Olson，μg/g）	0～3	4～10	11～16	17～20	＞20
P（Bray-1，μg/g）	0～5	6～15	16～24	25～30	＞30
K（μg/g）	0～40	41～74	75～124	125～150	＞150
Mg（μg/g）	0～50	0～50	51～100	＞101	＞101

表21.4　氮检测的土壤检测分类

A. 根部侧追肥前硝酸盐检测（PSNT）[①]

分类	非常低	低	最佳	高	过量
对添加养分的响应概率	非常高	高	低	非常低	
硝态氮（μg/g）	0～10	11～22	23～28	29～35	＞35

① 玉米生长高度到6～12英尺时土壤养分采样深度为1英尺。

B. 深层（4英尺）硝酸盐检测（内布拉斯加州）

分类	非常低	低	最佳	高	过量
对添加养分的响应概率	非常高	高	低	非常低	
硝态氮（μg/g）	0～6	7～15	15～18	19～25	＞25

异常土壤检测

我们经常会遇到非常规的土壤检测结果。下面给出几个例子及其典型原因：

● 土壤磷含量非常高：多年大量施用家禽或其他粪便。

● 潮湿地区的土壤盐浓度非常高：在雨水无法浸出盐分的高架温室中，或在使用除冰盐的道路附近，使用了大量家禽粪便。

● 相对于钾和镁而言，土壤钙含量非常高，pH值也非常高的：大量使用石灰稳定性污泥。

● 考虑到土壤的质地和有机质含量，钙含量非常高：土壤含有游离石灰石，使用酸溶液（如Morgan、Mehlich 1或Mehlich 3）提取导致一些石灰溶解。

● 土壤pH＞7，磷非常低：在碱性钙质土壤上使用酸提取剂，如Mehlich 1或Mehlich 3；土壤中和了大部分酸，因此提取磷量很少。

以下是四个土壤测试，紧接着的是视特定情况而定的修正建议。

土壤检测1

（新英格兰）

土壤检测1报告摘要[①]

农场名称：North　　　　　采样日期：9月（PSNT采样时间：次年6月）

土壤类型：砂壤土　　　　　添加粪肥：无

种植历史：各种蔬菜　　　　种植作物：各种蔬菜

检测项目	磅/英亩[②]	µg/g[②]	评级	建议总结
P	4	2	低	P_2O_5 50～70磅/英亩
K	100	50	低	K_2O 150～200磅/英亩
Mg	60	30	低	施用石灰（见下文）
Ca	400	200	低	施用石灰（见下文）
pH	5.4			需要石灰材料
缓冲pH[③]	6			2吨白云石灰岩/英亩
CEC[④]	1.4 me/100g			
OM（有机质）	1%			添加有机物：堆肥、覆盖作物、动物粪肥
PSNT	5		低	侧施N80～100磅/英亩

① 通过改良Morgan溶液提取营养元素（解释见表21.3A）。

② 一些实验室以磅/英亩为单位报告结果，而有些实验室以µg/g为单位报告结果。

③ 添加到缓冲溶液中的土壤样品的pH值；pH值越低，需要的石灰越多。

④ CEC为盐基总和。如果将测定的"交换性酸度"添加到盐基总和中，估算的CEC可能会翻一番。

注：P=磷；K=钾；Mg=镁；Ca=钙；OM=有机质；me=毫当量；PSNT=预先侧施硝酸盐检测法；N=氮。

根据土壤测试，我们能对1号土壤做出什么判断？

● pH表明土壤对大多数农作物来说，它的酸性太强，因此需要施用石灰。缓冲液pH值表明，要将pH值提高到6.5，每英亩大约需要2吨白云石灰岩。

● 磷含量低，钾、镁和钙也是如此，所有这些都应施用。

● 土壤有机质低，其活性有机质也可能较低（PSNT检测指示值低，见表21.4a），需要施氮。（PSNT是在作物生长过程中完成的，因此很难使用粪肥来提供监测结果显示的额外的氮需求。）

● 低有机质和低CEC的组合指示土壤的质地粗糙。

对传统种植者的建议：

1.如果可能，在秋天以2吨/英亩的量施用白云岩质石灰石（如果可能的话，将其翻入土壤中并种植覆盖作物）。这将在提高土壤酸碱度的同时，满足钙和镁的需求。它还将有助于提高土壤磷的可利用性，并增加任何添加磷的有效性。

2.因为在检测前不使用粪肥，所以需要撒施大量的磷酸盐（P_2O_5大约50～70磅/英亩）和钾肥（K_2O大约150～200磅/英亩）。一些磷酸盐和钾肥也可以用于底肥（条施）。通常情况下，N也包括在底肥中，因此使用大约300磅的10-10-10肥料是合理的，这相当于每英亩可施用30磅的氮肥、30磅的磷酸盐和30磅的钾肥。如果要使用这种比例的底肥，再撒施400磅/英亩的0-10-30散装复合肥料。综合起来，每英亩将提供30磅氮肥、70磅磷酸盐和150磅钾肥。

3.如果只有钙质（低镁）石灰石可用，则使用散装混合硫酸镁钾作为钾肥同时供应镁。

4.对于玉米或西红柿等要求高氮的作物应追肥，可侧施80～100磅/英亩（或更多）氮肥。每英亩使用大约220磅尿素将可提供100磅氮。

5.使用各种中长期策略来提升土壤有机质，包括使用覆盖作物和动物粪肥。每英亩使用约20吨（湿重）的固体牛粪或其等效物可以满足土壤上作物的大部分营养需求。最好在种植前的春天施用。如果施用了粪肥，PSNT测试可能会高出许多，大约25μg/g。

对有机生产商的建议：

1.使用白云岩质石灰石来提高pH值（如上文对常规种植的农民的建议），它还将有助于提高土壤磷的可利用性，以及增加任何添加磷的有效性。

2.施用2吨磷矿石或1吨磷矿石和2.5吨家禽粪便的组合。

3.如果不施用磷矿石仅使用家禽粪便来提高磷水平，每英亩添加2吨堆肥，以提供一些持久的营养和腐殖质。如果仅使用磷矿石来提供磷而不施用家禽粪，则使用牲畜粪便和堆肥（添加氮、钾、镁和一些腐殖质）。

4.建立一个与培土作物和豆类覆盖作物的良好轮作体系。小心使用粪肥。虽然有机认证机构允许使用未经堆沤的肥料，但也有限制。根据《食品安全现代化法案》（FSMA），现在对所有种植粮食作物的农场（无论是否是有机农场），都要对施用未经堆沤的肥料进行管理。例如，在施用未经堆沤的粪肥和收获食用部分与土壤接触的作物，以及积累硝酸盐的作物（如绿叶蔬菜或甜菜）之间需要间隔4个月。在施用未经腐熟的粪肥和收获其他粮食作物之间需要间隔3个月的时间。这些FSMA规则适用于年销售额超过25000美元的所有农场。

土壤检测2

（中西部潮湿地区）

土壤检测2报告摘要[①]

农场名称：＃12　　　　　　　采样日期：12月（不采集PSNT样本）

土壤类型：黏土（排水较差）　　添加粪肥：无

种植历史：连续种植玉米　　　　种植作物：玉米

检测项目	磅/英亩[②]	μg/g[②]	评级	建议总结
P	20	10	非常低	30磅P_2O_5/英亩
K	58	29	非常低	200磅K_2O/英亩
Mg	138	69	高	无
Ca	400	200	·高	无
pH	6.8			不需要撒施石灰
CEC	21.1me/100g			
OM	4.3%			轮作饲料豆类作物
N	没有氮的土壤检测			N 100 ~ 130磅/英亩

① 所有养分使用Mehlich 3溶液测定（见表21.3c）。

② 美国中西部大多数大学实验室报告结果单位是μg/g，私人实验室使用的单位是磅/英亩，注：P=磷；K=钾；mg=镁；Ca=钙；OM=有机质；me=毫当量。

根据土壤测试，我们能对2号土壤做出什么判断？

● 土壤pH值高表明该土壤不需要添加任何石灰。

● 磷和钾含量低。（注：根据所用土壤测试Mehlich 3，每英亩20磅磷含量属于较低水平。如果另一个测试，例如使用Morgan方法，每英亩20磅磷则被视为偏高）。

● 有机质相对较高。然而，考虑到这里的土壤是排水不良的黏土，数值应该更高。

● 约一半的CEC可能来自于有机质，其余可能来自于黏土。

● 钾含量低表明该土壤最近可能没有施用很多的粪肥。

● 没有对氮进行检测，但考虑到玉米田的连续种植历史和粪肥施用较少，可能需要添加氮肥。

● 种植历史表明，其可以为作物提供氮的活性有机物量较低（没有开展多年生豆科牧草的轮作，没有施用粪肥），有机物含量适中（考虑到土壤为黏土）。

一般建议：

1.这片土地应该增加轮作种植多年生牧草。

2.如果要种植饲料作物，可能需要在种植前撒播大约30磅的磷酸盐和200磅或更多的钾肥。如果再种植玉米，需要施用玉米所需的全部量的磷酸盐和30～40磅的钾肥作底肥。尽管仅仅基于盐基离子饱和比系统建议，镁占有效CEC的3%左右，含量偏低，但添加镁肥几乎不可能提高作物产量或品质。

3.如果要种植高氮需求作物如玉米，需要施用大量的氮肥（100～130磅/英亩）。如果没有开展生长季内的土壤检测（如PSNT），则应在种植前施用一些氮肥（约50磅/英亩），一些做种植时的底肥（采取条施）（约15磅/英亩），一些做追肥侧施（约50磅/英亩）。

4.满足作物需求的一种方法：

a.每英亩撒施500磅11-0-44散装混合肥料；

b.每英亩使用300磅5-10-10混合肥做底肥；

c.每英亩用150磅硝酸铵做追肥。

这将提供大约120磅的氮、30磅的磷酸盐和210磅的钾肥。

对有机生产商的建议：

1.每英亩施用2吨磷灰石（以满足磷的需要）或1吨磷灰石和3～4吨家禽粪便的混合物。

2.如果使用磷灰石和家禽粪便的混合来满足磷的需求，每英亩需使用400磅的硫酸钾，在种植前撒施。

3.小心使用粪肥。虽然有机认证机构允许使用未经堆沤的肥料，但也有限制。根据《食品安全现代化法案》（FSMA），现在对所有种植粮食作物的农场（无论是否是有机农场），都要对施用未经堆沤的肥料进行管理。例如，在施用未经堆沤的粪肥和收获食用部分与土壤接触的作物，以及积累硝酸盐的作物（如绿叶蔬菜或甜菜）之间需要间隔4个月。在施用未经腐熟的粪肥和收获其他粮食作物之间需要间隔3个月的时间。这些FSMA规则适用于年销售额超过25000美元的所有农场。

土壤检测3

（阿拉巴马州）

土壤检测报告摘要[①]

农场名称：River A　　　　　　采样日期：10月

土壤类型：砂壤土　　　　　　添加肥料：往年的家禽粪便

种植历史：连续种植棉花　　　种植作物：棉花

检测项目	磅/英亩[②]	μg/g[②]	土壤测试评级	建议总结
P	60	30	非常高	无
K	166	83	高	无
Mg	264	132	高	无
Ca	1158	579		无
pH	6.5			不需要撒施石灰
CEC	4.2 me/100g			
OM	未进行测试			使用豆类覆盖作物，考虑作物轮作
N	没有氮的土壤检测			N 70 ~ 100磅/英亩

① 使用 Mehlich 1 溶液测定所有营养需求（见表21.3b）。

② 阿拉巴马州以磅/英亩为单位报告养分。

注：P=磷；K=钾；mg=镁；Ca=钙；OM=有机质；me=毫当量。

根据土壤检测，我们能对3号土壤做出什么判断？

● 土壤的pH值为6.5，土壤不需要添加任何石灰。

● 磷、钾和镁足够。

● 与钙相比，镁高（镁占CEC的26%以上）。

● pH=6.5时CEC低，表明有机物含量可能在1% ~ 1.5%左右。

一般建议：

1.不需要施用磷肥、钾肥、镁肥或石灰。

2.应该施氮肥，可以是分施，每英亩施氮总量约为70 ~ 100磅。

3.该田块可开展轮作，如棉花-玉米-花生以及冬季覆盖作物。

对有机生产商建议：

1.尽管家禽或奶牛粪便可以满足作物的需要，但这也意味着要在已经高磷的土壤上施用磷。如果种植越冬豆类覆盖作物（见建议2）没有可能性，大约15 ~ 20

吨的奶牛粪便（湿重）就足够了。另一种在不增加磷的情况下提供部分作物所需的氮的方法是使用智利硝酸盐，直到与豆类作物形成良好的轮作。

2.如果时间允许，种植一种高氮豆科作物，如毛苕子或绛三叶草（或绛三叶草/燕麦混合物），为经济作物提供氮。

3.开发良好的轮作方式，以便在轮作作物和覆盖作物之间给非豆科作物提供所需的全部氮。

4.小心使用粪肥。虽然有机认证机构允许使用未经堆沤的肥料，但也有限制。根据《食品安全现代化法案》（FSMA），现在对所有种植粮食作物的农场（无论是否是有机农场），都要对施用未经堆沤的肥料进行管理。例如，在施用未经堆沤的粪肥和收获食用部分与土壤接触的作物，以及积累硝酸盐的作物（如绿叶蔬菜或甜菜）之间需要间隔4个月。在施用未经腐熟的粪肥和收获其他粮食作物之间需要间隔3个月的时间。这些FSMA规则适用于年销售额超过25000美元的所有农场。

土壤检测4

（半干旱大平原）

土壤检测4报告摘要[1]

农场名称：Hill　　　采样日期：4月

土壤类型：粉质壤土　　添加粪肥：未显示

种植历史：未指明　　　种植作物：玉米

检测项目	磅/英亩	μg/g	土壤测试评级	建议总结
P	14	7	低	无
K	716	358	非常高	无
Mg	340	170	高	无
Ca		未测定		无
pH		8.1		不需要撒施石灰
CEC		未测定		
OM		1.8%		使用豆类覆盖作物，考虑作物轮作
N		5.8μg/g		N 170磅/英亩

① 中性乙酸铵提取钾和镁，Olsen溶液提取P（见表21.3d）。

注：P=磷；K=钾；mg=镁；Ca=钙；OM=有机质；me=毫当量；N=氮，在表面至2英尺的样品中测定残余硝酸盐。

根据土壤检测，我们可以对4号土壤有多少了解？

● 土壤pH值8.1，表明该土壤很可能是石灰质的。

● 磷含量低，镁含量充足，钾含量很高。

● 虽然没有测定钙，但石灰性土壤中会有大量钙。

● 对于粉质壤土来说，1.8%的有机物含量较低。

● 氮检测表明残余硝酸盐含量较低（表21.4b），考虑到有机质含量较低，预计氮矿化量较低。

一般建议：

1.不需要施用钾肥、镁肥或石灰。

2.每英亩应施用大约170磅氮，由于该地区的淋溶较少，大部分氮于种植前施用，约30磅作为底肥（种植时）。使用每英亩300磅的10-10-0底肥可以满足所有的磷需求（见建议3），在幼苗发育期再施一些氮。撒施和翻入260磅尿素（或在地下施用液态氮）将提供120磅氮。

3.每英亩大约需要20～40磅磷酸盐。施用较少的磷肥作为底肥，因为局部施用会使作物更有效地使用肥料。如果撒施磷酸盐，则需要40磅的施用量。

4.这里的土壤有机质含量需要提高。该地块应该和其他作物轮作，并应该定期种植覆盖作物。

对有机生产商的建议：

1.由于磷矿石不溶于高pH值土壤，因此不是一个好选择。施用家禽粪肥（约6吨/英亩）或奶牛粪肥（湿重约25吨/英亩）可满足作物对氮和磷的需求。这意味着施用的磷比作物需要的磷多，且增加了大量的钾肥（土壤钾含量已经处于非常高的水平）。鱼粉可以是不含有钾的氮肥和磷肥的良好来源。

2.需要制定一个提升土壤有机质的长期战略计划——更好的轮作，采用覆盖作物，并将有机残体输入到农场。

3.小心使用粪肥。虽然有机认证机构允许使用未经堆沤的肥料，但也有限制。根据《食品安全现代化法案》（FSMA），现在对所有种植粮食作物的农场（无论是否是有机农场），都要对施用未经堆沤的肥料进行管理。例如，在施用未经堆沤的粪肥和收获食用部分与土壤接触的作物，以及积累硝酸盐的作物（如绿叶蔬菜或甜菜）之间需要间隔4个月。在施用未经腐熟的粪肥和收获其他粮食作物之间需要间隔3个月的时间。这些FSMA规则适用于年销售额超过25000美元的所有农场。

21.10　调整土壤检测建议

具体建议必须依据种植作物以及特定土壤-气候-作物系统的其他特性进行调整。大多数土壤检测报告会使用您提供的有关有机肥使用历史和以前种植作物的信息，根据您的情况提供一般建议。但是，即便您对土壤检测的解释感到满意，您可能还想根据特定需要调整建议。如果在随土壤样本一起发送表单后，您决定施用粪肥，会发生什么？另外，您通常得不到豆类作物所产生氮的数据，大多数的问卷甚至不会问起豆类作物种植情况。表21.5给出了豆类作物和粪肥的有效养分量。如果您不想每年进行土壤检测，而您收到的建议只是针对当前年份，您需要弄清楚下一年或两年要施用什么，直到再次开展土壤检测工作。

表21.5　粪肥和豆类作物的有效养分量

豆类覆盖作物[①]	N/（磅/英亩）		
毛苕子	70 ~ 140		
深红色三叶草	40 ~ 90		
红白三叶草	40 ~ 90		
苜蓿	30 ~ 80		
粪肥[②]	N	P_2O_5	K_2O
	磅/吨		
牛粪	6	4	10
家禽	20	15	10
猪粪	6	3	9

① 有效氮量随生长量的变化而变化。
② 养分量因饲料、储存和使用方法而异。
注：本表中给出的数量略低于表12.1中给出的总量。

调整肥料建议工作表[①]

土壤检测推荐（磅/英亩）	N	P_2O_5	K_2O
	120	40	140
考虑土壤的贡献。只有在随土壤样本一起发送的表格中填写粪肥和前茬作物信息时，才考虑其对养分的贡献			
其他来源的养分贡献			
（仅在从实验室收到的建议中未加以考虑以下因素的情况下使用。）			

土壤检测推荐（磅/英亩）	N	P$_2$O$_5$	K$_2$O
	120	40	140
前茬作物（已考虑）	0		
粪肥（10吨，6磅N，2.4磅P$_2$O$_5$，9磅K$_2$O/吨，假设当年粪肥中60%的氮、80%的磷和100%的钾可用）	−60	−24	−90
覆盖作物（中等生长的深红色三叶草）	−50		
需要化肥补充的养分	10	16	50

① 这个工作表基于以下的情景：
前茬作物＝玉米
覆盖作物＝绛三叶草，但生长量小到中等
粪肥＝10吨奶牛粪肥，每吨含10磅N、3磅P$_2$O$_5$和9磅K$_2$O
（土壤样本送去实验室后才决定施用粪肥，检测报告将不会将这部分养分考虑在内。）

仅仅基于土壤检测的单一建议，并不是万能的。例如，您的直觉可能会告诉您检测结果太低（肥料推荐量太高）。假设您在种植前每英亩撒施了100磅的氮肥，而当季硝酸盐测试（PSNT）推荐使用更多的氮肥，即使没有足够的降雨淋溶硝酸盐或反硝化作用，也会造成大量损失。在这种情况下，您可能并不想采用测试结果给出的推荐肥料用量。另一个例子：土壤检测中的钾含量低，比如说40μg/g左右（每英亩80磅），肯定意味着您应该施钾。但是您应该用多少呢？您应该何时以及如何施用呢？针对这两个问题，在不同情况下答案可能不同。在有机质低的沙质土壤上，在生长季节通常会出现大量降雨，在这种情况下，如果在前一个秋季或早春施用，钾可能会被淋溶；在有机质高的黏壤土上，土壤CEC高并能固定秋季施用的钾。在这种情况下，就需要使用实验室的建议，这些建议是针对您所在的州或地区的土壤情况和种植制度制定的。这还表明您可能需要针对您的具体情况修改建议。

21.11　调整施肥量

如果没有向土壤检测实验室提供有关种植历史、覆盖作物和肥料使用情况的信息，检测报告的肥料建议则不会考虑这些因素。"调整肥料建议工作表"是一个如何修改报告建议的示例。新开发出的计算机模型，它可以将此类信息（土壤测试结果、施肥、前茬轮作作物和覆盖作物以及增效产品）与其他土壤、管理和天气数据整合起来，以更好地估计各种氮源的综合动态影响并可以精细微调施肥。

21.12　管理田间养分变异

许多面积大的田块的土壤类型和肥力水平存在相当大的差异。在这些情况下，使用变量控制技术对作物养分和石灰进行定点施用具有经济和环境上的优势。由于粪肥和化肥的施用不均匀、土壤自然变异性和作物产量不同，土壤pH值、磷和钾在大面积的农田中常常表现出相当大的变异。土壤氮素水平也可能因同一田块上不同的有机质水平和排水不同而变化。使用现有的变量控制技术，很容易实现将不同用量的氮肥精确地施入分隔的田块。如上所述，便携式传感器、模型和卫星图像可用于指导各种应用工具（图21.3和图21.4）。

除非使用自动传感器和模型来确定氮肥需求，其他定点管理需要在田间收集多个土壤样本，然后单独进行分析。这在使用精确农业技术——如全球定位系统、地理信息系统和变量控制施肥器进行采样和施用时非常有用，但是使用传统的施用技术行之有效（可以很容易地通过调整施肥机械的行进速度来改变施肥量）。

通常建议采用2.5～5英亩的网格采样，特别是对于那些施用了不同粪肥和化肥施用量的田地。在一些地区采用一英亩的网格采样。建议的采样路线称为"未对齐采样"（unaligned，非直线采样），网格点不遵循直线原则，这样做的目的是更好地了解整个田地，因为您可能会全然未知地采集到施肥机械发生故障的土壤点。网格点路线的设计可以使用精确农业软件包，也可以通过确保采样点是从规则网格上随机偏离网格线几英尺来获取（图21.5）。网格采样仍然需要在每个网格点周围约30英尺的区域内采集10到15个单独的核心点。田间采样单位也可以根据土壤类型（根据土壤调查地图）和地形位置来确定。

不是每次土壤检测都需要网格取样，这是一个昂贵且耗时的过程；但建议在较大面积的田地中，至少在每次需要施用石灰的时候或者每隔5～8年，轮流评估较大范围特定地块的养分水平。有时，抽样是根据土壤调查的制图单位完成的，但在许多情况下，肥力模式并不遵循土壤图。最好先使用网格，然后评估将来是否可以使用绘制的土壤带。

图21.5　用于变量控制技术的未对齐采样网格

正方形表示3至5英亩的管理单元，圆圈表示用来采集10至15个样品点的采样区域

21.13 测试高架温室栽培土壤

在高架温室种植蔬菜已成为一种提高作物品质和产量、延长生长季的方法。与农田相比，这些非永久性结构提供了超级好的作物生长条件，能够抵御低温、高温（增加了遮阳，可打开通风口功能）和降雨，并能够最适化土壤水分和养分。温室大小不一，但通常为20～30英尺宽、100～200英尺长，呈尖顶或哥特式形状，最高可达10～15英尺。它们被温室塑料覆盖，以被动或机械方式进行加热和通风。滴灌是标配，但表面覆盖物差异很大。常规种植者可能会使用混合的生根基质，例如岩棉、泥炭混合料或其他适合容器培养的材料。有机种植者必须在土壤中种植作物，因此高架温室通常搭建在优质土壤上，大幅度改良后以实现高产所需的肥力水平。高架温室番茄经常嫁接到温室番茄砧木上，以避免土传病害并增强植物活力。

凭借较长的生长季节，良好的栽培习惯、病虫害管理和充足的营养，西红柿的产量可达到室外产量的数倍，每英亩可达60～80吨。如此大的产量所需的养分总量令人印象深刻：相当于每英亩氮200～300磅、磷酸盐（P_2O_5）300～400磅和钾肥（K_2O）700～900磅。许多菜农在夏季作物（最常见的是西红柿）之后种植菠菜、羽衣甘蓝、生菜和芥末等蔬菜，这样可以在寒冷的冬季收获新鲜的绿色蔬菜，并一直种植到下一个夏季作物。由于高架温室需要高营养水平，基于常规"田间土壤测试"（使用提取物来估计土壤固持养分的有效性）的肥料建议必须上调。此外，由于移栽作物在放入高架温室后会马上快速生长，并且因为雨水不会从土壤中浸出盐，因此"盆栽土壤测试"（例如饱机制提取物）也很有用。该测试测量水溶性养分水平（即时有效的营养元素），包括硝态氮和铵态氮，以及盐度（总盐分）水平。

21.14 无土壤测试下的营养推荐

尽管在农业发达的国家土壤和植物组织测试很常见，但许多地方的土壤测试和组织分析要么过于昂贵，要么在后续分析方面仍具挑战性。查看叶片变色模式可能是许多作物缺乏症的良好诊断方法（请参阅第23章中有关养分缺乏症状的讨论），但症状通常只有当养分严重缺乏时才会明显。检测氮的一种简单方法是使用叶色卡（已经有打印版的叶色卡或使用移动应用程序；图21.6），适用于水稻、小麦和玉米。

图21.6　国际水稻研究所（IRRI）水稻氮素评价叶色卡
IPNI供图

在没有做土壤测试的情况下的剩余的方法是根据我们在"积累和维持方法"中讨论的基于作物移除来估计肥料需求。采用这种方法时，产量乘以作物养分去除系数，以得出建议并防止土壤长期养分耗竭。在许多其他情况下，获得信贷或其他资源有限的农户只使用他们能负担起的肥料，而这通常低于最佳施肥量水平。

21.15　总结

对土壤酸度和养分有效性的常规土壤测试为管理土壤肥力提供了极其宝贵的信息。土壤测试结果提供了一种方法，可以就化肥和各种改良剂（如石灰、粪肥和堆肥）的施用做出合理的决定。这是确定土壤是否太酸的方法，如果土壤确实太酸，可以确定需要多少石灰材料才能将其提高到种植的作物所需的pH值范围（偶尔会使用酸性材料来降低pH值）。定期测试土壤（至少每三年一次）应该成为所有种植作物的农场管理系统的一部分。这可以让人们跟上农场的变化，并可以发出预警，提醒种植户采取相应措施。

使用适合您所在的地区和州土壤测试实验室。请记住一点，土壤测试并不是100%完美的。建议改善作物营养的可能性：通过添加特定肥料，来确定作物产量或品质提升的可能性是高、中还是低。尽管土壤测试并不完美，不过它仍是指导我们是否需要施用化肥和改良剂的基本工具之一。针对氮肥，作物有效性和施肥建议需要随时制定，这就需要在作物吸收主要时期之前进行土壤或组织测试，并且可以使用模型和传感器来提高测试精度。由于氮是受气象因素影响变异很大的营养元素，这给数据驱动的新技术使用提供了巨大的机会。当实施土壤健康措施时，如添加有机物质、减少耕作、覆盖作物和优化轮作,这些措施也会影响受天气变化影响的氮过程,系统的复杂性也会增加。因此,尽管简单的静态方程仍然是大多数机构推广的作物氮管理的标准方法,但真正的4R-Plus管理需要更好的测试工具。

21.16　附录:基础阳离子饱和比

本章前面讨论了基础阳离子比率体系。本附录旨在为那些对土壤化学感兴趣的人做进一步解释,并更深入地了解盐基比率(BCSR)系统。

> 在数据很少的情况下,FirmanBear和他的同事们决定采用"理想的"土壤——即"理想的"新泽西土壤——是一种CEC为10me/100克的土壤;pH为6.5;CEC中含有20%H、65%Ca、10%Mg和5%K。事实上,对于大多数作物,这并不是一个糟糕的土壤测试。这意味着每英亩深度为6英寸的土壤中含有2600磅的钙、240磅的镁和390磅的钾可供植物利用。虽然这个特定的比例没有问题(尽管称其为"理想"是错误的),但这个土壤测试结果良好的前提是CEC为10毫克/100克(有效CEC——土壤的CEC实际具有的是8毫克/100克),并且有足够的Ca、Mg和K。

背景

基础阳离子饱和比体系试图按照一定的比例平衡土壤中钙、镁和钾的含量。在早期,研究人员关注的是苜蓿对钾的大量吸收——也就是说,如果钾含量非常高,苜蓿将持续吸收钾,且在一定程度上对于Ca和Mg的吸收也是如此。用现在的标准来看,最初的实验既没有设计好也没有解释好,因此该系统实际上没有什么价值。但此系统的持续使用引起了人们对CEC和基础饱和度的一个基本误解。

BCSR问题

当阳离子水平处于土壤中常见的比例时,试图使它们保持在"理想"且相当小的范围内是毫无意义的。除了在实际操作中存在的问题。以及它通常建议的施肥量高于作物增产和增效所需的化肥量之外,还有一个问题:该系统的基础理论也存在错误,他对CEC和土壤酸度的理解有误,且严重误解和误用了"盐基饱和百分比"(%BS)一词的含义。当定义盐基饱和度百分比时,通常会看到如下内容:

$$\%BS=100\times 可交换阳离子之和 /CEC$$
$$=100\times（Ca^{2+}+Mg^{2+}+K^{+}+Na^{+}）/CEC$$

首先，CEC指的是土壤吸附阳离子的能力，因为有机质和黏土上存在负电荷，所以土壤有吸附阳离子的能力，但外界也可以将这些土壤吸收的阳离子交换成其他阳离子。例如，当镁大量添加到土壤中时，镁等阳离子可以取代（即，交换）CEC上的一个Ca离子或两个K离子。因此，当加入取代的另一个阳离子时，吸附在CEC上的阳离子可以相对容易地被移走。但CEC是如何估计或测定的呢？唯一对农民有意义的CEC是土壤目前的CEC。一旦土壤的pH值远高于5.5（几乎所有农业土壤的pH值都高于这个值，使土壤呈中等酸性到中性或到碱性），整个CEC就会被Ca、Mg和K（以及一些钠和铵）占据：在这些土壤中基本上没有真正可交换的酸（氢或铝）。这意味着在这个正常的pH范围内土壤实际的CEC只是交换性盐基的总和。因此，当酸碱度超过5.5时，没有可交换酸，CEC为100%被盐基饱和。您看懂了吗？

正如我们在本章前面所讨论的，给土壤施用石灰时土壤会随着pH值的增加而产生新的阳离子交换位点（参见"阳离子交换量管理"一节）。使用BCSR系统的实验室要么在较高的pH值下测定CEC，要么使用其他方法来估算所谓的可交换性氢离子量，这显然并不是真正意义上可交换的氢离子。起初对可交换的氢的估算是计算在pH=8.2下中和的氢量。但是，当土壤的pH值为6.5时，或在pH8.2（或pH7或其他相对较高的pH）时这个CEC对你意味着什么？换句话说，当农民管理土壤肥力时，用这种方法测定的盐基饱和百分比与他们面临的实际土壤肥力问题之间毫无关联。那么为什么还要确定并报告一个盐基饱和度百分比，以及被Ca、Mg和K占据的假想的CEC（比实际土壤中高的CEC）的百分比？

如果想要更详细地研究这个问题，请参阅附录参考文献中列出的文献。我们特别注意到2007年的评论文章，该文章得出的结论是："我们对大量研究数据的检查表明，在土壤中常见的范围内，土壤的化学、物理和生物学上的肥力通常不受Ca、Mg和K比率的影响。数据不支持BCSR的观点，继续推广BCSR将导致农业资源利用率低下。"

附录参考文献

Kopittke, P. M. and N. W. Menzies. 2007. A review of the use of the basic cation saturation ratio and the "ideal" soil. *Soil Science Society of America Journal* 71: 259-265.

McLean, E. O., R. C. Hartwig, D. J. Eckert and G. B. Triplett. 1983. Basic cation saturation ratios as a basis for fertilizing and liming agronomic crops. II. Field studies. *Agronomy Journal* 75: 635-639.

Rehm, G. 1994. *Soil Cation Ratios for Crop Production.* North Central Regional Extension Publication 533. University of Minnesota Extension: St. Paul, MN.

参考文献

Allen, E. R., G. V. Johnson, and L. G. Unruh. 1994. Current approaches to soil testing methods: Problems and solutions. In *Soil Testing: Prospects for Improving Nutrient Recommendations*, ed. J.L. Havlin et al., pp. 203-220. Soil Science Society of America: Madison, WI.

Cornell Cooperative Extension. 2000. *Cornell Recommendations for Integrated Field Crop Production*. Cornell Cooperative Extension: Ithaca, NY.

Hanlon, E., ed. 1998. *Procedures Used by State Soil Testing Laboratories in the Southern Region of the United States*. Southern Cooperative Series Bulletin No. 190, Revision B. University of Florida: Immokalee.

Herget, G. W., and E. J. Penas. 1993. *New Nitrogen Recommendations for Corn*. NebFacts NF 93-111. University of Nebraska Extension: Lincoln NE.

Jokela, B., F. Magdoff, R. Bartlett, S. Bosworth and D. Ross. 1998. *Nutrient Recommendations for Field Crops in Vermont*. Brochure 1390. University of Vermont Extension: Burlington, VT

Kopittke, P. M., and N. W. Menzies. 2007. A review of the use of the basic cation saturation ratio and the "ideal" soil. *Soil Science Society of America Journal* 71: 259-265.

Laboski, C. A. M., J. E. Sawyer, D. T. Walters, L. G. Bundy, R. G. Hoeft, G. W. Randall, and T. W. Andraski. 2008. Evaluation of the Illinois Soil Nitrogen Test in the north central region of the United States. *Agronomy Journal* 100: 1070-1076.

McLean, E. O., R. C. Hartwig, D. J. Eckert, and G. B. Triplett. 1983. Basic cation saturation ratios as a basis for fertilizing and liming agronomic crops. II. Field studies. *Agronomy Journal* 75: 635-639.

Penas, E. J., and R. A. Wiese. 1987. *Fertilizer Suggestions for Soybeans*. NebGuide G87-859-A. University of Nebraska Cooperative Extension:Lincoln, NE.

The Penn State Agronomy Guide. 2019-2020. Pennsylvania State University: University Station, PA.

Recommended Chemical Soil Test Procedures for the North Central Region. 1998. North Central Regional Research Publication No. 221(revised) . Missouri Agricultural Experiment Station SB1001: Columbia, MO.

Rehm, G. 1994. *Soil Cation Ratios for Crop Production*. North Central Regional Extension Publication 533. University of Minnesota Extension: St. Paul, MN.

Rehm, G., M. Schmitt, and R. Munter. 1994. *Fertilizer Recommendations for Agronomic Crops in Minnesota*. BU-6240-E. University of Minnesota Extension: St. Paul, MN.

SARE. 2017. How to Conduct Research on Your Farm or Ranch. Available atwww.sare.orgreserch.

Sela. S. and H. M. van Es. 2018. Dynamic tools unify fragmented 4Rs into an integrativen itrogen management approach. J Soil & Water Conserv. 73: 107A-112A.

第二十二章　城市农场、花园以及绿地土壤

从纽约到芝加哥，从委内瑞拉到利马……
屋顶花园和城市蔬菜正在给人们提供新鲜的食物。

——《美国国家地理》

　　当大多数人思考"应该在哪里生产食物"这一问题时，他们通常会把视线放在农村那些大大小小的农场，这些农场中大多数的田块已经进行了数十年或者更久的粮食生产，不会作为住宅用地、商业或者工业用地使用。但在全国各地的城镇，人们对城市粮食生产的兴趣迅速增长，可进行城市粮食生产的场所包括学校和社区花园、非营利性和商业性城市农场。同时，城市绿地、行道树以及后花园都为密集的城市化环境提供了重要的缓解措施，这些绿色环境对于城市居民的整体福祉同样至关重要。

在某些方面，城市农场和绿地的土壤管理类似于农田的土壤管理，例如，需要向土壤提供足够的水分和养分，确保pH值平衡。和农田土壤类似，造成城市土壤退化的主要原因是土壤有机质的损失和交通（施工活动、车辆、行人等）造成的土壤压实。

然而在其他方面，城市土壤管理也区别于农田土壤管理。城市土地过去常常被用作住宅、商业或工业用途，对有抱负的城市农民或园丁来说，这种土壤富有挑战。这是因为城市土壤在一开始生产粮食时往往土壤健康状态差，具体表现在：土壤紧实，有机质含量低，养分有效性低，生物活性和多样性低。除此之外，与农田土壤不同，有毒化合物污染是城市粮食种植者面临的最大挑战之一，种植者必须先解决这一问题，才能在当地社区安全种植和销售食品。本章探讨了城市土壤在开展粮食生产时可能遇到的主要挑战，并概述了使这些土壤具有生产力并能保证人类健康的措施。

此外，我们还将讨论建立和维护城市绿色基础设施（如公园、行道树和观赏花园）所面临的挑战。

22.1 城市土壤的共同挑战

图22.1 城市场地施工活动通常会导致土壤压实，且土壤中含有碎屑和污染物

弗朗西斯科·安德烈奥蒂摄

通常，您可能会发现城市土壤中的第一个挑战是压实、混凝土、建筑材料、其他垃圾的堆积，以及有毒化合物对土壤的污染。引起城市环境中土壤压实的基本原因与第六章中讨论的内容非常相似，例如重型车辆的行驶。然而，在城市环境中，导致土壤压实和土壤退化的往往是施工活动，而不是农用设备的使用。城市施工作业时间紧凑，在湿土上开展施工活动造成的土壤压实问题往往被忽视。

定期施工包括移除表土或添加填料以筑起地面，以及使用重型设备（图22.1），都会导致产生有机质和生物活性较低的紧实土壤（图22.2）。此外，在许多情况下，建筑垃圾和化学废料会成为土壤基质的一部分，因为混凝土中含有石灰，所以常常会提高土壤的pH值。

图22.2　施工活动会导致裸露的土壤压实，有可能发生水蚀和风蚀，这对植被重建是一种挑战

图22.3　被挥发性有机物污染的位于俄勒冈州波特兰的旧仓库

图片由美国环境保护局提供

　　城市土壤中可能含有多种有毒化合物，这些有毒物质来源较多，具体情况取决于城市农场的位置和土地利用历史（图22.3）。解决土壤中有毒化合物的问题至关重要，这不仅是因为城市农场和花园会生产供给人们食用的食物，还因为城市运营往往还强调教育规划，如果社区成员——尤其是儿童——要定期游览城市农场，则必须优先解决与土壤中有毒化合物相关的一切问题。

　　虽然这些问题最终都会得到解决，但依据土壤问题的严重程度，可能会耗费一定的时间和成本。例如，在城市土壤中，通过耕作方式减少压实的可能性会受到限制，这是因为城市农业有其特殊性，例如土壤中埋有城市地下设施，进行实地操作的重型设备的空间不足，或是成本高昂。因此，如果您正在考虑在城市土地上种植粮食或开发绿地，首先应该仔细评估其土壤状况，并针对发现的问题制定相应的解决措施。

　　土壤污染。城市土壤污染比农村更为普遍。铅是最常见的城市土壤污染物，因为铅长期用于汽油（1989年在美国被禁止使用）和油漆（1978年被禁止用于住宅）。但是，土地利用中可能出现的问题还有许多其他污染物，例如石油产品、农药（砷酸铅、硫酸铜等）的使用（表22.1）。还需要特别关注一些区域，包括之前的工业场地、主要道路沿线地区、新建的建筑场地、废物处理场和垃圾场。在某些情况下，污染物还会从很远的地方通过大气沉积（空气中的颗粒和气体，如来自排气管排放的颗粒和气体，沉积在地面或水体中的过程）最终进入到土壤中。

　　人们可能通过不同的途径接触到土壤污染物：

　　1.摄入土壤。当土壤表层裸露时风险最大，尤其是那些集中在土壤表面的化学物质。这些污染对孩子们健康的影响令人忧虑，因为孩子们喜欢在泥土中玩耍，可能会把脏手放在嘴里。

表22.1　基于以往土地利用方式的城市土壤中常见的污染物

土地利用类型	常见污染物
农业、绿地	硝酸盐、杀虫剂/除草剂
洗车、停车场、道路和维修站、车辆服务	金属、多环芳烃[①]、石油产品、铅涂料、PCB[①]填缝料、溶剂
干洗	溶剂
现存商业或工业建筑结构	石棉、石油产品、铅漆、PCB填缝料、溶剂
垃圾场	金属、石油产品、溶剂、硫酸盐
机械厂、金属厂	金属、石油产品、溶剂、表面活性剂
住宅区；街道；含铅油漆的建筑物；燃烧煤、油、气或垃圾的地方	金属、铅、多环芳烃、石油产品、杂酚油、盐
雨水排水沟和蓄水池	金属、病原体、杀虫剂/除草剂、石油产品、钠、溶剂
地上、地表储存库	农药/除草剂、石油产品、溶剂
木材防腐	金属、石油产品、苯酚、溶剂、硫酸盐
化学品制造、秘密倾倒、危险品储存和转移、工业泻湖和矿坑、铁路轨道和堆场、研究实验室	氟化物、金属、硝酸盐、病原体、石油产品、苯酚、放射性物质、溶剂、硫酸盐

①　多环芳烃（PAHs）是煤、石油、天然气、木材和垃圾燃烧时产生的一类有毒化学品。含有有害多氯联苯（PCB）的填缝料用于学校和其他建筑物，这些建筑物大约在1950—1979年间翻修或建造。资料来源：Boulding和Ginn（2004年）。

2.呼吸挥发物和灰尘。当风或人类活动扰动了裸露的污染土壤时，污染物可能会被吸入肺部并被人体吸收。残留在地表的化学物质最容易受到风蚀。细小的土壤颗粒本身也会损害呼吸系统，在相同情况下，儿童吸入污染粉尘的风险更大。

3.食用在污染土壤上生长的食物。人们接触到土壤有毒化合物的途径有很多种：一种是污染的土壤附着在蔬菜上，在没有清洗或削皮的情况下被人们食用。另一种是作物根部吸收污染物后被人们食用。此外，在种植时使用过杀虫剂的粮食作物可能含有杀虫剂的残留物，食用时会使人接触到污染物。

4.通过皮肤接触。皮肤通常是防止污染物的有效屏障，但在极端情况下，例如出皮疹或水泡时，皮肤对污染物的抵挡就受到了影响。农药污染物也可以进入皮肤。

当土壤的pH值接近中性时，土壤颗粒会高度吸附污染物。通常这些污染物质被吸附在近土壤表面的位置，但随着时间的推移，由于生物活动、挖掘或耕作等，都可能会将污染物混合到未污染的土壤中。以铅为例，直接接触受污染土壤的风险明显高于食用从土壤中吸收金属的作物的风险。这是因为在中性土壤上植物吸收铅的量少。您更有可能因脏手、吸入灰尘或未充分清洁的农产品而接触到铅，吸收铅的量更高。通常铅会在根中积累，因此应避免在铅污染的土壤中种植根茎类作物。

其他污染物包括有机化合物，如工业溶剂、杀虫剂和石油产品。像三氯乙烯（TCE）这样的工业溶剂很容易通过土壤进入地下水。一些杀虫剂在土壤中半衰期较长，并慢慢渗入地下水。随着时间的推移，土壤中的微生物会降解某些有机化合物。石油产品的污染往往停留在地表附近。

很显然，停留在地表的污染物会给人们造成更大的暴露风险，尤其是这些污染物还会抑制植被生长，导致容易产生风蚀和水蚀（表22.2）。但在这种情况下，通过刮除表层土壤并用优质表层土或堆肥替代，有利于去除污染物。那些容易渗入地下水的污染物可能会通过饮用水造成问题。同样，在所有人群中儿童的风险最高，这是因为相比成年人，他们对有毒污染物更为敏感。

表22.2　城市和工业区常见土壤污染物对健康和环境的影响

污染物类型	举例	注释
金属	镉、锌、镍、铅、砷、汞	除物理结合外，还可被土壤表面吸附，有时是气体。对中枢神经系统和心理有长期影响
放射性物质	氡、铀、钚、铯、锶	大部分为土壤吸附态或气态；需长时间降解；大剂量有剧烈毒性；可致癌
工业溶剂	氯代有机物，如PCE、TCE、DCE	可能渗入地下水或易挥发；在土壤中分解缓慢；影响中枢神经系统和智力
石油产品	苯、甲苯、乙苯、二甲苯、煤油、汽油、柴油	增加饮用水和吸入挥发性产品的风险。具有刺激性；影响中枢神经系统和智力
盐	氯化钠	造成碱土条件；土壤团聚体破碎、土壤压实
农业投入	硝酸盐、杀虫剂/除草剂	损害水质。具有刺激性；影响中枢神经系统，可致癌
其他有机和无机污染物	多氯联苯、石棉、药物和抗生素	致癌性；有时剧烈的毒性可损害中枢神经系统。影响水生生物和耐药性

22.2　土壤污染物测试

在评价一块土地是否适合作为城市农场或花园使用时，首先应当研究其利用历史。试着与房产所有者交谈，同时利用互联网、图书馆、市政厅或税务部门来查找土地利用情况的记录。有用的记录包括：旧的航空照片、地图、许可证和税务记录。此外，应当进行实地现场勘察，观察附近是否有潜在的污染源，如油漆剥落的旧房子或高速公路。这两种情况都可能意味着土壤中的铅含量很高。一般来说，相比于过去有商业或工业历史的场地，历史悠久的绿地或住宅用地的污染问题较少（表22.1）。

当您了解了这块土地的历史之后，请咨询您所在州的环境机构、当地卫生部门或当地的合作推广办公室，以确定您应该开展哪些测试来准确评估土壤的状况。此外，尽管美国环境保护署发布了临时指导方针，但对于什么样的土壤污染水平被认为对城市农业是安全的，并没有既定的联邦法规。因此，您应该与专业人士合作，合理解释测试结果，并制定整治土壤的计划。针对城市土壤，美国环保署建议城市的测试指标包括：pH值、有机质含量、营养元素、微量营养素和包括铅在内的金属测试（详见第二十一章）。

在测试潜在存在的污染物时，您可能需要为要测试的每种污染物分别采集样本，并且每种污染物的采样程序可能会有所不同。例如，不同污染物的采样深度有所不同，重金属分布靠近地表，而溶剂则能渗入到土壤下层。此外，用途不同的区域（例如游戏区与种植区）的土壤样本也需要分开采集。此外，污染物可能在之前就被掩埋在某一区域。

污染物的分布有可能是不能完全预测的，因此可能需要在区域内的许多地方进行测试，而且那些明显存在潜在问题的区域需要开展单独的测试程序。这些可能的区域包括：旧建筑物附近油漆剥落（铅含量较高）的地区，没有植被覆盖的裸露地面（代表被压实或毒性化合物浓度高），或附近有雨水排水设施的区域，这些设施可能会将石油化合物、杀虫剂或其他化学物质从周围社区带到该区域。需要注意的是，土壤中的铅很少会对植物造成物理伤害，但其他金属如铜、锌和镍，在高浓度下具有植物毒性。

对土地实施全面的实地评估还应考虑到影响进行城市农业或园艺可行性的其他条件，例如坡度和排水模式、地上和地下公用设施的管道布局，也包括现存的一些不需要的结构，例如旧建筑物的地基（在美国，访问call811网站或者在开始任何挖掘工程之前拨打811，可以获取有关地下公用设施管道的信息）。

22.3 土壤修复策略

一旦您了解了与某一特定城市地产相关的具体问题，就可以决定最合适的污染修复（改善）策略（表22.3）。在这一点上，大多数人决定采用缓解（应对）策略，而不是清除策略。对于后者，使用挖掘机和卡车清除污染土壤是一种昂贵且极端的选择，这种方法可能仅适用于高度污染的场地，并且对污染土壤进行挖掘的相关规定也会导致整个过程既困难成本又高。

表22.3　退化土壤的典型修复技术

方法	物理	化学	生物
土壤清除	×		
耙地	×		
深耕	×		
排水	×		
土壤改良剂和添加剂①	×	×	×
循环器			×
覆盖作物			×
覆盖物	×	×	×

① 包括能改善土壤物理结构的人造添加剂，商业肥料和堆肥产品。

同样，改善土壤使其满足粮食生产和社区安全，需要花费大量时间且成本投入高。在开始之前，您应该制定一个充分考虑时间和花费成本的计划。

就像农田改良一样，改善城市土壤的措施也分为物理、化学和生物三大类。本节针对城市土壤改良，分别对这些措施进行概述。通常，应该按照物理、化学、生物的顺序来考虑和使用。

物理措施可以立即解决压实、排水不良或土壤中存在有毒物质的问题，但实施起来并不一定那么容易。如果污染物水平适中或集中在地表附近，刮除表层土壤，并用合适的表层土替代即可。如果受污染的表土层薄，可以通过耕作或深松来稀释，使其与更深的土壤混合，土壤混合也可缓解土壤压实的问题。如果城市土壤的主要问题是压实而不是污染，那么不推荐清除土壤的方法，而应该选择就地改良。其他物理措施包括：清除旧的地基结构和垃圾，耙平土壤，或移除近土壤表面的旧建筑遗址和垃圾。

根据土壤测试结果，您可能需要修正土壤养分和矿物质水平，或pH值。磷可以与铅结合，随着时间的推移，铅的危险性将会降低。因此，如果土壤测试显示土壤中磷缺乏，建议一定要使用磷肥。另外，添加一些矿物质——如石灰或白云石——有助于解决排水不良的问题，并且可以稳定土壤pH值。

在从事作物生产之前，通常需要堆肥、覆盖作物和使用其他有机改良剂，以增加土壤有机质、改善土壤结构和促进土壤生物活性，并且应该在每个生长季节均加以使用，以保持土壤健康。与耕作一样，和堆肥混合可进一步稀释土壤中的有毒化合物。此外，有机物还会与一些污染物结合，从而降低其对植物的有效性。在城市很容易获得堆肥，但请务必只使用来源可靠的高质量堆肥，并保证堆肥本身没有污染物和杂草。城市当地的餐馆、咖啡馆、市政堆肥堆都是常见的堆肥的原材料（图22.4）。

图22.4 Huerta del Valle是一个四英亩的城市农场，服务于加拿大安大略省的低收入社区，使用当地食品经销商的有机废弃物在现场生产堆肥

美国农业部Lance Cheung供图

使用覆盖作物已在第十章介绍，堆肥在第十三章进行了介绍。

覆盖物——包括活体覆盖物——可用来抑制杂草和减少侵蚀。当土壤受到污染时，覆盖物可以作为屏障物，减少人体与污染土壤的接触，还可以减少灌溉或者降雨时土壤被溅到作物上的次数。

许多城市农民和园丁并不想改善土壤问题，他们选择建造凸起的苗床，用搬来的表层土和堆肥混合物作为基质。同样地，在购买您计划使用的表层土和堆肥之前，需要确保其中不含有毒物质。在土壤表面铺上一层景观布料，然后在苗床上再添加新的土壤，这样可以限制根部接触到原始土壤。随时间的推移，织物屏障还可以减少由生物活动引起的苗床中的土壤与原始土壤的混合。

寻求额外资源

在污染土壤上种植作物会对人类健康产生潜在风险。基于此，建议人们在评估场地的适宜性时，与环境顾问和具有城市土壤专业知识的当地推广专家合作。根据问题的严重程度不同，评估和清理一个点有可能会很昂贵。为此，美国环境保护局（EPA）棕地计划向州、地方和部落政府以及非营利组织提供补助金，当一个或多个城市农场寻求与当地市政当局合作，一次性清理多个场地时，可以申请这个补助金。美国农业部的城市农业工具包提供了关于如何启动城市农业运营的信息，并列举了每一步操作流程中需要的技术和财政资源。

有关现场评估、土壤测试和土壤管理的风险和建议方法的材料，可通过州推广办公室和联邦机构获得。包括：

- 棕色地带和城市农业：安全园艺实践临时指南（EPA）
- 城市土壤评估：绿色基础设施或城市农业的适宜性（EPA）
- 棕色地带上的园艺系列（组织，堪萨斯州立大学）
- 铅污染土壤上的园艺（堪萨斯州立大学）
- 城市农业中的土壤：测试、修复和最佳管理实践（加利福尼亚大学）
- 城市花园土壤污染物的风险最小化（北卡罗来纳州立大学）
- 城市农业和土壤污染：城市园艺导论（路易斯维尔大学）

22.4 城市绿色基础设施

我们在前面部分讨论了城市土壤在作物种植和粮食生产中的问题，城市中还包括自然区域、公园和观赏性花园中的土壤，这些区域土壤污染问题也受到了居民和游客的高度重视。同样，庭院和花园是从城市喧嚣中解脱出来的方寸土地，也为城市居民所珍视。城市中还有大量的食物垃圾、树叶和树木修剪物，这些废弃物也可以作为堆肥或覆盖物材料，用于改善城市或家庭后院的土壤。在理想条件下，即使是宠物粪便也可以进行安全堆肥。（虽然城市污水处理厂会产生大量的污水污泥，但人们常常担心工业和家庭产品的污染会使污泥无法用于食物生产。）

随着许多城市的非工业化，城市改造项目经常涉及将以前的制造业和运输业用地重新开发为住房和办公区域或城市公园。如前面讨论的，需要关注土地利用的历史情况和相关的潜在污染物的问题。

22.4.1 土壤修复措施

类似于建立城市农场，发展绿地需要考虑不同的因素。大多数绿地涉及多年生植物，土壤健康问题需要提前考虑和解决。通常，人们希望以较低的维护成本支持吸收力强的植被生长。为支持这些植被的生长，土壤需要具备良好的排水系统，较高的保水能力，扎根容易，且杂草少，病害压力小。这些可以通过我们之前提到的措施加以实现：疏松紧实的土壤，添加堆肥和肥料，平衡土壤 pH 值和添加覆盖物。

除了在极端污染情况下需要清除污染土壤外，景观区域通常会利用卡车将不良土壤就地掩埋在良好的表层土中，或者利用添加剂进行简单改良。就地埋土通常足以修复含有各种材料碎片的工业或建筑场地。修建凸起的土床或护堤是城市园林中一种土壤修复的常见方法，既可以解决土壤质量差的问题，也可以改善排水系统。在为凸起的土床添加搬运来的土壤之前，在土壤表面铺设一层景观织物，有助于限制根系接触原始土壤，并减少外来搬运材料与表层土的混合。

当土壤被压实或有机质含量低，而且土壤中几乎没有化学污染或其他废弃物时，最好的选择是通过混合和添加有机物料来改善土壤。使用挖掘机或铲斗装载机施用和混合堆肥，能够使土壤的物理、化学和生物质量得到改善。当场地上没有植被时，"铲除-倾倒法"效果良好（图22.5）。如果需要保护现场的树木和其他大型植物，可以使用空气铲（一种用高气压将土壤吹走的装置）逐步清除现有根系周围的压实土壤，并用健康土壤对其进行替换。

图22.5 左图：铲土和倾倒法，用于土壤去压实和堆肥混合；右图：种植和覆盖植物以改良土壤
康奈尔大学城市园艺学院供图

22.4.2 特殊的混合土壤和行道树

种植在花瓶、花盆盒和绿色屋顶的植物需要干净的、渗透性较好的混合土壤，原因是盆栽植物种植的深度较浅，排水的重力势能低，使土壤容易积水，同时这些混合土壤还需要具有保水保肥能力较高和重量较低的特征。屋顶花园的土壤不能太重，以免屋顶承受的压力过大，但同时也要具备足够的重量以固持植物，使植物不会被风雨吹刮走。混合土壤通常来说是一些特殊矿物的组合，例如蛭石黏土（被加热）和珍珠岩（膨胀性火山岩颗粒），以及一些有机物料，如泥煤苔、堆肥、生物炭等。这些人工制成的基质土壤具有良好的物理、生物、化学性质且密度较小，但是通常情况下它们的成本要高于普通的土壤。用于培养植物的容器底部需要一些小洞用来排水，避免在浇水时造成淹水，对植物的生长不利。

行道树对一个街区来说非常珍贵，因为这些树能调节稳定街区的小气候，美化街区的景观。然而，和停车场的行道树相比，人行道上的树木面临着特殊的挑战。不同于那些公园里、墓地里或者林荫大道绿化带的树木，行道树生长在人来人往的道路环境中。道路之下的土壤（紧接在路面下的土壤物质）通常是被高度压实的，以承受人行道路面的压力并承担一些应急车辆带来的额外负载。通常情况下，行道树的根系生长庞大，进而可能阻断或倾斜在人行道上，从而给市政当局造成不利影响。与此同时，行道树也经常会过早死亡，主要是生根环境过于恶劣，同时还会遭受盐胁迫、高温胁迫和水分胁迫。

种植行道树的土壤既要满足建筑工程的需求，又要满足健康生根环境的需求，为解决这一矛盾，一方面，土壤需要能够支撑来自道路的高压力（需要压实的底层），另一方面，也要为行道树提供健康的生根环境。能满足以上两种需求的解决方案是采用"差级配土"。所谓"差级配土"，是指人为地舍弃一些其他土壤颗粒，而仅仅保留一定大小的颗粒，以确保土壤具有大量的孔隙（图22.6）。这种土壤通常采用较大的、统一

图22.6　左图：种植穴采用"差级配土"的土壤材料，支撑路面的高荷载，同时为树根突出提供大孔隙，孔隙部分填充有细小的土壤颗粒和有机物，以提供植物生长功能；右图：人行道上的健康行道树，土壤呈"差级配土"

照片由康奈尔大学城市园艺研究所提供

的石头作为能够承载道路高压力的骨架，同时大量的孔隙能够为树根系的生长提供空间。而土壤中的孔隙可以使用优质的土壤物质填充，以维系树木的生态功能。在高尔夫球场和其他的绿地上，相似的"差级配土"的土壤物质被大量应用（通常是特定直径的沙粒），这既能保证草皮的健康生长，同时也能很好地承载行人踩踏。

22.5　其他建筑方面的考虑

在任何的土壤扰动、挖掘工作和施工设备运行中，土壤被压实都很常见，在农村地区和城镇地区都有发生。如果某一个区域将新修建建筑物，例如在一个新商店前修一个停车场，那问题不会很严重。但是如果这个区域将来要用于重新种植植物或者是进行农业生产和绿化建设，那么土壤压实可能会对该地区这些活动产生长期的负面影响。

如果要修建一个用于城镇种植或者园林绿化的场所，那么施工设备是否会造成土壤压实就需要人们重点关注和理解。通常，人们进行一项建筑工程作业时，并没有考虑到潮湿状态的土壤很容易被压实这个问题。同样，人们在某一地点进行挖掘工作时（例如安装管道、排水系统和化粪池系统），通常会把表层肥沃的土壤和底层贫瘠土壤混合在一起，在人们填满挖掘的洞时，表层的沃土就变成了贫瘠土壤。

因此，进行合理的建筑工程作业应当遵循以下原则：

● 当施工车辆驶入到工地附近时，应当将交通模式限制在受控车道上。如果条件允许，需要在碎石下用金属板或土工织物覆盖车道，分散车辆的负载。

● 潮湿状态下的土壤很容易被高度压实，这时应当停止交通和施工。

● 进行挖掘工作时，首先将肥沃的表土层移走并分别储存起来，然后再向土壤深处挖掘，安装设施（电缆、管道等）。安装工作完成后，先把底层土壤重新填满并用松土机松土。最后，再重新填满表层土壤，同时要避免表土层被压实（图22.7）。

一般来说，由于地面密封，城镇地区的径流会增加。而屋顶、街道、停车场和其他建筑的工程开发还会排放污染物，比如汽车泄漏的机油，这些污染物随着地表径流迁移。城市雨水计划旨在通过蓄水系统来控制或减缓地表水直接流入河道的情况发生。城市雨水计划的蓄水系统通常可以作为城市绿色基础设施的一部分。值得注意的是，洼地能够延长地表水渗透时间和沉降沉积物，并且砾石覆盖的排水系统（法国排水系统）可以将地表径流从建筑物中分流（图22.8）。因此，对于大型场地开发，州法律通常要求修建的场地能够符合缓解径流的标准，建造者必须遵守州法律的条文规定。

图22.7　适当的管道建设。左图：首先清除肥沃的表层土，并将其与底土分开堆放；右图：安装管道后，表层土在底土上恢复

照片由Bob Schindelbeck提供

图22.8　城市雨水的滞留。左图：一个洼地，包含远处停车场的径流；右图：砾石基洼地，带地下排水沟（砾石下），用于收集地区机场航站楼的屋顶径流

22.6　总结

土壤污染和土壤压实都是城市地区的常见问题，如果要在一个城市的土地上进行粮食生产，就必须先着重解决这两个问题。一个需要明确解决的重要问题是：农场工作者和居民们面临着接触被有毒化合物污染的土壤的风险。城市和郊区最常见的污染物是铅，而铅通常以土壤为传播途径。确定一个城镇地点能否进行食品生产，必须与环境专家合作，请专家仔细评估该地区的土地利用历史情况，检测土壤，评估存在的风险。同样，城市地区的绿地也可能受到污染或压实问题的影响。改善退化、受污染土壤的策略主要有物理（如客土法、换土法）、化学（如调节 pH 值）和生物（如施用有机肥）的方法。使用传统的换土法来修复土壤，即把大量受污染的土壤挖出并用干净的土壤替换，成本非常昂贵，通常只在污染十分严重的地方才使用。使用绿色健康的土壤材料掩埋受污染的土壤可能是更经济的选择。更好的方法是在受污染的土壤上，原位合理施用有机物料，随后覆盖种植适当的绿色植物。

参考文献

Bassuk, N., B. R. Denig, T. Haffner, J. Grabosky and P. Trowbridge. 2015. CU-Structural Soil®: A Comprehensive Guide. Cornell University. http://www.structuralsoil.com/.

Boulding R. and J. S. Ginn. 2004. Practical Handbook of Soil, Vadose Zone, and Ground-water Contamination: Assessment, Prevention, and Remediation. Lewis: Boca Raton, FL.

Gugino, B. K., Idowu, O. J., Schindelbeck, R. R., van Es, H. M. Wolfe, D. W., Thies, J. E., et al. 2007. *Cornell Soil Health Assessment Training Manual*(Version 1.2). Cornell University: Geneva, NY.

New York State Department of Environmental conservation. 2015. Stormwater Management Design Manual. https://www.dec.ny.gov/docs/water_pdf/swdm2015cover.pdf.

Schwartz Sax, M., N. Bassuk, H. M. van Es and D. Rakow. 2017. Long-Term Remediation of Compacted Urban Soils by Physical Fracturing and Incorporation of Compost. Urban Forestry and Urban Greening. doi:10.1016/j.ufug.2017.03.023.

Soil Science Society of America. 2015. Soil Contaminants. https://www.soils.org/about-soils/contaminants.

U. S. Environmental Protection Agency. 2011. *Brownfields and Urban Agriculture*: *Interim Guidelines for Safe Gardening Practices*.

U. S. Environmental Protection Agency. 2011. *Eualuation of Urban Soils: Suitability for Green Infrastructure or Urban Agriculture*. EPA publication No.905R1103.

案例研究
城市经验农场
加利福尼亚州 奥克兰

　　城市经验农场搬到了位于西奥克兰的新址，该场地占地1.4英亩，曾经是一家油漆厂。这意味着这家非营利性城市农场从建厂之初就面临着需要从头开始重建土壤的挑战。

　　City Slicker开始了土壤修复过程，同时仍然需要为整个农场土地引入新的土壤。城市园林教育主任Julie Pavuk说："这些被引入的大量表土，土壤结构非常差，"她还补充道，"引入的土壤来源也不同，因为整个农场的土壤质地也各不相同。"

　　对于农场来说，处理新的土壤并不陌生，这个农场的使命就是通过创建有机、可持续和高产的城市和后院农场，使社区成员能够满足对健康食品的基本需求。自2001年成立以来，农场已经采用架高花盆建造300多个社区和后院花园。他们使用高架苗床的原因有两个：高架苗床使那些由于身体条件的限制无法在自然土壤上进行园艺的社区成员也可以参与，同时使他们在没有天然土壤的地方（例如停车场）也可以安装花园。多年来，他们发现并不是所有的土壤都适合用于苗床生产。Pavuk说，有时他们不得不铲出土壤，因为土壤太紧实了。他们花费了一些时间发现，当地一家名为"美国土壤和石头"公司生产的"当地英雄蔬菜混合基质"的沙壤土，这种土壤的结构和营养成分最适合他们的种植箱。

　　在西奥克兰农场公园，他们必须解决的主要问题是土壤压实。Pavuk说："最初的一些挑战仅仅在于铲子要能够挖进去，并创造足够的根系生长空间，这样植物的根就可以真正地生长并向下延伸，以避免根系生长停顿。"为了准备生产所需的土壤，城市经验农场采用了双层挖掘的生物密集型的方法，将废物管理公司处理住宅绿色废物后得到的大量堆肥分别进行堆放。体力劳动得到了回报。她说："这些方法确实能帮助我们解决一些问题，比如土壤结构。并确保我们能在土壤中添加大量营养物质。就在昨天，我在外面挖了一些畦，我惊讶地发现，与之前同一地方土壤相比，这次挖掘是多么地容易。"

　　对比之前使用临时土地进行生产时面临的问题，对农场来说，重建土壤已经是个更容易的挑战了。得益于加州84号提案的400万美元赠款，在购买农场的棕地之前，城市经验农场被安排在临时性的空地上运营，因此也随时都面临着失去操作空间的风险。Pavuk回忆说，曾经有一天他们得到消息，要求他们在一周内搬离他们的一个站点。她说："我们尽可能地挽救了搬迁的损失，将现存食物分发了出去，但我们失去了一个大型的生产空间，这一切都发生得非常快。"这使该组织更加意识到社区面临的粮食安全问题，并开启了建立农场自己的生产空间的过程。

西奥克兰农场公园是与社区合作设计的模式，它不仅是一个城市农场，也是应急的绿地和社区枢纽中心，人们可以在这里放松、学习和玩耍。它设有温室、苗圃、果园、蔬菜园和药草园，以及供农场公园的工作人员和志愿者使用的鸡舍、蜂箱、示范厨房、户外教室、游乐场，并提供了28个小区供社区成员自行打造花园。与后院花园一样，社区的小块土地上也安置了种植箱，方便社区成员进行栽培，其他的作物生产则在地面上进行。

城市经验农场于2016年搬入这里，并于当年夏天向公众开放。农场公园种植的所有食物都提供给无法获得健康食物或正在经历粮食安全问题的社区成员。虽然农场一直在向参与花园计划的人群提供食物，但他们正在转向"社区冰箱"模式。他们将通过"小镇冰箱"组织在奥克兰周围的公共场所设立的免费冰箱分发食物，让任何人都可以随时获得免费的食物和饮料。

自从构建了较好的土壤结构，农场就不再采用生物密集型方法改良土壤，而是思考研究如何纠正营养缺乏症状，并种植出更健康的、营养更丰富的食物。农场经理埃里克·特尔默（Eric Telmer）从土壤测试开始，就制定了一项施肥计划来解决植物发育迟缓和变黄的问题。他发现土壤中钙和硫的含量低，而镁和钾的含量非常高。为了使土壤保持平衡，他一直在用牡蛎壳粉代替高钙石灰、石膏和钙磷。

他们依靠堆肥和覆盖作物来获取氮。他们的堆肥有三个来源：① 以作物残体如蚕豆覆盖作物和其他有机物质为来源，他们将这些材料与鸡舍的粪便或捐赠的马粪铺层进行堆制；② 从用食物残渣和粗麻布喂养蠕虫的虫箱中取出虫子的排泄物；③ 城市堆肥。为了杀死杂草种子和病原生物，City Slicker 进行热堆肥。根据堆肥堆的大小，堆肥中心部分的堆制温度需要在一定的天数内达到至少约38摄氏度（130华氏度），在这个过程中，他们需要翻堆，以保证堆肥堆的每个部分都转到中心进行高温处理。

对于覆盖种植，蚕豆是农场的首选，因为它们能够产生氮，而且生长迅速。农场会在豆子开花后结籽前，把它们割到刚好低于土壤的位置。植物死亡后根系残茬和根瘤继续提供氮，收割的地上物要么作为作物覆盖物，要么被添加到堆肥中，或变成鸡舍中的饲料。

蚕豆也增加了轮作的多样性。虽然农场公园种植了各种各样的作物，包括西红柿、黄瓜、南瓜、辣椒、豆类、水萝卜、茄子、白菜、胡萝卜和豌豆，但蚕豆主要是与甘蓝菜、芥末、羽衣甘蓝和瑞士甜菜等芸薹属作物进行轮作。蚕豆似乎有助于控制芸薹属植物的害虫问题，尤其是蚜虫。Pavuk解释说，蚜虫会攻击蚕豆，但不久之后，瓢虫就会出现并吃掉这些蚜虫。这种良性的循环有助于让这些有益的昆虫留在农场公园中，以应对芸薹属及其他植物的蚜虫带来的危害。

西奥克兰农场公园位于工业区，因此能够吸引益虫的植物群落并不多。为了解决这个问题，City Slicker通过在他们的苗圃首行处种植洋甘菊和矢车菊等植物建立了"有益昆虫绿洲带"。Pavuk说："我们希望通过种植更健康的植物和增加有益昆虫的栖息地数量来预防害虫问题，这样我们就可以将更多的生物防治作为害虫管理策略的一部分。"农场公园也有蜂箱，具有提供授粉和蜂蜜生产的双重好处。在他们来到这儿的四年里，Pavuk观察到了更多的本土蜜蜂物种和其他传粉媒介，比如蜂鸟和蝴蝶。

但是，让他们的土壤健康实践走上正确道路的最大指标之一——蚯蚓，这是他们刚开始在这从事农业生产时所没有的。"对我来说，它们的存在是一个指标，表明我们的土壤健康状态正在改善，这些蚯蚓也正在进一步改善土壤，"Pavuk解释道，"第一年太难了，部分原因是重建土壤需要开展大量工作，而且也没有昆虫和生物多样性。接下来的一年非常令人惊讶，因为其他的生物开始出现，土壤也在改善，这一切都是协同发生。"

为社区提供健康食物是City Slicker的使命。这些重要作物的健康生长反映了这种变化。Pavuk说："这些植物正以它们最初没有的方式茁壮成长着。"

第四篇
综合考量

PART
4

Olha Sydorovych 摄

第二十三章 **您的土壤有多好？**
——土壤健康的田间和实验室评估

——Harold van Es 供图

> *几乎从字面上就可以看出，伊甸园就在我们脚下，在地球上任何*
> *我们可踏足之处。我们还没有开始挖掘土壤生产作物的真正潜力。*[1]
>
> ——E. H. Faulkner，1943 年

　　评估您农场当前的土壤健康状况是一个很好的开始。到目前为止，您应该对提高农场土壤健康的方法有了一些想法，但是您将如何识别具体的土壤问题，以及您如何判断土壤健康是否真的有所改善呢？首先问问自己为什么要做土壤健康评估。最显而

---

[1] 出自于爱德华·福克纳的《农夫的愚蠢》（Plowman's Folly）（1943年）。爱德华·福克纳（E. H. Faulkner），他质疑倒置犁法的智慧，并解释了土壤耕种的破坏性质，这是保护性农业实践发展的一个重要里程碑。——译者注

易见的原因是，它能让您识别出具体的土壤问题，例如磷素缺乏或表面压实，并针对问题给出良好的管理措施；第二个可能的原因是随着时间的推移人们可以监测土壤的健康状况。在开始种植覆盖作物、新的轮作或改用保护性耕作后，土壤是否得到改善？虽然构建健康土壤的目的是防止土壤问题的恶化，但它也有助于修正以前可能遇到的问题。经过多年的良好土壤健康评估，您可以了解到土壤健康是否朝着正确的方向变化；另一个原因可能是为了更好地评估您的土壤。如果土壤在多年的良好管理下很健康，那么您的土地在出售或出租时应该比那些已经贫瘠的土地更值钱。毕竟健康土壤的作物产量更高，且可以减少投入。能够有效评估土壤健康状况可能是促使农民投资于良好的管理措施并在其土地上建立平等机制的另一个原因。

我们可以从三个细节层面进行土壤健康评估：

（1）田间观察；

（2）使用定性指标进行现场评估；

（3）定量土壤健康测试。接下来，我们将详细讨论它们。

23.1　田间观察

开始评估土壤健康状况的一个简单有效的方法是，能够在进行正常工作时查看其总体性能。这就像回顾自己一天中的表现一样：您的精力是否比平时少？这可能表明有些地方出现了问题。同样作为农作物正常生长过程的一部分，您可能会注意到土壤健康状况不佳的迹象：

● 产量下降了？

● 您的作物生长的不如附近类似土壤的农场？

● 在潮湿或干燥期间，您的作物是否会迅速表现出胁迫或生长迟缓的迹象？

● 您是否观察到养分缺乏的症状？

● 土壤是否明显压实，或是犁过后仍然结块严重，为准备好一个优良的苗床需要开展大量的二次耕作？

● 土壤是否容易板结，或是否观察到径流和侵蚀的迹象？

● 在土壤中进行耕作或种植的机械设备所需的电力是否比过去更多？

● 您是否注意到病害或养分问题日益严重？

这些问题都是土壤健康的指标，任何一个肯定的回答都会促使您考虑采取进一步的行动。

23.2 田间指标

下面这个方法涉及解决上面列出的相同类型的问题，但方式更详细。在几个州，农民和研究人员开发了基于实地观察的"土壤健康记分卡"。美国农业部自然资源保护局开发了一个略有不同的视觉评估系统，即农田土壤健康评估工作表（表23.1基于此工作表）。此类评估的目的是帮助您了解土壤的健康状况，并通过识别关键障碍因子或问题，后续不断改善土壤状况。

每当您尝试量化指标时，您应该意识到测量值在一个范围内会有所不同，或者可能会在一年中发生变化。例如，如果您决定使用穿透计（图23.1）或金属棒来评估土壤硬度，您应该在田地的不同部分进行至少10次穿透，并注意您的结果还取决于当时的土壤湿度条件的测量。如果您在干燥的春天之后这样做，您可能会发现土壤很硬。如果您在下一个潮湿的春天回去，土壤可能会软得多。您不应该因此得出结论说您的土壤健康状况已显著改善，因为您主要测量的是可变的土壤水分对土壤强度的影响。同样，当土壤潮湿时，蚯蚓在6～9英寸表层中会很丰富，但在干燥期间往往会转入土壤深处，当然仍然可以观察到虫洞和蚯蚓粪（图23.2）。一定要选择好检测位置，避免出现异常区域（例如机器转动的区域），目标应该包括产量较高和较低的区域。

这种随时间或气候条件发生变化的指标不应阻止您开始评估土壤健康，只要记住某些测量的局限性。一般来说，土壤健康检测最好在早春和晚秋时节的潮湿（但不太潮湿）土壤条件下进行。但在潮湿或干燥时期，您可能会看到径流或作物干旱胁迫症状，因此可以更好地观察土壤健康问题。

图23.1　土壤硬度测量计是评估土壤压实度的有用工具

图23.2　具有许多虫洞的土壤表明具有生物活性并改善了土壤通气和水分运动的潜力

表23.1提供了关于良好土壤健康指标、采样时间以及对测量结果解释的指导，在以下段落中，我们进一步阐明了实际考虑。

表23.1　农田土壤健康评估工作表

指标	土壤健康问题	最佳使用时间	观察基准
土壤覆盖	有机质，有机体栖息地	随时	植物、残留物或覆盖物的表面覆盖率超过75%
残留物分解	有机质，有机体栖息地	随时；大多免耕；农民访谈	预期的作物残留物的自然分解；上一年残留物部分分解并消失
表面结皮	聚合	耕作前；在生长季节之前或早期	结皮面积不超过5%
池塘	压缩、聚合	雨后或灌溉后（不冻时）；农民访谈	大雨或灌溉后24小时内不积水
穿透阻力	压实	有足够的土壤水分；耕作前；生长季节之前、早期或之后任何时间	表层针入度计额定值＜150psi[①]和底土层针入度计额定值＜300psi，或插入电线标志时有轻微或没有阻力
水稳定团聚体	团聚，生物栖息地		浸没在玻璃罐中的水：5分钟后至少有80%保持完好，几乎没有混浊的水
土壤结构	压实，土壤有机质，聚集，生物栖息地	随时	地表层呈粒状结构，地表或地下层无板状结构
土壤颜色	有机质	有足够的土壤水分	田地和栅栏行样本之间没有颜色差异，或者使用颜色图表的值在较暗的范围内
植物根系	压实、有机质、生物栖息地	在生长季节	根部覆盖在土壤膜或部分土壤聚集体中，或活根部健康（没有黑色/干燥的根部或病变），完全分枝并延伸到底土中
生物多样性	有机质，有机体栖息地	有足够的水分；耕前	在没有放大镜的情况下观察到三种以上不同类型的生物
生物孔	有机质、压实、聚集、生物栖息地	耕作前；大多免耕	存在垂直穿过土壤的根或蚯蚓通道，其中一些连接到地表

① 1psi=6894.76Pa
注：改编自美国农业部（2021）。

土壤颜色

土壤颜色是土壤矿物学、氧化状态和有机质含量综合作用的结果。一些土壤自然呈红色（高度氧化的铁）、棕色（氧化铁较少）、灰色（排水不良）或白色（石灰含量高），但有机物质使它们呈更暗的颜色（见第二章）。因此，黑土与高质量总是联系在一起，在相同的土壤类型和质地类别中，您可以合理地得出结论，土壤越黑越好。但是，不要指望添加有机质时会发生剧烈的颜色变化，可能需要数年才能出现差异。

结皮、积水、径流和侵蚀

从土壤表面可以观察到结皮、积水、径流和侵蚀，如同我们在第十五章所述。但是，它们的程度取决于是否会有暴雨，或者作物树冠或覆盖物是否保护了土壤。这些症状是土壤健康状况不佳的迹象，但迹象不明显并不一定意味着土壤健康状况良好：这些迹象必须在大雨后才会表现出来。尝试在大雨过后的某个时候走入田间，尤其是在作物生长初期，结皮可以通过在干燥后表面上的致密层变硬来识别（图15.1）。在田间洼地或者土壤已泡软（即团聚体已崩解）的小面积区域都可以直接看到积水。干燥后的积水区域通常会出现裂缝，沿斜坡向下的泡软区域表明已经发生了径流和早期侵蚀。细沟和冲沟的出现表明已经出现了一个严重的侵蚀问题。另一个想法：如果您穿上雨衣在暴雨期间外出（当然不是在闪电期间），您会看到正在发生的径流和侵蚀。您可能会注意到，大部分径流和侵蚀来自相对较小的部分田地，这可能有助于解决问题。比较不同作物、措施和土壤类型的田地可能会让您了解可以做出哪些改变来减少径流和侵蚀。

土壤团聚体的稳定性

您可以很容易地了解到土壤团聚体的稳定性，特别是那些接近地表的团聚体（见图15.1）。如果土壤容易密封，则团聚体不是很稳定，潮湿时会完全分解。如果土壤不易形成结皮，您可以从似乎具有不同土壤质量的田地（或从田地和相邻的篱笆位置处）的顶部3～4英寸土壤中采集团聚体的土块样本。将每一块田地中采集的土块轻轻地分别放入盛有半瓶水的广口瓶中。水面盖过土块，看看土块是保持原状还是被泡软然后分开了。您可以摇晃瓶子，看看水是否会破坏团聚体。如果破碎的团聚体也分散了并保持悬浮状态，则可能还存在钠含量高的问题（这种问题通常只发生在干旱和半干旱地区）。

土壤的耕性和硬度

土壤的耕性和硬度可以用一个便宜的硬度测量计（最好的工具）、一个陶瓷探测器、一把铁锹或一根硬线（就像那些带有标记的金属丝）来评估。由于耕作、填充、沉降（取决于降雨）、作物冠层遮蔽和田间机械交通的影响，耕作特性的变化很大。因此最好在生长季节多次评估土壤硬度。如果您只做一次，最好的是当土壤是潮湿但又不是太湿的时候，它应该在易碎的状态，确保将硬度测量计缓慢推入土壤中（图23.1）。另外请记住，石质土壤可能会使结果不准确，土壤可能看起来很硬，但实际上只是您的工具碰到了石块。

如果穿透计阻力大于300psi（约2069kPa），则通常认为土壤对于根系生长来说过于坚硬，要土壤表层根系生长完全不受限制，土壤阻力通常需要小于150psi（约1034kPa）。较深的土层中通常更硬，当到达犁层底部时，阻力会显著增加，通常在土壤6～8英寸处。这表明下层土壤压实或有犁底磐，这种情况会限制深根生长。虽然很难用陶瓷探测器和金属丝来进行定量分析，但是当您不能轻易地把它们推进去时，通常就可以说明土壤太硬了。如果在土壤不太湿的情况下使用铁锹，评估土壤硬度时要注意土壤的结构。犁层松软吗？主要由大约四分之一英寸大小的颗粒组成吗？或者土壤挖出来是大块大块的吗？有效评估这一点的方法是举起一把装满泥土的铲子，然后从腰部的高度慢慢掷下，观察土壤最后是碎裂成颗粒还是成团块？当您挖到犁层下面，用铁锹铲满土壤并把土块掰开，含有很好团聚体的土块会在几英寸处裂开，如果土壤是紧实的，则不容易被掰成不同的小块。

土壤生物

土壤生物可分为六类：细菌、真菌、原生动物、线虫、节肢动物和蚯蚓。大多数都太小了，肉眼看不到，但一些较大的，如蚂蚁、白蚁和蚯蚓很容易识别。这些较大的土壤生物也是重要的"生态系统工程师"，它们协助最初的有机质分解，使其他较小的物种得以繁衍。它们的总体丰度受到土壤温度和湿度水平的强烈影响。评估土壤生物的最佳时间是春季中期，此时土壤已经相当暖和，或者是秋季中期，此时土壤处于湿润而不是过湿的状态，只需从表层取出一整铲土壤，然后筛选，寻找虫子和蚯蚓。如果土壤充满生命，这表明土壤是健康的。如果观察到的无脊椎动物很少，则说明土壤环境不利于土壤生物的生长，有机物处理能力可能很低。蚯蚓经常被用作土壤生物活性的指示物种（见表23.1）。最常见的蚯蚓类型，如花园蚯蚓和红蚯蚓，当土壤温暖潮湿时生活在表层，它们以土壤中的有机质为食。体长的夜行蚯蚓近乎垂直地挖孔直到底土深处，但它们以地表的残留物为食。寻找蚯蚓以及它们的蚓粪（在表面上，为夜行蚯蚓留下的），蚯蚓洞是它们存在的证据（图23.2），这在免耕系统中通常会大大增强。如果您挖出一平方英尺（即0.11平方米）的土壤，发现有10条蚯蚓说明土壤中存在很多蚯蚓活动。大雨过后，许多蚯蚓会随着渠道和洞穴的水饱和爬到地表上来。

稍加努力，就可以从土壤样本中分离并观察到线虫、节肢动物和蚯蚓。由于这些土壤生物喜欢低温、黑暗和潮湿的环境，当我们加热和照光时，它们会爬开。用一个简单的台灯照在倒置的塑料汽水瓶（称为伯利斯漏斗）中的土壤上，底部有一小块屏幕（瓶顶的下部），以防止土壤掉落，您会看到土壤生物从漏斗中爬出来，可以被酒精浸湿的纸巾将它们捕获（酒精可以防止它们逃逸）。关于如何制作和使用伯利斯漏斗的说明可在互联网上轻松找到资料。

图23.3 健康的玉米根系，有许多细小的须根，对比图15.3根系发育

根系发育

作物进入快速生长期后，可随时通过挖掘来评估根系发育情况。根是否很到位地分枝，它们是否向各个方向延伸，以充分发挥特定作物的潜力？它们是否显示出许多精细的侧枝和菌根真菌丝（图23.3），在抖落根系上的泥土时，团聚体是否能吸附在根系上？观察明显的现象：短而粗的根，根系生长触碰到硬层时改变方向，根系有腐烂或其他病变的迹象（深色根部，病变；细根较少）。土壤中通常会存在坚硬的犁底层，因此在评估根系发育情况时要挖得足够深，这样才能获得一个完整的生根环境全貌。

作物整体表现

在极端条件下，土壤健康问题对一般作物的影响最为明显。在长时间的潮湿季节，贫瘠的土壤会长时间保持饱和状态，通气不良使作物生长缓慢。叶片变黄表明反硝化作用导致作物可用氮的损失。如果降雨过多，优质土壤也可能会发生这种情况，但质量差的土壤情况肯定会更糟。紧实的免耕土壤也可能表现出更大的影响。

还要留意干旱胁迫——叶片卷曲或下垂（取决于作物类型）——以及干旱期间作物生长迟缓。健康状况良好的土壤上的作物通常会延迟干旱胁迫迹象的出现。但是对于贫瘠的土壤，当大雨导致耕作后土壤沉降，随后是长时间的干燥时，可能会出现干旱胁迫的问题。在这些情况下，土壤可能会暂时硬化并且作物会完全停止生长。

作物缺素症状

当土壤中某种特定养分含量较低时，植物叶片上会出现养分缺乏症状（表23.2）。（请注意，即使土壤中存在足够的养分，有时也会因压实和通气不良而导致作物养分不足）。许多营养缺乏症状看起来很相似，而且它们也可能因作物而异。此外，如果植物遭受其他胁迫，包括不止一种营养缺乏，则可能不会出现典型症状。然而某些作物的部分症状却很明显，例如，一般缺氮的植物绿色更浅，玉米和其他草类的缺氮症状首先出现在下部叶片上，在叶子的中央叶脉周围泛黄，随后整个叶子变黄，叶子向上延伸到茎部变黄。然而在一些植物中，即将成熟的下部叶片变黄是很常见的现象。如果玉米的下部叶子在生长季节结束时长势很好，而且都是绿色的，就有可能是氮肥过剩。玉米缺钾也表现为下部叶片变黄，但一般在叶片边缘出现变黄的症状。幼苗缺磷一般表

表23.2　营养缺乏症状示例

养分	缺素症状
钙（Ca）	新叶（在植物顶部）变形或形状不规则。导致开花期结束时腐烂
氮（N）	一般叶片变黄（在植物底部）。植物的其余部分通常是浅绿色的
镁（Mg）	较老的叶子在边缘变黄，在叶子中央留下绿色的箭头形状
磷（P）	叶尖好像烧焦了，老叶变成深绿色或红紫色
钾（K）	较老的叶子可能会枯萎，呈焦枯状。叶脉之间的叶绿素损失始于基部，从叶边缘向内像烧焦一样
硫（S）	幼叶先变黄，有时较老的叶片会接着变黄
硼（B）	顶芽死亡；植物发育不良
铜（Cu）	叶子呈深绿色。植物发育不良
铁（Fe）	嫩叶叶脉之间发生黄变。叶脉之间的区域也可能显示白色
锰（Mn）	嫩叶叶脉之间发生黄变。黄变区域有时看起来很蓬松，并不像缺铁那样明显。植物部位（叶，芽，果实）会变小，叶片出现死斑点或斑块
钼（Mo）	一般叶片变黄（植物底部）。植物的其余部分通常是浅绿色的
锌（Zn）	顶生叶呈玫瑰花状，新叶的叶脉之间会发黄。玉米叶片上叶脉之间的区域可能看起来是白色的

注：改编自 Hosier 和 Bradley（1999 年）。

现为生长迟缓且植株颜色偏红。受潮湿和寒冷天气的影响，玉米缺磷可能在生长季节早期出现。当土壤温度升高时，可能有大量的磷供给植物利用。有关大田作物营养缺乏的图片，请参阅爱荷华州立大学的出版物《大田作物营养缺乏和施肥伤害》（IPM 42）。

来自卫星、飞机或无人机的田间图像可帮助您查看作物生长异常情况以及田间某些区域是否存在土壤健康问题。在传统的彩色图像上，压实或排水不良的区域在季节早期显示出作物生物量较小，即图像中土壤更多和作物反射率更小。在潮湿的年份，排水不良的地区可能会出现缺氮现象，并且显得更黄。可以通过植被密度来获得植被指数（如NDVI，归一化差异植被指数）（图23.4）。它可能不会为您提供明显问题的直接原因，

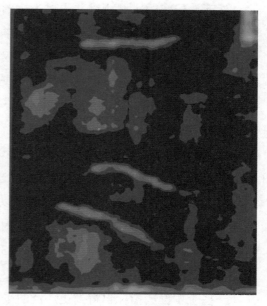

图23.4　农田的归一化植被指数（NDVI）图显示了植被密度较低和较高的区域（较暗的区域有更多的植被），可以指导土壤健康检查

Yara International 供图

但它至少可以让您确定位置并在地面上进行核查。

您可以使用上面建议的简单工具并通过观察来评估土壤的健康状况。记分卡或评估工作表能很好地用作记录田间笔记和评估信息，以便比较多年来的土壤健康变化。

23.3 实验室土壤健康检测

23.3.1 综合土壤检测

种植者习惯于采集土壤样本，并由大学、政府或商业实验室分析它们的有效养分、pH 值和总有机质。在干旱地区，通常还要确定土壤是含盐（盐过多）还是含钠（钠过多）。这为土壤化学健康和潜在的失衡提供了相关信息。正如我们在第二十一章中所讨论的，为了从土壤检测中获得最大的收益，应经常对土壤进行采样（至少每两年一次），并做好记录。如果您的土壤检测报告包括阳离子交换能力（CEC）的信息，您应该期待它随着有机质含量的增加而增加，尤其是在质地粗糙的土壤中更是如此。并且，正如第二十章所讨论的，即使有机质没有增加，土壤CEC 也会随着土壤石灰的施用而增加。

然而，传统的土壤测试并未对土壤健康进行全面评估，这可能导致土壤管理中的"化学偏差"。换句话说，良好的土壤化学检测广泛使用，尽管它是一种非常有用的管理工具，但也鼓励了施用化学肥料这一权宜之计，而非本书所提倡的土壤健康的长期整体方案。目前已经开发了几种土壤健康测试，除了化学指标之外还包括土壤生物和物理指标，从而提供更全面的土壤评估。指标是根据它们所代表的土壤过程选择的，因此这些测试提供了对土壤提供生态系统服务能力（如种植健康作物）的洞见。他们还考虑了方法的成本、一致性和可重复性，以及与土壤管理的相关性。

在这种情况下，美国农业部评估了一套指标和方法，以鼓励土壤健康测试的标准化（表23.3）。所提出的方法都被证明可以为土壤健康提供全面的评估。截至2020年没有单一的标准土壤健康测试，但普遍认为全面的土壤健康测试应包括代表所有三种土壤过程的指标：生物、物理和化学（图23.5）。此外，测量值需要根据不同气候、土壤质地等导致的土壤固有变化来解释。

一些土壤健康指标已得到更广泛的采用。对于物理指标，团聚体稳定性（图23.6）与入渗、结皮和浅生根有关，并代表土壤的"耕性"。在引入少耕、覆盖种植或添加肥料或堆肥等新管理措施后，它通常表现出快速响应。可用水容量与植物可利用的水有关，也与抗旱性有关。它对固有的土壤质地变化比对管理变化更敏感。

表23.3　USDA-NRCS评估的实验室土壤健康指标和方法，以及他们测量的相关土壤过程

土壤过程	土壤健康	指标方法
有机物循环和碳封存	土壤有机质含量	干式燃烧、湿式氧化、燃烧损失量
结构稳定性	团聚性能	ARS团聚体稳定性湿筛法、NRCS团聚体稳定性湿筛法、康奈尔喷淋法
一般微生物活动	短期碳矿化	CO_2呼吸—4天，CO_2呼吸—24小时
一般微生物活动	酶活性	BG、NAG、磷酸单酯酶、芳基硫酸酯酶
C食物来源	随时可用的水池	POXC，POM，28天矿化，WEOC，可溶性碳水化合物，底物诱导呼吸，微生物生物量C
生物有效氮	有效有机氮库	ACE蛋白、WEON、与短期矿化的相关性、7天厌氧PMN、28天PMN、伊利诺伊州土壤N测试、NAG、蛋白酶
微生物多样性	群落结构	PLFA，EL-FAME

注：1. 缩略词含义：BG=*β*-葡萄糖苷酶；NAG=*N*-乙酰-*β*-D-氨基葡萄糖苷酶；POXC=高锰酸盐可氧化C；POM=颗粒有机物；WEOC=冷/热水可萃取有机碳；ACE=高压灭菌柠檬酸盐可提取物（蛋白质）；WEON=冷水可萃取有机碳；PMN=潜在可矿化N；PLFA=磷脂脂肪酸；EL-FAME=酯连接的脂肪酸甲酯谱。

2. 资料源自美国农业部（2019年）。

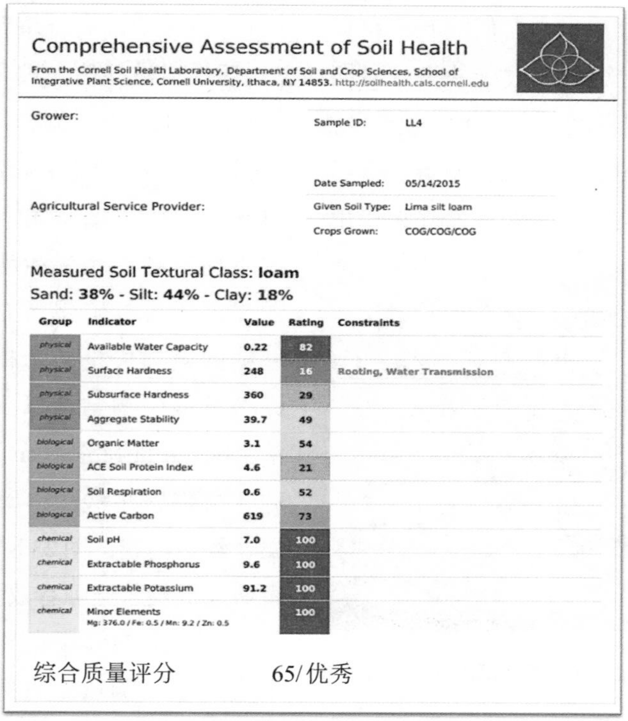

Comprehensive Assessment of Soil Health

From the Cornell Soil Health Laboratory, Department of Soil and Crop Sciences, School of Integrative Plant Science, Cornell University, Ithaca, NY 14853. http://soilhealth.cals.cornell.edu

Grower:

Sample ID: LL4

Date Sampled: 05/14/2015

Agricultural Service Provider:

Given Soil Type: Lima silt loam

Crops Grown: COG/COG/COG

Measured Soil Textural Class: **loam**

Sand: **38%** - Silt: **44%** - Clay: **18%**

Group	Indicator	Value	Rating	Constraints
physical	Available Water Capacity	0.22	82	
physical	Surface Hardness	248	16	Rooting, Water Transmission
physical	Subsurface Hardness	360	29	
physical	Aggregate Stability	39.7	49	
biological	Organic Matter	3.1	54	
biological	ACE Soil Protein Index	4.6	21	
biological	Soil Respiration	0.6	52	
biological	Active Carbon	619	73	
chemical	Soil pH	7.0	100	
chemical	Extractable Phosphorus	9.6	100	
chemical	Extractable Potassium	91.2	100	
chemical	Minor Elements Mg: 376.0 / Fe: 0.5 / Mn: 9.2 / Zn: 0.5		100	

综合质量评分　　65/优秀

图23.5　土壤健康测试报告示例

图23.6　粉砂壤土蔬菜土壤的团聚体稳定性测试结果：有机（70%稳定，左图）和常规（20%稳定，右图）管理

对于生物指标，最常见的指标是土壤总有机质（SOM）含量，它影响几乎所有重要的土壤过程，包括保水和保肥能力以及生物活动。它通常是衡量土壤健康的最重要的单一指标，但不幸的是，它对管理不是很敏感。衡量SOM的真正变化需要很多年，农民通常希望更早地了解管理变化的好处。活性炭是一种廉价的测试，它涉及一小部分更积极地参与生物功能的有机材料，并且它已被证明对土壤管理的变化非常敏感。因此，它是土壤健康改善的良好早期指标。活性炭被评估为被高锰酸钾氧化的土壤有机质部分，结果可以用廉价的分光光度计测量（图23.7）。同样，土壤蛋白质含量是微生物可利用的土壤有机氮的一个指标，它也显示出对管理变化的强烈反应，尤其是在引入更多豆类时更是如此。呼吸作用（土壤生物释放的二氧化碳）作为综合土壤微生物丰度和代谢活动的指标被广泛测量；它还与氮矿化潜力有关。土壤中氨基糖的氨损失是一个相关的测定。还有许多其他生物学指标。豆根腐生物测定法（beanrootrotbioassay）对来自各种来源（植物寄生线虫；真菌镰孢菌、腐霉属、丝核菌属；图23.8）的根系健康和病害胁迫提供了一种有效且廉价的评估。

化学土壤健康指标在第二十一章关于常规土壤测试中进行了讨论，包括大量和微量养分，以及土壤反应（pH）。在

图23.7　用高锰酸盐氧化法和便携式分光光度计评估活性组分碳

David Wolfe 供图

干旱地区和覆盖区域（如温室内和高隧
道）必须评估盐和钠等不良元素。在城市
或工业环境中，在评估土壤健康时应考虑
重金属、盐、放射性物质、溶剂和石油产
品等有毒元素，如第二十二章所述。

　　解释测试结果是确定特定土壤障碍的
下一步（见图23.5）。这份特殊报告（基
于康奈尔CASH测试）适用于多年来一直
用于粮食生产的土壤。对于每个指标，报
告提供了一个测量值和相关分数（1～
100）。如果分数较低（小于20），则会列
出具体的障碍因素。报告底部提供了也标
准化为1～100的整体土壤健康评分，这
对于跟踪土壤健康随时间的变化特别有

图23.8 豆科植物根腐病生物测定实例：常规（左图）和有机（右图）土壤管理

George Abawi 供图

用。图23.6中的测试报告在美国东北部的粮食生产田中有些典型。它显示土壤在化学
指标方面状况良好，但在物理和生物指标方面表现不佳。为什么会这样？在这种情况
下，农民努力使用传统的土壤测试并将养分和pH值保持在最佳水平。但集约化种植导
致该地区土壤健康状况不平衡。该测试确定了这些限制因子并允许进行更有针对性的
管理，我们将在下一章中讨论。

　　您可能想知道测量的土壤健康测试值是如何通过分数来解释的。在传统的化学土
壤测试中，测量值与潜在的作物反应有关（可能产量增加或减少，取决于它是营养元
素还是有毒元素）。对于生物和物理指标，科学家们开发了规范的评分功能，将测试结
果与类似土壤和种植系统中的大量分析土壤样本进行比较（类似于我们如何解释人类
血液样本中的胆固醇和钾水平）。这种方法允许在不知道高值或低值精确影响的情况下
对样本进行评分和解释。这种规范性评分通常通过种组（例如，美国中西部粮食作物
系统中的中等质地土壤）的平均值和标准偏差值并使用累积正态分布函数作为模糊评
分曲线来完成。

23.3.2 微生物土壤检测

　　土壤也可以检测其具体的生物学特性——相对于有益生物的潜在有害生物，（例如
以植物为食的线虫与以"死的"土壤有机质为食的线虫），或者更广泛地说，是从宏
观和微观微生物学的角度来看。两种常见的测试——磷脂脂肪酸（PLFA）和脂肪酸甲
酯（EL-FAME）测定——显示出对管理变化的敏感性，并由一些商业土壤测试实验室

提供，该测定可估计土壤的生物量。此外，生物标志物或标志性脂肪酸可识别是否存在各种感兴趣的群体，例如不同的细菌、放线菌、丛枝菌根真菌、根瘤菌和原生动物。每种微生物的相对数量或活性提供了对土壤生态系统特征的深入了解。以细菌为主的土壤微生物群落通常与具有外部养分添加（有机或无机）、快速养分循环和一年生植物的高度干扰系统有关。以真菌为主的土壤更常见，干扰较少，其特点是内部养分循环较慢，有机质水平高且稳定。因此，细菌重量大于真菌的系统与集约化农业生产有关（尤其是经常耕作的土壤），而真菌重量大于细菌的系统是典型的自然和较少受干扰的系统。这些差异对于管理措施改变的意义尚不清楚，但管理措施改变会导致发生生物学变化。例如，添加有机物、少耕和种植多年生作物都会导致真菌与细菌的比例增加。由于菌根真菌丝网络帮助植物吸收水分和养分，它们的存在表明更有效地利用养分和水分。但我们通常出于许多其他原因想要进行这些措施——改善土壤水的渗透和储存、增加 CEC、使用更少的能源等——这可能与细菌与真菌的比例有关，也可能无关。

近年来，对直接从土壤中回收的遗传物质的研究取得了进展。因此，对土壤有机质的遗传特征进行常规表征以获得土壤生物体的状况在商业上是可行的。由于土壤有机质的高度复杂性，从土壤中提取特定的遗传物质具有挑战性，而 DNA 分析主要用于描述目的（例如，不同类型的假单胞菌的流行程度）。一些测试显示可以识别出特定的病原体，这样可以帮助农民更好地管理他们的田地。

传感方法越来越多地被考虑用于土壤健康评估。可见近红外和中红外反射光谱法是测量土壤光反射特性的非破坏性方法，它受化学键的影响，如—OH（富含黏土矿物）、—CH（富含有机质）等。因此，它们可以以低成本快速评估某些土壤特性。当与可以通过先进的统计和机器学习技术与光谱结果进行比较的实验室测量特性的子集相结合时，这些方法似乎特别有效。

23.4 总结

通过定期观察田间的土壤和植物可以学到很多东西。其中包括评估径流、侵蚀和压实的严重程度、根系发育情况、养分缺乏程度，以及蚯蚓和其他容易看到的生物的存在等重要方面。还可以使用物理和生物指标的实验室评估以及综合解释框架。当然，仅仅知道是否存在特定限制是不够的。在下一章（也是最后一章）中，我们将讨论如何整合土壤和作物管理系统以构建健康的土壤，以及如何解决实地观察或实验室分析可能出现的特定问题。

参考文献

Andrews, S. S., D. L. Karlen and C. A. Cambardella. 2004. The soil management assessment framework: A quantitative soil quality evaluation method. *Soil Science Society of America Journal* 68: 1945-1962.

Fine, A. K., H. M. van Es and R. R. Schindelbeck. 2017. Statistics, Scoring Functions, and Regional Analysis of a Comprehensive Soil Health Database. *Soil Science Society of America Journal* 81: 589-601.

Moebius-Clune, B. N., Moebius-Clune, D. J., Gugino, B. K., Idowu, O. J., Schindelbeck, R. R., Ristow, A. J., van Es, H. M., Thies, J.E., Shayler, H. A., McBride, M. B., Wolfe, D. W., Abawi, G. S., 2016. The Comprehensive Assessment of Soil Health. The Cornell framework. soilhealth.cals.cornell.edu.

Norris, C. E., G. M. Bean, et al. 2020. *Introducing the North American project to evaluate soil health measurements*. Agronomy Journal. doi: 10.1002/agj2.20234.

Sawyer, J., 2010. Nutrient Deficiencies and Application Injuries in Field Crops. Bulletin IPM 42. Iowa State University.

Soil Foodweb, Inc. 2008. www.soilfoodweb.com/.

U.S. Department of Agriculture. 2021. Cropland in-field soil health assessment worksheet. *Technical Note* No. 450-06.

U.S. Department of Agriculture. 2019. Recommended Soil Health Indicators and Associated Laboratory Procedures. *Technical Note* No. 450-03.

van der Heijden, M. G. A., R. D. Bardgett, van Straalen N M, 2008. The unseen majority: Soil microbes as drivers of plant diversity and productivity in terrestrial ecosystems. *Ecology Letters* 11: 296-310.

Weil, R. R., K. R. Islam, M. A. Stine, J. B. Gruver and S. E. Samson-Liebig. 2003. Estimating active carbon for soil quality assessment: A simplified method for lab and field use. *American Journal of Alternative Agriculture* 18: 3-17.

第二十四章　综合考量

——Abram Kaplan 供图

> 一般来说，带来最大的即时回报的土壤管理会导致土壤生产力的恶化；与此同时，在一代人努力下可提供最高收入的土壤管理方式，能维持并提高土壤生产力。

——Charles Kellogg[1]，1936 年

在本章中，我们将通过保持或增加有机质、发展和保持最佳物理和生物条件，提供最好养分管理措施，为促进优质土壤提供一些指导。在第 3 部分中，我们讨论了关于

[1] 查尔斯·埃德温·凯洛格（Charles Edwin Kellogg，1902—1980），土壤科学家，担任美国农业部（USDA）土壤调查负责人长达37年（1934—1971），撰写了《美国农业部土壤调查手册》的第一版，该手册于1937年出版，并指导了1951年的扩展版，该版本被全世界的土壤调查组织采用。——译者注

土壤、作物和残体的许多不同管理方法，但我们将每种方法视为一种单独的策略。在现实中，您需要将这些方法进行综合考量并尽量结合起来一起使用。事实上，每种措施都与促进土壤健康的其他措施有关或相互影响，关键是要以对您的农场有意义的方式修正和组合它们。在我们对主题的讨论中，我们通常关注农场，但同样的原则也适用于大小花园。

我们希望您不要像图24.1中左边的人那样感到困惑，如果改变自己的农场对您来说是个巨大挑战，那您可以从实施1～2项改善土壤健康的措施开始。这本书中并非所有建议都适用于每一个农场。此外，需要一个学习期来让新的管理措施在您的农场中发挥作用。所以建议农场主在一个或两个选定的地块上进行实验，并允许自己试错。

图24.1　所有的措施都令人困惑吗？通过将它们与您农场的需求和机会相匹配，可以找到解决方案

对农场采取的措施最终需要有助于改善农场经济。研究表明，改善土壤健康的措施通常也会提高农场的经济收入，且在某些情况下效果显著。更健康的土壤在减少作物投入的同时会提供较高的产量，并具有更高的产量稳定性。但是回报可能不会立竿见影。在实施新的措施之后，土壤健康可能会得到缓慢改善，但可能需要几年时间才能看到产量的提高和土壤健康状况的改善效果。同样，对于景观美化等，您在土壤健康方面的初始投资可能会更昂贵，但从长远来看会为您的客户带来更好的结果，例如更具弹性且维护成本更低的、更美观的公园和花园。

农场经济状况也可能不会立即得到改善，管理措施的改变可能涉及对新设备的投资。例如，改变耕作制度需要新的耕作工具和播种机。对于许多农民来说，这些短期的限制因素可能会阻止他们做出改变，即使目前的措施正在损害农场的长期生产力。

在战略时期可能最适合实施做出重大改变。例如，当您准备买一台新的播种机时，也要考虑一种全新的耕作方法。此外，利用经济宽裕的时间段，例如，当您因农产品丰收得到高回报时可以投资新的管理方法，但是不要等到那个时候再做决定。提前计划，这样您就可以在正确的时间采取行动。如果您建立一个新的果园、葡萄园或景观区，最好在将植物种入土壤之前尽一切可能改善土壤。当改用免耕时，尝试添加额外的有机质，还需要注意底土压实并校正营养缺乏。记住土壤健康管理是一项长期的奉献工作。没有任何快速的方法可以帮助构建土壤健康；它需要我们在这本书中讨论过的物理、生物和化学过程的观念的整合。

24.1　普适性方法

生态土壤管理的最终目的是在地下创造一个健康的栖息地，具有良好的土壤结构、丰富而多样的土壤生物，以及充足的养分，以确保作物高产，但养分不会过量，避免导致作物产量下降和场地污染。当这与健康的地上栖息地、田间和周边环境相结合时，植物就会获得最佳的生长条件并会免受病虫害侵害。可以通过六种主要方法改善土壤健康：

- 保护性耕作
- 避免土壤板结
- 种植覆盖作物
- 使用更好的作物轮作
- 适量施用有机改良剂
- 适量、适时和适地施用无机改良剂

在不同类型的农场系统中，存在很多改变土壤管理的选择。在前几章中，我们已经讨论了这些方法，来帮助解决特定的问题。一个很好的类比就是把你的土地想象成贷记和借记的银行账户，贷记是改善土壤健康的管理实践，如添加粪肥、少耕和覆盖作物，借记是土壤退化，如田间机械作业和集约耕作造成的压实（表24.1）。由于特定的限制，一种农业系统可能与另一种系统产生不同的资产负债表。例如，每日的收获计划意味着您无法避免在潮湿的土壤上行驶，而小种子作物需要密集耕作（至少在种植行中）以准备苗床。尽管如此，努力优化系统：如果"坏"做法（例如在含有易腐作物的潮湿田地中收割）是不可避免的，请尝试将其与"好"的做法相平衡，从而保证您的土壤健康账户资金充足。此外，您可以选择性减少不良做法，例如控制某些车道的交通来减少不可避免的土壤压实。

表24.1　土壤健康管理资产负债表

措施或状态		提高土壤健康水平	减少土壤健康水平
耕作	铧式犁		××
	凿耕		×
	盘化		×
	耙耕		×
	保护性耕作	×	
压实	轻度		×
	严重		××
有机质添加	肥料	××	
	液体肥料	×	
	堆肥	××	
覆盖作物	冬季谷物	××	
	冬季豆类	×	
	夏季谷物	××	
	夏季豆类	××	
轮作	三年轮作	××	
	一年轮作	×	

注：×＝中等效果；××＝更好的效果。

如果可能的话使用轮作作物，如草类或豆类（或两者的组合），或将含有大量残留物的作物作为轮作系统的重要组成部分。把一年生作物的残留物留在田间，或者将它们移走用作饲料、堆肥或垫料后作为粪肥或堆肥返还到土壤中。如果土壤裸露，就用覆盖作物来添加有机质并保持土壤生物健康，获取残体中的养分，截取植物的剩余养分，保护土壤并减少侵蚀。覆盖作物也有助于维持资源稀缺地区的土壤有机质，因为通常这些地区缺乏将作物残体用作燃料或建筑材料的替代品。

在您的农场饲养动物或从附近农场获得动物粪肥，可以为您的农场提供更广泛合理更经济的轮作选择，包括种植可供奶牛、肉牛、绵羊、山羊，甚至是家禽食用的多年生牧草或干草。此外，在种养一体的（农牧）农场，动物粪肥可用于农田。确实，在一个多样化的种养一体的农场，更容易保持有机质，草皮植物可喂养动物，粪肥被返还到土壤。与种植农场相比，当畜牧产品是主要经济产出时，移出农场的养分较少。而种植含有大量残留物的作物，加上经常使用绿色有机物料和植物残留物堆肥，即使没有动物，也有助于保持土壤有机质和土壤健康。在许多情况下，您可能有机会引入有机资源。也许您所在地区有很多市政堆肥，或者附近的奶牛场出售良好堆肥，可以帮助您种植蔬菜或改善果园或景观区。

当使用少耕时，特别是免耕和条耕，可以更容易地保持或增加土壤有机质。减少对土壤的干扰能保持表层土的生物活动和有机物分解，有助于保持土壤结构，使降雨能够快速渗透。将残留物留在土壤表面，或使用覆盖物，对土壤生物活动有着巨大的影响。它有助于蚯蚓种群的形成，保持土壤水分，并缓和极端气候的影响。在种植多年生树木控制杂草和保持土壤水分后，添加覆盖物会非常有利。

与常规耕作相比，少耕大大减少了土壤侵蚀，有助于保持有机质和肥沃的表土。任何其他减少土壤侵蚀的措施，如等高耕作、沿等高线条播和梯田耕作，都有助于保持土壤有机质。即使是少耕，也应采取合理的作物轮作。事实上，当大量残留物残留在土壤表面时，轮作更为重要，因为残留物可能含有昆虫和病害生物，这些问题在采用免耕措施的单一栽培中可能比在常规耕作中更严重。

24.2   对您的农场来说意义在哪里？

就像预防医学方法一样，我们极力提倡整体管理方法。与人类健康一样，我们有能力通过观察和检测来诊断问题。如果发现问题，患者和医生会制定解决问题的策略。这可能包括改变饮食、增强锻炼、服用药物，甚至进行手术。根据个人喜好和具体情况，通常有多种方法和组合可以达到相同的目标。同样，对于土壤健康，个体经营农场的意义取决于土壤、气候、农场企业的性质、周边地区、潜在市场以及农场的需求和目标。土壤检测和观察为解决目标的问题提供了有效指导，但方法一般并不简单，尽管我们也希望事情能简单一些。基于生态原理的整体土壤健康管理需要对过程进行综合理解，这基本上也是本书背后的目的。

从定期检测土壤开始，最好使用综合土壤健康分析，并且仅在需要时调理土壤。每两三年对每一块地进行一次土壤检测是您能做的最好的投资之一。如果您保存报告的表格或者记录结果，您将能够跟踪这些年来土壤健康的变化，监测土壤检测的变化将有助于细化您的管理措施。此外，坚持土壤的虫害调查工作，并保存这些年的记录，可以评估这些年来土壤的改善情况。

24.3   消减土壤障碍的措施

构建健康土壤有助于防止影响环境和植物生长问题的发生。但是，尽管您的工作可以做得很好，可能仍会出现一些具体的问题，并需要一些补救措施。补救措施的选择或组合在很大程度上取决于具体的土壤问题和农场可能的制约因素。正如我们在第二十一章所讨论的，传统（化学）土壤检测常用于定量化养分量和石灰施用量。正如第二十三章所述，密切关注最新的土壤检测手段，以及了解土壤和作物状态有助于针对具体的难题开展相关的管理措施。对于土壤物理和生物方面的难题，我们不能像对待养分问题那样提出具体的建议，因为这些系统更复杂，我们没有那么强大的研究基础支撑。

　　表24.2列出了土壤健康检测或在现场观察中遇到的针对具体土壤障碍问题的一些通用管理指南。针对这些问题的建议按两个时间线列出：短期和长期。短期建议为土

表24.2　土壤健康检测与一般管理解决方案的链接

因素		建议的管理措施	
		短期或间歇	长期
物理因素	团聚体稳定性低	新鲜有机物料（浅根表皮/轮作作物，肥料，绿色剪枝）	少耕，地表覆盖，草皮植物的轮作
	可用水容量低	稳定的有机物料（堆肥，木质素含量高的农作物残渣，生物炭）	少耕和草皮植物的轮作
	高表面密度	机械性土壤松动有限（例如，条带耕作，曝气机），浅根覆盖作物，生物钻探，新鲜有机物	浅根覆盖/轮作作物，避免在潮湿的土壤上行驶，控制交通
	高地下密度	进行有针对性的深耕（造地等）；种植深根的覆盖作物	避免犁/盘产生压实；减少设备负荷和在潮湿土壤上的操作；深耕
生物因素	有机物含量低	稳定的有机物（堆肥，木质素含量高的农作物残留物，生物炭）；轮作作物	减保护性耕种和使用草皮植物的轮作
	低活性炭	新鲜有机物（浅根表层/轮作作物，肥料，绿色剪枝）	保护性耕作，轮作
	低矿化氮	富含氮的有机物（豆类作物，肥料，绿色剪枝）	覆盖农作物，施肥，牧草豆类作物轮作，减少耕作
	高根腐病评级	抑制病害的农作物，破坏病害的轮作	抑制病害的农作物，破坏病害的轮作，IPM措施
化学因素	低CEC	稳定的有机物（堆肥，木质/纤维素作物残渣，生物炭），覆盖作物和轮作作物	保护性耕作，轮作
	不利的pH值	石灰材料或酸化剂（例如硫黄）	根据土壤测试反复应用
	低磷、低钾	施用化肥、粪肥、堆肥，种植吸收磷的覆盖作物，菌根促进	根据土壤测试反复施用磷，钾材料；增加有机质来源的应用；减少耕作
	高盐度	地下排水和浸出	降低灌溉率，低盐度水源，地下水位管理
	高钠	使用石膏，地下排水和浸出	降低灌溉率，地下水位管理

壤健康问题提供了相对快速的响应，并且可能需要多次重复以防止问题再次发生。长期方法侧重于管理措施，更强调措施的可持续性。您可能会注意到，对于不同的土壤问题会有相同的措施，因为它们强调一个措施的多种效应。

请注意，表24.2中列出的许多管理解决方案都涉及到了改善土壤有机质。正如您读到现在可能会意识到，改善土壤有机质是可持续管理土壤的关键。但要记住，仅靠引入有机物料并不一定是解决办法。第一，有机物料添加量过大可能会造成营养过剩问题。第二，一些有机物料可以减少病害，但另一些可以增加病害（见第十一章的"种植制度多样化"和第十三章的"堆肥"）。第三，一些土壤障碍问题如酸性、碱性和极低的养分供应水平，施用化学改良剂会更加有效。第四，需要更加重视所用有机物料的类型，在第九、十和十二章中，我们讨论了不同的有机残留物和粪肥及其对土壤健康的影响。"新鲜的"、容易分解的有机物料与含有稳定化合物的有机物料之间存在显著的差异，新鲜的有机物料如粪肥、覆盖作物和绿色剪枝中的糖、纤维素和蛋白质含量较高，氮含量相对较高（碳氮比较低），它们可以立即刺激土壤生物活性，特别是细菌，并为作物提供大量可用氮营养。以稳定物质为主（木质素含量高）的有机物料，如成熟作物的残渣，以及含有腐殖质的有机物料，如堆肥，它们在土壤健康的长期建设中发挥着至关重要的作用。生物炭和其他经过热处理的有机材料是最稳定的物质，有时可以保留数百年。如果土壤团聚体较稳定或活性有机的碳含量较低，则在短期内施用易被分解的物料将是有益的，但这些物料会很快消失，需要定期往土壤里添加以保持土壤良好的团聚性。为了长期的效果，建议施用更稳定的有机化合物，并且尽量减少耕作（图24.2）。

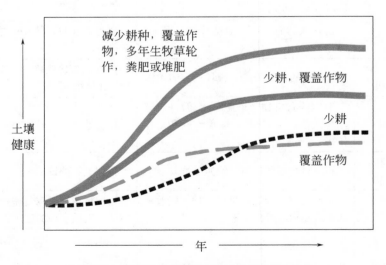

图24.2　促进土壤健康的组合措施具有叠加效应

化肥的作用是什么？强调有机质不应被解释为对化肥的彻底谴责。确实，仅依赖合成化学品而不考虑土壤中的有机质和生物是土壤健康状况恶化的主要来源。但是，在缺肥的地方不提供足够的营养会使事情变得更加可怕。在某些情况下，有机作物生产是可能的并且是有意义的，但无论好坏，当前的农业结构使许多地区没有足够的碳和养分循环。重点应放在使用保护措施和补充化肥上，以减少养分流失、保持作物产量和强化生物量循环。否则，土壤健康将进一步恶化，减产将导致粮食短缺，或者需要将更多的农业扩展到自然地带。

24.3.1　粮食作物农场

大多数粮食作物农场输出大量营养元素，土壤有机质处于净损失状态。但这些农场具有很大的灵活性，有多种设备可用，方便采用替代性土壤管理系统。通过保护性耕作，特别是免耕和条耕，可以轻松促进土壤健康。排水良好、粗质地的土壤特别适合免耕系统，质地较细的土壤适合垄耕或分区耕作。无论使用何种耕作系统，只有当土壤干燥到足以抵抗压实时，才能让设备在土壤上运行。然而，在容易压实的土壤上实施免耕管理是一个很大的挑战，因为一旦压实发生，几乎没有办法减轻土壤压实，控制轮迹的耕作是一种非常好的方法，尤其是在免耕管理情况下，虽然它可能需要调整设备和投资 GPS 导航系统。将这些创新融入传统的谷物农场通常需要投资新设备，并创造性地为您的产品寻找新市场。即使在免耕系统中，也有很多机会在谷物农场使用覆盖作物。

即使使用最低限度耕作的制度，在地表留下大量残留物，并减少侵蚀的严重性，也应采用合理的轮作方式。考虑使用草类、豆类或草类-豆类多年生牧草作物组合的轮作。即使将小谷物（如玉米和大豆）引入行栽作物种植系统也可以改善土壤健康并为覆盖作物创造机会。在以前完全是种植作物的农场饲养动物，与附近的畜牧场合作轮作并进行粪肥管理，或种植饲料作物销售，可以在采用更广泛的经济合理的轮作方法上多些选择，同时有助于养分更好地循环。

有机粮食作物农场在土壤管理方面没有常规农场的灵活性，其主要挑战是提供充足的氮营养和控制杂草。由于采用机械方法而不是使用除草剂来控制杂草，耕作选择受到限制。从积极的方面来看，有机农场已经严重依赖于通过绿色或动物粪肥和堆肥提供的有机输入，为作物提供足够的营养，因此，尽管采取了耕作措施，它们的资产负债表（表24.1）通常还是非常好的。管理良好的有机农场通常使用生态土壤管理的许多方法。但是，当您采用没有地表覆盖的密集化耕作时，侵蚀仍然是一个问题。重要的是要考虑降低耕作强度，使用垄或床，控制机械作业轨迹，也许可以购买一台性能好的播种机。新的机械耕作机械通常可以处理较高的残茬和覆盖物，还可以很好地控制杂草。尽管在不使用化学品控制杂草的情况下，寻求增加地表覆盖物的方法，这是一个挑战。或者可以考虑采用更传统的侵蚀控制措施，例如条播，因为它们可以很好地处理涉及草皮和覆盖作物的轮作。

24.3.2 种养一体化

多样化的种养一体化对改善土壤健康具有先天优势。农作物可以喂给动物，粪肥可以还田，从而为土壤持续供应有机物料。对许多畜牧业而言，多年生饲料作物和管理密集型放牧是种植系统不可或缺的部分，有助于降低潜在的侵蚀，改善土壤物理和生物学特性。尽管如此，种养一体化农场也面临着挑战，青贮饲料的收获不会留下太多的作物残渣，这就需要通过施用粪肥或覆盖作物来补偿。尽量减少耕作也很重要，可以通过注入粪肥或将其与曝气机、用圆盘耙耕或耙轻轻地将粪肥翻入土壤中，而不是用犁翻。通过减少二次耕作、采用条播或分区耕作，以及采用无耕播种机播种作物，可以最大限度地减少土壤粉碎。

对许多畜牧养殖场来说，防止土壤压实是很重要的。粪肥撒施机通常很重，且经常在不合适的时间撒施肥料，这造成很多土壤压实问题。需要想办法将问题最小化。畜牧养殖场需要特别注意养分管理，包括确保有机养分来源在农场周围得到最佳利用，并且不会对环境产生负面影响。这需要全面了解农场的所有养分流动，找到最有效地利用这些养分的管理措施，防止出现养分过量的问题。最后，管理密集型放牧系统非常有效，类似于野生动物群的自然放牧方式。收获和施肥由动物完成，但请注意，将放养率与牧场的生产力相匹配很重要。

24.3.3 蔬菜农场

蔬菜农场的土壤健康管理尤其具有挑战性。许多蔬菜作物对土壤板结很敏感，且在病虫害防治方面往往面临更大的挑战。蔬菜的常年重度耕作，在改善土壤健康方面有很长的路要走。大多数蔬菜农场与牲畜生产相分离，很难保证新鲜有机质的持续供应。应认真考虑将粪肥、堆肥或其他当地可用的有机物料用于蔬菜农场。在某些情况下，蔬菜农场可以使用附近畜牧场的粪肥，或者交换土地进行轮作种植。城市附近的农场可能受益于树叶和修剪草以及越来越多的城市或食物垃圾堆肥。在这种情况下，应注意确保堆肥中不含污染物。

寻找创造性的解决方案

佛蒙特州的奶农们对他们玉米地的土壤健康表示担忧。该州较冷的大陆性气候限制了冬季休眠开始前的覆盖作物种植。与佛蒙特大学的专家合作，农民们试

验了早熟7到10天的短季玉米品种，相应地增加覆盖作物的生长时间。他们发现，玉米产量一般不受较短生长季节的影响，但极大地增强了覆盖作物的效应。

蔬菜种植系统通常很好地适应覆盖作物种植，因为其主要的种植季节通常比谷物和饲料作物的生长周期短。即使在较冷的气候条件下，通常有足够的时间在季前、季中或季后种植覆盖作物，以获得最大的效益。蔬菜种植者通常有多种覆盖作物的选择。将覆盖作物用作覆盖物（或从农场进口覆盖材料）似乎是某些新鲜市场蔬菜的良好系统，因为它可以防止作物直接接触地面，从而减少根系腐烂或发病的可能性。

但许多蔬菜作物对病害的敏感性很高，选择合适的覆盖或轮作作物至关重要。例如，根据康奈尔大学的植物病理学家乔治·阿巴维（George Abawi）的说法，油菜、小冠花、小麦和黑麦可抑制大豆根腐病，但白三叶草反而加重根腐病。苏丹草能有效地缓解土壤紧实，控制病原线虫，利用化感作用控制杂草，但这需要较长的时间以保证苏丹草可以充分地生长。

在蔬菜品质下降之前的很短的时间内立即收割作物，这通常是蔬菜种植的问题，这可能导致蔬菜农场出现严重的压实问题。应认真考虑控制轮迹系统，包括固定的路基（permanent bed）。将压实限制在狭窄的车道上，并在它们之间使用其他构建健康土壤的方法，是避免在这些条件下发生压实损坏的最佳方法。

葡萄藤并非越多越好

为了种植出健康的葡萄树，早期需要良好的土壤准备。但最好的葡萄酒通常来自并不肥沃、在季节中会出现一定的水分胁迫的土壤。因为葡萄园土壤中的高有机质和氮含量会导致葡萄藤生长过于旺盛而减少坐果，此时需要对葡萄藤反复修剪。此外，葡萄花色苷色素能改善葡萄酒的某些重要特性，这有助于提高葡萄酒的口感和颜色。在初夏（开花至成熟期开始之间）时节，轻度水分胁迫和减少根系生长会提高这些色素的含量。排水和通气不良对葡萄酒质量不利。世界上最好的葡萄酒都是来自可以深扎根的土壤上种植的葡萄，包括钙质，沙质或砾石状，并且有机物含量低的土壤。最好的气候条件是在葡萄生长季节会出现缺水现象，如果需要，可以通过灌溉来补充。土壤、气候和藤本植物之间的复杂相互作用被称为风土（terroir）。

24.3.4 水果农场和园林绿化

许多水果作物，如黑莓、柑橘、葡萄和核果，都是需要几年时间才能培育好的多年生植物，并且在后面的二十年或者更长时间一直可以收获。同样，公园和花园中的景观区域也需要长年保持吸引力，且尽可能减少维护，这使得提前解决土壤健康问题并避免在建园期间出现错误尤为重要，否则可能会在未来很长一段时间内产生负面影响。考虑到种植作物的成本已经很高，值得开展全面的土壤健康分析和实地调查。对于树木和藤蔓作物来讲，勘测应关注更深的土层，尤其是在犁层压实、底土酸度和浅水位的情况时，因为深根会对水果质量产生较大的影响。通常值得进行一次性投资，如安装排水装置、行内深翻、深层石灰和堆肥施用，因为这些方法在种植后很难实施。对于景观区域，未来的维护成本和浇水是可以通过在移植前建立土壤来解决的问题。果园建成后的重点是管理土壤表层，避免压实，此外根据作物类型，保证良好的地面覆盖物也是一种有效的方法。

24.4 后记

古话说得好："农民的脚印是最好的肥料，"这可以改为"农民的脚印是改善土壤健康的最好途径"。如果您还没有这样做，从现在开始定期观察和记录田间植物生长情况和作物产量的变化，并且花点时间跟踪不同地块的不同小区域的生产状况，将您的观察结果与土壤检测结果进行比较，这样您就可以确定田地内的各个区域是否都得到了最佳管理。上面提及的各种耕作措施和耕作细节可能有所不同，但每种方法在创建更加健康的土壤方面都有其局限性和优势。无论您种植何种作物，当创造性地结合一些促进高质量土壤的措施时，农场的大部分土壤健康问题都应该会得到解决，作物产量和土壤质量应该会提高。专注于建设优质土壤的措施，还将为子孙后代留下可以继承和追随的土地管理遗产。

词汇表

acid，酸。含有游离氢离子（H$^+$）的溶液或将氢离子释放到溶液中的化学物质。

acidic soil，**酸性土壤**。pH值低于7的土壤。pH越低，土壤酸性越强。

aggregates，**团聚体**。土壤矿物和有机物在有机分子、植物根、真菌和黏土的作用下结合在一起形成的结构、碎屑或团块。

alkaline soil，**碱性土壤**。酸碱度高于7的土壤，碱性物质比酸性物质多。

allelopathic effect，**化感作用**。一种植物抑制另一种植物发芽或生长的现象。造成这种影响的化学物质是在植物生长或分解过程中产生的。

ammonium，**铵**。氮的一种形式（NH$_4^+$），可供植物利用，是有机物分解的早期产物。

anion，**阴离子**。一种带负电荷的离子，如氯离子（Cl$^-$）或硝酸根（NO$_3^-$）。

aquifer，**含水层**。地表以下的地下水来源。

available nutrient，**有效养分**。植物能够利用的养分形式。土壤中的营养元素通常以植物不能利用的形式存在（如有机形式的氮），必须转化为植物能够吸收的形式才能被根系吸收和利用（如硝酸盐形式的氮）。

ball test，**土球试验**。确定土壤耕作准备状态的简单田间试验。将一把土捏成一个球。如果土壤黏在一起，它就处于塑性状态，这种土壤太湿，不适合耕作或田间运输。如果土球崩散了，它就处于易碎状态。

base，**碱，盐基**。与酸产生中和作用的物质，如氢氧化物或石灰石。

beds，**种植床**。微微抬升的畦，用于种植作物（通常是蔬菜），来提供更好的排水和更暖和的土壤条件。它与垄相似，但一般较小较宽，在常规耕作中经常用到。

buffering，**缓冲**。可以减缓或抑制变化。例如，缓冲可以通过中和酸或碱来减缓pH值的变化，有阻碍溶液pH变化作用的溶液叫做缓冲液。

bulk density，**容重**。单位体积的干土质量，是表示土壤密度和密实度的指标。

calcareous soil，**钙质土壤**。也称为石灰土，一种自然分布有细碎石灰的土壤，其酸碱度通常在7到8之间。

cation，**阳离子**。带正电的离子，如钙（Ca^{2+}）或铵（NH$_4^+$）。

cation exchange capacity（CEC），**阳离子交换容量（CEC）**。腐殖质和黏土上存在的负电荷量，能吸附带正电荷的化学物质（阳离子）。

chelate，**螯合物**。一种分子，它使用一个以上的键与某些元素（如铁和锌）紧密结合。这些元素随后会从螯合物中释放出来，供植物使用。

C：N ratio，**碳氮比**。残余物或土壤中碳的量除以氮的量。高比例会导致低分解率，也会导致植物的氮营养暂时缺少，因为微生物会用掉大量的可用氮。

coarse-textured soil，**粗质地土壤**。以大矿物颗粒（沙粒大小）为主的土壤；也可包括砾石。曾被称为"轻质土"。

colloid，**胶体**。一种非常小的颗粒，具有很大的表面积，能在水悬浮液中停留很长时间。土壤中的胶体黏粒和腐殖质分子通常存在于较大的团聚体中，而不是单个颗粒。这些胶体负责土壤的许多化学和物理性质，包括阳离子交换能力、微量元素的螯合作用和团聚体的形成等。

compost，**堆肥**。在良好的通风和高温条件下被生物彻底分解的有机物质，常用作土壤改良剂。

controlled traffic，**控制轮迹**。为了减少对田块其他部分的压实，将田块设备的行使控制在限定的行车道或通道上。

conventional tillage，**常规耕作**。用铧式犁和圆盘耙等整地，以备种植。通常它会造成团聚体的崩解，通过翻埋大部分作物残余物和有机肥，来使土壤表面整洁光滑。

coulter，**犁刀**。一种安装在播种机前面的有凹槽或波纹的圆盘，用于切割作物表面的残留物，并在播种前最小程度地疏松土壤。在条/带耕播种机上使用多个犁刀，更宽范围地疏松土壤。

cover crop，**覆盖作物**。一年之中土壤裸露时为保护土壤免受侵蚀而种植的作物。有时被称为绿肥作物。

crumb，**碎屑**。一种软的、多孔的、大概率是圆形的土壤团聚体。通常指示土壤耕作性的好坏。

crust，**结皮**。土壤表面干燥后变硬的薄而密的一层表土。

deep tillage，**深耕**。比常规耕作以更大深度（通常超过8英寸）进行的耕作，使土壤疏松。

denitrification，**反硝化**。土壤微生物在厌氧（低氧）条件下将溶解的硝酸盐转化为气态氮的过程。当土壤饱和并导致一氧化二氮（一种温室气体）和氮气（一种惰性气体）的损失时，就会发生这种情况。

disk，**圆盘耙耕**。耙土机械用于耙土或破坏土壤，将土块破碎。通常在铧式犁更左后使用，有时也直接用于破碎团聚体，帮助化肥和有机肥与土壤混合，并使土壤表面整洁光滑。

drainage，**排水**。在重力作用下土壤水穿过土壤向下渗透而流失的水。也指通过使用管道、沟渠、整地或地下排水管清除多余的土壤水的过程。

elements，**元素**。所有物质的组成部分。17种元素是植物生长所必需的；可与碳、氧和氮等元素结合形成较大的分子。

erosion，**侵蚀**。径流水（水蚀）、风切变（风蚀）或耕作（耕作侵蚀）对土壤的侵蚀。

evaporation，**蒸发**。从土壤表面蒸发掉的水。

evapotranspiration，**蒸散**。蒸发和蒸腾的联合过程。

fertigation，**滴灌施肥**。通过灌溉系统施用可溶性肥料，以"喂饭"的形式给植物提供营养。

field capacity，**田间持水量**。重力排水后土壤的含水量。

fine-textured soil，**细质地的土壤**。以小矿物颗粒（粉粒和黏粒）为主的土壤。有时被称为"重质土"。

friable soil，**易碎的土壤**。受力时会碎裂的土壤。当土壤变干时，通常会从塑性状态变为易碎状态。

frost tillage，**霜冻耕作**。土壤表面存在较浅（2～4英寸）的冻结层时进行的耕作。

full-field（full-width）tillage，**全田（全宽）耕作**。将整块田的土壤都进行疏松，例如铧式犁耕作、凿耕和圆盘耙耕。

green manure，**绿肥**。主要用于建立或维持土壤有机质的作物；有时被称为覆盖作物。

groundwater，**地下水**。地表以下的水，通常存在于地下地质沉积物的孔隙中。

heavy soil，**重质土**。现在通常被称为"细质地土壤，"它含有大量黏粒，通常比粗质地土壤更难施工。通常雨后排水很慢。

humus，**腐殖质**。彻底分解后的土壤有机质。它具有很高的阳离子交换量。

infiltration，**渗透**。水进入土壤表面的过程。

inorganic chemicals，**无机化学物质**。不是由碳原子链或环组成的化学物质，例如土壤黏土矿物、硝酸盐和钙。

irrigation，**灌溉**。将水分输送到土壤中，为作物生长提供更好的水分条件。沟壑灌溉等在有限的时间内对土壤进行蓄水，再让它渗透下去。微灌，包括滴灌、滴流和微喷灌，是指通过小管道和喷射器以低速度进行局部灌溉的一系列措施，是一种节水灌溉。补充灌溉是指在湿润地区降雨满足了大部分作物用水需求，在有限干旱期为了保持足够的土壤湿度水平而进行的灌溉。非充分灌溉是指将供水量减少到最高水平以下，允许作物出现轻微胁迫，而对产量影响最小的节水措施。

　　landslide，滑坡。由重力引起的大体积土壤的瞬时下降。土壤水过饱和时陡坡可能发生滑坡。

　　least-limiting water range，最小限水范围。见最佳水范围。

　　legume，豆类。植物包括蚕豆、豌豆、三叶草和苜蓿等，它们与生活在根部的固氮细菌形成共生关系。这些细菌可为植物提供可用的氮源。

　　lignin，木质素。一种存在于植物木质部和植物茎中的物质，很难被土壤生物分解。

　　lime or limestone，石灰或石灰石。碳酸钙或一种由碳酸钙（$CaCO_3$）组成的矿物，能中和酸，常施用于酸性土壤。

　　loess soil，黄土。由风积粉砂和细砂矿物形成的土壤；它们很容易被风和水侵蚀。

　　micronutrient，微量元素。植物生长发育过程中只需要少量的元素，如锌、铁、铜、硼或锰。

　　microorganisms，微生物。非常小且结构简单的生物体，如细菌和真菌。

　　mineralization，矿化作用。土壤生物分解有机物时，将有机元素转变为"矿物"或无机形式的过程；例如，氮以有机形式转化为硝酸盐。

　　moldboard plow，铧式犁。铧式犁是一种常用的犁，能彻底上下翻动土壤，并将地表残留物、肥料或有机肥翻入土壤深处。

　　mole drainage，开沟排水。在重黏土上使用的一种排水方法，通过 2 ～ 3 英尺深的地下渠道将水排出。这种做法不涉及管道的使用；通道是用弹头式犁生成的。渠道一般需要每四到六年重建一次。

　　monoculture，单作。田块每年种植同一种作物。

　　mulch，覆盖物。有机物料，如秸秆和木屑等覆盖在土壤表面上；通常还包括留在土壤表面的覆盖作物和收获后留在土壤表面的大量作物残留物。

　　mycorrhizal relationship，菌根关系。大多数作物的植物根系与真菌之间的互利关系。真菌起到延伸根系的作用，帮助植物获得水和磷，并从植物中获得含有能量的化学营养物质。

　　nitrate（NO_3^-），硝酸盐（NO_3^-）。硝酸根植物最容易获得的氮肥形态，通常在农业土壤中含量最高。

　　nitrification，硝化。土壤微生物将铵转化为硝酸盐的过程。

　　nitrogen fixation，固氮。细菌将大气中的氮转化为植物可以利用的形式。少量的细菌，包括生活在豆科植物根中的根瘤菌，能够进行这种转化。

　　nitrogen immobilization，氮固定。氮从有效形式（可以被植物吸收利用），如硝酸盐和铵，转化为植物不易获得的有机形式。

no-till，**免耕**。不使用犁、圆盘耙、凿子或其他工具耕作土壤而直接种植作物。

optimum water range，**最佳含水量**。土壤含水量的最佳范围，植物不会因干旱、土壤强度高或缺乏通气而受到胁迫。

organic chemicals，**有机化学物质**。含有相互连接的碳链或碳环的化学物质。植物、动物、微生物和土壤有机物中的大多数化学物质都是有机的。

oxidation，**氧化**。化学物质如碳与氧等的结合，通常导致能量的释放。

penetrometer，**硬度测量计**。一种测量土壤抗渗透性的装置，可显示土壤的压实程度；它有一个锥形金属尖头，当测量阻力时，它被缓慢地压入土壤中。

perennial forage crops，**多年生饲料作物**。草类、豆类和草-豆类混合物等作物，形成一个完整的土壤覆盖层（SOD），种在牧场中或被用来制作干草和半干青贮料作为动物饲料。

pH，**酸碱度**。显示土壤或溶液的酸性状态或氢离子（H^+）浓度的方法。pH为中性，小于7为酸性，大于7为碱性。

photosynthesis，**光合作用**。绿色植物捕捉光能并利用大气中的二氧化碳合成生长和发育所需的分子的过程。

plastic，**塑化**。土壤在施力时容易形成的状态。类似于易碎化。

plastic limit，**塑性极限**。从塑性状态向易碎状态过渡时的土壤含水量；耕作和田间作业不会导致压实损坏的土壤含水量上限。

polyculture，**混合种植**。同时在一块田里种植一种以上作物。

PSNT，**预测施硝酸盐试验**。是一种土壤氮素有效性试验，在作物早期生长期间采样，土壤取样深度为1英尺。

raised beds，**种植床**。用于成排种植的作物，在行间区域种植，以提供更好的排水和通气，以及更深的表土层。种植床与垄宽相比，好处是一样的。

recycled wastewater，**回收废水**。城市污水处理后的水，用于农作物灌溉。

respiration，**呼吸作用**。使生物能够利用有机化学物质中能量的生物过程。在这个过程中，二氧化碳会随着能量的释放而释放出来，从而完成各种工作。

restricted tillage，**限制性耕作**。相对于全田耕作而言，它仅包括有限的和局部的土壤扰动的耕作，如免耕、带耕、条播耕作和垄作耕作。

rhizobia bacteria，**根瘤菌**。生活在豆科植物根部的细菌，与植物有互利关系。这些细菌可以固定氮，并以一种可利用的形式提供给植物，作为回报，它们接收植物产生的富含能量的分子。

ridge tillage，**垄耕**。在小垄顶部种植作物（通常2～4英寸高），通常每年用一个特殊的中耕机重新培土造垄。

rotation effect，**轮作效应**。轮作有利于提高作物的产量，轮作可以带来更好的养分利用率、更少的病虫害和更好的土壤结构。

runoff，**径流**。通过土壤表面流动而流失的水。

saline soil，**盐碱土**。含有过量游离盐的土壤，通常是氯化钠和氯化钙。

saturated soil，**饱和土**。孔隙中充满水的土壤，土壤中没有空气。

silage，**青贮饲料**。切碎的玉米植株或枯萎的干草被放入密封的储存设施（筒仓）中并被细菌部分发酵时产生的饲料。发酵产生的酸性物质和缺氧条件有助于在储存期间保持饲料的质量。

slurry（manure），**浆状粪肥**。介于固体和液体之间的肥料；它流动缓慢，具有非常浓的稠度。

sod crops，**草皮植物**。草类或豆科植物，如梯牧草和白三叶草，它们靠近土壤生长，在整个土壤表面形成一层浓密的覆盖层。

sodic soil，**碱土**。土壤胶体中含过量交换性钠的土壤。如果不含盐，则土壤胶体分散，土壤结构较差。

soil structure，**土壤结构**。土壤的物理条件，取决于孔隙的数量、土壤固体在团聚体中的排列以及压实度。

strip cropping，**等高条植**。两种或两种以上作物交替生长，通常沿着等高线或垂直于主导风向。

surface water，**地表水**。地表水，包括溪流、池塘、湖泊、河口和海洋。

TDR（时域偏转测量法）。通过测量介质的介电特性（其传导电磁波的能力）来评估土壤含水量的方法。通常将金属棒插入土壤中进行测量。

texture，**质地**。土壤中的沙粒、粉粒和黏粒含量。"粗质地"指土壤含砂量高，"细质地"指土壤含黏土量高。

thermophilic bacteria，**嗜热细菌**。在高温条件下存活和工作得最好的细菌。它们在堆肥过程中分解最剧烈的阶段起作用。

tile drainage，**暗沟排水**。通过埋在土壤中的管道清除多余的土壤水，管道通常埋在3～4英尺深的位置。过去管道是由黏土砖制成的，但现在它们是带有穿孔的波纹软聚氯乙烯管道。

tillage，**耕作**。土壤的农业机械处理，通常是为了使土壤疏松、形成苗床、控制杂草或加入改良剂。初级耕作（铧式犁、凿子）是一种更猛烈的措施，主要是为了松土和加入改良剂。二次耕作（盘耕、耙耕）是继一次耕作之后的一种强度较小的措施，用于构建含有细小团聚体的苗床。

tillage erosion，**耕作侵蚀**。由耕作工具的作用而引起的土壤向坡下移动。

tilth，**土壤耕性**。土壤影响植物生长的物理条件或结构。良好耕性的土壤具有多孔，使雨水容易渗透，允许根系生长而不受阻碍，并且易于耕作。

transpiration，**蒸腾作用**。植物吸收土壤水后，通过叶片表面蒸发流失水分的过程。

wilting point，**萎蔫点**。土壤中的水分被紧紧束缚，植物无法利用时的土壤含水量。

yield monitor，**产量监视器**。农作物收割机上的一种计算机化数据采集系统，通常是一种谷物联合收割机，它可以记录并提供行进中农田的农作物产量地图。

zone tillage，**分区耕作/条耕**。一种限制性耕作制度，用来建立一个狭窄（4～6英寸）的松散土壤带，清除表面残留物。这是通过在播种机上使用多个犁刀和行清洁器来完成的。它可能包括一个单独的"带域构建"措施，形成深而狭的土壤裂缝，对地面的扰动小。这是免耕法的一种改良，通常更适合于寒冷和潮湿的土壤。

附录：单位换算

1 码 =3 英尺或 0.9144 米，1 英寸 =2.54 厘米，1 英尺 =30.48 厘米。

1 磅 =454 克 =0.454 公斤，1 吨 =1000 公斤。

1 蒲式耳❶ ≈8 加仑❷ ≈36 升（英国、加拿大及其他一些国家）≈30.4 升（美国）。

1 磅 / 英亩 =1.12 公斤 / 公顷。

1 公斤 / 公顷 =0.0001 公斤 / 平方米 =0.067 公斤 / 亩。

psi= 磅 / 平方英寸。

1psi=6894.76 帕斯卡。

$1\ {}^\circ\mathrm{F} = \dfrac{5}{9}(1-32){}^\circ\mathrm{C}$

---

❶ 蒲式耳为谷物计量单位。

❷ 加仑为液体容量单位，在英国、加拿大及其他一些国家约等于 4.5 升，在美国约等于 3.8 升。

索引

注：页码后的"f"或"t"分别表示该术语出现在图或表中。